Kontakt- und Langzeitverhalten stromführender Verbindungen in der Elektroenergietechnik

Stephan Schlegel • Michael Gatzsche
Christian Hildmann • Toni Israel

Kontakt- und Langzeitverhalten stromführender Verbindungen in der Elektroenergietechnik

Theorie und Praxis zum Verhalten, Berechnungsansätze sowie Konstruktions- und Auslegekriterien

Springer Vieweg

Stephan Schlegel
Dresden, Deutschland

Michael Gatzsche
Zürich, Schweiz

Christian Hildmann
Dresden, Deutschland

Toni Israel
Dresden, Deutschland

ISBN 978-3-662-64657-1 ISBN 978-3-662-64658-8 (eBook)
https://doi.org/10.1007/978-3-662-64658-8

Die Deutsche Nationalbibliothek verzeichnet diese Publikation in der Deutschen Nationalbibliografie; detaillierte bibliografische Daten sind im Internet über http://dnb.d-nb.de abrufbar.

Springer Vieweg

Lektorat/Planung: Michael Kottusch
Springer Vieweg ist ein Imprint der eingetragenen Gesellschaft Springer-Verlag GmbH, DE und ist ein Teil von Springer Nature.
Die Anschrift der Gesellschaft ist: Heidelberger Platz 3, 14197 Berlin, Germany

Vorwort

Das Buch ist für Student:innen, Ingenieur:innen und Wissenschaftler:innen, die sich mit stromführenden Kontakten und Verbindungen im Rahmen der Aus- und Weiterbildung, der Auslegung oder der Forschung beschäftigen. Die zusammengefassten Ergebnisse und Erkenntnisse basieren auf über 40 Jahren Forschung an der Professur für Hochspannungs- und Hochstromtechnik an der Technischen Universität Dresden. Die Autoren verstehen sich als Teil einer Forschungsgruppe, die in dieser Zeit eine einmalige Arbeit zum Thema Kontakt- und Langzeitverhalten von ruhenden, stationären Verbindungen geleistet haben. Ausgangspunkt dafür waren erste Versuche in den 1970er-Jahren an Schraubenverbindungen mit Leitern aus Aluminium durch Herrn PD Dr.-Ing. habil. Helmut Löbl und das Buch Mittelspannungstechnik von Herrn Prof. Dr.-Ing. habil. Helmut Böhme, das eine erste Zusammenfassung der damaligen Erkenntnisse beinhaltet. Darauf aufbauend sind zahlreiche weitere Veröffentlichungen und Qualifikationsarbeiten entstanden (Abb. 1).

In diesem Buch werden die Grundlagen der Kontakttheorie aufgezeigt und daraus Möglichkeiten zum analytischen und numerischen Abbilden von stromführenden Verbindungen dargestellt. Weiterhin werden Ansätze vorgestellt, die es ermöglichen, komplexe Zusammenhänge ingenieurtechnisch abzuschätzen. Die Randbedingungen und Grenzen werden benannt, sodass offene wissenschaftliche Fragestellungen verdeutlicht werden. An Rechenbeispielen werden ausgewählte Zusammenhänge aufgezeigt und damit nachvollziehbar dargestellt. Schwerpunkt ist dabei immer der Zusammenhang zwischen mechanischen, elektrischen und thermischen Größen. Dabei wird auf eine Vielzahl von Standardwerken aus der Literatur verwiesen, die sich insbesondere mit der mechanischen Auslegung beschäftigen.

Im zweiten Teil wird auf das Langzeitverhalten stromführender Verbindungen eingegangen, das wesentlicher Forschungsschwerpunkt an der Professur war und ein Alleinstellungsmerkmal im nationalen und internationalen Umfeld des Wissenschaftsgebiets darstellt. Versuche mit einer Dauer von über 20 Jahren ermöglichen es, Effekte der Alterung nahezu in Echtzeit zu verstehen.

Aufbauend darauf wird die Auslegung und Prüfung stromführender Verbindungen näher betrachtet. Dabei werden strukturiert einzelne Konstruktionsschritte für die Gestaltung von Schrauben-, Steck- und Pressverbindungen dargestellt. Ziel ist es dabei, die Inhalte

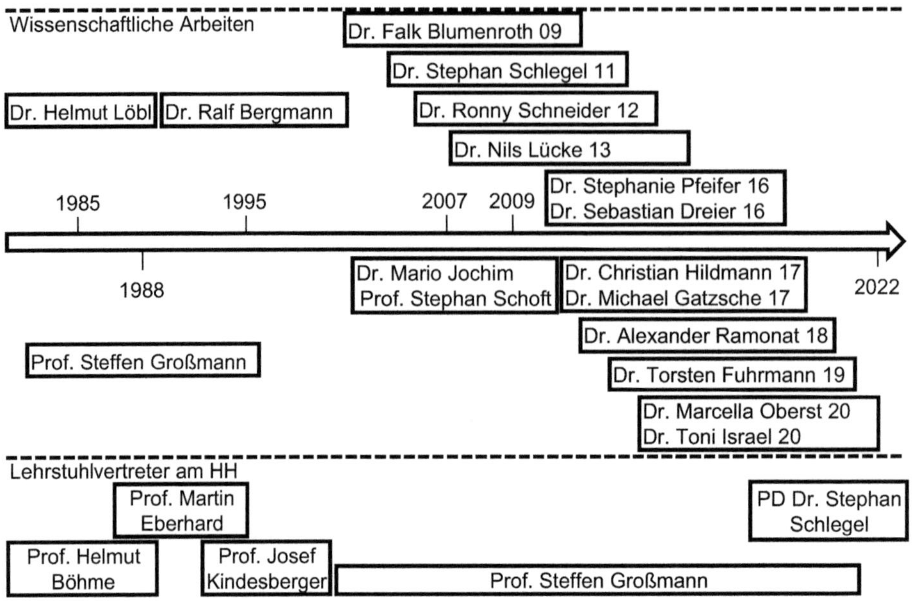

Abb. 1 Ausgewertete Dissertationen und Habilitationen von Forscher:innen an der Professur

mit den bereits existierenden Richtlinien und Vorgaben zu verknüpfen. Zudem werden standardisierte Prüfverfahren aus- und bewertet sowie durch weiterentwickelte Ansätze ergänzt, mit dem Ziel allgemeingültige, übertragbare Ergebnisse oder spezifische, angepasste Verfahren zu erhalten.

Das Autorenteam bedankt sich bei allen Forscher:innen, die durch Ihre Arbeit in Form von Studien-, Diplom-, Promotions- und Habilitationsarbeiten an diesem Buch mitgewirkt haben. Ohne das Interesse und die Leidenschaft an diesem interdisziplinären Thema mitzuarbeiten und dem Willen, einzelne Puzzlestücke zu ergänzen, wäre es nicht möglich gewesen, diese Zusammenfassung zu erarbeiten.

Zudem bedanken wir uns bei allen Industriepartnern und Projektträgern, die durch Ihr Vertrauen in diese Arbeit und die damit verbundene finanzielle Unterstützung eine kontinuierliche Forschung auf diesem Gebiet ermöglicht haben.

Zeichen, Benennungen und Einheiten

Formelzeichen

Symbol	Einheit[a]	Bedeutung
a	m	Abstand zwischen zwei stromdurchflossenen Leitern
a_r	m	Rillenabstand
A	m^2	Querschnittsfläche
A^*		Proportionalitätsfaktor
A_3	m^2	Querschnittsfläche eines regelmäßigen Sechsecks
A_B	m^2	Fläche des Bohrlochs
A_{Ers}	m^2	Ersatzquerschnittsfläche zwischen den Kontaktpartnern
A_{qm}	m^2	quasimetallische Kontaktfläche
A_H	m^2	Querschnittsfläche einer Presshülse
A_L	m^2	Leiterquerschnitt
$A_{L\,0}$	m^2	Leiterquerschnitt vor dem Pressen
$A_{L\,V}$	m^2	Leiterquerschnitt nach dem Pressen
A_K	m^2	Querschnittsfläche des Kerns eines Leiterseils
A_p	m^2	Auflagefläche des Schraubenkopfs
A_S	m^2	scheinbare Kontaktfläche
A_t	m^2	Mechanisch tragende Kontaktfläche
A_w	m^2	wahre metallische Kontaktfläche
A_{w0}	m^2	wahre metallische Kontaktfläche im Ausgangszustand
b	J/mol	experimentell zu ermittelnder Faktor (Alterungsgeschwindigkeit)
b_0	m	verbleibende Höhe eines Kugelkontaktes nach Reibverschleiß
B	T	magnetische Flussdichte
B'		experimentell zu bestimmende spezifischen Materialkenngrößen
c	mol/m^3	Konzentration
c_p	J/(kgK)	spezifische Wärmekapazität
C		Proportionalitätsfaktor
C'		spezifische Materialkonstante
C_B		experimentell zu bestimmender Parameter
d		experimentell zu ermittelnder Faktor (Alterungsgeschwindigkeit)
d_2	m	Flankendurchmesser der Schraube
d_a	m	Außendurchmesser Presshülse

Symbol	Einheit[a]	Bedeutung
d_B	m	Durchmesser des Bohrlochs
d_i	m	Innendurchmesser Presshülse
d_{IMP}	m	Dicke der intermetallischen Phase
d_L	m	Nenndurchmesser eines Leiterseils
d_V	m	Nenndurchmesser der Verbindung
d_w	m	Außendurchmessers der ebenen Kopfauflagefläche der Schraube
d_{wa}	m	Auflagefläche einer Scheibe zum verspannten Teil
d_h	m	Lochdurchmesser
D	m^2/s	Diffusionskoeffizient
D'		experimentell zu bestimmende spezifischen Materialkenngrößen
D_0		Frequenzfaktor
D_A	m	Außendurchmesser der Kontaktebene
D_{Km}	m	Durchmesser der Schraubenkopf- und Mutterauflage
E	N/mm^2	Elastizitätsmodul
E_A	J/mol	Aktivierungsenergie
F	N	Kraft
f		Füllfaktor
F_A	N	Abhebekraft
F_B	N	betriebsbedingte Kraft
F_{em}	N	Kraft durch elektromagnetisches Feld
F_G	N	Gewichtskraft
F_L	N	Kraft in Längsrichtung
F_K	N	Kontaktkraft
F_{K0}	N	Kontaktkraft nach der Montage
$F_{K,min}$	N	Mindestkontaktkraft
F_Q	N	Querkraft
$F_{R\,GL}$	N	Kraft durch Gleitreibung
$F_{R\,H}$	N	Kraft durch Haftreibung
F_S	N	Steckkraft
F_{Sk}	N	Scherkraft
F_{TD}	N	Kraft durch thermische Dehnung
F_V	N	Vorspannkraft/Verbindungskraft
G'	S/m^2	spezifischer Flächenleitwert
h	m	Spalthöhe
h_0	m	Höhe des Kontaktelements
h_L	m	Höhe des Leiters
h_{pl}	m	Eindrucktiefe durch plastische Verformung
h_r	m	Rillenhöhe
h_s	mm	Dicke der eingesetzten Scheibe
h_w	m	durch Reibverschleiß agetragen Höhe eines Kontaktes
H	HV, HBW	Härte
H_K	N/mm^2	Kontakthärte
H_{K0}	N/mm^2	Kontakthärte im Ausgangszustand
ΔH_f	J/mol	Enthalphie

Symbol	Einheit[a]	Bedeutung
i_p	A	Stoßstrom
I_r	A	Bemessungsstrom
I_n	A	Nennstrom
i_w	A	Schweißgrenzstrom
I	A	Strom
I_{EM}	A	kritischer Strom für die Elektromigration
I_K	A	Kurzschlussstrom
J	$1/(m^2s)$	Teilchenstromdichte
k	m^2/s	Wachstumskonstante
k_E		experimentell zu bestimmender Parameter
k_r		Verschleißkoeffizienten
k_u		Gütefaktor
k_{u0}		Anfangswert des Gütefaktors nach der Montage
k_{uI}		idealer Gütefaktor (nur Stromumlenkung ohne Mikrokontakte)
$k_{uT\text{-}20}$		temperaturäquivalente Gütefaktor
k_V		experimentell zu bestimmender Parameter
K_F		Kompressionsfaktor
l	m	Länge oder Abstand
l_0	m	Ausgangslänge
l_q	m	Dicke der quasimetallischen Oxidschicht
l_V	m	Verbindungslänge
l_k	m	Klemmlänge
l_F	m	Dicke der Fremdschicht
Δl	m	Längenausdehnung
m		experimentell zu ermittelnder Faktor (Alterungsgeschwindigkeit)
m_L	kg	Masse des Leiters
m_E		experimentell zu bestimmender Parameter
m_K		experimentell zu bestimmender Parameter
m_V		experimentell zu bestimmender Parameter
M_A	Nm	Anziehdrehmoment
M_{em}	Nm	Moment durch elektromagnetische Kräfte
M_G	Nm	Gewindemoment
M_K	Nm	Moment unter dem Schraubenkopf
M_T	Nm	Torsionsmoment
n		Nortonexponent
n_E		Anzahl Engestellen
n_K		experimentell zu bestimmende Parameter
N		Anzahl
p		Passungsfaktor
P		Gewindesteigung
P'		Larson-Miller Parameter
p_c		kritische Perkolationsdichte
P_V	W	Verlustleistung der Verbindung
P_{BL}	W	Verlustleistung des Bezugsleiter
P_L	W	Verlustleistung des Leiters

Symbol	Einheit[a]	Bedeutung
q	N/m	Streckenlast
q_K		bezogene Widerstandsänderung
q_{stat}	N/m	dynamische Streckenlast
q_{stat}	N/m	statische Streckenlast
Q	W	Wärmestrom
ΔQ	J	Wärme
r_0	m	Außenradius des Leiters
r_B	m	Balligkeitsradius des Kontakts
r_i	m	Radius der Engestelle
r_K	m	Kugelradius
R	m	Radius des Leiters
R_{BL}	Ω	Bezugswert des Gütefaktors k_U (Widerstand des Leiters)
R_E	Ω	Engewiderstand
R_{el}	Ω	elektrischer Widerstand
$R_{E,E}$	Ω	Engewiderstand nach Ellipsoidmodell
$R_{E\,20°C}$	Ω	Engewiderstand bei Raumtemperatur (20 °C)
$R_{E\,T1}$	Ω	Engewiderstand bei der Temperatur T_1
R_F	Ω	Fremdschichtwiderstand
R_H	Ω	Hautwiderstand
R_{IMP}	Ω	Widerstand der intermetallischen Phase
R_K	Ω	Kontaktwiderstand
$R_{K\,hom}$	Ω	Kontaktwiderstand des homogen erwärmten Kontakts
R_{KO}	K/W	thermischer Widerstand der Konvektion
R_L	Ω	Widerstand des Leiters
R_m	N/mm², Pa	Zugfestigkeit
R_M	Ω	Materialwiderstand
$R_{p0,2}$	N/mm², Pa	Dehngrenze
R_q	Ω	Querwiderstand
R'_q	Ωm	spezifischer Querwiderstand
R_S	K/W	thermischer Widerstand der Strahlung
R_{th}	K/W	thermischer Widerstand
$R_{th\,E}$	K/W	thermischer Widerstand der Engestelle
$R_{th\,F}$	K/W	thermischer Widerstand der Fremdschicht
$R_{th\,I}$	K/W	thermischer Widerstand des Isoliermediums
R_V	Ω	Verbindungswiderstand
s	m	Federweg
s_r	m	Reibweg
S	A/m²	Stromdichte
$S_{E,E}$	A/m²	Stromdichte der Engestelle nach Ellipsoidmodell
S_{EM}	A/m²	materialspezifischen Stromdichte der Elektromigration
t	s	Zeit
t_0	s	Bezugszeit
t_K	s	Kurzzeitstromdauer
T	K	absolute Temperatur
T_1	K	absolute Temperatur der Kontaktpartner

Symbol	Einheit[a]	Bedeutung
T_E	K	absolute Temperatur an den Engestellen
T_{max}	K	maximale absolute Temperatur im Kontakt
T_S	K	absolute Schmelztemperatur
U_K	V	Kontaktspannung
$U_{K,r}$	V	Bemessungskontaktspannung
U_V	V	Spannungsfall über der Verbindung
v_k		Reaktionsgeschwindigkeitskonstante
V		Verpressungsgrad
V_r		Verschleißvolumen
Z^*q		effektive Ladung der Atomrümpfe
$ü$		Übermaß
α	1/K	linearer thermischer Ausdehnungskoeffizient
α_{el}	1/m	reziproke elektrische Ortskonstante
α_{20}	1/K	Temperaturbeiwert des elektrischen Widerstands
ε_S		Dehnrate im sekundären Bereich
ϑ	°C	Temperatur
ϑ_0	°C	Umgebungstemperatur
ϑ_{ED}	°C	Entfestigungstemperatur Dauerbetrieb
ϑ_{EK}	°C	Entfestigungstemperatur Kurzschluss
ϑ_{max}	°C	maximale Temperatur
ϑ_S	°C	Schmelztemperatur
κ	$m/(\Omega mm^2)$ $= 10^6$ S/m	elektrische Leitfähigkeit
κ_{20}	$m/(\Omega mm^2)$	elektrische Leitfähigkeit bei einer Temperatur von 20 °C
λ	W/(mK)	Wärmeleitfähigkeit
μ_G		Reibwert zwischen Gewinde und Schraube
μ_{GL}		Gleitreibwert
μ_H		Haftreibwert
μ_K		Reibwert zwischen Schraubenkopf und Auflagefläche
μ_r		Permeabilitätszahl
ν		Querkontraktionszahl
ρ	$(\Omega mm^2)/m$ $= 10^{-6}$ Ω/m	spezifischer elektrischer Widerstand
ρ_F	$(\Omega mm^2)/m$	spezifischer elektrischer Widerstand der Fremdschicht
ρ_{IMP}	$(\Omega mm^2)/m$	spezifischer elektrischer Widerstand der intermetallischen Phase
δ	kg/m^3	Dichte
ρ_0	$(\Omega mm^2)/m$	spezifischer elektrischer Widerstand durch freibewegliche Elektronen
ρ_T	$(\Omega mm^2)/m$	Anteil des spezifischen elektrischen Widerstands durch temperaturabhängige Gitterschwingung
ρ_T	$(\Omega mm^2)/m$	Anteil des spezifischen elektrischen Widerstands durch Gitterstörungen
σ_H		spezifischer Hautwiderstand
σ_m	N/mm^2	mittlere mechanische Spannung zwischen Kontaktpartnern
φ	V	elektrisches Potenzial
φ_u	1	Umformgrad
Φ	eV	Höhe des Potenzialwalls

[a]Wenn nicht anders angeben, sind für Berechnungen Werte in SI-Einheiten einzugeben

Konstanten

Symbol	Einheit	Bedeutung
L	$(V/K)^2$	Lorenzzahl für Reinmetalle $(2{,}2 \ldots 2{,}6) \cdot 10^{-8}$
R	J/(Kmol)	universelle Gaskonstante (8,314 J/(Kmol))
k_B	J/K	Boltzmann Konstante ($1{,}38064852 \cdot 10^{-23}$ J/K)
μ_0	N/A^2	magnetische Feldkonstante ($1{,}25663706212 \cdot 10^{-6}$ N/A^2)

Abkürzungen

Symbol	Bedeutung
RoHS	Restriction of Hazardous Substances
hBN	hexagonal Bornitrit
HTLS	High temperature low sag
IACS	International Annealed Copper Standard
MTF	Mean Time to Failure

Inhaltsverzeichnis

Abbildungsverzeichnis

Tabellenverzeichnis

1 Einleitung

Derzeit steht das Elektroenergieversorgungssystem, bestehend aus Erzeugern, Übertragungs- und Verteilnetzen sowie Verbrauchern, vor einem grundlegenden Wandel. Eine neue Struktur aus wenigen zentralen und vielen dezentralen Elektroenergieerzeugungsanlagen, verbunden mit einer zunehmenden Volatilität der Einspeiseleistung durch die Nutzung regenerativer Energiequellen, steht einem zunehmenden Bedarf an Elektroenergie, beispielsweise durch die Elektrifizierung der Mobilität gegenüber. Die Elektroenergie wird zunehmend über größere Entfernungen zwischen Erzeugern und Verbrauchern transportiert und bestehende Betriebsmittel entsprechend deutlich stärker belastet. Die Anforderungen an Verfügbarkeit, Sicherheit, Belastbarkeit und Kosten moderner elektrischer Anlagen sind erheblich gestiegen. Beispiele hierfür sind Schalt- und Verteilanlagen aber auch neue Geräte wie Ladesäulen für oder das Leistungs-Bordnetz in Elektrofahrzeugen. Neben dem sicheren Betrieb des Elektroenergieversorgungsnetzes durch stabile Schaltzustände dürfen keine Ausfälle im Übertragungs- und Verteilnetz oder zwischen einzelnen Anlagenteilen auftreten.

Dies kann nur durch den langzeitstabilen und möglichst wartungsfreien oder wartungsarmen Betrieb jeder einzelnen Komponente erreicht werden. Sensible Baugruppen, wie z. B. Transformatoren, Leistungs- oder Trennschalter, sollten in regelmäßigen Abständen gewartet werden. Eine Wartung aller ruhenden stromführenden Verbindungen ist aufgrund der sehr hohen Anzahl und ihrer Zugänglichkeit nicht möglich (Abb. 1.1). Eine Großzahl der stromführenden Verbindungen wird deshalb montiert und muss über die geforderte Lebensdauer der Anlagen von mehreren Jahrzehnten wartungsfrei funktionieren. Um dies unter den neuen Anforderungen gewährleisten zu können, müssen die richtigen Leiter- und Beschichtungswerkstoffe gewählt, eine robuste Auslegung und zuverlässige Konstruktion gesichert und die richtige Montage durchgeführt werden sowie eine physikalisch bestimmte Grenztemperatur für die gewünschte Lebensdauer unter Berücksichtigung der

S. Schlegel et al., *Kontakt- und Langzeitverhalten stromführender Verbindungen in der Elektroenergietechnik*, https://doi.org/10.1007/978-3-662-64658-8_1

Abb. 1.1 Stromführende Verbindungen in Anlagen der Elektroenergietechnik am Beispiel einer Freiluftschaltanlage

Umgebungsbedingungen bekannt sein. Stromführende Verbindungen können abhängig von Ihren Eigenschaften wie folgt klassifiziert werden (Abb. 1.2).

Während sich die bisherige Fachliteratur vor allem mit den schaltenden Verbindungen und der Wirkung des Lichtbogens beschäftigt, wird hier das Verhalten der deutlich größeren Anzahl der stromführenden Verbindungen betrachtet, die keinen Lichtbogen führen müssen (Abb. 1.2 – grau). Es werden die Theorie zur Kontaktphysik, die wichtigsten Leiter- und Beschichtungswerkstoffe, die Einflussgrößen auf das elektrische Kontaktverhalten wie der Zusammenhang zwischen mechanischen und elektrischen Größen, die Physik der Alterung und die Wirkung auf das Langzeitverhalten bei unterschiedlichen Einsatz- und Umgebungsbedingungen sowie die Auslegungskriterien für die Konstruktion und die Prüfverfahren beschrieben. Dazu werden grundlegende Untersuchungen an Schrauben-, Press- und Steckverbindungen vorgestellt und verallgemeinerbare Erkenntnisse dargestellt, die auch auf andere stromführende Verbindungsarten übertragen werden können. Ziel dieses Buchs ist es, wissenschaftlich gesicherte Aussagen zur Auslegung, Montage und dem Langzeitverhalten stromführender Verbindungen zu treffen. Basierend darauf werden Ansätze zur numerischen Modellierung des elektrisch-mechanisch-thermischen Verhaltens beschrieben sowie Bewertungskriterien und Prüfverfahren zur Qualifizierung vorgestellt.

Die Erkenntnisse dieses Buchs basieren im Kern auf Ergebnissen, die in über 40 Jahren Forschung auf diesem Gebiet an der Professur für Hochspannungs- und Hochstromtechnik an der Technischen Universität Dresden erarbeitet wurden (Abb. 1.3).

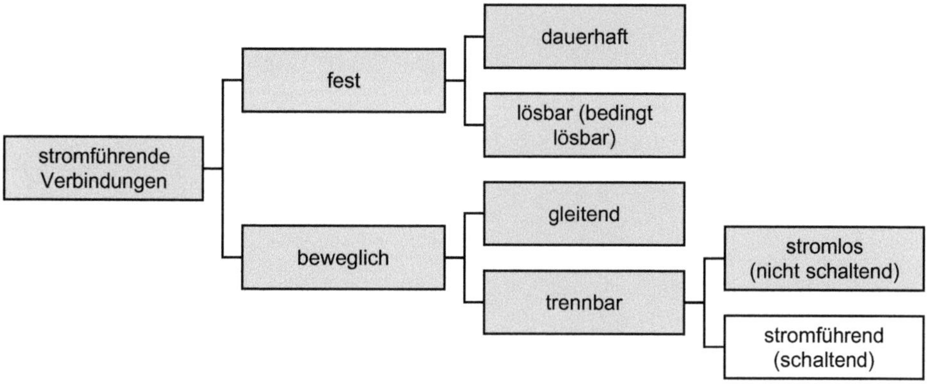

Abb. 1.2 Klassifikation stromführender Verbindungen nach ihren Eigenschaften

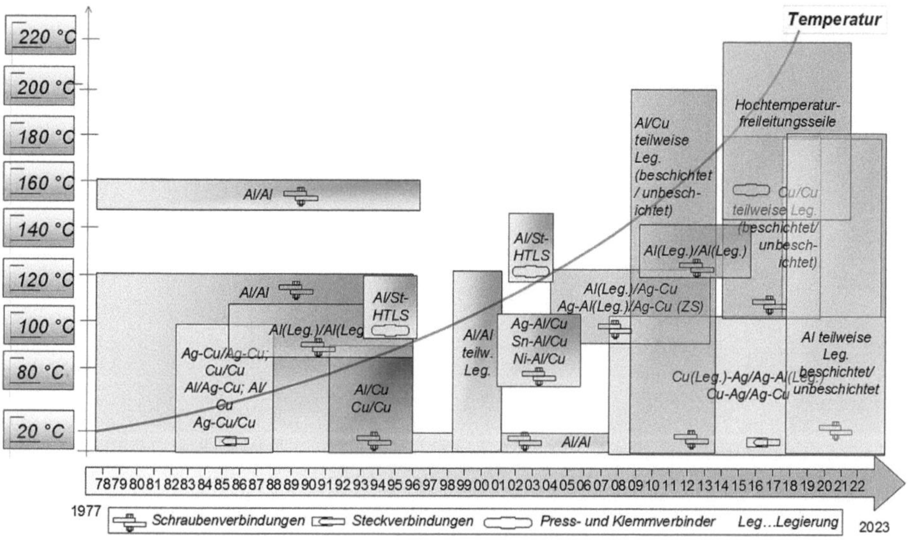

Abb. 1.3 Übersicht über die an der Professur für Hochspannungs- und Hochstromtechnik der Technischen Universität Dresden untersuchten Werkstoffe und Verbindungsarten

2 Arten, Funktion und Anforderung an stromführende Verbindungen

Eine stromführende Verbindung hat eine elektrische und eine mechanische Funktion. Elektrisch muss ein stromtragfähiger Kontakt zwischen den Leitern hergestellt werden. Mechanisch sollen die Leiter entweder fest verbunden (z. B. Pressverbindung) oder beweglich gefügt (z. B. Gleitverbindung) werden. Beim Verbinden der Leiter soll ein reproduzierbarer und niedriger Kontaktwiderstand erreicht werden, der sich während der Betriebszeit nicht unzulässig erhöht [1, 2]. Damit wird die galvanische Kopplung zwischen den Leitern über elektrische Kontakte sichergestellt und es kann dauerhaft ein Strom geführt werden. In der Mittel- und Hochspannungstechnik muss die Konstruktion der Verbindung zusätzlich so gestaltet sein, dass keine unzulässigen Teilentladungen entstehen. Die geforderte Lebensdauer stromführender Verbindungen in der Elektroenergietechnik beträgt in der Regel mehrere Jahrzehnte. Ein stabiles Kontakt- und Langzeitverhalten ist damit Voraussetzung für einen sicheren und zuverlässigen Betrieb aller Komponenten und Anlagen.

Der elektrische Kontakt in stromführenden Verbindungen wird prinzipiell mit drei Schlussarten hergestellt und aufrechterhalten (Abb. 2.1).

Während bei formschlüssigen Verbindungen der Zusammenhalt zweier ineinandergreifender Kontaktpartner durch die zu übertragende Kraft selbst entsteht, sichert bei kraftschlüssigen Verbindungen eine von außen eingebrachte Kraft den Zusammenhalt der Kontaktpartner. Eine stoffschlüssige Verbindung entsteht durch die atomare bzw. die molekulare Bindung der Werkstoffe der Kontaktpartner. Bei kraftschlüssigen und formschlüssigen Verbindungen mit einem Kraftschlussanteil muss während des Betriebs eine Mindestkontaktkraft $F_{K,min}$ erhalten bleiben. Zudem müssen abhängig von den Einsatzbedingungen statische Kräfte, wie beispielsweise die Gewichtskraft F_G angeschlossener Geräte oder das Eigengewicht der Leiter, und dynamische Kräfte, die im Kurzschlussfall auftreten können, übertragen werden. Kräfte infolge thermischer Dehnung F_{TD} bei langen Leitern müssen durch flexible Leiterabschnitte oder gleitende Kontaktsysteme soweit re-

S. Schlegel et al., *Kontakt- und Langzeitverhalten stromführender Verbindungen in der Elektroenergietechnik*, https://doi.org/10.1007/978-3-662-64658-8_2

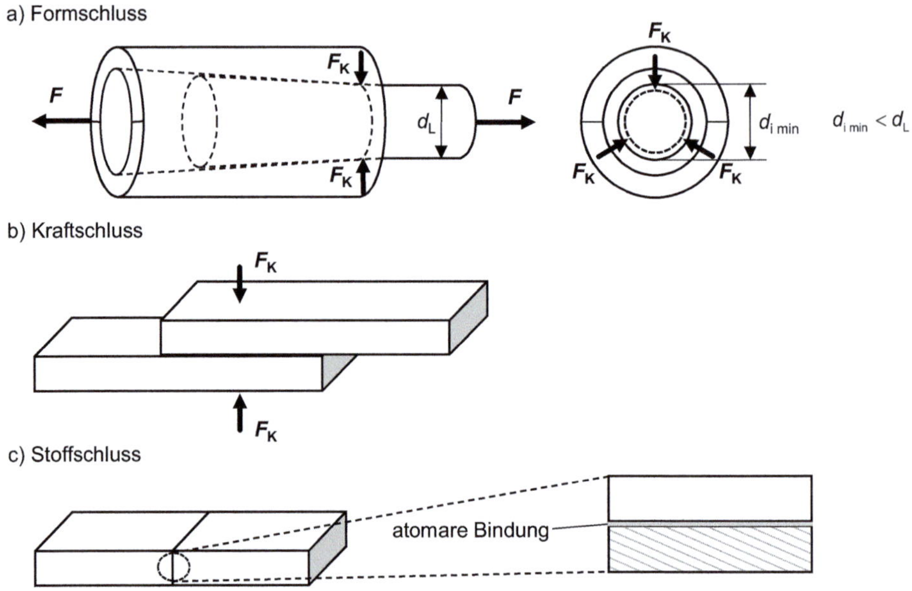

Abb. 2.1 Schlussarten **a**) Form-, **b**) Kraft-, **c**) Stoffschluss (schematisch)

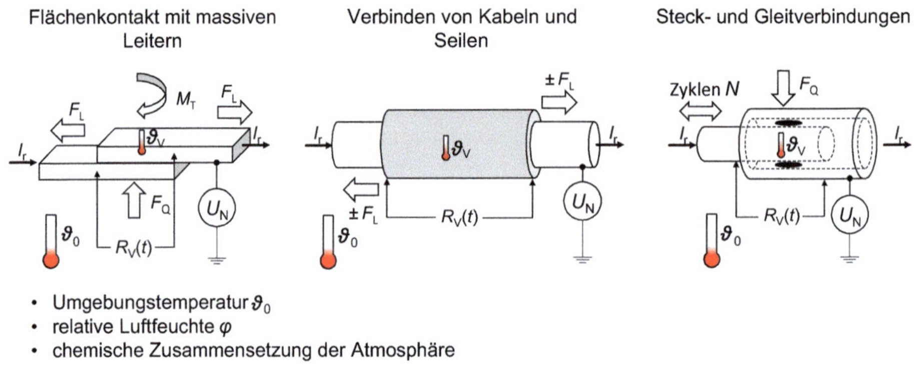

Abb. 2.2 Anforderungen und Funktion stromführender Verbindungen abhängig von der Verbindungsart

duziert werden, dass Querkräfte F_Q bei z. B. Schraubenverbindungen durch Haftreibung in den Trennfugen der verspannten Leiter übertragen werden können (gleitfeste Verbindung) [3, 4]. Lösbare und bedingt lösbare Verbindungen müssen nach einer bestimmten Betriebszeit und Belastung bei maximal zulässiger Grenztemperatur demontierbar sein, um ein Öffnen zu Revisions- oder Wartungszwecken zu ermöglichen. Wesentliche Vertreter dieser Verbindungsarten sind Schraubenverbindungen, Pressverbindungen und Steckverbindungen, die eingesetzt werden, um stromführende Komponenten wie z. B. Kabel, Stromschienen, Schaltgeräte, Wandler, Batteriespeicher oder Motoren miteinander zu verbinden (Abb. 2.2, Tab. 2.1).

Tab. 2.1 Beispiele für Ausführungsformen stromführender Verbindungen

Klasse	Schlussart	Verbindungsart	Beispiele	
lösbar/ bedingt lösbar	Kraftschluss	Schraubenverbindung	Schraubenverbindung mit Stromschienen oder Kabelschuhen beispielsweise in Niederspannungs-Schaltgeräte-Kombinationen oder im Leistungsbordnetz von Elektrofahrzeugen	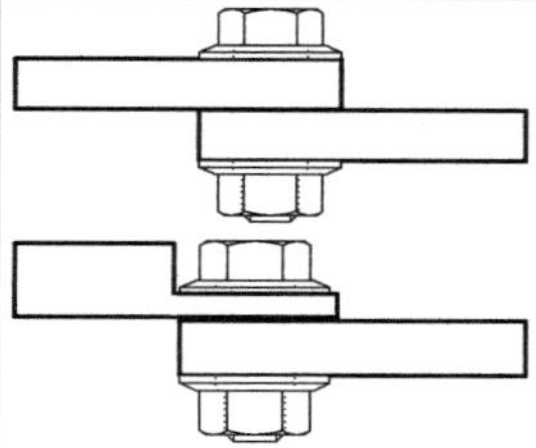
			Klemmverbindung, bspw. Schalenstromklemme in Schaltanlagen	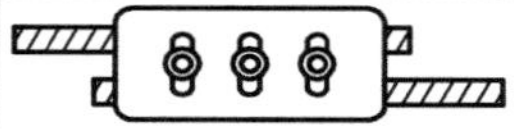
dauerhaft	Kraft-/ Formschluss	Schraubenverbindung	Abreißschraubverbindung für Kabel	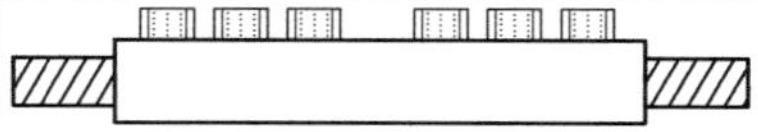
		Pressverbindung	Umfangpressverbindung, bspw. für Freileitungsseile	
			Eindruckpressverbindung, bspw. Kerbverbindung für Freileitungsseile	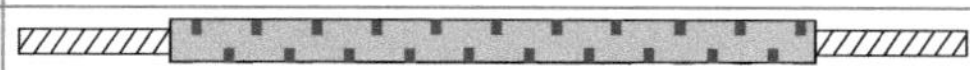
trennbar/ gleitend	Kraftschluss	Steckverbindung	Verbindung in gasisolierten Schaltanlagen (GIS) und Leitungen (GIL) mit axial belasteter Schraubenfeder (Schnittdarstellung)	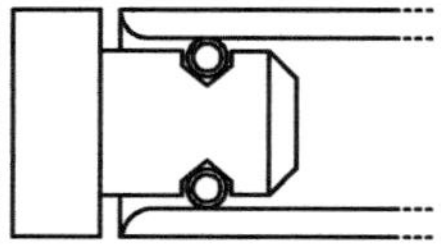

(Fortsetzung)

Tab. 2.1 (Fortsetzung)

Klasse	Schlussart	Verbindungsart	Beispiele	
			Verbindung in gasisolierten Schaltanlagen (GIS) und Leitungen (GIL) mit Kontaktelement Drehfeder (Schnittdarstellung)	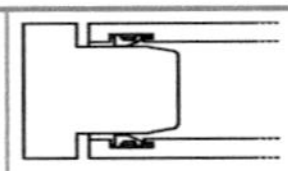
			Fingerkontakte mit separater Schraubenfeder aus in der Regel Federstahl zum Erzeugen der Kontaktkraft (Schnittdarstellung)	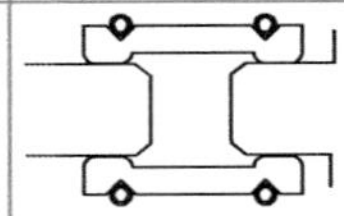
			Kontaktelement mit Blattfeder (Schnittdarstellung)	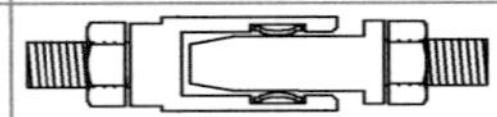
			geschlitzte Buchse	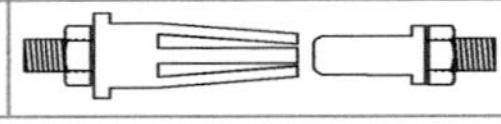

Der eingesetzte Leiterwerkstoff und die Verbindung müssen kurzzeitig und dauerhaft den Belastungen mit den zulässigen maximalen Betriebstemperaturen standhalten.

Beispielsweise beträgt in der Hochspannungstechnik die maximal zulässige dauerhafte Betriebstemperatur für Leiter und Verbindungen derzeit bis zu 115 °C [5]. Neue Betriebsmittel wie HTLS-Freileitungsseile (engl.: **h**igh **t**emperature **l**ow **s**ag) haben zulässige Betriebstemperaturen von bis zu 240 °C. Die Verbindungen erreichen dabei Temperaturen zwischen 120 °C und 150 °C [6]. In der Niederspannungstechnik werden bei Leitern aus Kupfer bis zu 140 °C an den Sammelschienen und den Leitern zugelassen [7]. Für Anwendungen im Transportwesen können auch höhere Einsatztemperaturen bis zu derzeit 180 °C am Kontakt gefordert sein [8]. Im Fehlerfall können Kurzzeitströme auftreten, die zu Temperaturen am Leiter von (200 … 270) °C führen. An den Mikrokontakten können dann sogar noch höhere Temperaturen auftreten. Eine übermäßig hohe Reduktion der mechanischen Festigkeit der Leiterwerkstoffe durch die thermische Wirkung des Stroms wird dabei nicht zugelassen [9–11]. Die mechanische Wirkung von Kurzzeitströmen durch z. B. elektromagnetische Kräfte unter Berücksichtigung der Einbaulage muss bei der Auslegung der stromführenden Verbindungen ebenfalls berücksichtigt werden. Eine weitere Forderung ist, dass die umgebende Atmosphäre die Funktionsfähigkeit der Verbindung nicht unzulässig beeinflussen darf. Das heißt, die Festigkeit der Verbindung muss vor allem unter Berücksichtigung der Wirkung chemischer Reaktionen wie der Oxidation und der galvanischen Korrosion angepasst sein. In den folgenden Kapiteln wird deshalb auf das Kontakt- und Langzeitverhalten eingegangen. Dabei werden die Leiter- und Beschichtungswerkstoffe, die physikalischen Grundlagen zum Kontaktverhalten, der Einfluss der Alterung auf das Langzeitverhalten, die Gestaltung verschiedener Verbindungsarten und die Prüfverfahren zur Qualifizierung näher betrachtet.

Literatur

1. *Böhme, H.*: Mittelspannungstechnik-Schaltanlagen berechnen und entwerfen. 2. Stark bearbeitete Auflage Berlin: Verlag Technik 2005. – ISBN 3-341-01495-0.
2. *Slade, P. G.*: Electrical Contacts – Principles and Applications. 2. Auflage, CRC Press Taylor & Francis Group 2014. – ISBN 978-1-4398-8130-9
3. *Kloos, K.-H., Thomala, W.*: Schraubenverbindungen – Grundlagen, Berechnung, Eigenschaften, Handhabung. 5. Aufl., Berlin, Heidelberg. 2007. – ISBN: 978-3-540-21282-9
4. VDI-Richtlinie 2230: Systematische Berechnung hochbeanspruchter Schraubenverbindungen – Zylindrische Einschraubenverbindungen, 2003.
5. DIN EN 62271-1 (Ausg.: 2009-08): Hochspannungs-Schaltgeräte und -Schaltanlagen.
6. *Hildmann, C., Schlegel, S., et al.*: Einfluss von Kraft- und Formschlussanteil auf das elektrische Kontaktverhalten von Pressverbindungen. 23. Albert Keil Kontaktseminar, Karlsruhe 2015.
7. DIN EN 61439-1 (Ausg.: 2012-06): Niederspannungs-Schaltgerätekombinationen – Teil 1: Allgemeine Festlegungen.
8. LV 215-1 (2013-02): Elektrik/Elektronik Anforderung an HV-Kontaktierungen.

9. DIN EN 60865-1 (Ausg.: 2012-09): Kurzschlussströme – Berechnung der Wirkung – Teil 1: Begriffe und Berechnungsverfahren.
10. DIN EN 61238-1 (Ausg.: 2004-03): Pressverbinder und Schraubverbinder für Starkstromkabel für Nennspannungen bis einschließlich 36 kV (U_m = 42 kV) – Teil 1: Prüfverfahren und Anforderungen.
11. DIN EN 61284 (Ausg.: 1998-05): Freileitungen – Anforderungen und Prüfungen für Armaturen.

Kontaktwerkstoffe 3

In der Elektroenergietechnik werden vor allem Metalle als Leiter eingesetzt. Der spezifische elektrische Widerstand ρ bzw. die elektrische Leitfähigkeit κ von Metallen hängen von den frei beweglichen Elektronen im Gitter ab (abgebildet durch ρ_0). Durch temperaturbedingte Gitterschwingungen (ρ_T) und Gitterstörungen, wie Fehlstellen, Versetzungen, Korngrenzen oder Fremdatome (ρ_G), werden die Elektronen gestreut und damit der spezifische elektrische Widerstand ρ erhöht (Gl. (3.1)) [1].

$$\rho = \rho_0 + \Delta\rho_T + \Delta\rho_G \tag{3.1}$$

Durch die Bewegung der Elektronen wird Energie und damit auch Wärme transportiert. Das heißt, metallische Leiter mit einem niedrigen spezifischen elektrischen Widerstand ρ haben auch eine hohe thermische Leitfähigkeit λ. Diese indirekte Proportionalität wird mit dem Wiedemann-Franz-Lorenz-Gesetz unter Berücksichtigung der absoluten Temperatur T und Lorenzzahl L beschrieben (Gl. (3.2)).

$$\mathrm{L} \cdot T = \lambda \cdot \rho \tag{3.2}$$

Im Bereich der Temperatur, bei denen Anlagen der Elektroenergietechnik betrieben werden, gilt, dass die Elektronenbewegung den Energietransport dominiert. Bei sehr niedrigen Temperaturen nahe des absoluten Nullpunkts ist die Gitterschwingung der dominante Mechanismus des Energietransports, der bei der Wärmeleitfähigkeit berücksichtigt werden muss [1]. Durch Kaltumformen oder Legieren reiner Metalle werden deren mechanische Eigenschaften verändert. Dabei wird die Anzahl der Gitterstörungen und damit der spezifische elektrische Widerstand durch eine größere Streuung der Elektronen erhöht. Es können damit die mechanischen und elektrischen Eigenschaften anwendungsspezifisch eingestellt werden. In der Folge dürfen sich die Eigenschaften der Kontaktwerkstoffe bei einer langen Betriebsdauer und maximaler Betriebstemperatur nicht unzulässig ändern, da

S. Schlegel et al., *Kontakt- und Langzeitverhalten stromführender Verbindungen in der Elektroenergietechnik*, https://doi.org/10.1007/978-3-662-64658-8_3

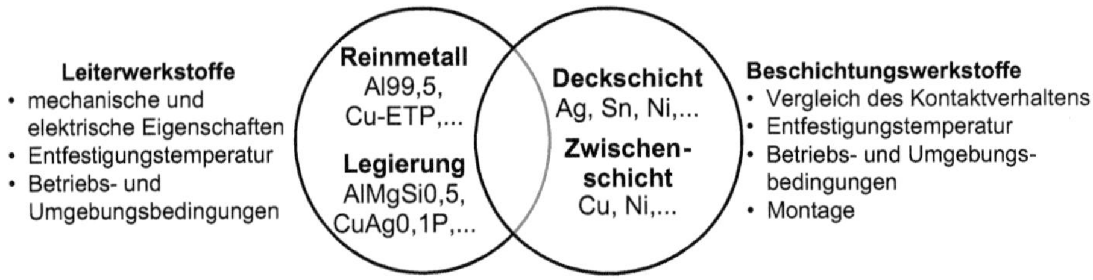

Abb. 3.1 Randbedingungen für Leiter- und Beschichtungswerkstoffe [2]

damit das Kontakt- und Langzeitverhalten stromführender Verbindungen stark negativ beeinflusst werden kann. Das Verhalten der Leiter- und Beschichtungswerkstoffe ist deshalb von grundlegender Bedeutung und wird folgend näher betrachtet (Abb. 3.1).

3.1 Elektrische Leiter

In der Elektroenergietechnik werden aufgrund der guten elektrischen Leitfähigkeit insbesondere Aluminium und Kupfer sowie deren Legierungen als Leiterwerkstoff für stromführende Bauteile eingesetzt. Je nach Anforderung an die elektrischen und mechanischen Eigenschaften sowie die Fertigungstechnologie (Gießen, Pressen, Spanen, …) gibt es eine Vielzahl von Auswahlmöglichkeiten (Abb. 3.2 und 3.3).

Durch die RoHS-Richtlinie sind Werkstoffe mit einem Bleigehalt > 0,1 % zu vermeiden, wobei es länderspezifisch einige zeitlich befristete Ausnahmen gibt. Dies betrifft vor allem Automatenkupfer und Messing, bei denen Blei für eine gute Spanbarkeit eingesetzt wird [33]. Es gibt zahlreiche alternative, nicht-bleihaltige Werkstoffe, bei denen aber die Zerspanbarkeit im Allgemeinen schlechter als bei bleihaltigem Messing ist. Je nach Anforderung an die Warmfestigkeit, Oberflächenqualität und die Fertigungskosten muss die Auswahl einer geeigneten Legierung erfolgen [36]. Beryllium als Legierungselement ist zurzeit aufgrund der gesundheitsschädlichen Wirkung deklarationspflichtig, eine Höchstkonzentration muss in der EU allerdings noch nicht angegeben werden. Diese Einschränkungen sind besonders für das Herstellen von Kontaktelementen für Steckverbindungen zu berücksichtigen, da die Buchsen und der Stecker häufig aus Messing und die Kontaktelemente aus hochfesten Kupferlegierungen hergestellt werden.

Speziell für die Anwendung in der Elektrotechnik gibt es genormte Kupfer- und Aluminiumwerkstoffe, für die eine maximale elektrische Leitfähigkeit gefordert wird (Tab. 3.1 und 3.2).

Je nach Anforderungen an die Stromdichte, das Gewicht, die geforderten mechanischen Eigenschaften sowie die maximal zulässige Betriebstemperatur kann aus beiden Leiterwerkstoffen und deren Legierungen ausgewählt werden. Sind die Anforderungen an die mechanischen Eigenschaften gering, werden technisch reine Metalle mit einer hohen elektrischen Leitfähigkeit eingesetzt, die zusätzlich kaltumgeformt sein können. Bei

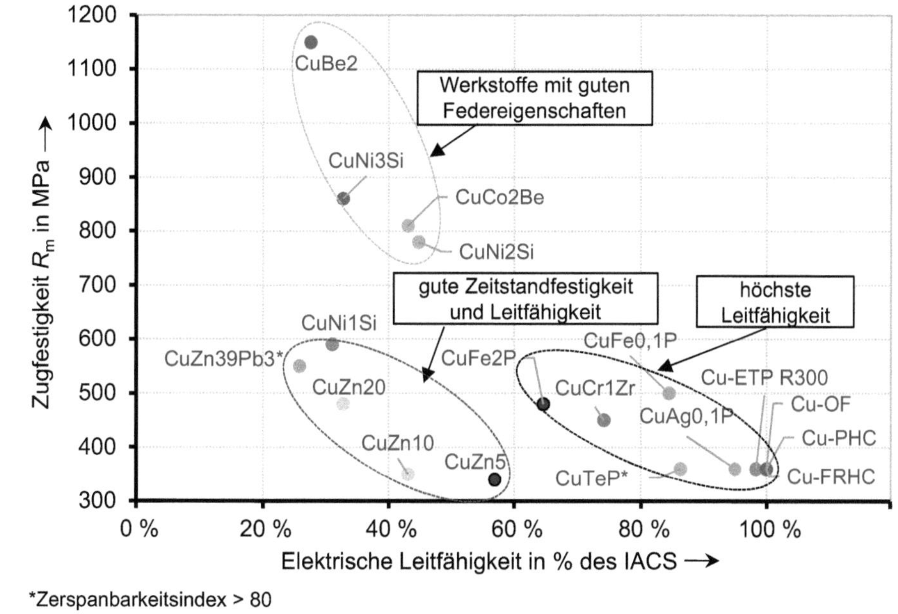

Abb. 3.2 Elektrische und mechanische Eigenschaften typische kupferbasierter Leiterwerkstoffe

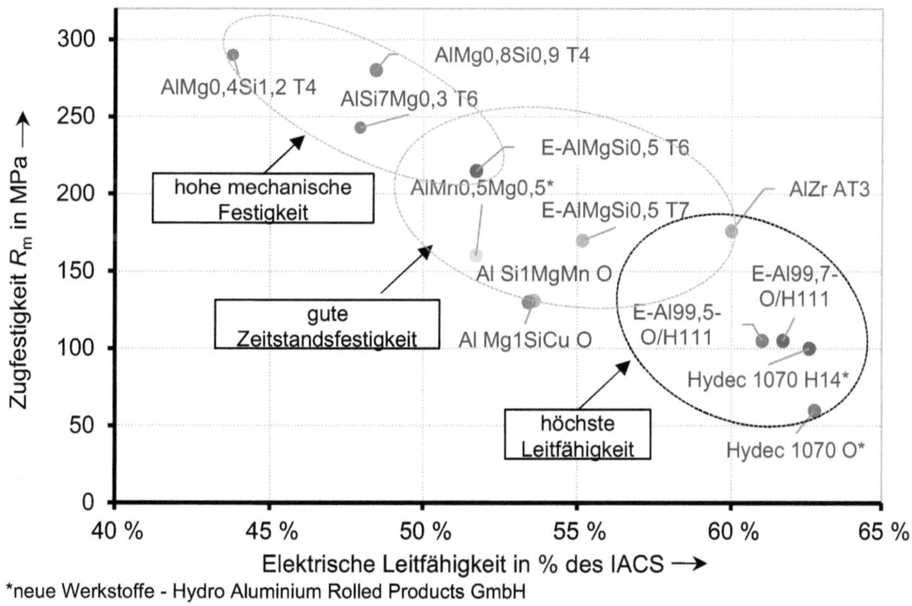

Abb. 3.3 Elektrische und mechanische Eigenschaften typischer aluminiumbasierter Leiterwerkstoffe

Tab. 3.1 Genormtes Aluminium für den Einsatz in der Elektrotechnik [3–6]

Leiterwerkstoff	naturhart/kaltumgeformt		ausscheidungsgehärtet	
	E-Al99,7 (EN AW-1370A)	E-Al99,5 (EN AW-1350A)	E-AlMgSi0,5 (EN AW-6101B)	AlSi7Mg0,3 T6 (EN AC-42100) Sandguss
elektrische Leitfähigkeit κ in m/(Ω•mm²) bei 20 °C	34[3)] … 35,8[1)]	34[3)] … 35,4[1)]	30[5)] … 32[4)]	20 … 27
Temperaturbeiwert α_{20} in 1/K	0,004	0,004	0,0036	0,0022
Härte H in HBW[6)]	20[1)] … 41[2)]	20[1)] … 41[2)]	55[4)] … 70[5)]	75
Dehngrenze $R_{p0,2}$ in N/mm²	65[1)] … 130[3)]	50[1)] … 130[3)]	120[4)] … 160[5)]	190
Zugfestigkeit R_m in N/mm²	65[1)] … 165[2)]	60[1)] … 165[2)]	170[4)] … 215[5)]	230
Elastizitätsmodul E in kN/mm²	65	65	70	69 … 75
linearer thermischer Ausdehnungskoeffizient α in $1/K \cdot 10^{-6}$	24	24	23	22
Wärmeleitfähigkeit λ in W/(mK)	210 … 230	220	190	160 … 180
spezifische Wärmekapazität c_p in J/(gK)	0,94	0,92	0,92	0,92
Schmelztemperatur T_S in K	933		903	823 … 898

[1)] Zustand O (weichgeglüht)
[2)] Zustand H28 (kaltverfestigt rückgeglüht, 4/4 hart)
[3)] Zustand H19 (kaltverfestigt, extrahart)
[4)] Zustand T7 (überhärtet)
[5)] Zustand T6 (warmausgelagert)
[6)] Brinellhärte (Prüfkugel Wolframcarbit)

erhöhten mechanischen und thermischen Belastungen werden niedrig legiertes Aluminium und Kupfer verwendet, die durch Mischkristall-, Versetzungs-, Korngrenzen- oder Teilchenverfestigung bessere mechanische Eigenschaften erhalten (Tab. 3.1, 3.2 und 3.3). Die elektrische Leitfähigkeit dieser Leiterwerkstoffe ist dadurch aber geringer [2, 12–15].

Werden sehr hohe Anforderungen an die mechanischen Eigenschaften gestellt, wie zum Beispiel die Federwirkung bei Kontaktelementen für Steck- oder Schraubenverbindungen, müssen Legierungen mit einem höheren Anteil an Fremdelementen eingesetzt werden. Derartige Legierungen haben, verglichen mit Reinkupfer eine deutlich geringere elektrische Leitfähigkeit und sind in der Regel ausscheidungsgehärtet. Sie haben dadurch eine höhere Dehngrenze, das heißt sie können stärker elastisch verformt werden (Tab. 3.3) [12, 14].

Ein wesentliches Kriterium für die Stabilität stromführender Leiter und Verbindungen ist, dass die thermische Beanspruchung durch Stromwärmeverluste im Betrieb und durch extreme Umgebungsbedingungen nicht zur Entfestigung des Werkstoffes führt. Damit und durch die Dimensionierung und Konstruktion der Verbindung wird sichergestellt, dass keine plastische Verformung der Leiter und Verbindungen durch Kräfte infolge von zum Beispiel Kurzzeitströmen auftritt. Zudem führt die Entfestigung des

Tab. 3.2 Genormtes Kupfer für den Einsatz in der Elektrotechnik [7, 9, 10]

Leiterwerkstoff	Cu-ETP (CW004A) Cu-FRHC (CW005A) Cu-OF (CW008A) CuAg0,1 (CW013A) CuAg0,10(OF) (CW019A) Cu-PHC (CW020A)	CuAg0,1P (CW016A) Cu-HCP (CW021A)
elektrische Leitfähigkeit κ_{20} in m/(Ω•mm^2)	56 … 58	55 … 57
Temperaturbeiwert α_{20} in 1/K	0,0039	
Härte H in HV	40 … 110[1)]	
Dehngrenze $R_{p0,2}$ in N/mm^2	100 … 320[1)]	
Zugfestigkeit R_m in N/mm^2	200 … 360[1)]	
Elastizitätsmodul E in kN/mm^2	107 … 118 (weichgeglüht)	
linearer thermischer Ausdehnungskoeffizient α in 1/K·10^{-6}	16,8 … 17,3	
Wärmeleitfähigkeit λ in W/(mK)	385 … 394	
spezifische Wärmekapazität c_p in J/(gK)	0,385 … 0,393	
Schmelztemperatur T_S in K	1355 … 1356	

[1)] weichgeglüht bis kaltumgeformt

Tab. 3.3 Kupfersorten für mechanisch hoch beanspruchte stromführende Bauteile (typische Beispiele) [7, 8, 13, 15]

Leiterwerkstoff	CuBe2	CuCo2Be	CuCr1Zr
elektrische Leitfähigkeit κ in m/(Ω•mm^2) bei 20 °C	13 … 16	≤26	≤43
Temperaturbeiwert α_{20} in 1/K	–	–	≤0,0031
Härte H in HV	–	265	≤190
Dehngrenze $R_{p0,2}$ in N/mm^2	960 … 1420	500 … 850	≤440
Zugfestigkeit R_m in N/mm^2	1130 … 1520	650 … 900	≤570
Elastizitätsmodul E in kN/mm^2	130	130 … 138	≤130
Wärmeleitfähigkeit λ in W/mK	ca. 104	–	≤330
Schmelztemperatur T_S in K	1144 … 1255	1303	1343

Leiterwerkstoffs zu einem erheblichen Abbau der Kontaktkraft (Abschn. 5.1.1). Die Temperatur, ab der Entfestigung auftreten kann, hängt stark vom Werkstoff und dessen Herstellung ab. Als Entfestigungstemperatur wird dabei häufig die Temperatur angegeben, bei der der Werkstoff mindestens 10 % seiner Festigkeit verliert [13]. Bei reinen Metallen, die durch Kaltumformung ihre mechanische Festigkeit erhalten haben, ist die Entfestigung durch Rekristallisation ab einer Temperatur von (0,3 … 0,4)·T_S wahrscheinlich. Dabei muss der Kaltumformgrad mindestens (2 … 15) % sein. Je höher der Umformgrad ist, desto stärker ist das Bestreben zur Rekristallisation [13, 15]. Insbesondere der Anteil an Fremdatomen und die Art sowie Größe dieser beeinflusst die Temperatur, ab der die Entfestigung auftritt, maßgeblich [13]. Für industrielle Zwecke, wie z. B. der Herstellung von Halbzeugen, wird die Entfestigungstemperatur in Glühdiagrammen angegeben [16, 17]. Für sehr lange Zeiträume im Bereich einiger Monate oder Jahre sowie für niedrige Temperaturen werden dazu kaum Angaben gemacht. Wenige Angaben wurden aus der Literatur zusammengestellt oder durch eigene experimentelle Untersuchungen ermittelt. Dazu wurde die Härte als Indikator bestimmt und metallographische Untersuchungen abhängig von der Zeit für einige der wichtigsten Leiterwerkstoffe durchgeführt und bewertet (Tab. 3.4) [2, 18].

Da stromführende Verbindungen häufig kraftschlüssig oder formschlüssig mit einem Kraftschlussanteil sind, muss der Leiterwerkstoff zusätzlich eine hohe Zeitstandfestigkeit und Zeitdehngrenze haben. Ob Aluminium oder Kupfer als Konstruktionswerkstoff eingesetzt wird, hängt stark von der Verbindungsart und den Einsatzbedingungen ab. Ein Vergleich bezogener Eigenschaften bei gleicher Stromtragfähigkeit verdeutlicht dies und zeigt, dass sowohl Aluminium als auch Kupfer gleichwertige und unverzichtbare Leiterwerkstoffe sind (Tab. 3.5) [23].

Abhängig von der erforderlichen Stromdichte, dem zulässigen Gewicht, den mechanischen Anforderungen, der Betriebstemperatur und konstruktiven sowie umgebungsbedingten Parametern muss ein Leiterwerkstoff ausgewählt werden, der den Anforderungen im Normal- und Kurzeitbetrieb genügt [23].

Tab. 3.4 Entfestigungstemperatur von Leiterwerkstoffen [2, 18–21]

Leiterwerkstoff	E-Al99,5	AlMgSi0,5	AlMn0,5Mg0,5[1)]	Cu-ETP[2)]	CuAg0,1P[1)]
Entfestigungstemperatur Dauerbetrieb ϑ_{ED} in °C	80 … 93	≈120 (T6, T7)	≥140 °C	≈140 (R300)	>160
Entfestigungstemperatur abgeschätzt für Reinmetalle ca. ((0,3 … 0,4)·T_S) in °C	80 … 100	–	–	134 … 269	–
Entfestigungstemperatur Kurzschluss ϑ_{EK} in °C	160 … 200	220 … 230	–	165 … 170	–

1) Werkstoff im Rahmen des Förderprojekts mit dem Kennzeichen: 03EK3538D entwickelt [19]
2) kaltumgeformt (dauerhaft zulässige Belastungstemperatur bei einem Umformgrad von bis zu 30 %, je höher dem Umformgrad desto geringer die Entfestigungstemperatur)

Tab. 3.5 Bezogene Eigenschaften von Leiterwerkstoffen bei gleicher Stromtragfähigkeit in % – Werte aus Tab. 3.1 und 3.2 [23]

Leiterwerkstoff/Eigenschaft bezogen auf Cu-ETP[1)] in %	Cu-ETP	E-Al99,5	E-AlMgSi0,5
Leiterquerschnitt A_L	100	160	187
Masse des Leiters m_L		49	57
Längenausdehnung Δl		139	133
Wärme ΔQ		114	133

1) Stromverdrängung nicht berücksichtigt, Temperatur von 20 °C; Temperaturänderung durch Kurzschluss von 80 °C auf 200 °C

3.2 Beschichten von Leitern

Um das Kontakt- und Langzeitverhalten stromführender Verbindungen zu verbessern, werden häufig die Leiter oder auch nur die Kontaktflächen beschichtet. Dazu werden in der Elektroenergietechnik insbesondere Silber, Zinn und Nickel eingesetzt. Das Beschichten erfolgt vor allem elektrolytisch aber auch autokatalytisch oder durch Plattieren, Metallspritzen, PVD[1] und thermische Verfahren wie zum Beispiel das Feuerverzinnen. Die physikalischen Eigenschaften der elektrolytischen und autokatalytischen Schichten hängen dabei stark von der Zusammensetzung der Elektrolyten ab. Diese bestimmen im Betrieb wesentlich das Kontakt- und das Langzeitverhalten der stromführenden Verbindungen (Tab. 3.6).

Für das Kontaktverhalten ist entscheidend, dass sich an der Oberfläche der Beschichtungswerkstoffe unter normaler Atmosphäre keine oder nur sehr dünne, weiche Fremdschichten bilden, die bei geringen Kontaktkräften aufgebrochen werden können. Zudem ist eine hohe elektrische Leitfähigkeit und eine geringe bis mittlere Härte notwendig, um großflächige, gut leitfähige Mikrokontakte zu erzeugen. Vor allem bei Steckverbindungen müssen zusätzlich Anforderungen an die tribologischen Eigenschaften des Werkstoffs berücksichtigt werden [12, 14].

Silber bildet unter normaler atmosphärischer Luft kaum Fremdschichten und eignet sich deshalb sehr gut als Beschichtungswerkstoff, insbesondere bei geringen Kontaktkräf-

Tab. 3.6 Eigenschaften typischer Beschichtungswerkstoffe [8, 18, 24, 25]

				NiP²⁾ (Anteil P in %)	
Beschichtungswerkstoff/Eigenschaft	Ag (rein¹⁾)	Sn (matt¹⁾)	Ni (rein¹⁾)	Typ 2 (1 … 3)	Typ 3 (2 … 4)
Dichte ρ in g/cm³	10,49	7,30	8,91	8,5	
Elastizitätsmodul E in kN/mm²	79	47	216	55 … 65	
Härte H in HV	30 … 90	8	300 … 500	725 … 800	
linearer thermischer Ausdehnungskoeffizient α in 10^{-6} K^{-1} (20 °C)	19,7	23	13,3	12 … 15	
spezifische elektrische Leitfähigkeit κ in MS/m (20 °C)	60	8,6	14,6	3,3 … 10	3,3 … 5
Temperaturbeiwert α_{20} in 1/K 10^{-3}	4,1	4,6	6,75	–	–
Wärmeleitfähigkeit λ in W/K·m	419	63	92	–	–
Schmelztemperatur T_S in K	1235	505	1726	1523 … 1633	1153 … 1253

¹⁾ Durch Zusätze im galvanischen Bad können die Eigenschaften von denen der Reinmetalle abweichen.
²⁾ ausscheidungshärtbare kristalline Schichten

[1] Physical Vapour Deposition – physikalische Gasphasenabscheidung.

ten, wie zum Beispiel in Steckverbindungen. Zudem ist die Härte niedrig und die elektrische Leitfähigkeit hoch (Tab. 3.6). Zinn oxidiert in atmosphärischer Luft, kann aber durch die geringe Härte beim Fügen sehr leicht plastisch verformt werden, so das große Mikrokontakte entstehen können. Auch die Oxidschichten sind relativ weich und können leicht aufgebrochen werden. Aufgrund der geringen Härte sind die tribologischen Eigenschaften im Vergleich zu Silber mäßig bis schlecht. Nickel wird häufig in korrosiver Atmosphäre in industriellen Anlagen eingesetzt, da es chemisch sehr stabil ist. Es bildet jedoch in normaler Luft eine langsam wachsende Oxidschicht, die sehr dicht und hart ist. Zudem hat Nickel selbst eine sehr hohe Härte, sodass hohe Kontaktkräfte notwendig sind, um ein gutes elektrisches Kontaktverhalten zu erreichen. Gleiches gilt für Nickel-Phosphor, das sehr gleichmäßig auf der Oberfläche von Leitern abgeschieden werden kann aber eine noch geringere elektrische Leitfähigkeit und höhere Härte als reines Nickel hat (Tab. 3.6). Weiterführende Informationen zu Eigenschaften von Beschichtungswerkstoffen sind zum Beispiel in [24, 25] zusammengefasst.

Auf Leitern aus Kupfer können Silber, Zinn und Nickel ohne Zwischenschicht abgeschieden werden. Bei Leitern aus Aluminium muss bei Silber und Zinn als Haftvermittler und Diffusionssperre eine Zwischenschicht aus zum Beispiel Zinkat und Nickel oder Kupfer eingesetzt werden (Tab. 3.7). Die Diffusionssperre soll dabei verhindern, dass Leiter- und Beschichtungswerkstoff der Deckschicht miteinander intermetallische Phasen oder Mischkristalle bilden und gut aneinanderhaften. Folgend werden empfohlene Schichtdicken aus unterschiedlichen Normen vorgestellt.

Die Dicke von Schichten aus Zinn auf der Kontaktfläche von Leitern aus Kupfer und Aluminium ist standardisiert. Dabei wird beim Verzinnen von Leitern aus Kupfer eine Zwischenschicht empfohlen, wenn eine Betriebstemperatur über 120 °C gefordert wird [26]. Mit Bezug auf die Alterung ist eine Dicke der Zwischenschicht aus Kupfer von ≥2 µm oder aus Nickel von (0,5 … 2) µm empfohlen [26]. Bei Leitern aus Aluminium sind Zwischenschichten aus Kupfer, Bronze oder Nickel von (10 … 25) µm festgelegt [27]. Die

Tab. 3.7 Empfohlene Dicke von Zwischen- und Deckschichten nach Standards [26–30]

Leiterwerkstoff → Beschichtungswerkstoff ↓		Al	Cu
Deckschicht (DS)	Zwischenschicht (ZS)	Dicke der DS/ZS in µm	
Sn	Ni[1)]	≥5/(10 … 25)	>2 oder ≥5/(0,5 … 2)[4)]
	Cu		>2 oder ≥5/≥2
Ag	Ni[1)]	anwendungsspezifisch/20[2)]	anwendungsspezifisch/ keine Angaben[2), 3)]
	Cu	keine Angaben	
Ni	keine	(10 … 35)/keine Angaben	(8 … 25)/keine Angaben
NiP	keine	(0,1 … 60)/keine Angaben	anwendungsspezifisch (keine Angabe)

[1)] Zwischenschicht aus NiP mit einer Dicke von (2 … 5) µm ist möglich [30]
[2)] Zwischenschicht empfohlen bei einer Einsatztemperatur > 150 °C
[3)] Zwischenschicht aus Cu oder Ni bei legiertem Cu empfohlen
[4)] Zwischenschicht empfohlen bei einer Einsatztemperatur > 120 °C

Dicke der Deckschicht aus Zinn wird für Leiter aus Kupfer mit >2 µm [26] oder ≥5 µm [27] und für Leiter aus Aluminium mit ≥5 µm [27] je nach Einsatz- und Umgebungsbedingungen vorgegeben. Bleifreie (RoHS-konforme) Zinnoberflächen neigen zur Whiskerbildung, was sich in drahtartigen, dünnen Auswüchsen aus der Oberfläche bemerkbar macht. Einflussgrößen sind mechanische Spannungen in der Beschichtung, die Stromdichte und das elektrische Feld. Durch geeignete Additive, Schichtfolgen, Abscheideparameter und die Verwendung von Glanz- statt Mattzinn kann die Whiskerbildung minimiert oder verhindert werden [34, 35].

Für versilberte Kontaktflächen wird für Leiter aus technisch reinem Kupfer keine und für legiertes Kupfer eine Zwischenschicht aus technisch reinem Kupfer oder Nickel gefordert. Die Dicke der Schicht ist vom Anwender festzulegen. Für Leiter aus technisch reinem Aluminium und legiertem Aluminium wird für Nickel eine Schichtdicke von 20 µm gefordert. Bei Leitern aus Kupfer ohne eine Zwischenschicht aus Nickel oder bei Leitern aus Aluminium mit einer Zwischenschicht aus Kupfer sollen dauerhaft nicht über 150 °C eingesetzt werden [29].

Für elektrolytisch vernickelte Kontaktflächen sind für Leiter aus Kupfer und Aluminium insbesondere für dekorative Überzüge folgende Schichtdicken gefordert. Abhängig von der Beanspruchung, die in fünf Stufen unterteilt wird, ist für Leiter aus Kupfer eine Dicke der Nickelschicht von (8 … 25) µm und für Leiter aus Aluminium von (10 … 35) µm festgelegt [28]. Autokatalytische Nickel-Phosphor-Schichten können abhängig vom Gehalt an Phosphor in fünf Typen unterteilt werden. Für die Anwendung in der Elektroenergietechnik ist eine hohe elektrische Leitfähigkeit und teilweise eine erhöhte Korrosionsbeständigkeit gefordert. Es sind damit insbesondere die Typen 2 und 3 relevant (Tab. 3.6). Nickel-Phosphor-Schichten können wärmebehandelt werden. Damit wird die Härte und Haftfestigkeit beeinflusst. Als Schichtdicke auf Aluminium wird je nach geforderter Korrosionsbeständigkeit (0,1 … 60) µm empfohlen [29].

Die physikalischen Grenztemperaturen von Beschichtungen für stromführende Verbindungen sind nicht nur abhängig von der Temperatur, sondern auch von den Umgebungsbedingungen, dem verwendeten Leiterwerkstoff und den Anforderungen im Betrieb wie z. B. Steck-, Gleitzyklen oder der Lösbarkeit nach Belastung. Angaben zu Schichtdicken und Grenztemperaturen sind damit nicht pauschal möglich und müssen anwendungsspezifisch betrachtet werden. Für die Oberflächen von Steckverbindungen werden beispielsweise folgende Grenztemperaturen angegeben (Tab. 3.8).

Um das tribologische Verhalten zu verbessern, können Dispersionsschichten als Beschichtungswerkstoff verwendet werden. Derzeit sind vor allem Silberschichten mit Grafitpartikeln Ag-C im Einsatz, die als selbstschmierende Beschichtungen für Steckverbindungen eingesetzt werden. Die Partikel, die in die Schicht eingebaut werden, beeinflussen die elektrischen Eigenschaften der Schicht unterschiedlich stark (Tab. 3.9). In Versuchen konnte eine positive Wirkung auf das tribologische Verhalten im Vergleich zu Reinsilberschichten bei einigen Partikelsorten nachgewiesen werden (Abschn. 4.2.3)

Tab. 3.8 Typische physikalische Grenztemperaturen von Beschichtungswerkstoffen beispielhaft für Kontaktflächen von Steckverbindungen [31, 32, 35]

Beschichtungswerkstoff	Au	Sn	Ag	AgPd (Pd Gehalt <4 %)[2)]
physikalische Grenztemperatur ϑ_{ED} Dauerbetrieb[1)]	niedriglegiert mit Ni ZS bis max. 180 °C	130 °C Sn-Legierungen bis 150 °C	140 °C Ni ZS bis 170 °C	bis 200 °C/1000 h

ZS … Zwischenschicht

[1)] Relaxationsverhalten des Leiterwerkstoffs ist zu berücksichtigen

[2)] In Entwicklung

Tab. 3.9 Elektrische Eigenschaften von Silber-Dispersionsschichten [37]

Beschichtungswerkstoff	Ag-C	Ag-hBN	Ag-WS_2			Ag-MoS_2	Ag-SiC	Ag-Bi_2S_3	Ag-SnS
Partikelgehalt (vol-%)	6,2	4,8	0,2	2	5	4	3,2	2,5	5
spezifische elektrische Leitfähigkeit κ in MS/m (20 °C)	51	49,5	53,8	47,6	43,4	50,9	56,6	31,5	18,2
Temperaturbeiwert α_{20} in 1/K 10^{-3}	3,8	3,3	3,4	3,4	2,9	3,8	3,6	3,1	1,2

hBN … hexagonales Bornitrit

Bei der Auswahl einer Beschichtung sollte im Allgemeinen darauf geachtet werden, dass sich möglichst nur gleiche Werkstoffe in einem elektrischen Kontakt berühren. Wenn unterschiedliche Werkstoffe aufeinandertreffen, muss darauf geachtet werden, dass diese Bimetall-Verbindungen zum dauerhaften Führen von elektrischem Strom geeignet sind (Abschn. 5.3).

Literatur

1. *Hornbogen, E., Warlimont, H.*: Metallkunde – Aufbau und Eigenschaften von Metallen und Legierungen. 4. Auflage, Springer-Verlag, 2001 – ISBN 3-540-67355-5.
2. *Schlegel, S.*: Langzeitverhalten von Schraubenverbindungen mit Stromschienen aus Reinkupfer in der Elektroenergietechnik unter besonderer Berücksichtigung der Temperatur. Dissertation, TU Dresden, 2011.
3. DIN EN 62271-1 (Ausg.: 2009-08): Hochspannungs-Schaltgeräte und -Schaltanlagen.
4. DIN 40501-2 (Ausg. 2005-03): Aluminium für die Elektrotechnik – Teil 2: Rohre, Stangen und Profile, Technische Lieferbedingungen.
5. *Gremmel, H. (ABB)*: Schaltanlagen. 10. Auflage, Cornelsen Verlag, Berlin, 1999. – ISBN 3-464-48235.
6. DIN EN 1706 (Ausg.: 1998-06): Aluminium und Aluminiumlegierungen –Gussstücke –Chemische Zusammensetzung und mechanische Eigenschaften
7. DIN EN 13599 (Ausg. 2014-12): Kupfer und Kupferlegierungen – Platten, Bleche und Bänder aus Kupfer für die Anwendung in der Elektrotechnik.
8. DIN EN 12164 (Ausg. 2016-119): Kupfer und Kupferlegierungen – Stangen für die spanende Bearbeitung.

9. Deutsches Kupferinstitut: Werkstoff-Datenblatt Cu-ETP. DKI, 2005.
10. Deutsches Kupferinstitut: Werkstoff-Datenblatt CuAg0,1P. DKI, 2005.
11. *Schneider, R.*: Langzeitverhalten geschraubter Stromschienenverbindungen in der Elektroenergietechnik. Dissertation, TU Dresden, 2012.
12. *Blumenroth, F.*: Zum Langzeitverhalten von Steckverbindungen mit Schraubenfedern in Anlagen der Elektroenergietechnik. Dissertation, TU Dresden, Shaker Verlag, 2010. – ISBN 978-3-8322-9506-6.
13. *Kammer, C.*: Aluminium Taschenbuch 1 – Grundlagen und Werkstoffe. 16. Auflage, Aluminium-Verlag, 2003 – ISBN 978-3410220282.
14. *Lücke, N.*: Zum Langzeitverhalten elektrischer Steckverbindungen mit Kupfer-Beryllium-Kontaktlamellen. Dissertation, TU Dresden, TUDpress, 2004. – ISBN 978-3944331751.
15. *Bürgel, R.*: Handbuch Hochtemperatur-Werkstofftechnik. Vieweg & Sohn Verlag, 2006. – ISBN 978-3-528-23107-1.
16. *Gremmel, H. (ABB)*: Schaltanlagen. 10. Auflage, Cornelsen Verlag, Berlin, 1999. – ISBN 3-464-48235.
17. *Wieland-Werke AG:* Profile, Profildrähte, Rohre und Profilrohre. Broschüre, 2003.
18. *Fuhrmann,* T.: Kontakt- und Langzeitverhalten von stromführenden Schraubenverbindungen mit vernickelten und versilberten Leitern aus Aluminiumwerkstoffen. Dissertation, TU Dresden, 2019. – ISBN 978-3-86780-636-7.
19. Merkblatt E1: Aluminium in der Elektrotechnik und Elektronik. 1. Auflage, Aluminium-Zentrale e.V. Düsseldorf.
20. IEEE 1283 (Ausg. 2004): IEEE Guide for Determining the Effects of High-Temperature Operation on Conductors, Connectors, and Accessories.
21. *Poudeu, F.*: Langzeitverhalten stromführender Schraubenverbindungen mit Stromschienen kleiner Dicke bei wechselnden Umgebungsbedingungen. Dissertation, TU Dresden, 2022 (in press).
22. *Großmann, S.; Löbl, H.; Schlegel, S.*: Erfahrungen zum Langzeitverhalten von Aluminium-Verbindungen in Starkstromanlagen. Konferenzbd. 21. Albert Keil Kontaktseminar, Karlsruhe, 2011, pp. 129–135.
23. *Lücke, N.; Schlegel, S.; Großmann, S.*: Vergleich von Werkstoffen auf Basis von Cu und Al sowie Trends bei deren Anwendung in der Elektroenergietechnik. Zeitschrift Metall, 67. Jahrgang, 11/2013.
24. *Vinaricky, E.*: Elektrische Kontakte, Werkstoffe und Anwendungen – Grundlagen, Technologien, Prüfverfahren. 3. Auflage, Springer Verlag, 2016. – ISBN 978-3-642-45427-1.
25. *DODUCO GmbH:* Datenbuch der elektrischen Kontakte. überarbeitete 3. Auflage, Stieglitz Verlag, 2012.
26. DIN EN 14436 (Ausg. 2014-11): Kupfer und Kupferlegierungen – Elektrolytisch verzinnte Bänder.
27. ISO 2093 (Ausg. 1986-12): Electroplated coatings of tin – Specification and test methods.
28. DIN EN ISO 1456 (Ausg. 2009-12): Metallische und andere anorganische Überzüge – Galvanische Überzüge aus Nickel, Nickel plus Chrom, Kupfer plus Nickel und Kupfer plus Nickel plus Chrom.
29. DIN EN ISO 4521 (Ausg. 2009-01): Metallische Überzüge und andere anorganische Überzüge – Galvanische Silber- und Silberlegierungs-Überzüge für technische Zwecke – Anforderungen und Prüfverfahren.
30. DIN EN ISO 4527 (Ausg. 2003-10): Metallische Überzüge – Autokatalytisch (außenstromlos) abgeschiedene Nickel-Phosphor-Legierungs-Überzüge – Spezifikationen und Prüfverfahren.
31. *Buresch, I.*: Oberflächenbeschichtungen für Steckverbinderkontakte bei höheren Einsatztemperaturen. Konferenzbd. 24. Albert Keil Kontaktseminar, Karlsruhe, 11.–13.10.2017, pp. 15–23. – ISBN 978-3-8007-4449-7

32. *Buresch, I., Schmidt H., et al.*: Steckverbinderoberflächen für hohe Temperaturen. Konferenzbd. 25. Albert Keil Kontaktseminar, Karlsruhe, 09.–11.10.2019, pp. 32–38. – ISBN 978-3-8007-5083-2.
33. RICHTLINIE 2011/65/EU DES EUROPÄISCHEN PARLAMENTS UND DES RATES vom 8. Juni 2011 zur Beschränkung der Verwendung bestimmter gefährlicher Stoffe in Elektro- und Elektronikgeräten. RL 2011/65/EU
34. *Spörrer, A. et al.*: Untersuchung der Bildung von Druckwhiskern sowie ein Verfahren zu deren Vermeidung. Konferenzbd. 24. Albert-Keil-Kontaktseminar, Karlsruhe, 11.–13.10.2017, pp. 56–62. – ISBN 978-3-8007-4449-7.
35. *Buresch, I.; Horn, J.*: Bleifreie Zinnoberflächen Steigende Anforderungen bei Kontakt- und Lötanwendungen führen zu neuen Lösungen. Konferenzbd. 18. Albert-Keil-Kontaktseminar, Karlsruhe, 5.–7.10.2005, VDE-Fachbericht 61, VDE Verlag GmbH, Berlin, Offenbach, 2005, pp. 89–94.
36. *Adler, U.*: Werkstoffinnovationen für Steckverbinder-Anwendungen im Hinblick auf neuere gesetzliche Vorschriften. Konferenzbd. 22. Albert-Keil-Kontaktseminar, Karlsruhe, 09.–11.10.2013.
37. *Oberst, M.; Israel, T.; Hildmann, C.; Schlegel, S.; Egetenmeyer, A.-K.; Kappl, H.; Willing, H.*: Elektrische und tribologische Eigenschaften von Silber-Dispersionsschichten für die Anwendung in Steckverbindungen. Konferenzbd. 8. Symposium Connectors – Elektrische und Optische Verbindungstechnik 2021, VDE-Verlag, Lemgo, 23.–24.03.2021, pp. 75–85.

4 Kontaktverhalten stromführender Verbindungen

4.1 Physikalische Grundlagen zum Punkt-, Linien- und Flächenkontakt

4.1.1 Physikalisches Modell

Die stromtragfähige Berührung zweier stromführender Leiter wird als elektrischer Kontakt bezeichnet [1]. Je nach Geometrie des Kontakts entstehen dabei punkt-, linienförmige oder flächige Berührungsstellen (Abb. 4.1). Die technische Realisierung eines elektrischen Kontakts ist eine elektrische oder auch stromführende Verbindung.

Stromführende Verbindungen in der Elektroenergietechnik werden in allen drei Varianten ausgeführt. Die dabei entstehende makroskopische scheinbare Kontaktfläche A_s ist insbesondere bei Flächenkontakten deutlich größer als die mechanisch tragende Kontaktfläche A_t [1, 2]. Aufgrund der Oberflächenrauheit der Kontaktpartner berühren sich beide nur an mikroskopisch kleinen Flächen (Abb. 4.2c).

Größe, Lage und Verteilung der Berührungspunkte hängen dabei stark von der elastoplastischen Verformung der Mikrospitzen beim Fügen ab und werden wesentlich von der Oberflächenrauheit, der Kontaktkraft und der resultierenden mechanischen Spannungsverteilung in der Kontaktfläche beeinflusst (Abschn. 4.3.1). Zudem bilden sich auf den meisten metallischen Oberflächen Fremd- und insbesondere Oxidschichten (Abb. 4.2 – blau). Diese führen dazu, dass nicht die gesamte mechanisch tragende Kontaktfläche zur Stromübertragung beiträgt. Oxidschichten dicker als (10 … 20) Å[1)] wirken elektrisch isolierend. Oxidschichten mit einer Dicke kleiner als (10 … 20) Å tragen noch zum Stromtransport bei und werden als quasimetallische Kontaktfläche A_{qm} bezeichnet [1, 2]. Bei der

[1] 1 Å = 0,1 nm.

S. Schlegel et al., *Kontakt- und Langzeitverhalten stromführender Verbindungen in der Elektroenergietechnik*, https://doi.org/10.1007/978-3-662-64658-8_4

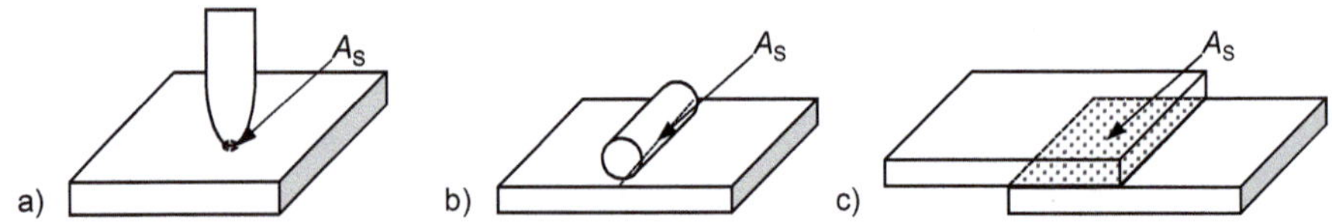

a) Punktkontakt	b) Linienkontakt	c) Flächenkontakt
• Messspitzen • Relais • Steckverbindung mit Kontaktelementen	• Steckverbindung mit Kontaktelementen • Pressverbindung mit mehrdrähtigen Leitern	• Schraubenverbindung mit Stromschienen • Pressverbindung • Rohrklemmen

Abb. 4.1 **a**) Punkt-, **b**) Linien- und **c**) Flächenkontakt und Beispiele für Verbindungsarten des jeweiligen Kontakttyps mit eingezeichneter scheinbarer Kontaktfläche A_s

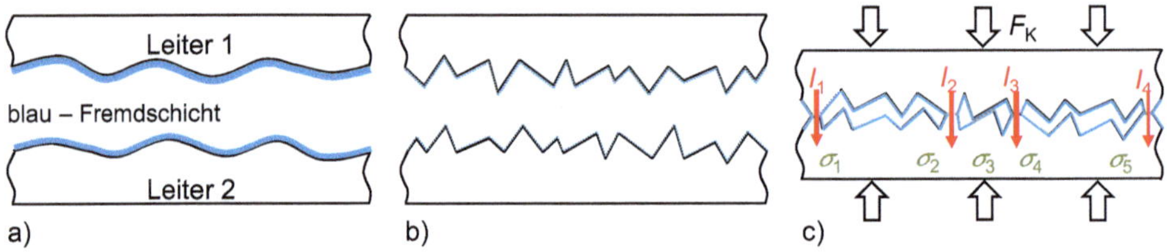

Abb. 4.2 Entstehen von Mikrokontakten **a**) Leiter Ausgangszustand, **b**) Leiter abrasiv vorbehandelt, **c**) Leiter kraftschlüssig gefügt (schematisch)

quasimetallischen Kontaktfläche wirkt der quantenmechanische Tunneleffekt, bei dem die Elektronen quasi verlustfrei die Oxidschicht durchdringen können [1]. Fremdschichtfreie Berührungsflächen werden als Mikrokontakte oder auch a-spots bezeichnet. Sie führen den Großteil des Stromes. Die Summe aller Mikrokontakte bildet die wahre metallische Kontaktfläche A_w (Abb. 4.3).

Es gilt dabei allgemein:

$$A_w < A_t << A_s \tag{4.1}$$

Vereinfacht kann das Kontaktverhalten mit dem Kontaktwiderstand R_K beschrieben werden. Der Kontaktwiderstand ist die Summe aus Enge- R_E und Fremdschichtwiderstand R_F. Er ergibt sich zu:

$$R_K = R_E + R_F \tag{4.2}$$

Gl. (4.2) gilt nur unter der Bedingung, dass $R_E << R_F$ ist, da sich die Stromdichteverteilung bei zunehmendem Einfluss von Fremdschichten verändert und beide Widerstände nicht mehr unabhängig voneinander sind [4]. Wird der Materialwiderstand R_M zum Kontaktwiderstand addiert, ergibt sich der Verbindungswiderstand R_V wie folgt:

$$R_V = R_K + R_M \tag{4.3}$$

Der zu berücksichtigende Materialwiderstand ist von der Stromdichteverteilung in den Kontaktpartnern abhängig, die von der Geometrie der Verbindung beeinflusst wird. An

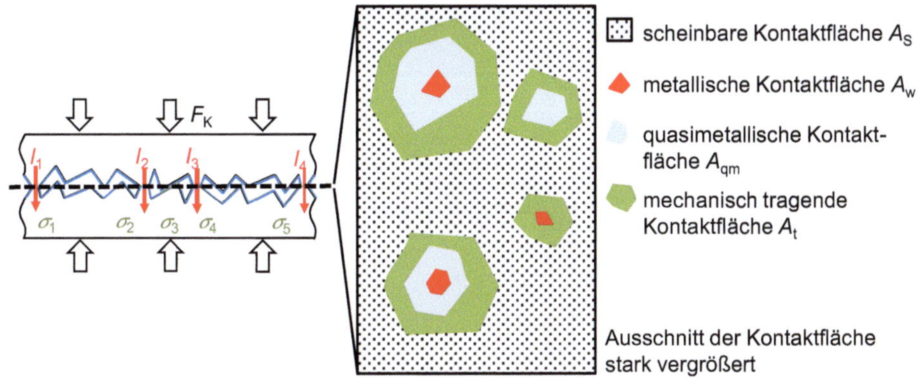

Abb. 4.3 Kontaktflächen zwischen zwei Kontaktpartnern (schematisch)

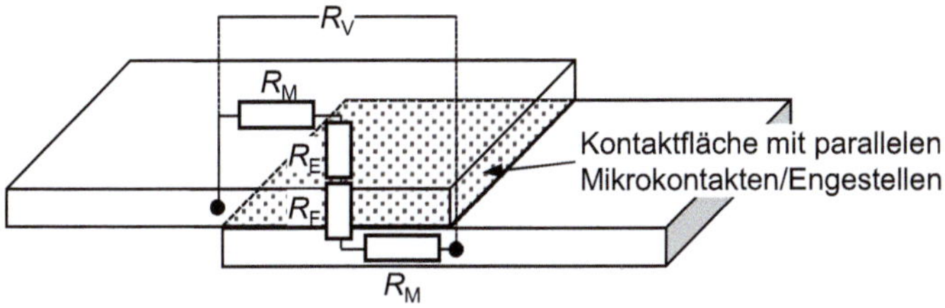

Abb. 4.4 Grundlegendes Ersatzschaltbild einer Verbindung am Beispiel des Flächenkontakts

einer realen Verbindung ist häufig der Verbindungswiderstand R_V die einzige Größe, die tatsächlich gemessen und bereits als Grundlage zur Bewertung der Verbindung verwendet werden kann (Abb. 4.4, zusätzlich Abschn. 4.1.2 und 4.1.3). Eine Aufteilung des Verbindungswiderstands in Kontakt- und Materialwiderstand ist für eine genauere Betrachtung der Verbindung wertvoll und erfordert ein erweitertes Modell (siehe Abschn. 4.3). Der Engewiderstand kann für Einpunktkontakte mit dem Kugel- oder Ellipsoidmodell beschrieben werden [2]. Bei Mehrpunktkontakten ist die Verteilung und Größe sowie die Interaktion der elektrischen Strömungslinien benachbarter Mikrokontakte zu berücksichtigen (Tab. 4.1). Der Fremdschichtwiderstand ist dabei stark abhängig von der Dicke der Fremdschicht und kann als Scheibe mit einem Radius r_i und einer Dicke l_f[2] im Mikrokontakt beschrieben werden.

Bei dicken Oxidschichten muss der Fremdschichtwiderstand R_F und bei dünnen Oxidschichten (kleiner als (10 … 20) Å) der Hautwiderstand R_H betrachtet werden (Tab. 4.2) [1]. Da die genaue Lage der Mikrokontakte insbesondere bei Flächenkontakten nicht bekannt ist, kann der Verbindungswiderstand oft nur über empirische Ansätze abgeschätzt werden (siehe Abschn. 4.3).

[2] Es handelt sich hierbei um eine Abschätzung, da die Dicke der Fremdschicht inhomogen verteilt ist und damit auch die Wirkung ortsabhängig.

Tab. 4.1 Berechnen des Engewiderstands – Einpunktkontakt (in Anlehnung an [2, 5])

	Ellipsoidmodell
Schematisch	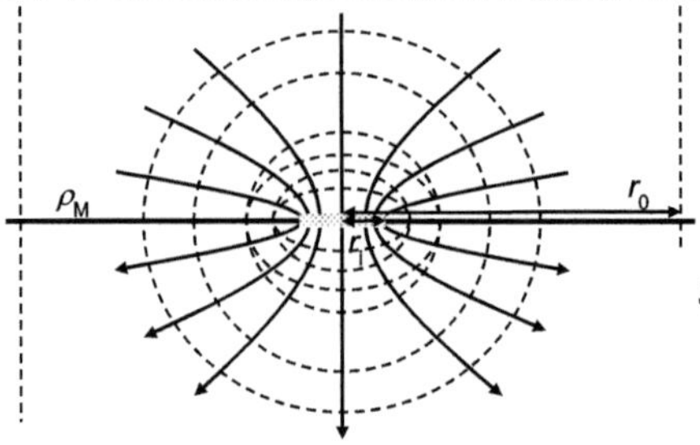 $S_{E,E} = \frac{I}{2\pi r_i^2} \frac{1}{\sqrt{1-\left(\frac{r}{r_i}\right)^2}}$
Gleichung	(4.4) gilt, wenn $10 \cdot r_i \leq r_0$ (r_0 … Außenradius Leiter)
Parameter	ρ_M … spez. elektr. Widerstand, n_E … Anzahl Mikrokontakte, r_i … Radius Mikrokontakt, I … Strom durch die Engestelle $S_{E,E}$ Stromdichte in der Engestelle für das Ellipsoidmodell

Tab. 4.2 Berechnen des Fremdschichtwiderstands [15]

	Dünne Fremdschichten (< (10 … 20) Å)	Dicke Fremdschichten (> (10 … 20) Å)
Annahme schematisch	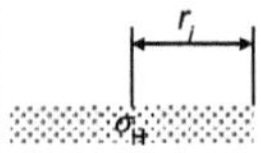	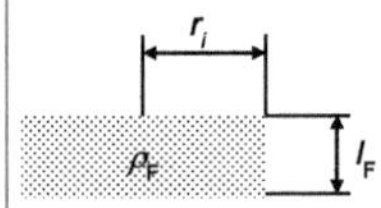
Gleichung	(4.5)	(4.6)
Parameter	σ_H … spezifischer elektrischer, ρ_F … spezifischer elektrischer Widerstand der Fremdschicht, l_F … Dicke der Fremdschicht	

$$R_{E,E} = \frac{\rho_M}{2r_i} \tag{4.4}$$

$$R_H = \frac{\sigma_H}{\pi r_i^2} \tag{4.5}$$

$$R_F = \frac{\rho_F l_F}{\pi r_i^2} \tag{4.6}$$

4.1.2 Gütefaktor: Bewerten von Verbindungen mit gestreckten Leitern

Das Bewerten von Verbindungen mit gestreckten Leitern kann mit dem Gütefaktor k_u erfolgen. Der Gütefaktor ist das Verhältnis des Verbindungswiderstands R_V, gemessen über der Verbindungslänge l_V, bezogen auf den Widerstand R_{BL} des homogen durchströmten Bezugsleiters gleicher Länge l_{BL} (Abb. 4.5, Gl. (4.7)) [5].

Der Gütefaktor beschreibt auch das Verhältnis der Verlustleistung in der Verbindung P_V bezogen auf die im homogen durchströmten Bezugsleiter P_{BL}.

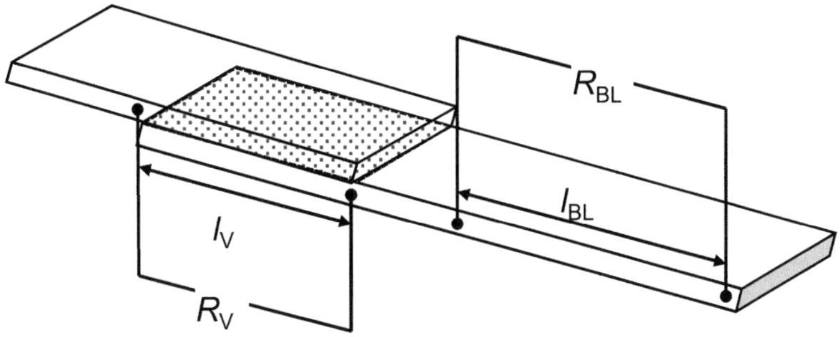

Abb. 4.5 Gütefaktor – längsgestreckte Verbindung mit Leitern gleicher Geometrie

$$k_u = \frac{R_V}{R_{BL}} = \frac{U_V}{U_{BL}} = \frac{P_V}{P_{BL}} \tag{4.7}$$

Ein Gütefaktor von $k_u = 1$ bedeutet, dass in der Verbindung die gleiche Verlustleistung erzeugt wird wie im homogen durchströmten Leiter. Für Verbindungen mit langgestreckten Leitern kann ein temperaturäquivalenter Gütefaktor $k_{uT\text{-}20}$ angegeben werden, bei dem die Verbindung und die umgebenden Leiter gleicher Geometrie dieselbe Temperatur haben. Zudem kann eine obere Grenze des Gütefaktors $k_{uS\text{-}20}$ angegeben werden, bei dem im Betrieb an den Mikrokontakten die Schmelztemperatur erreicht wird. Haben die angeschlossenen Leiter eine unterschiedliche Geometrie oder bestehen aus unterschiedlichen Werkstoffen, so ist ein mittlerer Widerstand als Bezugswert einzusetzen oder der Widerstand des Leiters mit dem niedrigeren Widerstand zu verwenden. Für Schraubenverbindungen mit Stromschienen können abhängig von der Geometrie der Schienen, der Anzahl der Bohrlöcher und Schrauben sowie der Verbindungslänge l_V Werte für $k_{uT\text{-}20} = (1{,}41 \ldots 2)$ angegeben werden (Tab. 4.21 – Abschn. 4.5.1 (S. 106) [6].

Beispiel

Bezugswert R_{BL} einer Schraubenverbindung mit Stromschienen der Maße (40 x 10) mm^2 und einer Verbindungslänge $l_V = 40$ mm aus Cu-ETP

$$R_{BL} = 0{,}0178 \frac{\Omega \cdot \text{mm}^2}{\text{m}} \cdot \frac{0{,}04\ \text{m}}{400\ \text{mm}^2} = 1{,}78\ \mu\Omega$$

Bezugswert R_{BL} einer Pressverbindung mit einem 400 mm^2 Rundleiter aus Al99,5 der Klasse 2 und einer Länge von 70 mm.

$$R_{BL} = 0{,}028 \frac{\Omega \cdot \text{mm}^2}{\text{m}} \cdot \frac{0{,}07\ \text{m}}{400\ \text{mm}^2} = 4{,}9\ \mu\Omega$$

Mittlerer Widerstand als Bezugswert R_{BL} einer Schraubenverbindung mit Stromschienen aus Cu-ETP ((10 x 5) mm^2) und AlMgSi0,5 T7 ((25 x 3) mm^2) sowie einer Verbindungslänge $l_V = 10$ mm

$$R_{\mathrm{BL}} = \frac{\left(0{,}0313 \frac{\Omega \cdot \mathrm{mm}^2}{\mathrm{m}} \cdot \frac{0{,}01\,\mathrm{m}}{75\,\mathrm{mm}^2}\right) + \left(0{,}0178 \frac{\Omega \cdot \mathrm{mm}^2}{\mathrm{m}} \cdot \frac{0{,}01\,\mathrm{m}}{50\,\mathrm{mm}^2}\right)}{2} = 3{,}87\,\mu\Omega$$ ◄

Es ist zu beachten, dass für Verbindungen mit großvolumigen Verbinderkörper, wie z. B. bei Pressverbindungen mit mehrdrähtigen Leitern, sehr kleine Gütefaktoren ermittelt werden. Die Aussagekraft über den Gütefaktor bezüglich der Qualität dieser Verbindung ist damit nur noch bedingt möglich. In diesem Fall kann eine Modellgröße, wie z. B. der spezifische Querwiderstandsbelag R'_{q} betrachtet werden (Abschn. 4.5.2) [11].

4.1.3 Spannungsfall: Bewerten von Steck- und Gleitverbindungen

Insbesondere bei Steck- und Gleitverbindungen mit Lamellenkontakten oder Schraubenfedern ist der Gütefaktor kein sinnvoll anwendbares Bewertungskriterium, da aufgrund des sehr kleinen stromführenden Querschnitts beim Kontakt in der Steckverbindung im Vergleich zu den Anschlussleitern Gütefaktoren von $k_{\mathrm{u}} = (1{,}5 \ldots 5)$ berechnet werden. Trotzdem sind die Verbindungen als technisch sehr gut zu bewerten. Der Verbindungswiderstand wiederum lässt nur einen Vergleich von Verbindungen mit ähnlicher Geometrie und ähnlichen Anschlussleitern zu. Daher hat sich der ohmsche Spannungsfall bei Belastung mit dem Bemessungsstrom als unabhängig vom Leiterquerschnitt anwendbares Kriterium zur Bewertung von Hochstrom-Steckverbindungen etabliert (Abb. 4.6).

Aus dem gemessenen Spannungsfall U_{K} kann mit der Spannungs-Temperatur-Beziehung bei bekannter Temperatur von Stecker und Buchse T_1 die maximale Temperatur im Kontaktbereich $T_{\max}$ berechnet werden. Für einen symmetrisch erwärmten Kontakt ergibt sich mit der Lorenzzahl L L folgender Zusammenhang:

$$T_{\max} = \sqrt{\frac{U_{\mathrm{K}}^2}{4\mathrm{L}} + T_1^2} \tag{4.8}$$

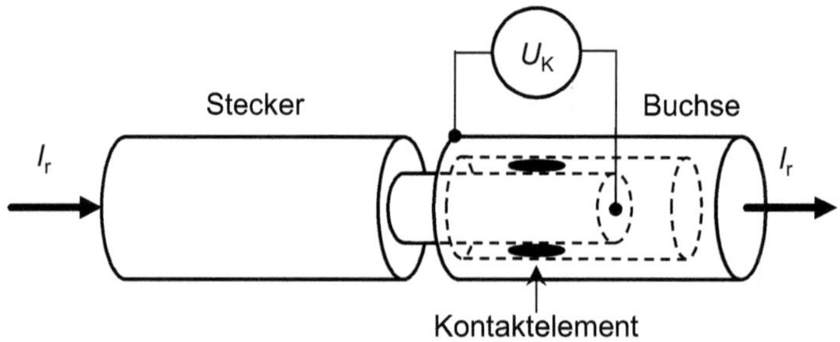

Abb. 4.6 Spannungsfall über dem Kontaktelement einer Steckverbindung U_{k} bei Bemessungsstroms I_{r} – Messen des Spannungsfalls an den nahezu stromlosen Enden

Tab. 4.3 Bewerten von Hochstrom-Steckverbindungen abhängig vom Spannungsfall über dem Kontakt bei Belastung mit dem Bemessungsstrom; Temperatur von Stecker und Buchse $\vartheta_1 = \vartheta_2 = 60$ °C – Grenzwerte angelehnt an [18, 19, 21]

Spannungsfall U_K bei Bemessungsstrom I_r in mV	Übertemperatur im Kontakt in K	Bewertung
< 5	< 1	keine messtechnisch erfassbare Übertemperatur im Kontakt (sehr gut)
5…14	< 3	technisch guter Kontakt
> 14…18	≈ 3…5	typische Auslegung für Steckverbindungen
> 18…25	≈ 5…10	noch ausreichende Kontaktqualität
> 25…50	≈ 10…35	Grenzbereich für langzeitstabilen Betrieb (kritisch)
> 50…100	≈ 35…130	im Allgemeinen kein langzeitstabiler Betrieb möglich (unbrauchbar)
> 100	> 130	Ausfall innerhalb kurzer Betriebszeit Wahrscheinlich

grau … Zielgröße bei der Auslegung

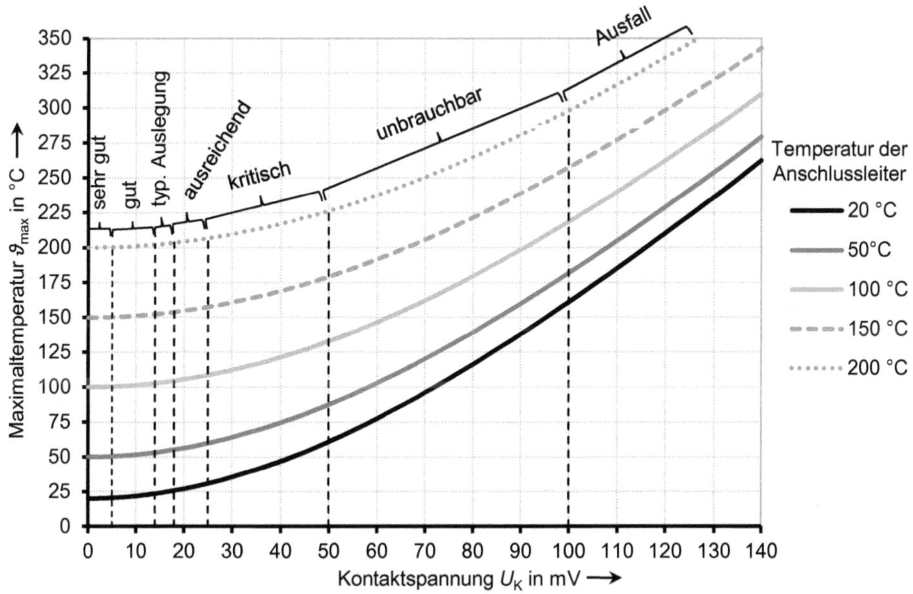

Abb. 4.7 Maximaltemperatur ϑ_{max} des Kontakts abhängig von der Kontaktspannung U_K und der Temperatur der Anschlüsse ϑ_1

Die Qualität des Kontaktes kann damit nahezu geometrieunabhängig bewertet werden (Tab. 4.3). Für Steckverbindungen ist der Spannungsfall zum Beispiel über dem Kontaktelement oder zwischen geschlitzter Buchse und Stecker zu bestimmen (Abb. 4.6). Abhängig von der Kontaktspannung kann damit für eine stationäre Strombelastung die Übertemperatur im Kontakt abgeschätzt und damit die Qualität einer Verbindung bewertet werden (Tab. 4.3 und Abb. 4.7).

Beispiel

An einem elektrischen Kontakt wird ein Kontaktwiderstand R_K von 30 µΩ gemessen. Der Kontakt ist für einen Bemessungsstrom I_r von 500 A ausgelegt. Die Anschlussleiter sind für eine maximale Temperatur ϑ_{max} von 105 °C bemessen.

$$T_{max} = \sqrt{\frac{\left(30\ \mu\Omega \cdot 10^{-6} \cdot 500\ \mathrm{A}\right)^2}{4 \cdot 2{,}3 \cdot 10^{-8}\ \frac{\mathrm{V}^2}{\mathrm{K}^2}} + \left(105°C + 273\ \mathrm{K}\right)^2} = 381{,}2\mathrm{K}$$

$$U_K = 30\ \mu\Omega \cdot 10^{-6} \cdot 500\ \mathrm{A} = 15\ \mathrm{mV}$$

$$\Delta\vartheta = \left(381{,}2\ \mathrm{K} - 378\,\mathrm{K}\right) = 3{,}2\,\mathrm{K}$$

Die Übertemperatur bezogen auf die der Anschlussleiter beträgt rund 3 K. Wegen der geringen Übertemperatur im Kontakt kann die Widerstandserhöhung durch innere Erwärmung des Kontaktes (Abschn. 4.4.2) vernachlässigt werden. ◄

4.2 Mechanisches Kontaktverhalten

Eine langzeitstabile stromführende Verbindung muss auch eine langzeitstabile mechanische Verbindung sein. Die mechanische Funktion beinhaltet das Aufnehmen und Übertragen betriebsmäßig wirkender Zug-, Druck- und/oder Scherkräfte. Darüber hinaus ist das mechanische Kontaktverhalten durch die Größe der mechanisch tragenden Kontaktfläche der Verbindung sowie die Höhe und die Verteilung der mechanischen Spannungen in der Kontaktebene charakterisiert. Werden zwei oder mehrere Leiter zu einer stromführenden Verbindung gefügt, erfolgt dies in den meisten Anwendungsfällen durch Umformen der Kontaktpartner oder durch zusätzliche Füge- bzw. Kontaktelemente. Beim Fügen werden dabei die Leiter elastisch oder elasto-plastisch verformt. Es entstehen mechanisch tragende Kontaktflächen, die die mechanische Spannung während des Fügens sowie anschließend die bleibende mechanische Spannung aufnehmen. Die mechanische Spannung hängt von der elastischen Verformung und gegebenenfalls von der Verfestigung des Werkstoffs während des Fügens ab. Abhängig davon, wie die Kontaktkraft eingeleitet wird und die Geometrie der Kontaktpartner ist, resultiert eine Verteilung der bleibenden mechanischen Spannung innerhalb der scheinbaren Kontaktfläche. Die maximal zulässigen, wirkenden Betriebskräfte werden bei kraftschlüssigen Verbindungen durch die wirkende Normalkraft und die Reibung zwischen den Leitern und den Füge- sowie

Kontaktelementen begrenzt. Ist ein Formschlussanteil vorhanden, werden die übertragbaren Kräfte von den mechanischen Eigenschaften der Werkstoffe des Leiter- oder Verbinderkörpers sowie von der Reibung zwischen den Kontaktpartnern bestimmt. In zahlreichen Richtlinien wird die mechanische Auslegung von Verbindungen unter besonderer Berücksichtigung wirkender Betriebskräfte beschrieben [26, 27]. Folgend werden einige wichtige Zusammenhänge für die betrachteten Verbindungsarten näher vorgestellt, die weiterführend auch für das elektrische und thermische Kontaktverhalten wesentlich sind. Um die Integrität stromführender Verbindungen sicherzustellen sowie ein gutes mechanisches und basierend darauf elektrisches Kontaktverhalten zu erreichen, muss bei der Auslegung dauerhaft eine mechanische (Druck-)Spannung in Normalrichtung auf die Kontaktfläche wirken. Dazu wird eine äußere mechanische Kraft aufgebracht (Abb. 4.2), die über eine mechanisch tragende Kontaktfläche zwischen den Kontaktpartnern übertragen wird. Bei nicht lösbaren und bedingt lösbaren Verbindungen wie Schrauben- oder Pressverbindungen muss die mechanische Spannung so groß sein, dass es durch betriebsbedingte Kräfte nicht zu Relativbewegungen zwischen den Kontaktpartnern kommt (Abb. 4.8). Bei bewegten Verbindungen, wie zum Beispiel Steckverbindungen, dürfen Relativbewegungen auftreten. Dennoch müssen die mechanischen Spannungen in Normalrichtung zur Kontaktfläche erhalten bleiben. Abhängig von der Verbindungsart gibt es verschiedene Möglichkeiten, die mechanische Kraft in Normalrichtung zu erzeugen und eine mechanisch tragende Ersatzfläche abzuschätzen.

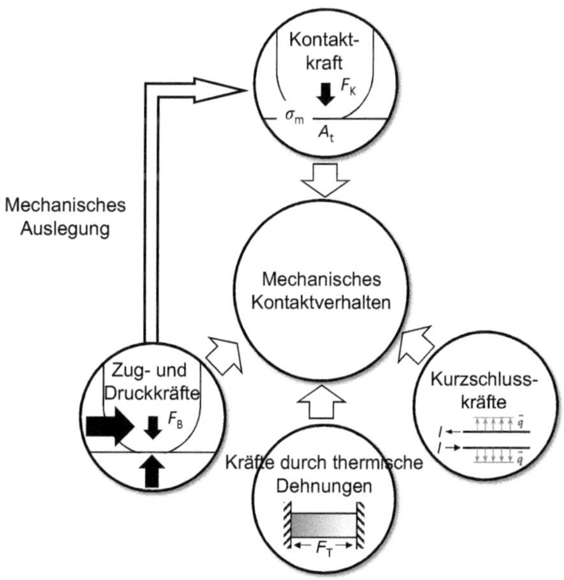

Abb. 4.8 Einflussgrößen auf die mechanische Auslegung und das mechanische Kontaktverhalten unter Berücksichtigung betriebsbedingter Kräfte

Der am häufigsten verwendete Ansatz, die mechanisch tragende Kontaktfläche A_t näherungsweise zu berechnen, basiert auf der plastischen Verformung von Rauheitsspitzen der Kontaktwerkstoffe abhängig von der Kontaktkraft und der Kontakthärte H_K.[3]

$$A_t = \frac{F_K}{H_K} \tag{4.9}$$

Dieser Ansatz gilt nicht nur für Punktkontakte sondern kann auch für Flächenkontakte angewendet werden, bei denen die Kontaktkraft und die Oberflächenrauheit in der Kontaktebene gleichverteilt sind [20]. Es wird dabei davon ausgegangen, dass bei einer großen scheinbaren Kontaktfläche viele kleine mechanisch tragende Kontaktstellen entstehen, die geringer verformt werden und bei einer kleinen scheinbaren Kontaktfläche größere aber weniger mechanisch tragende Kontaktstellen gebildet werden, die stärker verformt sind. Bis zu einem Anteil von 10 % der mechanisch tragenden Kontaktfläche an der scheinbaren Kontaktfläche kann Gl. (4.9) angewendet werden. Ist der Anteil höher, müssen komplexere Modelle verwendet werden, da die Verformung einzelner Kontakte eine Rückwirkung auf den Werkstoff in unmittelbare Umgebung haben. Wird diese Rückwirkung berücksichtigt, kann bei hoher plastischer Verformung der Mikrokontakte der Anteil der mechanisch tragenden Kontaktfläche A_t an der scheinbaren Fläche Kontaktfläche A_s abhängig von der mittleren mechanischen σ_m Spannung und der Kontakthärte H_K abgeschätzt werden (Gl. (4.10)) [28, 29].

$$\frac{A_t}{A_s} = \frac{\sigma_m / H_K}{1 + \sigma_m / H_K} \tag{4.10}$$

Werden in diesem Zusammenhang die Materialanteilskurven (Abb. 4.9) der Kontaktpartner betrachtet, wird deutlich, dass die mechanisch tragende Fläche in stromführenden Verbindungen an den höchsten Erhebungen der Oberflächentopologie zustande kommen [36]. In praktischen Verbindungen ist eine gleichmäßige Verteilung der Kontaktkraft und/oder eine gleichverteilte Oberflächenrauheit in der Regel nicht vorhanden, sodass die mikroskopische mechanisch tragende Kontaktfläche unbekannt ist.

Alternativ kann abhängig von der Verbindungsart die mechanisch tragende Kontaktfläche über Ersatzflächen abgeschätzt werden, um daraus eine mittlere mechanische Spannung zwischen den Kontaktpartner ermitteln zu können (Gl. (4.11)).

$$\sigma_m = \frac{A_{Ers}}{F_K} \tag{4.11}$$

Folgend werden die Zusammenhänge für Schrauben-, Press- und Steckverbindungen betrachtet. Als weiterführende Literatur zu diesem Thema wird auf folgende Bücher verwiesen [5, 26, 27].

[3] Diese entspricht näherungsweise der Brinellhärte.

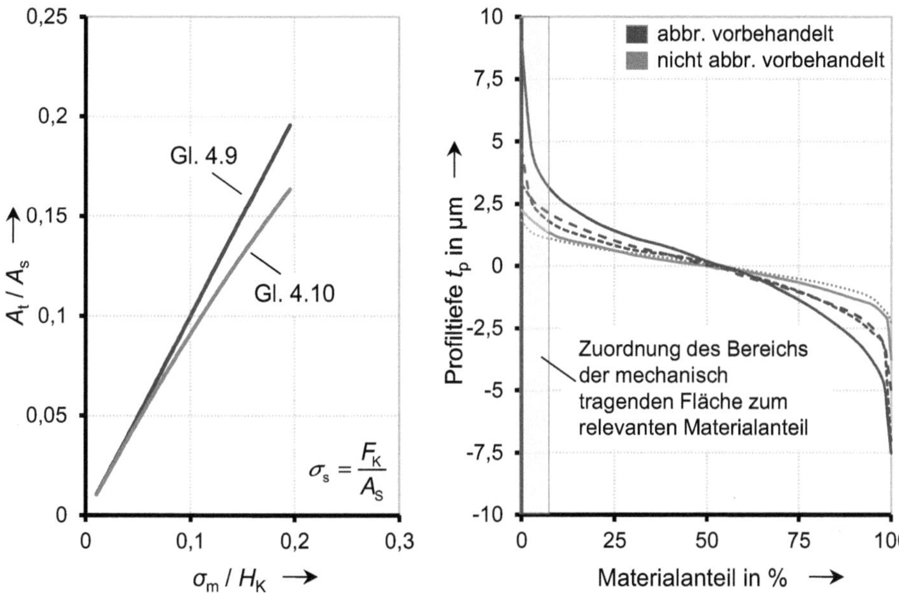

Abb. 4.9 Vergleich der Ansätze (Gln. (4.9) & (4.10)) zum Berechnen der mechanisch tragenden Fläche und exemplarische Zuordnung des mit Gl. (4.10) berechneten Anteils A_t/A_s zu gemessenen Höhenprofil von Kontaktflächen [36]

4.2.1 Schraubenverbindungen

Schraubenverbindungen sind kraftschlüssig oder kraft-formschlüssig. Die Vorspannkraft F_V und die daraus resultierende Klemm- oder Kontaktkraft F_K wird durch die Schraube aufgebracht, die beim Fügen elastisch verformt wird. Um die mechanischen Eigenschaften von Schraubenverbindungen optimal ausnutzen zu können, müssen die Kraft-Verformungs-Prozesse in der Verbindung genauer betrachtet werden. Beim Beschreiben des Montagezustands wird dazu die Nachgiebigkeit der Schraube bei aufeinanderliegenden, verspannten Teilen betrachtet. Für den Fall einer zentrisch, biegefrei verspannten Schraubenverbindung ist der vom Schraubenkopf ausgehende Druckkegel seitensymmetrisch zur Schraubenachse. Dieser kann sich vollständig ausbilden oder er wird vom Außendurchmesser D_A der Kontaktebene oder der Kontaktpartner D'_A begrenzt [26].

Der druckbeanspruchte Bereich verbreitert sich ausgehend vom Schraubenkopf und von der Mutter hin zur Kontaktebene zwischen den Kontaktpartnern, wenn die Auflagefläche des Schraubenkopfes d_w bzw. der Außendurchmesser der ebenen Auflagefläche einer Scheibe zum verspannten Teil d_{wa} kleiner ist als die Querabmessung D_A der verschraubten Teile. Dabei verringert sich die mechanische Spannung in radialer Richtung. Vereinfachend

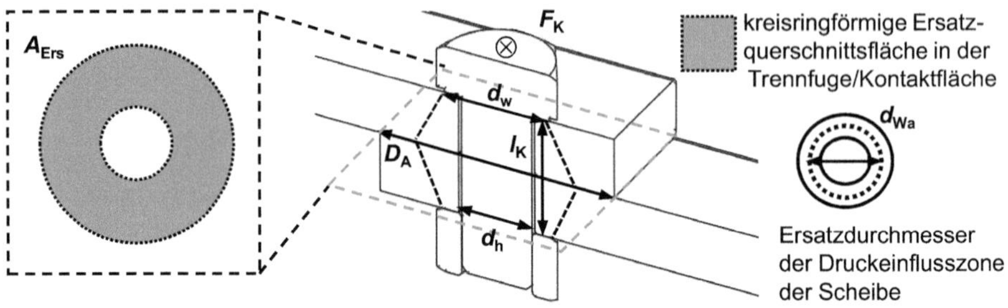

Abb. 4.10 Druckkegel einer zentrisch verspannten Durchsteck-Schraubenverbindung [26]

wird bei der mechanischen Auslegung der Druckkegel hin zur Trennfuge als Kegelstumpf mit kreisringförmiger Grundfläche betrachtet. Kann sich der Druckkegel voll ausbilden (Abb. 4.10), kann eine kreisringförmige Ersatzquerschnittsfläche A_{Ers} in der Kontaktebene unter Berücksichtigung der Klemmlänge l_{k} und des Lochdurchmessers d_{h} mit Gl. (4.12) berechnet werden. Dies gilt für die Bedingung, dass der Ersatz-Außendurchmesser des Grundkörpers in der Trennfuge mit D_{A} größer ist als die Summe des Außendurchmessers der ebenen Kopfauflagefläche der Schraube d_{w} und der Klemmlänge l_{k} [26, 27].

$$A_{\mathrm{Ers}} = \frac{\pi}{4}\left(d_{\mathrm{W}}^2 - d_h^2\right) + \frac{\pi}{8} d_{\mathrm{W}} l_{\mathrm{K}} \left[\left(x+1\right)^2 - 1\right] \text{ mit } x = \sqrt[3]{\frac{l_{\mathrm{K}} d_{\mathrm{W}}}{\left(l_{\mathrm{K}} + d_{\mathrm{W}}\right)^2}} \quad (4.12)$$

$$\text{für } D_A \geq d_w + l_k$$

Wird der Druckkegel aufgrund der Bauteilmaße nicht voll ausgebildet, muss z. B. eine zusätzliche zylindrische Hülse berücksichtigt werden [26]. Ist der Durchmesser der ebenen Kopfauflagefläche der Schraube kleiner als der Ersatz-Außendurchmesser des Grundkörpers in der Trennfuge gilt:

$$A_{\mathrm{Ers}} = \frac{\pi}{4}\left(D_{\mathrm{A}}^2 - d_h^2\right) \text{ für } D_A < d_w \quad (4.13)$$

Ist der Außendurchmesser D_{A} der Kontaktebene größer als die ebene Kopfauflagefläche der Schraube d_{w} und kleiner als die Summe des Außendurchmessers der ebenen Kopfauflagefläche der Schraube d_{w} und der Klemmlänge l_{k}, ist folgende Gleichung zu verwenden:

$$A_{\mathrm{Ers}} = \frac{\pi}{4}\left(d_{\mathrm{W}}^2 - d_{\mathrm{h}}^2\right) + \frac{\pi}{8} d_{\mathrm{W}} \left(D_{\mathrm{A}} - d_{\mathrm{W}}\right)\left[\left(x+1\right)^2 - 1\right] \text{ mit } x = \sqrt{\frac{l_{\mathrm{K}} d_{\mathrm{W}}}{\left(D_{\mathrm{A}}\right)^2}} \quad (4.14)$$

$$\text{für } d_w \leq D_A \leq d_w + l_k$$

In diesen Flächenbetrachtungen wird davon ausgegangen, dass, anders als in der Realität, die mechanische Spannung in der Kontaktebene gleichverteilt ist und nur eine elastische Verformung der Kontaktpartner auftritt. Mit der Ersatzquerschnittsfläche A_{Ers} werden die Kraftverhältnisse in der Verbindung betrachtet [2].

Beispiel

Ersatzquerschnittsfläche A_{ers} einer Durchsteck-Schraubenverbindung mit einer M12 Schraube deren Durchmesser der Kopfauflage d_w = 16,63 mm ist, zwei Scheiben der normalen Reihe der Größe 12 mit einer Höhe von h_s = 2,5 mm, zwei Stromschienen der Maße (40 x 10) mm mit einer Verbindungslänge l_V von 40 mm und einem Bohrlochdurchmesser d_h von 13 mm.

$$d_{Wa} = 16{,}63\ \text{mm} + 1{,}6 \cdot 2{,}5\ \text{mm} = 20{,}6\ \text{mm}$$

$$A_{Ers} = \frac{\pi}{4}\left(20{,}6\ \text{mm}^2 - 13\ \text{mm}^2\right) + \frac{\pi}{8} 20{,}6\ \text{mm} \cdot 25\ \text{mm}\left[\left(\sqrt[3]{\frac{25\ \text{mm} \cdot 20{,}6\ \text{mm}}{\left(25\ \text{mm} + 20{,}6\ \text{mm}\right)^2}} + 1\right)^2 - 1\right]$$

$$A_{Ers} = 536\ \text{mm}^2$$

◄

Um die Flächenpressung an der Auflagefläche A_P des Schraubenkopfs und der Mutter zum Kontaktpartner näherungsweise berechnen zu können, wird bei Einsatz von Norm-Unterlegscheiben mit einer Dicke h_s ein Ersatzdurchmesser d_{Wa} anstatt d_w berechnet, der die Druckeinflusszone zwischen der Unterlegscheibe und dem Kontaktpartner berücksichtigt [27].

$$d_{Wa} = d_W + 1{,}6 \cdot h_S \tag{4.15}$$

Je nach Anforderung wird die Schraubenverbindung so ausgelegt, dass durch die berechnete Mindestklemmkraft eine Dichtfunktion gegenüber Gasen und Flüssigkeiten erreicht wird, Querkräfte oder Drehmomente durch Haftreibung in der Trennfuge übertragen werden können und ein Aufklaffen der Trennfuge verhindert wird [26, 27].

Die Montage von stromführenden Schraubenverbindungen in der Elektroenergietechnik wird normalerweise drehmomentgesteuert durchgeführt. Dazu werden Angaben über die Höhe des Anziehdrehmoments M_A in den Montageanleitungen gegeben. Dieses resultiert aus dem Moment unter dem Schraubenkopf M_K und dem Gewindemoment M_G.

$$\begin{gathered} M_A = M_K + M_G \ \text{ mit } \ M_K = F_V \cdot \frac{D_{Km}}{2} \cdot \mu_K \ \text{ und } \ M_G = F_V\left[0{,}159 \cdot P + 0{,}58 \cdot d_2 \cdot \mu_G\right] \\ M_A = F_V\left[0{,}159 \cdot P + 0{,}58 \cdot d_2 \cdot \mu_G + \frac{D_{Km}}{2} \cdot \mu_K\right] \end{gathered} \tag{4.16}$$

Der Zusammenhang zwischen Vorspannkraft F_V und Anziehdrehmoment kann unter Berücksichtigung des Flankendurchmessers der Schraube d_2, der Gewindesteigung P und des wirksamen Durchmessers für das Reibmoment in der Schraubenkopf- und Mutterauflage D_{Km} berechnet werden.

Es ist zu beachten, dass die minimale Reibungszahl im Gewinde μ_{Gmin} und am Schraubenkopf- bzw. der Mutterauflage μ_{Kmin} einen enormen Einfluss auf das berechnete Anziehdrehmoment haben und abhängig von der Drehgeschwindigkeit beim Montieren sind. Die genaue Kenntnis der Reibungszahl zwischen den Fügelementen ist damit unbedingt notwendig, um eine ausreichende Vorspann- und damit Kontaktkräfte zu erreichen (Tab. 4.4 und 4.5). Ausführliche Erläuterungen dazu sind in [2] aufgeführt. Bei mehrmaligen Anziehen erhöht sich die Reibungszahl durch zunehmende adhäsiv-abrasive Verschleißvorgänge in den Trennfugen bis hin zum Fressen oder verringert sich durch Einebnungsvorgänge [26]. Dies ist bei einer Wiederholmontage zu berücksichtigen.

Tab. 4.4 Reibungszahl μ_G für ausgewählte Werkstoffpaarungen und Schmierzustände [27, 31]

Werkstoffpaarung		
Werkstoff 1	Werkstoff 2	Reibungszahl μ_G
St galv. verzinkt (Zn6) trocken	St galv. verzinkt (Zn6) trocken	0,12 ... 0,2
St galv. Verzinkt (Zn6) geölt	St galv. verzinkt (Zn6) geölt	0,10 ... 0,18
AlMg blank trocken	St verzinkt oder phosphatiert	0,08 ... 0,20
Edelstahl A2 Spezialschmiermittel (Chlorparaffin-Basis)	Edelstahl A2 Spezialschmiermittel (Chlorparaffin-Basis)	0,12 ... 0,23
Edelstahl A2	AlMgSi trocken	0,32 ... 0,43
Edelstahl A2	AlMgSi Spezialschmiermittel (Chlorparaffin-Basis)	0,28 ... 0,35

Tab. 4.5 Reibungszahl μ_K für ausgewählte Werkstoffpaarungen und Schmierzustände [27, 31, 30, 33]

Werkstoffpaarung		
Werkstoff 1	Werkstoff 2	Reibungszahl μ_K
Edelstahl A2 trocken[1)]	Edelstahl A2 trocken[1)]	0,35 ... 0,5
Edelstahl A2 Korrosionsschutzfett[1)]	Edelstahl A2 Korrosionsschutzfett[1)]	0,25 ... 0,35
Edelstahl A2 Spezialschmiermittel (Chlorparaffin-Basis)[1]	A2 Spezialschmiermittel (Chlorparaffin-Basis)[1)]	0,08 ... 0,12
Edelstahl A2	AlMgSi Spezialschmiermittel (Chlorparaffin-Basis)[1)]	0,08 ... 0,11
ZnLa[2)]	Cu-ETP	0,12 ... 016
	galv. Ag	0,12 ... 0,15
	NiP (Typ 2)	0,12 ... 0,19
	galv. Sn (matt)	0,16 ... 0,28
	galv. Sn (glanz)	0,13

[1)] Große Anziehwinkel ca. 1000 Grad

[2)] Schraubenunterkopfauflage Außenträger [32, 33]

Beispiel

Schraubenverbindung mit einer Schraube M12 und Mutter aus Edelstahl A2 (geschmiert) und Stromschienen aus AlMgSi (geschmiert) – gewünschte Vorspannkraft F_V = 25 kN, μ_G = 0,12 … 0,23 (Tab. 4.4) μ_K = 0,08 … 0,11 (Tab. 4.5), eines Flankendurchmessers der Schraube d_2 von 10,86 mm, einer der Gewindesteigung P von 1,75 und einer Schraubenkopf- und Mutterauflage D_{Km} von 14,82 mm.

$$M_{A,min} = 25000\ \text{N}\left[0{,}159 \cdot 1{,}75 + 0{,}58 \cdot 10{,}86\ \text{mm} \cdot 0{,}12 + \frac{14{,}82\ \text{mm}}{2} \cdot 0{,}08\right] = 41\ \text{Nm}$$

$$M_{A,max} = 25000\ \text{N}\left[0{,}159 \cdot 1{,}75 + 0{,}58 \cdot 10{,}86\ \text{mm} \cdot 0{,}23 + \frac{14{,}82\ \text{mm}}{2} \cdot 0{,}11\right] = 64\ \text{Nm}$$

◄

Häufig werden zusätzlich zur Schraube und Mutter noch Scheiben eingesetzt, die eine definierte Reibungszahl zwischen Schraubenkopf und Scheibe bzw. Mutter erzeugen sowie ein Lockern und Losdrehen verhindern sollen. Verschiedene Ausführung von federnden und nicht federnden Fügelementen stehen dabei zur Verfügung, um ein Lockern durch Setzen und Relaxation zu vermeiden. Eine Federwirkung mitverspannter federnde Fügeelemente ist nur gewährleistet, wenn nach [26]

- die Federkraft etwa so hoch ist wie die Schraubenvorspannkraft,
- die Flächenpressungen in den Auflageflächen berechenbar sind,
- die benötigte Vorspannung beim Anziehen nicht beeinträchtigt wird,
- die Spaltkorrosion vermieden wird,
- beim Be- und Entlasten darf es nicht zu unterschiedlich Vorspannkräften kommen (auch nicht bei mehrfacher Anwendung).

Bei den Federscheiben (DIN 137:1970-12, DIN 6904:1990-12), den Federringen (DIN 127:1987-10, DIN 128:1968-04 und DIN 6905:1990-12), den Zahnscheiben (DIN 6797:1988-07) und Fächerscheiben (DIN 6798: 1988-07) werden die genannten Anforderungen, insbesondere die erste, nicht erfüllt, sodass diese bei der Auslegung nicht verwendet werden sollen und zu Recht die Standards dafür zurückgezogen wurden. Als Wirksam haben sich in Versuchen zum elektrischen Kontaktverhalten Spannscheiben nach DIN 6796:2009-08 unter Berücksichtig der Technischen Lieferbindungen nach DIN 267-26:2005-12 erwiesen [26]. Maßnahmen gegen das selbstständige Losdrehen durch äußere Losdrehmomente, Relativbewegungen zwischen den Kontaktfläche oder Atmen des Gewindes der Mutter durch eine Beanspruchung in axiale Richtung sind folgend beispielhaft aufgezeigt und in [26] nachzulesen.

- Schraubenvorspannkraft ist ausreichend hoch zu wählen
- Möglichst große elastische Nachgiebigkeit der Schraube
- Einsatz von Passschrauben, um ein Verschieben durch Formschluss zu begrenzen
- Eine hohe Kopfreibung
- Der Einsatz geeigneter Sicherungsmaßnahmen wie Schrauben und Muttern mit sperrverzahnten Auflageflächen

Welche Maßnahmen getroffen werden müssen, ist abhängig von den betriebsbedingten Anforderungen. In Langzeitversuchen an Schraubenverbindungen mit Stromschienen aus Kupfer und Aluminium konnte die Wirksamkeit von Spannscheiben nachgewissen werden (Abb. 4.11). Zusätzlich wurden weitere Fügelemente vergleichend untersucht. Es ist deutlich zu sehen, dass der Kraftabbau bei nicht federnden Scheiben am stärksten ist.

Der Einsatz von Druckplatten führt zu einer gleichmäßigeren Verteilung der mechanischen Spannung und einer größeren freien Dehnlänge der Schraube, wodurch der Kraftabbau nach gleicher Zeit geringer ist als beim Einsatz der Scheiben. Gleichsinnig gestapelte Tellerfedern führten aufgrund der Setzbeträge in den zahlreichen Trennfugen sowie der hohen Reibungszahl zwischen den einzelnen Elementen trotz größerer Dehnlänge der Schraube zu keiner Verbesserung (Abb. 4.11) [8]. Wird Aluminium als Leiterwerkstoff eingesetzt, wird empfohlen, zusätzlich Unterlegscheiben der großen Reihe zu verwenden, um ein Gleiten der Spannscheiben beim Verspannen zu erreichen und ein Eingraben in das weichere Aluminium zu verhindern, damit die Federwirkung erhalten bleibt [8, 9, 34, 35].

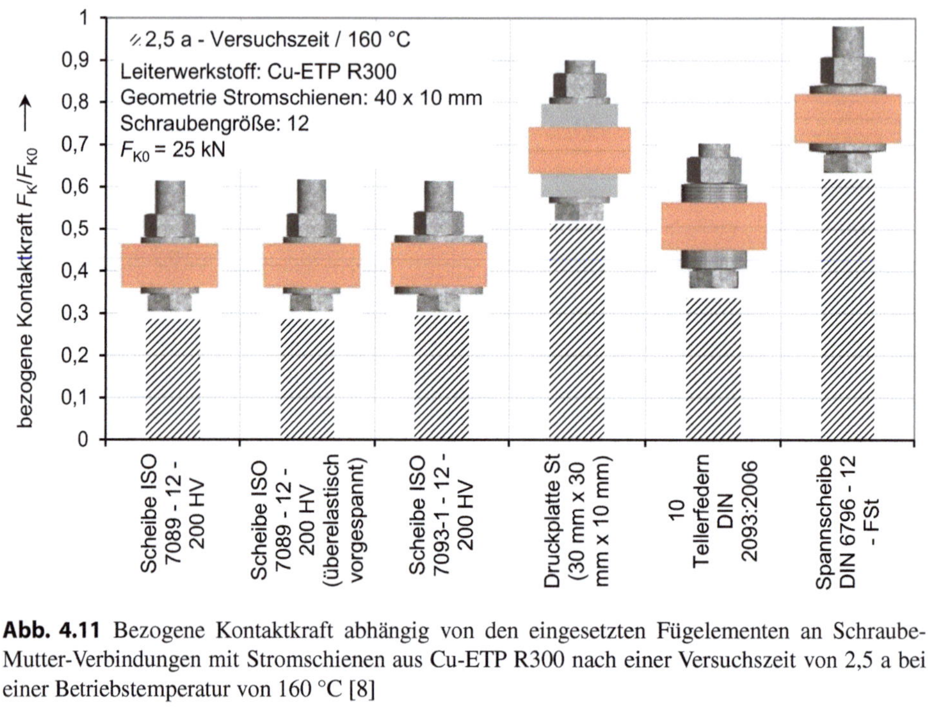

Abb. 4.11 Bezogene Kontaktkraft abhängig von den eingesetzten Fügelementen an Schraube-Mutter-Verbindungen mit Stromschienen aus Cu-ETP R300 nach einer Versuchszeit von 2,5 a bei einer Betriebstemperatur von 160 °C [8]

4.2.2 Pressverbindungen

Eine Pressverbindung wird durch das form- und kraftschlüssige Fügen von mindestens zwei Leitern oder einem Leiter mit einem weiteren Verbindungselement (z. B. Presshülse, -kabelschuh oder -armatur) hergestellt. Bei allen bekannten Verfahren zum Herstellen von stromführenden Pressverbindungen wird eine definierte Formänderung der Kontaktpartner realisiert. Dabei werden zum Teil sehr hohe Umformgrade in der Armatur und im Leiter erreicht. Die gewünschte Formänderung führt stets zu einem bestimmten Dehnungszustand im Gesamtsystem, sodass die mechanisch tragende Kontaktfläche und der Kraftschlussanteil resultierende Größen sind und damit beispielsweise von den mechanischen Eigenschaften der verwendeten Werkstoffe abhängen. Pressverbindungen werden entweder mit mechanischer oder thermischer Energie gefügt. Die Verfahren und das dafür eingesetzte Verbindungselement sind auf die Art, den Aufbau, die Abmessungen und den Werkstoff des jeweiligen Leiters abgestimmt (Tab. 4.6).

Zum Auslegen der stromführenden Verbindung werden individuelle geometrische Kenngrößen verwendet. Die derzeit bekannten Verfahren zum Herstellen von Pressverbindungen unterscheiden sich hinsichtlich des verwendeten Leiters, der Höhe des Umformgrads sowie der Art des Energieeintrags, der die Umformung bewirkt. Umfang-, Eindruck-Press- sowie Crimpverbindungen für mehrdrähtige Leiter als auch längsgepresste Verbindungen für Leiterrohre werden gefügt, indem die elastische und/oder die

Tab. 4.6 Einordnen der Verfahren zum Herstellen stromführender Pressverbindungen[a]

Art des Leiters	*Technologie*	*Verfahren (Beispiele)*
Massivleiter nach IEC 60228:2005	Umfangpressen	Sechskantpressung
		Ovalpressung
		Vierkantpressung
Mehr-/fein- und feinstdrähtige Leiter nach IEC 60229:2009		Vierdornpressung
		Rundpressung
	Eindruckpressen	Dornpressung
		Stempelpressung
		C8-Pressung
Leiterrohre (nicht genormt)	Längspressen (Fügen durch Einpressen)	
	Querpressen (Fügen durch Dehnen)	
Leiterseile nach DIN EN 50182:2001	Umfangpressverbindung	Sechskantpressung
	Eindruckpressen	Kerbung

[a]Die Klassifizieren stromführender Pressverbindung unterscheidet sich von derjenigen der Normenreihe DIN 8593-0:2003, die die zugrunde liegenden Fügeverfahren betrachtet.

plastische Formänderung durch eine äußere Kraft bewirkt wird. Quergepresste Verbindungen für Leiterrohre werden durch die Änderung der thermischen Dehnung eines oder beider Kontaktpartner gefügt [37]. Umfang-, Eindruck-Press- sowie Crimpverbindungen für mehrdrähtige Leiter als auch längsgepresste Verbindungen für Leiterrohre werden gefügt, indem die elastische und/oder die plastische Formänderung durch eine äußere Kraft bewirkt wird. Quergepresste Verbindungen für Leiterrohre werden durch die Änderung der thermischen Dehnung eines oder beider Kontaktpartner gefügt [37]. Die mechanischen Eigenschaften des Werkstoffs und der mögliche Temperaturbereich begrenzen bei diesem Verfahren die maximale Dehnung der Kontaktpartner. Die angestrebte Änderung der Dehnung kann für alle Verfahren qualitativ mit individuellen geometrischen Kenngrößen charakterisiert werden. Deshalb ist die resultierende Kraftwirkung in einer Pressverbindung eine von der Dehnung und den Eigenschaften der Leiterwerkstoffe abhängige Größe. Die prinzipielle Funktionsweise einer durch Verpressen hergestellten Verbindung wird exemplarisch am Ablauf des Sechskantpressens eines Leiterseils mit einer Pressarmatur erläutert (Abb. 4.12) [37–39].

Die resultierende Änderung der Dehnung der Armatur und des Leiters beim Fügen, und damit auch der Krafteintrag in den Leiter, wird durch die unidirektionale Bewegung des Presseinsatzes sowie deren Geometrie bestimmt. Während des Schließens der Presseinsätze werden dementsprechend beide Kontaktpartner kontinuierlich elastisch und plastisch verformt (Abb. 4.12 – Phase I).

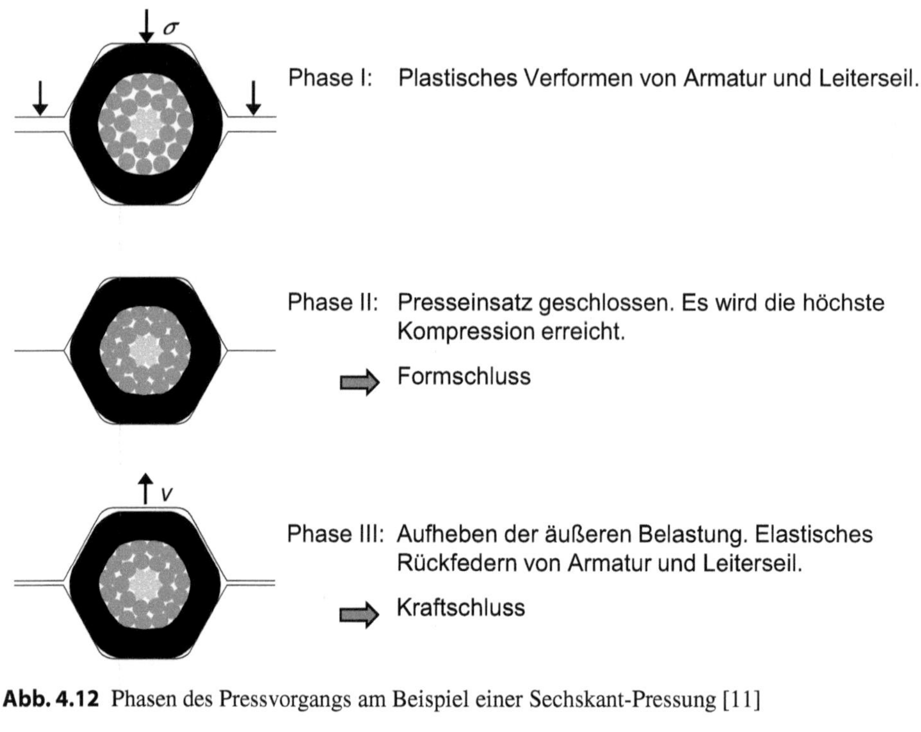

Abb. 4.12 Phasen des Pressvorgangs am Beispiel einer Sechskant-Pressung [11]

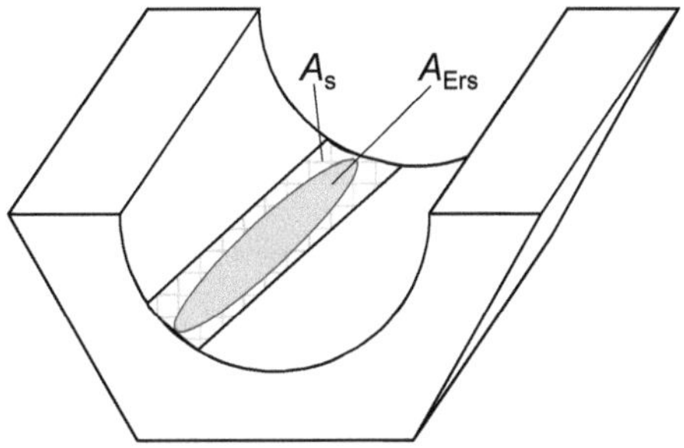

Abb. 4.13 Druckbelastete Ersatzquerschnittsfläche zwischen einem trapezförmigen Draht und der Pressarmatur in einer Sechskant-Pressung (schematisch)

Die Innenfläche der Armatur und der Leiter treten dabei zueinander in Kontakt und die scheinbare Kontaktfläche bildet sich aus. Sobald die Presseinsätze aufeinander liegen, ist das Formieren der Kontaktflächen in der Verbindung abgeschlossen (Abb. 4.12- Phase II). Die Formänderung der Kontaktpartner ist beendet und der Formschluss zwischen Leiter und Armatur hergestellt. Entsprechend sind bei geschlossenen Presseinsätzen die mechanisch tragenden Kontaktflächen zwischen den Kontaktpartnern einer Pressverbindung am größten. Anschließend öffnen sich die Presseinsätze und die äußere Belastung wird unmittelbar aufgehoben (Abb. 4.12 – Phase III).

Der Leiter und die Armatur werden entlastet und federn elastisch zurück. Begrenzt die Armatur die elastische Rückfederung des Leiters, bleibt eine mechanische Spannung bzw. eine Kontaktkraft zwischen den beiden Kontaktpartnern erhalten [37]. Wie hoch die bleibende mechanische Spannung in den Kontaktflächen ist, hängt nicht allein von den mechanischen Eigenschaften der verwendeten Werkstoffe ab. Die Ersatzfläche A_{Ers}, in der mechanische Druckspannungen auf die Mikrokontakte zwischen den Kontaktpartnern wirken, ergibt sich nach dem Fügen der Pressverbindungen und kann nicht analytisch berechnet werden (Abb. 4.13). In einer numerischen Berechnung kann mit hohem Aufwand die Fläche abgeschätzt werden. Ein vereinfachter ingenieurtechnischer Ansatz ist damit für diese Verbindungsart nicht gegeben.

Beispiel

Ein feindrähtiger 95-mm²-Leiter aus Kupfer besteht aus ca. 484 Drähten mit einem Durchmesser von 0,5 mm. Die Sechskant-Pressverbindung des Leiters zwischen einem Rohrkabelschuh (d_a = 17,5 mm, d_i = 13,5 mm) sowie einem Presskabelschuh (d_a = 19,0 mm, d_i = 13,5 mm) wird mit Sechskant-Presseinsätzen mit den Kennzahlen[4] (KZ) 17 (A_3 = 177 mm²) bzw. 18 (A_3 = 210 mm²) hergestellt.

[4] Für das Sechskantpressen existieren standardisierte Presseinsätze, deren Abmessungen über Kennzahlen klassifiziert sind. Diese sind in der DIN 48083-4:1985 angegeben.

Press-einsätze	*Rohrkabelschuh (IEC 1238:1993)*	*Presskabelschuh (DIN 46235:1983)*
KZ 17	$K_F = \frac{95\ \text{mm}^2 + \frac{\pi}{4}\left[(17{,}5\ \text{mm})^2 - (13{,}5\ \text{mm})^2\right]}{177\ \text{mm}^2} = 1{,}09$	$K_F = \frac{95\ \text{mm}^2 + \frac{\pi}{4}\left[(19{,}0\ \text{mm})^2 - (13{,}5\ \text{mm})^2\right]}{177\ \text{mm}^2} = 1{,}33$
KZ 18	$K_F = \frac{95\ \text{mm}^2 + \frac{\pi}{4}\left[(17{,}5\ \text{mm})^2 - (13{,}5\ \text{mm})^2\right]}{210\ \text{mm}^2} = 0{,}92$	$K_F = \frac{95\ \text{mm}^2 + \frac{\pi}{4}\left[(19{,}0\ \text{mm})^2 - (13{,}5\ \text{mm})^2\right]}{210\ \text{mm}^2} = 1{,}12$
Be-wertung	Mit KZ 18 geringe bis keine Verdichtung des Leiters → geringe Kontaktkräfte zwischen den Teilleitern	Mit KZ 17 zu viel Material in der Verbindungsstelle → Presseinsätze schließen nicht vollständig

◄

Über empirische Ansätze wird das Kontakt- und das Langzeitverhalten von Pressverbindung mit geometrischen Kenngrößen spezifisch für den jeweiligen Verbindungstyp charakterisiert (Tab. 4.7). Diese Kenngrößen beschreiben einerseits den Umformvorgang, indem die Änderung der Querschnittsflächen des Leiters durch das Fügen (Verpressungsgrad) [40, 41] und die Änderung der Querschnittsflächen durch das jeweilige Werkzeug betrachtet werden (Kompressionsfaktor). Weitere Kenngrößen nutzen die Abmessungen der Kontaktpartner im Ausgangszustand (Übermaß, Passungsfaktor). Bei Sechskant-Pressverbindungen sowie längs- und quergepressten Verbindungen konnten Zusammenhänge zwischen den jeweiligen geometrischen Kenngrößen und dem mechanischen Kontaktverhalten hergestellt werden [11, 36]. Eine höhere elastische Dehnung bzw. ein höherer Umformgrad in den Kontaktpartner einer Sechskant-Pressverbindung, empirisch beschrieben durch höhere Kompressionsfaktoren, führt zu höheren aufgebrachten und bleibenden Kontaktkräften (Abb. 4.14). Im Gegensatz zu den anderen Verbindungsarten kann sich die Kontaktkraft in Pressverbindungen unmittelbar nach dem Fügen zum Teil signifikant verringern. Auch bei Crimpverbindungen wurden in Untersuchungen Zusammenhänge zwischen der geometrischen Charakteristik und dem Kontakt- bzw. Langzeitverhalten hergestellt [42]. Bei einer zu hohen Umformung der Kontaktpartner kann die mechanische Festigkeit der Verbindung bei Zugbelastung verringert werden [1].

Tab. 4.7 Geometrische Kenngrößen verschiedener Pressverbindungen

Technologie/ Verfahren der Pressverbindung	**Geometrische Kenngröße**		**Skizzen / Erläuterung geometrische Kenngrößen**	**Anwendungsbeispiel**
Crimpverbindungen	Verpressungsgrad [41], [42]	$V = \frac{A_{L0}}{A_{LV}}$	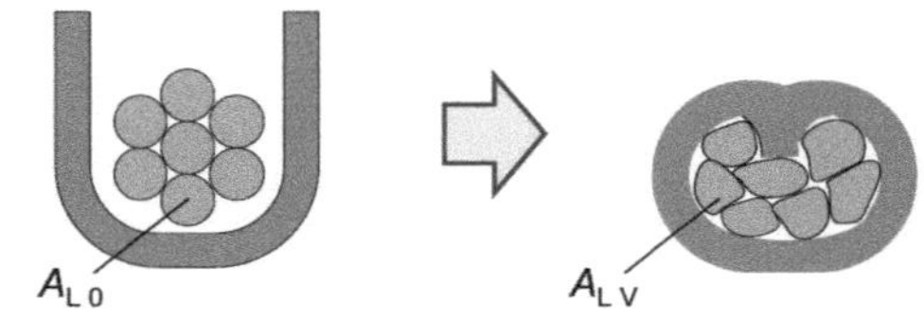	$V \approx 1{,}25$ [43] Für Crimpverbindungen mit blanken Cu-Litzen; geringere Werte zulässig wenn Drähte verzinnt sind
Sechskant-Pressverbindungen	Kompressionsfaktor	$K_F = \frac{A_L + A_H}{A_3 - A_K}$	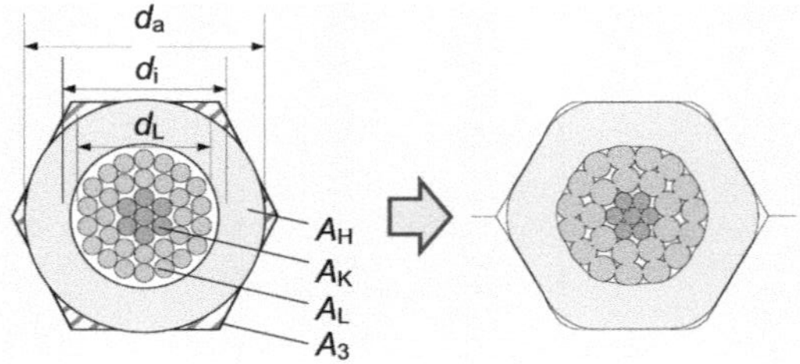	$K_F = 1{,}04...1{,}16$ $p > 0{,}9$ Für Sechskant-Pressverbindungen mit konv. Sowie HTLS-Leiterseilen
	Passungsfaktor	$p = \frac{d_L}{d_i}$		
Längspressen/ Querpressen	Übermaß	$\ddot{u} = d_{Ia} - d_{Ri}$	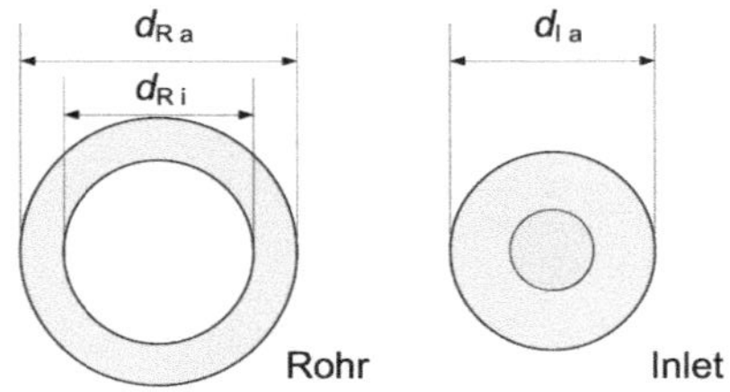	$\ddot{u} = (0{,}07...0{,}17)\,mm$ Längsgepresste Verbindungen $\ddot{u} = (0{,}17...1{,}0)\,mm$ Quergepresste Verbindungen

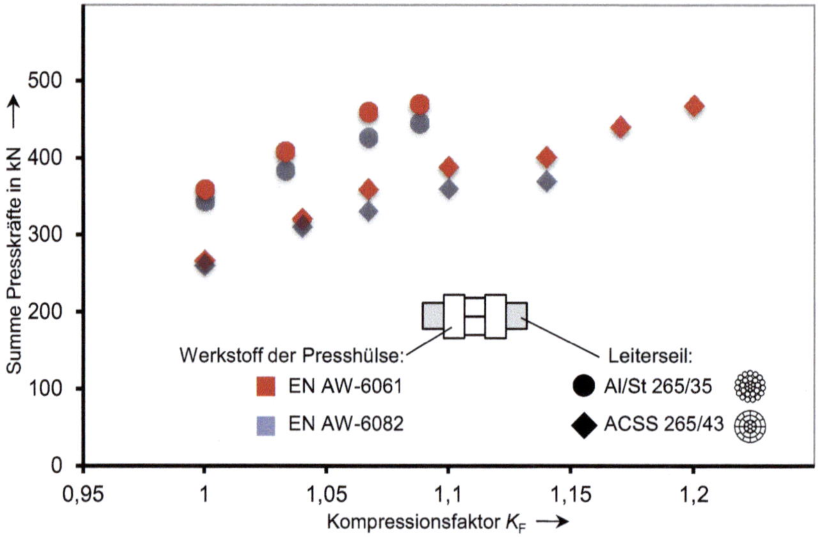

Abb. 4.14 Summe der höchsten Kräfte während des Fügens senkrecht auf den Kontaktflächen einer einzelnen Sechskant-Pressung mit zwei Leiterseilen abhängig vom Kompressionsfaktor [11]

4.2.3 Steckverbindungen

Bei Steckverbindungen werden federnde Elemente oder geschlitzte, federnde Buchsen eingesetzt, die zwei Leiter, meist Stecker und Buchse genannt, elektrisch verbinden. Beim Steckvorgang werden die Federelemente beziehungsweise die geschlitzte Buchse eingefedert. Dafür wird eine Steckkraft F_S benötigt (Abb. 4.15).

Nach dem Stecken setzt ein Gleiten ein. Der Gleitweg ist dabei durch die Konstruktion von Stecker, Buchse und Isoliergehäuse vorgegeben. Wird der Kontakt im geschlossenen Zustand aus der Ruhelage bewegt, findet ein Reibvorgang statt. Der Reibvorgang einer Steckverbindung (Abb. 4.16) ist durch die beiden Phasen Haftreibung und Gleitreibung charakterisiert. Zunächst muss, um eine Relativbewegung zu erzeugen, die Kraft durch die Haftreibung $F_{R\,H}$ überwunden werden, die abhängig von der Haftreibzahl μ_H und der Kontaktkraft F_K ist:

$$F_{RH} = \mu_H \; F_K \tag{4.17}$$

Es schließt sich die Kraft durch Gleitreibung $F_{R\,GL}$ an, die durch den Gleitreibzahl μ_{GL} und die Kontaktkraft F_K charakterisiert ist:

$$F_{RGL} = \mu_{GL} \; F_K \tag{4.18}$$

Bei praktischen Steckverbindungen ist die Bewegung durch die Federelemente und die darin gespeicherte Energie sowie der inhomogenen Oberflächenstruktur keine reine Gleitreibung, sondern durch Unstetigkeiten im Verlauf gekennzeichnet. In den genannten Vereinfachungen ist das elastische Verhalten von Kontaktpunkten nicht abgebildet (vgl. Abschn. 5.1.4). Dadurch bricht bei Bewegungen im µm-Bereich der metallische Kontakt nicht auf.

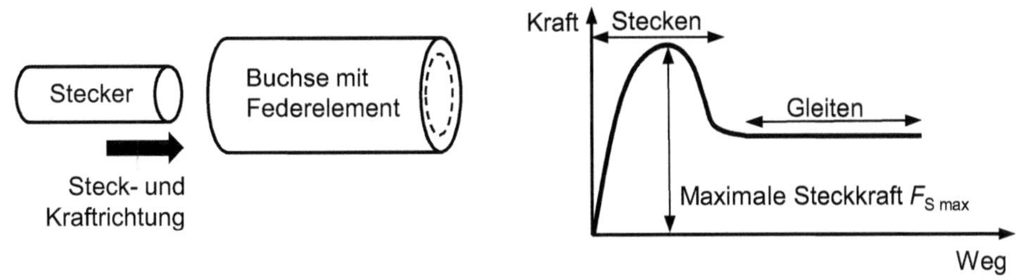

Abb. 4.15 Steckkraft F_S einer Steckvorrichtung abhängig vom Einsteckweg

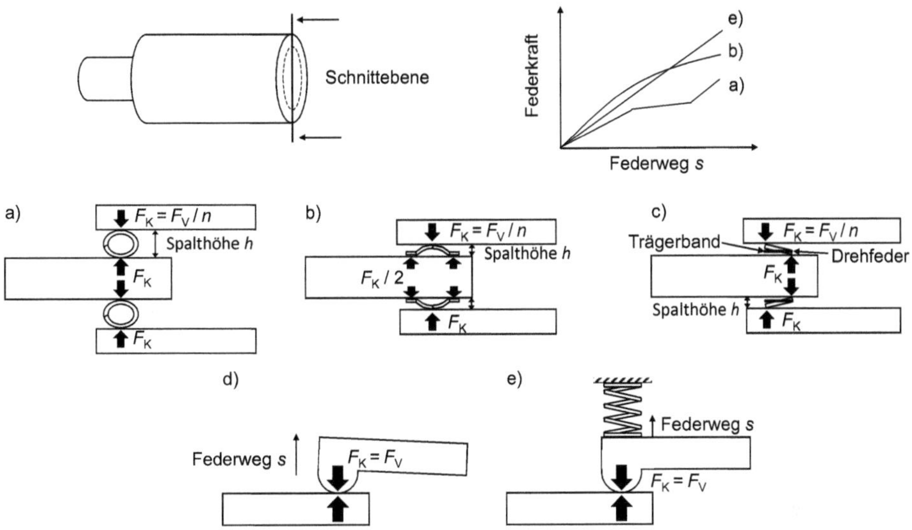

Abb. 4.16 Möglichkeiten zum Aufbringen einer Kontaktkraft in Steckverbindungen: **a**) radial beanspruchte Schraubenfeder, **b**) Kontaktelement nach dem Blattfederprinzip (Elliptik- oder Parabelfeder) **c**) Kontaktelement nach dem Drehfederprinzip mit Trägerband, **d**) Geschlitzte Buchse mit Fingerkontakt, **e**) Fingerkontakt mit optionaler Druckfeder zum Aufbringen einer Kontaktkraft sowie zugehörige Federkennlinie (rechts oben)

Der Gleitreibungskoeffizienten μ_G der Beschichtungswerkstoffe für Steckverbindungen sind in Tab. 4.8 angegeben.

Charakterisiert werden Federelemente durch eine Federkennlinie. Im ausgefederten Zustand haben die Kontaktelemente eine Höhe h_0. Durch Einfederung um den Federweg s auf eine Spalthöhe h wird eine Kontaktkraft F_K erzeugt (Abb. 4.16).

$$h = h_0 - s \tag{4.19}$$

Bei einfachen Geometrien kann die Federkraft anhand der Federkonstante z. B. für Druckfedern analytisch bestimmt werden. Bei komplexeren Geometrien kann die Federkennlinie in guter Näherung durch numerische Modelle berechnet werden (Abschn. 4.5.3). Abhängig von der Anzahl der Windungen, Stege oder Kontaktfinger n des federnden Elements ergibt sich für jeden Kontaktpunkt eine Kontaktkraft F_K. Damit sie sich beim Steckvor-

Tab. 4.8 Werte der Gleitreibzahl verschiedener Beschichtungen für Steckverbindungen

Materialpaarung	Gleitreibzahl μ_{GL}	Quelle
Ag-Ag (galvanisch)	0,7 … 0,9	[87]
	0,5 … 0,8	[1]
Ag-Ag (galvanisch) mit Schmierfett	0,13 … 0,16 bei 25 °C	[86]
	0,19 … 0,27 bei 55 °C	[73]
	0,35 bei „leichter Schmierung“	
Dispersionsschichten		[88]
Ag-C gegen Ag	0,1 … 0,14	
Ag-WS_2 gegen Ag	0,2 … 0,33	
Ag-MoS_2 gegen Ag	0,28 … 0,38	
Ag-hBN gegen Ag	0,64 … 0,9	
Ag-SnS gegen Ag	0,41 … 0,73	
Sn-Sn	0,5 … 1,0	[89]

gang nicht verschieben, werden Kontaktelemente in eine Nut eingelegt oder anderweitig gegen Verschieben gesichert.

Die Kontaktfläche eines elastisch verformten Punktkontaktes wird anhand der Querkontraktionszahl ν, dem Elastizitätsmodul E des Werkstoffs und dem Balligkeitsradius des Kontakts r_B berechnet (Gl. (4.21)). Für plastisch verformte Punktkontakte kann die Größe der Kontaktfläche ebenfalls analytisch abgeschätzt werden (siehe auch (Gl. (4.9)), wenn die Kontakthärte H_K bekannt ist [23]:

$$\text{Elastische Verformung} \quad A_{Ers} = \pi \left(1{,}5 \cdot (1-\nu)\, \frac{F_K \cdot r_B}{E} \right)^{2/3} \tag{4.20}$$

$$\text{Plastische Verformung} \quad A_{Ers} = \frac{F_K}{H_K} \tag{4.21}$$

Die Kontakthärte von Leiter- und Beschichtungswerkstoffen ist dabei vor allen von der lokalen Gefügestruktur im Kontaktbereich abhängig, die wiederrum vom Umformgrad und der Verfestigung abhängt. Einflussgrößen sind insbesondere:

- Herstellen des Leiters oder der Beschichtung: bspw. Gießen oder Strangpressen, galvanisches oder chemisches Beschichten, Wärmebehandlung(en), Umformgrad
- Einfluss der Vorbehandlung: abrasives Vorbehandeln mit Drahtbürste oder Schleifvlies, Lasertexturierung, spanabhebende Nachbehandlung
- Fügeprozess: Kontaktkraft, Reibweg, Passivierung, Schmiermittel

Während des Herstellens eines Kontakts erhöht sich die Kontakthärte mit steigender Flächenpressung σ_{Sm} aufgrund der zunehmenden Kaltverfestigung [48]. Abhängig von diesen Einflussgrößen kann die Härte im Kontaktpunkt von der makroskopischen Härte des unbeeinflussten Leiterwerkstoffes (Kap. 3) abweichen. Daher kann nur ein Bereich der Kontakthärte verschiedener Werkstoffe angegeben werden (Tab. 4.9).

Tab. 4.9 Kontakthärte H_K verschiedener Werkstoffe bei Raumtemperatur

Werkstoff	Ag (rein)	Sn (rein)	Cu (rein)	Ni (rein)
Vickershärte HV	30 … 105	8	40 … 110	250 … 700
Kontakthärte H_K in N/mm^2	300 … 750	45 … 60 [24]	470 … 850 [48]	700 … 2000 [24]

Zudem ist die Kontakthärte nichtlinear von der Temperatur abhängig und verringert sich oberhalb der Entfestigungstemperaturn stark. Die zahlreichen Einflüsse auf die Kontakthärte sind neben der Oberflächenrauheit ein Hauptgrund dafür, das auch bei fremdschichtfreien die ermittelten Kontaktwiderstände bei scheinbar gleichen Randbedingungen signifikant streuen (vgl. Abschn. 4.3). Bei Punktkontakten entsteht bei einer typischen Kontaktkraft von (2 … 10) N, wie sie bei Hochstrom-Steckverbindungen auftritt, eine Größe der mechanisch tragenden Kontaktfläche von

- Silber: $A_{Ers} = (0{,}003 \ldots 0{,}03)\ \text{mm}^2$
- Zinn: $A_{Ers} = (0{,}03 \ldots 0{,}22)\ \text{mm}^2$
- Nickel: $A_{Ers} = (0{,}001 \ldots 0{,}01)\ \text{mm}^2$

auf.

Entsprechend der Kontakthärte bildet Zinn die größten und Nickel die kleinsten mechanisch tragenden Kontaktflächen aus (s. Abschn. 4.5.3).

4.2.4 Betriebsbedingte strominduzierte Kräfte

Allgemein können betriebsbedingte Kräfte z. B. durch thermische Dehnung der Leiterwerkstoffe oder Gehäusebauteile, durch elektromagnetische Kräfte im Kurzschlussfall, die statische Gewichtskraft angeschlossener Geräte, Vibrationen sowie Eis- und Windlasten entstehen. Diese mechanischen Belastungen dürfen innerhalb der geplanten Lebensdauer nicht zum Ausfall der Verbindung führen und müssen durch den Kraftschluss oder Kraft-Formschluss zwischen den Kontaktpartnern aufgenommen werden. Betriebsbedingte strominduzierte Kräfte entstehen durch die thermische Dehnung von Leitern infolge der betriebsbedingten Erwärmung durch Stromwärmeverluste und können unmittelbar an Verbindungen wirken. Im Fall von Steck- und Gleitverbindungen führen sie zu langsam ablaufenden Reibzyklen. Bei Verbindungen mit massiven Leitern führen thermische Dehnungen zu Quer- und Längskräften in der Verbindung. Weiterhin können elektromagnetische Kräfte insbesondere während eines Kurzschlussstromes eine sehr hohe Kraft auf die Verbindungen ausüben. Auch Abhebekräfte, durch Stromumlenkung in den Kontaktstellen führen zum Verringern der Kontaktkraft und müssen bei der Auslegung berücksichtigt werden. Folgend werden Ursache und Wirkung auf stromführende Verbindung an praktischen Beispielen erläutert. In diesem Kapitel werden ausschließlich die betriebsbedingten strominduzierten Kräfte betrachtet, die eine unmittelbare Wirkung auf die stromführenden Verbindungen haben. Ausführlichere zusätzliche Informationen und Erkenntnisse sind in anderen Werken veröffentlicht [5, 25].

4.2.4.1 Elektromagnetische Kräfte

Auf Ladungen in einem veränderlichen Magnetfeld wirken Kräfte, die im Folgenden als elektromagnetische Kraft F_{em} bezeichnet werden. Diese sind abhängig vom Strom I, dem Magnetfeld B und dem Leiterelement dl. Berechnet wird diese Kraft über die Wirkung eines veränderlichen Magnetfelds auf eine Ladung die sogenannte Lorentzkraft (Gl. (4.22), Abb. 4.17)).

$$\vec{F}_{\mathrm{em}} = I \int \mathrm{d}\vec{l} \times \vec{B} \xrightarrow{\text{gerade Leiter}} \vec{F}_{\mathrm{em}} = I\left(\vec{l} \times \vec{B}\right) \tag{4.22}$$

Dabei wird das Magnetfeld B nach dem Biot-Savart-Gesetz berechnet. Es ergibt sich die Streckenlast auf zwei unendlich langen, parallelen, stromdurchflossenen Leiter nach Gl. (4.23). Die Wirkungsrichtung dieser Streckenlast ist von der Stromflussrichtung abhängig. Gleichsinnig durchströmte Leiter ziehen sich an, gegensinnig durchströmte Leiter stoßen sich ab (Abb. 4.18). Auf Ecken wirkt ebenfalls eine elektromagnetische Kraft. Diese bewirkt, dass die Ecke auseinandergetrieben wird (Gl. (4.24), Annahme linienhafter Leiter).

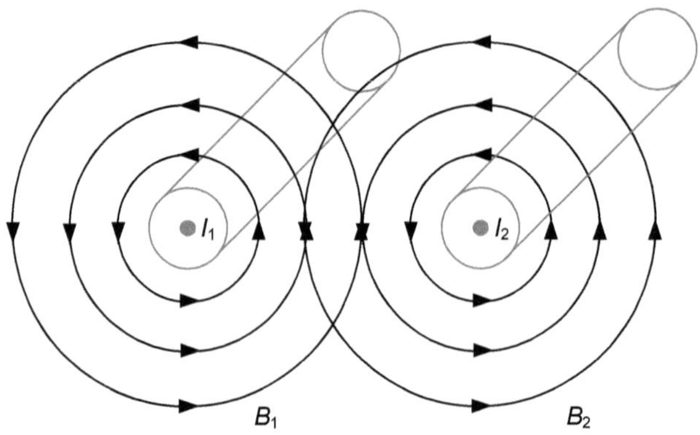

Abb. 4.17 Magnetische Flussdichte um linienhafte Leiter

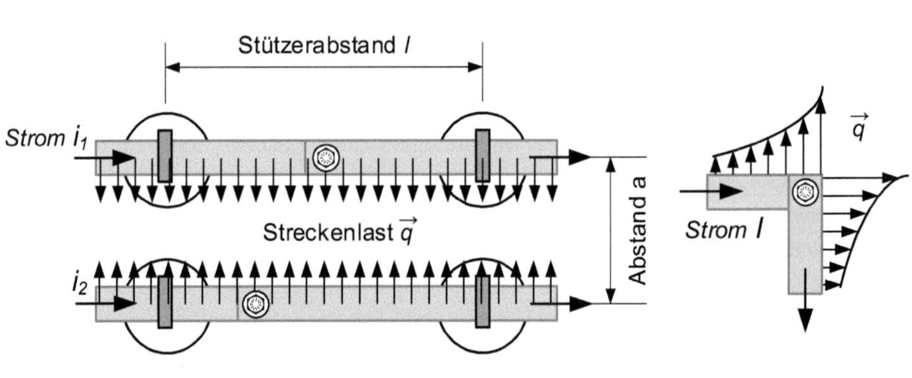

Abb. 4.18 Kraftwirkung auf parallele, unendlich lange Leiter, die gleichsinnig von einem Strom I durchflossen sind (links) und an Ecken (rechts)

$$q_{\text{parallel}}(t) = \mu_0 \mu_r \frac{i_1(t) i_2(t)}{2\pi a} \tag{4.23}$$

$$q_{\text{Ecke}}(t) = \mu_0 \mu_r \frac{i(t)^2}{4\pi x} \tag{4.24}$$

Bei zeitveränderlichen Strömen ist die resultierende Streckenlast ebenfalls zeitveränderlich (Abb. 4.19). Bei einem sinusförmigen Belastungsstrom besteht die Streckenlast aus einem statischen, zeitunabhängigen Anteil und einem dynamischen Anteil, der mit der doppelten Netzfrequenz schwingt.

Bei normalem Bemessungsdauerstrom sind die entstehenden Streckenlasten sehr gering und führen zu keiner signifikanten Beanspruchung der Konstruktion. Bei Kurzschlussströmen, die meist eine Größenordnung höher sind als der Bemessungsdauerstrom, ist die wirkende Streckenlast daher um zwei Größenordnungen höher und führt zu erheblichen mechanischen Belastung der Leiter und Verbindungen, die dafür ausgelegt werden müssen.

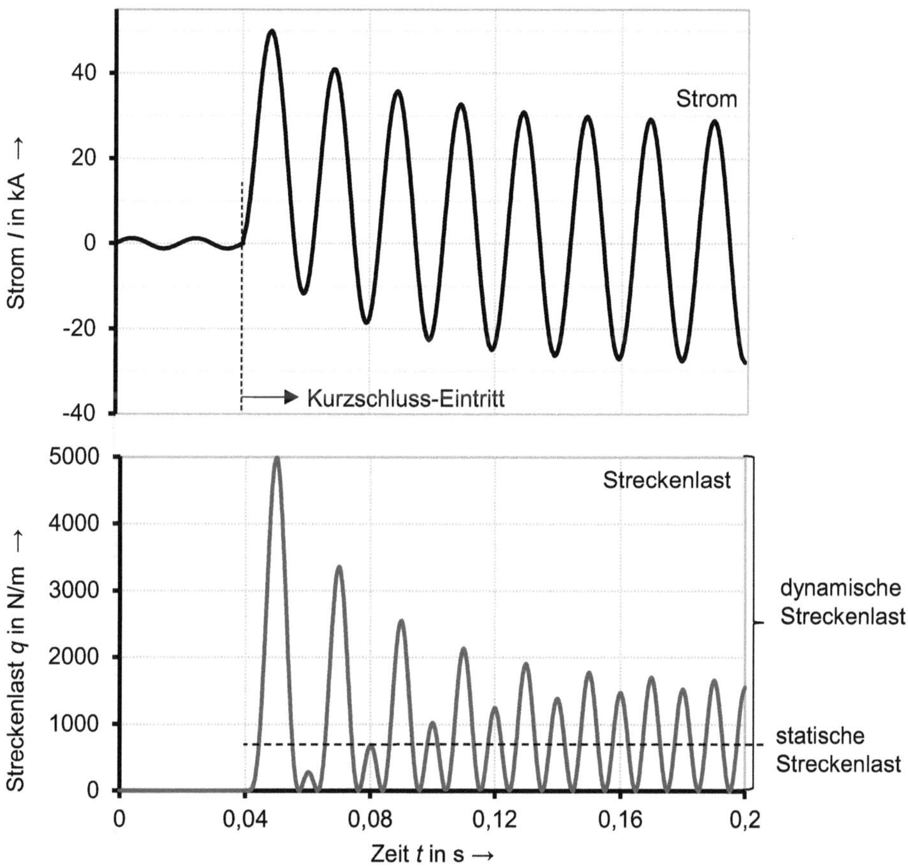

Abb. 4.19 Verlauf der Streckenlast q nach Eintritt des Kurzzeitroms $I_K = 20$ kA mit einem Stoßstrom von $i_p = 50$ kA für parallele Leiter mit einem Abstand von $a = 0,1$ m

Beispiel

Zwei Stromschienen mit einem Querschnitt A von 40 mm x 10 mm und einem Abstand a von 0,1 m werden in einer Schaltanlage parallel verlegt. Die Stromschienen haben einen Bemessungsdauerstrom I_r von 850 A. Aus diesem Strom resultiert eine statische Streckenlast von q_{stat} = 1,4 N/m. Auf die Leiter, die Stützisolatoren und die Unterkonstruktion. Dies ist praktisch vernachlässigbar. Die Schaltanlage ist für einen typischen Kurzschlussstrom von 20 kA ausgelegt, bei dem ein Stoßstrom von maximal 50 kA wirken kann. Die statische und dynamische Streckenlast beträgt dann während des Kurzschlusses

$$q_{\text{stat}} = 800\,\text{N/m}$$

$$q_{\text{dyn}} = 5000\,\text{N/m}.$$

Diese Streckenlast muss durch die Stützisolatoren und die Unterkonstruktion entsprechend aufgenommen werden, ohne dass die Bruchkraft überschritten wird oder sich der Leiter plastisch verformt. Ebenso wirkt diese Kraft auf Verbindungen, die in der Strombahn liegen, als Scher- oder Zugkraft. ◄

Die elektromagnetische Kraft F_{em} auf die Leiter bewirkt eine Auslenkung um die Ruhelage (Abb. 4.20). Um die Auslenkung der Leiter zu bestimmen, muss aus der Streckenlast, der Geometrie und dem verwendeten Werkstoff die Durchbiegung berechnet werden. Je nach Querschnitt und Lage der Leiter zueinander (horizontal, vertikal) unterschiedet sich deren Widerstandsmoment gegen Biegung. Ob die Leiteranordnung dem dynamischen Streckenlastverlauf folgt, ist von deren mechanischen Eigenfrequenz abhängig. Ist diese deutlich größer als die doppelte Netzfrequenz, so folgt die Bewegung dem Verlauf der dynamischen Streckenlast. Die Konstruktion muss entsprechend widerstandsfest aus-

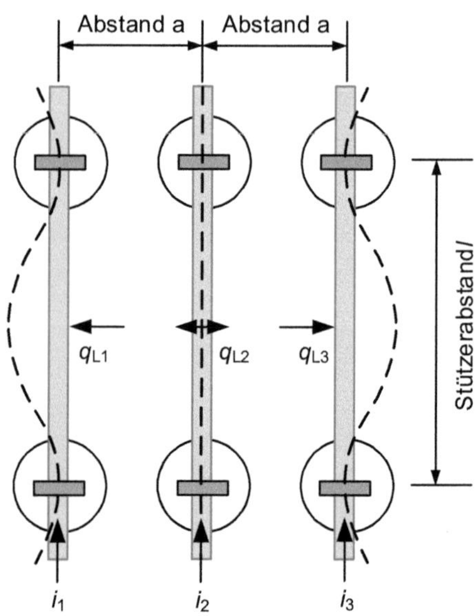

Abb. 4.20 Auslenken der Leiter in einem horizontal angeordnetem, dreiphasigem Stromschienensystem (statische Auslenkung, überhöht dargestellt)

gelegt werden. Ist die Eigenfrequenz viel kleiner als die doppelte Netzfrequenz, ist das System zu träge, um dem dynamischen Anteil zu folgen. In diesem Fall muss die Konstruktion gegen die geringere statische Streckenlast beständig sein. Eine detaillierte Beschreibung der mechanischen Auslegung von Stromschienensystemen finden sich in [5].

In dreiphasigen Systemen kann sich diese mechanische Auslenkung ungünstig mit der Stromaufteilung durch den Proximity-Effekt überlagern. Dadurch müssen in Verbindungen möglicherweise Kontakte, die bereits stark mechanisch belastet sind, zusätzlich einen vergleichsweißen hohen Anteil am gesamten Belastungsstrom tragen. Besonders kritisch ist dies bei der kurzzeitigen Belastung von Steckverbindungen beispielsweise in Schaltanlagen.

4.2.4.2 Abhebekräfte

Zusätzlich zu den elektromagnetischen Kräften F_{em}, die von der Geometrie der umliegenden Leiter abhängig sind, wirkt in Kontaktpunkten aufgrund der Einengung der Stromlinien eine Abhebekraft F_A. Diese kann für Punktkontakte abhängig vom Radius der Engestelle r_i und dem Radius des Leiters R analytisch berechnet werden [2]:

$$F_A = \frac{\mu_0 i^2}{4\pi} \ln \frac{R}{r_i} = 10^{-7} i^2 \ln \frac{R}{r_i} \propto k\, i^2 \tag{4.25}$$

Allgemein ist die resultierende Abhebekraft vom Quadrat des Stroms und einer geometrieabhängigen Konstante k abhängig. Durch zahlreiche experimentelle Versuchen konnte für die Konstante k ein Wertebereich von $k = (4 \ldots 5)\ 10^{-7}$ N/mm^2 bestimmt werden [15, 49]. Die resultierende Kontaktkraft $F_{K\,res}$ für Kurzzeitströme ergibt sich aus der Summe der Kontaktkraft F_K, der Abhebekraft F_A und der elektromagnetischen Kraft F_{em} (Abb. 4.21 und Gl. (4.26)).

$$F_{K,res} = F_K - F_A \pm F_{em} \tag{4.26}$$

Bei größeren Verhältnissen von R/r_i erhöht sich die Abhebekraft F_A. Wird das vereinfachte Kugelmodell durch das Ellipsoidmodell ersetzt, um eine realistischere Verteilung der Stromdichte in der Kontaktfläche abzubilden, ergeben sich etwas geringere Abhebekräfte (Gl. (4.27), Abb. 4.22) [81].

$$F_A = \frac{\mu_0}{4\pi} i^2 \left(\ln\left(\frac{R}{r_i}\right) - 2\ln(2) - \frac{5}{4} \right) \approx \frac{\mu_0}{4\pi} i^2 \left(\ln\left(\frac{R}{r_i}\right) - 0{,}1363 \right) \tag{4.27}$$

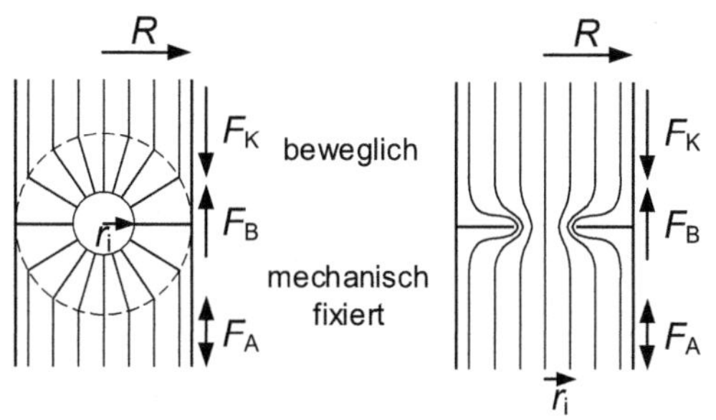

Abb. 4.21 Verteilung der Strömungslinien und den wirkenden Kräften in einem Punktkontakt nach dem Kugelmodell (links) und dem Ellipsoidmodell (rechts, schematisch)

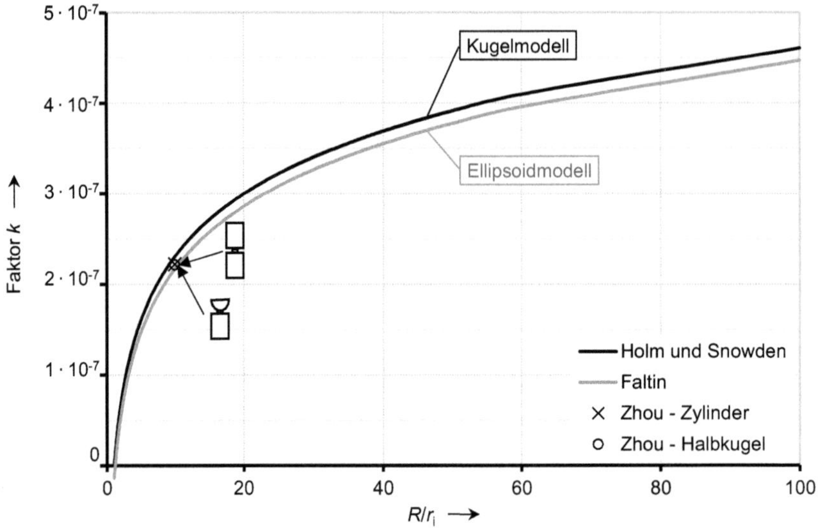

Abb. 4.22 Faktor k zum Bestimmen der Abhebekraft F_A in einem Punktkontakt berechnet nach verschiedenen Modellen

Das Modell nach *Holm* und *Snowdon* wurde mit einer FEM-Rechnung mit gleicher Geometrie der Anordnung überprüft. Dabei wurden ca. 3,5 % geringere Abhebekräfte als mit Gl. (4.26) berechnet [82]. Zudem wurde der Einfluss der Form der Kontaktfläche betrachtet. Unter Annahme der gleichen stromführenden Kontaktfläche wurden für sehr lang gezogene Ellipsen mit einem Halbachsenverhältnis von 1:8 eine Reduktion der Abhebekraft um etwa 10 % ermittelt. Einen großen Einfluss auf die Abhebekraft hat die Anzahl der Kontaktpunkte bei einem Mehrpunktkontakt. Je größer die Anzahl der parallelen Kontaktpunkte ist, desto geringer ist die Abhebekraft aufgrund der Stromaufteilung [80, 82]. Es wurde auch der empirisch Zusammenhang zwischen dem Stoßstrom und der elektromagnetischen Kraft F_{em} an einer Modellanordnung untersucht [83]. Die wirkende elektromagnetische Kraft F_{em} ist proportional einer Konstante multipliziert mit dem Quadrat des Stoßstroms (Gl. (4.25)). Der Faktor k wurde für Punktkontakte empirisch zu (4.45 … 4.8) 10^{-7} N/A^2 bestimmt [78, 82, 83]. Die Kraft durch die umgebenden Leiter muss separat betrachtet werden und hängt stark von der Geometrie der Leiter sowie deren Führung ab. Dies betrifft die Füge- oder Federelemente im Strompfad und auch die Größe, Biegesteifigkeit und Lage der angeschlossenen Leiter zueinander [80, 83]. Neuere Veröffentlichungen deuten darauf hin, dass die gesamte wirksame Abhebekraft einer realen Verbindung kleiner ist als die von *Slade und Taylor* angegebene. Es zeigte sich, dass die Abhebekräfte in einer realen Kontaktgeometrie mit anderer Stromumlenkung als im Punktkontaktmodell niedriger sein können als die analytisch berechneten Werte [80].

Beispiel

Ein Schalter in einer Schaltanlage hat 12 Kontakte. Die Kontaktkraft wird jeweils über eine Schraubenfeder aus Stahl von außen aufgebracht und beträgt je Kontakt $F_K = 150$ N. Es entstehen Punktkontakte mit einem Durchmesser der Kontaktfläche von circa 0,8 mm. Die stromführende Querschnittsfläche der Leiter, die zu jedem einzelnen Kontakt führen, hat einen Durchmesser von 8 mm. Der Schalter soll einen Kurzschlussstrom mit einem Stoßstrom i_p = 160 kA führen können, ohne dass die Kontakte abheben. Es ist die maximal wirkende Abhebekraft F_A zu bestimmen.

$$F_A = 4{,}47 \cdot 10^{-7} \frac{\mathrm{N}}{\mathrm{A}^2} \left(\frac{160000\ \mathrm{A}}{12} \right)^2 = 79{,}5\ \mathrm{N}$$

Da die Kontaktkraft F_K größer ist als die Abhebekraft F_A, sollte sich der Kontakt während des Kurzschlusses nicht öffnen. Ein Aufschmelzen der Kontakte ist entsprechend zu überprüfen. ◄

4.2.4.3 Thermische Dehnungen

Durch Erwärmen dehnen sich Metalle abhängig von der Temperaturänderung $\Delta\vartheta$ und dem linearen Wärmeausdehnungskoeffizienten α aus. Bei fest eingespannten Leitern führt dies zu Druckspannungen, die zu einem elastischen oder plastischen Verformen der Leiter führen (Abb. 4.23).

Wenn sich im Strompfad elektrische Verbindungen befinden, wirkt die entstehende Kraft F_{TD} auch auf diese.

$$l_1 = l_0 \left(1 + \alpha \Delta T \right) \quad (4.28)$$

$$F_{TD} = A\ E\ \alpha \Delta\vartheta \quad (4.29)$$

Um diese thermischen Ausdehnungskräfte zu vermeiden, können Steckverbindungen oder flexible Dehnungselemente in die Strombahn eingebaut werden. Diese nehmen die Ausdehnung der Leiter durch Relativbewegung auf und kompensieren sie. Ist dies nicht der

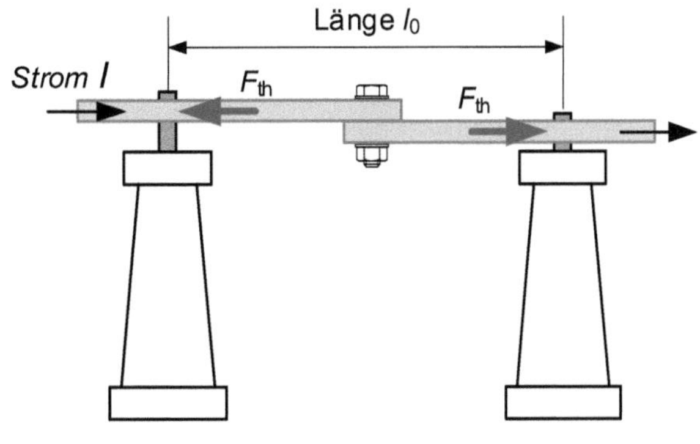

Abb. 4.23 Wirkung der thermischen Dehnung an einem beidseitig fest eingespannten, biegesteifen Leiter

Fall, z. B. bei kurzen Leitern, führt die thermische Dehnung zu einer Querkraft F_Q in der stromführenden Verbindung und muss für die Auslegung abgeschätzt werden.

Beispiel

In einer Schaltanlage sind Sammelschienen aus Cu-ETP auf Stützisolatoren verlegt. Der Abstand der Stützisolatoren l_0 ist 600 mm. Die maximale Leitertemperatur ist 80 °C bei einer Umgebungstemperatur von 35 °C. Die Stromschienen haben einen Querschnitt von (50 x 10) mm². Die wirkende Kraft auf die Stützpunkte ergibt sich damit zu:

$$F_{\mathrm{TD}} = 500\ \mathrm{mm}^2 \cdot 127\ \mathrm{kN/mm}^2 \cdot 16{,}5 \cdot 10^{-7}\,\mathrm{K}^{-1} \cdot 45\ \mathrm{K} = 47{,}2\ \mathrm{kN}$$

◄

4.2.4.4 Wirkung auf Verbindungen

Die vorgestellten strominduzierten Kräfte (Tab. 4.10) wirken sich abhängig von der Verbindungsart unterschiedlich aus. Folgend wird die Wirkung näher an ausgewählten Beispielen erläutert.

Bei Schraubenverbindungen mit Stromschienen wirken elektromagnetische Kräfte bei horizontaler Verlegung als Querkraft auf die Verbindung und damit Scherkraft in der Kontaktebene (Abb. 4.24). Bei vertikaler Verlegung der Leiter ist die resultierende Kraft eine zusammengesetzte Kraft. Ein Verschieben der Leiter muss durch eine ausreichend hohe Kontaktkraft verhindert werden. Ist dies nicht der Fall, kann im schlimmsten Fall durch ein Aufbrechen der Mikrokontakte ein Lichtbogen zwischen den Leitern entstehen. Dies kann zum Beispiel bei geschraubten Kreuzverbindungen von Blitzableiteinrichtungen auftreten. Thermische Dehnungen führen bei Schraubenverbindungen ebenfalls zu Scherkräften und müssen als Betriebskräfte durch Reibung und den Kraftschluss zwischen den Leitern aufgenommen werden. Dies muss bei der Auslegung durch eine ausreichende Kontaktkraft sichergestellt werden [27]. Ist dies nicht möglich müssen Dehnungsabschnitte in Form von Dehnungsbändern oder Gleitverbindungen eingebaut werden.

Die in Freileitungen oder Kabelanlagen eingesetzte Verbindungen müssen entstehende Zuglasten durch Gewichtskräfte, Wind- und Eislasten oder elektromagnetische Kräfte, die auf Leiter im Kurzschlussfall auftreten, aufnehmen (Abb. 4.25). Dabei dürfen diese Kräfte nicht zum Aufbrechen der Mikrokontakte führen, um die Güte der Verbindung nicht zu verändern. Es darf insbesondere nicht zu einem Verrutschen der Leiter in der Verbindung kommen. Bei der Auslegung und Prüfung sind die auftretenden Kräfte deshalb zu berücksichtigen [43, 44].

Im mehrdrähtigen Leiter können neben einer Pressverbindung die äußeren Lagen bei einem Kurzschluss aufkorben, was eine Dehnung der äußeren Lagen des Leiters hervorruft und damit die Verbindung mechanisch und elektrisch beeinflussen kann.

Tab. 4.10 Auswahl der häufigsten strominduzierten betriebsbedingten Kräfte auf elektrische Leiter und Verbindungen

	Kraft auf stromdurchflossene Leiter	Abhebekraft	Thermische Dehnung
Schematisch	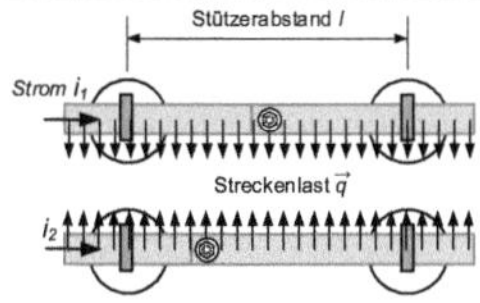	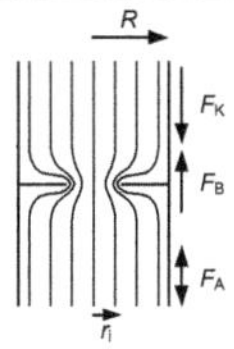	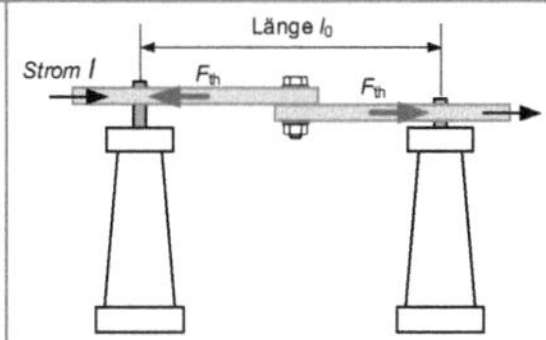
Gleichungen	$q = \frac{\mu_0 i(t)}{2\pi a}$	$F_A = \frac{\mu_0 i^2}{4\pi} \ln \frac{R}{r_K}$ $= 10^{-7} i^2 \ln \frac{R}{r_K} \propto k\, i^2$	$l_1 = l_0(1 + \alpha_{therm}\Delta T)$ $F_{th} = A\ E\ \alpha_{therm}\Delta\vartheta$
Anmerkung	i. A. nur bei hohen Kurzzeitströmen relevant	i. A. nur bei hohen Kurzzeitströmen relevant	Kompensieren durch flexible Bänder oder Gleitverbindungen möglich
Parameter	q_h … Hauptleiterstreckenlast durch elektromagnetische Kräfte q_t … Teilleiterstreckenlast durch elektromagnetische Kräfte F_{TD} … Kräfte durch thermische Dehnung	Kontaktfläche und -form, Form der umgebenden Leiter, Stromstärke	α_{therm} … Wärmeausdehnungskoeffizient Belastungsstrom, mechanische Randbedingungen
Beispiele	Schraubenverbindungen mit Stromschienen, Freileitungen	Steckverbindungen, Schaltkontakte für z. B. Relais und Leistungsschalter	Kabel, Gasisolierte Schaltanlagen (GIS) und Leitungen (GIL), Schaltanlagensammelschienen

Bei runden Steckverbindungen, aber auch bei Flachsteckverbindungen und Trennschaltern in Sammelschienensystemen, führen Querkräfte auf die angeschlossenen Leiter zum asymmetrischen Einfedern (Abb. 4.26). An einem Teil des Umfangs werden die Federelemente durch die Verformung des Steckers und der Buchse gestaucht und auf der gegenüberliegenden Seite entspannt. Bei sehr großen Verformungen ist das Zerstören der Verbindung möglich. Dem kann durch mechanisch stützende Elemente, die eine zu starke radiale Verschiebung zwischen Stecker und Buchse verhindern, entgegengewirkt werden.

Beispiele zur Wirkung der Kurzschlussströme sind in Abb. 4.27 dargestellt.

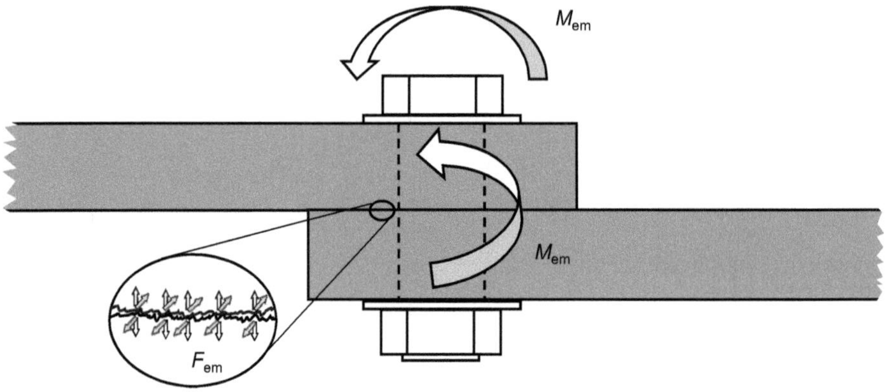

Abb. 4.24 Betriebsbedingte Kräfte und Momente an einer Schrauben-Mutter-Verbindung

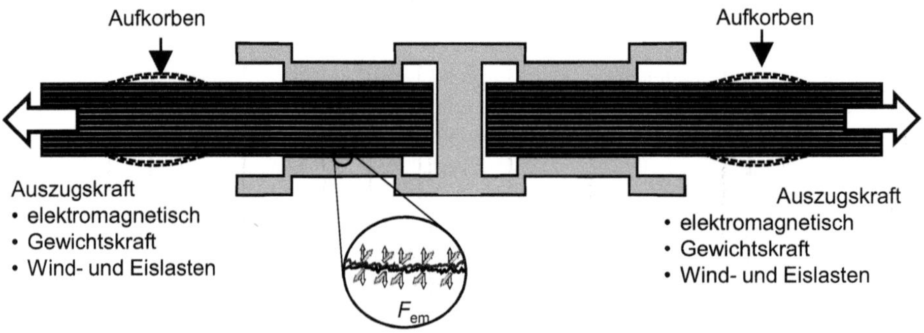

Abb. 4.25 Betriebsbedingte Kräfte an einer Pressverbindung

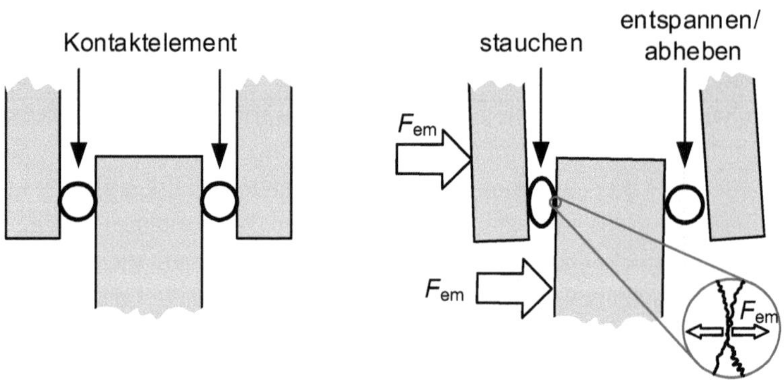

Abb. 4.26 Wirkung der elektromagnetischen Kraft während eines Kurzschluss auf eine Steckverbindung (Längsschnitt)

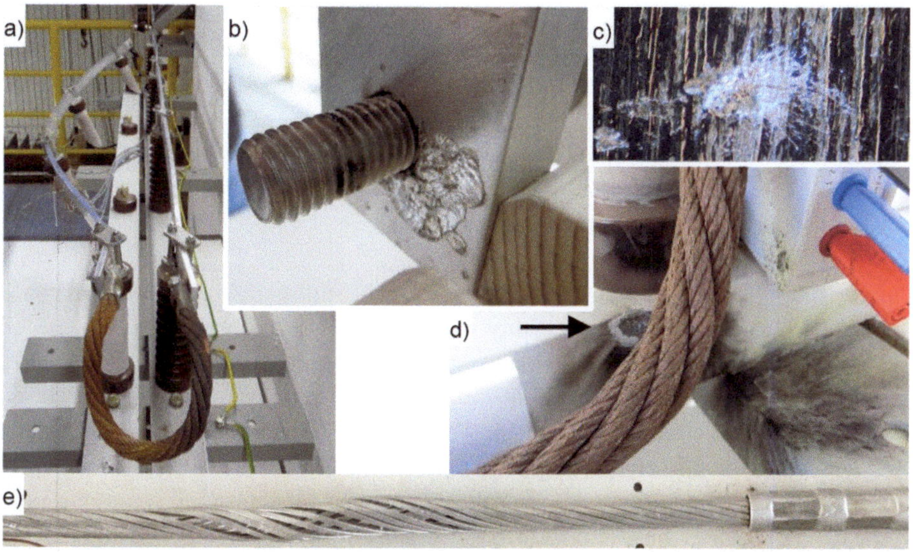

Abb. 4.27 Wirkung von Kurzzeitströmen: **a**) Verformen paralleler Stromschienen **b**) mangelhaft montierte, teilweise aufgeschmolzene Schraubenverbindung **c**) Punktkontakt mit Abheben und Herausspritzen von geschmolzenem Werkstoff **d**) ungewolltes Kontaktieren eines Litzenleiters mit einem geerdeten Bauteil **e**) Aufkorben eines Freileitungsseils vor einer Pressverbindung

4.3 Elektrisches Kontaktverhalten

Als abstrahiertes, sehr vereinfachtes Ersatzschaltbild, mit dem der Verbindungswiderstand beschrieben werden kann, hat sich das Modell gemäß Gl. (4.3) bewährt. Dieses berücksichtigt allgemein einen Materialwiderstand je Kontaktpartner sowie den Kontaktwiderstand zwischen diesen. Die prinzipiellen Anteile des Verbindungswiderstands stromführender Verbindungen werden darin verdeutlicht. Der Kontaktwiderstand ist das Maß für das elektrische Kontaktverhalten einer stromführenden Verbindung. Derzeitiger Stand der Technik ist es, dass für Hochstrom-Verbindungen der Kontaktwiderstand nicht direkt gemessen und nur für einige wenige Sonderfälle aus dem gemessenen Verbindungswiderstand berechnet werden kann. Die Verteilung sowie die Größe der Mikrokontakte rauer, welliger und in der Regel fremdschichtbehafteter Kontaktflächen ist unbekannt. Entsprechend kann nur für bestimmte Randbedingungen der Kontaktwiderstand von Flächenkontakten direkt berechnet werden. Des Weiteren ist zu beachten, dass die Rückwirkung des Kontaktwiderstands auf die Verteilung der Stromdichte in den Kontaktpartnern für die verschiedenen Verbindungsarten spezifisch ist. Der in der Verbindung stromdurchflossene Materialanteil ist nicht unabhängig vom Kontaktwiderstand, dies gilt vor allem für längsgestreckte Verbindungen. Insbesondere bei aktuellen Untersuchungen zur elektrischen Modellierung von Schrauben- und Pressverbindungen wurden diese Aspekte verstärkt berücksichtigt [8, 9, 11]. Ziel dieser Betrachtungen war dabei stets, dass Kontaktverhalten von Verbindungen unabhängig von den Materialwiderständen der Kontaktpartner zu vergleichen. Dazu sind Parameter erforderlich, die ausgehend von empirischen Untersuchungen mit vereinfachten Betrachtungen sowie elektrischen Modellen stromführender Verbindungen bestimmt werden können. Folgend wird darauf näher eingegangen.

4.3.1 Empirische Zusammenhänge

Um ein gutes elektrisches Kontaktverhalten bei nicht stoffschlüssigen Verbindungen zu erreichen, ist in der Regel der Kraftschluss entscheidend. Das bedeutet, während der Montage muss durch die aufgebrachte Kontaktkraft eine ausreichende elasto-plastische Verformung der Mikrospitzen auf der Kontaktfläche erreicht werden, um viele parallele und großflächige Mikrokontakte zu erzeugen. Weiterhin muss zwischen den Kontaktpartnern nach dem Fügen immer eine ausreichend hohe bleibende Kontaktkraft vorhanden sein. Das prinzipielle Kraft-Widerstands-Verhalten kann dabei allgemein mit einer Hysterese-Kurve beschrieben werden (Abb. 4.28). Das Hysterese-Verhalten ist stark vom Leiter- und Beschichtungswerkstoff, der Vorbehandlung der Kontaktflächen, der mechanischen Spannungsverteilung in der Kontaktebene und den eingesetzten Kontakt- und Fügeelemente abhängig. Für Flächen- und Linienkontakte können derzeit die wahre metallische und die mechanisch tragende Kontaktfläche nicht oder nur schwer bestimmt bzw. mit FEM-Programmen berechnet werden, da die Oberflächenrauheit und die Fremdschichten

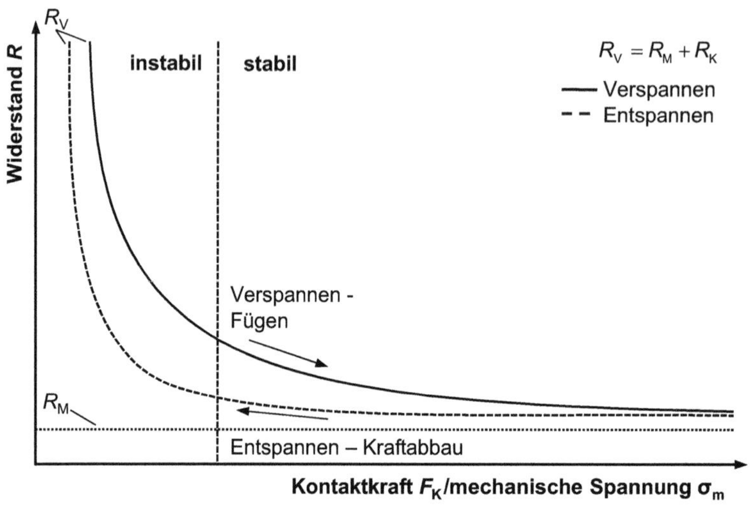

Abb. 4.28 Verbindungswiderstand R_V abhängig von der Kontaktkraft bzw. mittleren mechanischen Spannung σ_m (schematisch)

nicht genau berücksichtigt werden können. Werte von 3 % für das Verhältnis von A_w zu A_s werden allgemein für Flächenkontakte in der Literatur angegeben [1]. Selbst fremdschichtbehaftete Punktkontakte können derzeit nicht vollständig beschrieben werden [3], sodass häufig empirische Ansätze verwendet werden.

Auf Basis eines sehr häufig verwendeten, erweiterten Ansatzes nach Babikow (Gl. (4.30) [12, 14]) kann für die konstruktive Auslegung von stromführenden Verbindungen der Kontaktwiderstand mit der mittleren mechanische Spannung aus dem Ersatz-Querschnittsmodell oder der Kontaktkraft berechnet werden (Abschn. 4.2.1) [52]. Die Parameter k_V und m_V sind dabei experimentell zu ermitteln (Abb. 4.28) und abhängig von der Geometrie der Kontaktpartner und des Zustands der Kontaktfläche. Der Zustand der Kontaktfläche wird dabei über die Größe k_V betrachtet. Je kleiner der Wert für k_V ist, desto geringer ist der Einfluss von Fremdschichten.

Die Größe m_V charakterisiert die Form der Kontaktfläche. Je größer m_V ist, desto flächiger liegen die Kontaktpartner aufeinander und die mechanische Spannung ist gleichmäßiger verteilt als z. B. beim Einsatz von Druckplatten oder Spannscheiben als Fügelemente. Kleine Werte von m_V sind bei einer ungleichmäßigen Spannungsverteilung zu verwenden wie sie z. B. beim Einsatz einer Innenträgerschraube ohne zusätzliche Scheiben auftritt.

$$R_{K0}(\Omega) = \frac{k_V}{\left(\dfrac{F_{K0}(\mathrm{N})}{A_{Ers}(\mathrm{mm}^2)}\right)^{m_V}} = \frac{k_V}{\left(\sigma_m\left(\mathrm{N/mm}^2\right)\right)^{m_V}} \tag{4.30}$$

Für einige Werkstoffpaarungen können beispielhaft aus Untersuchungen an Schraubenverbindungen mit Stromschienen und Steckverbindungen Werte für k_v und m_v angegeben werden, mit denen der Kontaktwiderstand R_{K0} in Ω berechnet werden kann (Tab. 4.11).

Für Punktkontakte kann Gl. (4.30) angepasst werden, da der Zusammenhangen zwischen scheinbarer Kontaktfläche und Kontaktwiderstand keine sinnvolle Bemessungsgröße ist.

$$R_{K0}(\Omega) = k_V \; (0{,}1 \; F_K)^{-m_V} \tag{4.31}$$

Die Parameter k_V und m_V wurden empirisch bestimmt und sind vom Werkstoff, der Oberflächenbeschaffenheit (Form, Reinigung, Rauheit) und der Temperatur abhängig (Tab. 4.12 und 4.13).

Tab. 4.11 Werte für k_v und m_v für Flächenkontakte

Werkstoffpaarung WS1/BS1-BS2/WS2	k_v	m_v	Bemerkung
Al99,5-Al99,5	(1,3 … 2,1) 10^{-5}	0,43 … 0,75	abrasive Vorbehandlung der Kontaktfläche (Drahtbürste)
AlMgSi/Ag[1)]-Ag[1)]/AlMgSi	(0,3 … 0,6) 10^{-5}	0,43 … 0,65	ohne Vorbehandlung der Kontaktfläche
AlMgSi/Ni[1)]-Ni[1)]/AlMgSi	(2,3 … 3,5) 10^{-5}	0,72 … 0,83	abrasive Vorbehandlung der Kontaktfläche (Schleifvlies)
AlMgSi/Ni[1)]-Al99,5	(3,7 … 4,7) 10^{-5}	0,89 … 0,95	abrasive Vorbehandlung der Kontaktfläche (Ni Schleifvlies, Al Drahtbürste)
Cu-ETP-Cu-ETP	(0,2 … 0,6) 10^{-5}	0,43 … 0,67	abrasive Vorbehandlung der Kontaktfläche (Schleifvlies)
Cu-ETP/Ni[1)]-Ni[1)]/Cu-ETP	(2,2 … 7,9) 10^{-5}	0,83 … 0,95	abrasive Vorbehandlung der Kontaktfläche (Schleifvlies)
Cu-ETP/Ag[1)]-Ag[1)]/Cu-ETP	0,3 10^{-5}	0,52	ohne Vorbehandlung der Kontaktfläche
Cu-ETP/Sn[1)]-Cu-ETP	(0,4 … 0,5) 10^{-5}	0,59 … 0,67	ohne Vorbehandlung der Kontaktfläche[2)]
Cu-ETP/Sn[1)]-Sn[1)]/Cu-ETP	(0,7 … 1,1) 10^{-5}	0,56 … 0,75	ohne Vorbehandlung der Kontaktfläche
Cu-ETP-Ag[1)]/AlMgSi	0,6 10^{-5}	0,63	abrasive Vorbehandlung der Kontaktfläche (Cu Schleifvlies)
AlMgSi/Ag[1)]-Sn[1)]/Cu-ETP	(0,5 … 0,9) 10^{-5}	0,61 … 0,72	ohne Vorbehandlung der Kontaktfläche
AlMgSi/Ni[1)]-Cu-ETP	(0,6 … 0,8) 10^{-5}	0,54 … 0,59	abrasive Vorbehandlung der Kontaktfläche (Schleifvlies)
Al99,5-Ni[1)]/Cu-ETP	(4,6 … 4,9) 10^{-5}	1,02 … 1,04	abrasive Vorbehandlung der Kontaktfläche (Ni Schleifvlies, Al Drahtbürste)
AlMgSi/Ni[1)]-Ni[1)]/Cu-ETP	(0,6 … 1,6) 10^{-5}	0,54 … 0,73	abrasive Vorbehandlung der Kontaktfläche (Schleifvlies)

WS … Werkstoff
BS … Beschichtung
[1)] alle Beschichtungen elektrolytisch aufgebracht
[2)] Oxidschicht auf der Kupferoberfläche kann zu höheren Kontaktwiderständen führen

Tab. 4.12 Werte für den Faktor k_V für Punktkontakte [12]

Werkstoffpaarung	Oberflächenzustand	k_V	Bemerkung
Cu-Cu	gereinigt	(0,08 … 0,14) 10^{-3}	[12]
Al-Al	gereinigt	(3 … 6,7) 10^{-3} 0,18 10^{-3}	[12] Versuche TUD
Sn-Sn	ungefettet	0,1 10^{-3}	[12]
Ag-Ag	gereinigt	0,11 10^{-3}	Versuche TUD

Tab. 4.13 Werte für den Faktor m_V [12, 13]

Geometrie der Kontaktfläche/Werkstoff	Oberflächen zustand	m_V	Bemerkung	
Fläche-Fläche	–	1	[12]	
Kugel-Kugel		0,5		
Kugel-Fläche		0,5		
Stromschienen		0,5 … 0,7 (0,6)		
Cu-Cu	gereinigt	0,6	20 °C	[13]
		0,55	75 °C	
		0,3	200 °C	
	oxidiert	1	20 °C	
		0,2	75 °C	
		0,1	200 °C	
		0,08	500 °C	

Beispiel

Der Kontaktwiderstand einer Schraubenverbindung mit zwei Stromschienen aus Al99,5 mit einem Querschnitt A von (40 x 10) mm², einer Verbindungslänge l_V von 40 mm, einer Schraube sowie Unterlegscheibe der Größe 12 sowie einer Ersatzquerschnittsfläche A_{Ers} von 536 mm² soll für eine Kontaktkraft von 25 kN berechnet werden. Wahl der Parameter $k_V = 1{,}3$ (sehr gut vorbehandelte Kontaktfläche mit einer Drahtbürste) und $m_v = 0{,}7$ (mittlere Auflagefläche der Fügelemente)

$$R_{K0} = \frac{1{,}3 \cdot 10^{-5}}{\left(\frac{25000\ \text{N}}{536\ \text{mm}^2}\right)^{0{,}7}} = 0{,}88\ \mu\Omega$$

Daraus ist der Verbindungswiderstand R_{V0} und Gütefaktor k_{U0} zu bestimmen.
$R_M = k_{ul}(A_B) \cdot R_{Sch} = 0{,}73 \cdot 2{,}78\ \mu\Omega = 2{,}03\ \mu\Omega$ (Gl. (4.66))

$$R_{V0} = R_{K0} + R_M = 2{,}03\ \mu\Omega + 0{,}88\ \mu\Omega = 2{,}91\ \mu\Omega$$

$$k_{U0} = \frac{R_{V0}}{R_{BL}} = \frac{2{,}91\ \mu\Omega}{2{,}78\ \mu\Omega} = 1{,}05 \qquad \text{(Gl· (4.7))}$$

◄

4.3.2 Elektrische Modelle stromführender Verbindungen mit Linien- oder Flächenkontakten

Elektrische Modelle haben das Ziel das Widerstandsverhalten stromführender Verbindungen abzubilden und dabei den Einfluss der Konstruktion bzw. der verwendeten Werkstoffe zu bewerten. Ein elektrisches Modell ist ein Bestandteil zum Berechnen des elektrisch-thermischen Betriebsverhaltens. Das Kontaktverhalten der stromführenden Verbindung kann dabei eine Eingangsgröße des Modells sein oder es wird mit dem Modell bestimmt. Da das Kontaktverhalten von Punktkontakten bereits eingehend untersucht wurde, wird hier nicht weiter auf diese Kontaktart eingegangen (Abschn. 4.1.1 insbesondere Tab. 4.1) [3, 15–17]

(a) Widerstandsnetzwerke

Elektrische Modelle mit linearen Widerstandsnetzwerken beschreiben die Strompfade in stromführenden Verbindungen mit diskreten oder differenziellen elektrischen Widerständen. Diese Netzwerke können stromführende Verbindungen zwei- oder dreidimensional nachbilden. Die Kontaktpartner werden in diesen Netzwerken durch ihre Materialwiderstände ggf. unter Berücksichtigung der beim Fügen auftretenden Verformung abgebildet. Die Kontaktwiderstände werden vereinfachend aus der beschreibenden Größe (spezifischer Querwiderstand R'_q) berechnet [11] oder können mit empirischen Untersuchungen des individuellen Kontaktverhaltens bestimmt werden [46]. Zum Lösen einfacher diskreter Widerstandsnetzwerke eignen sich Netzwerkberechnungsprogramme (z. B. LTSpice). Für Netzwerke mit einer hohen Anzahl von Widerständen können Methoden der Netzberechnung, wie z. B. die Knotenspannungsanalyse genutzt werden, um die Potenzial- und Stromverteilung in den Netzwerken zu berechnen. Ein Widerstandsnetzwerk mit differenziellen elektrischen Widerständen einer stromführenden Verbindung zwischen zwei gleichen Kontaktpartnern wurde von [47] analytisch beschrieben (Abb. 4.29). Für dieses Widerstandsnetzwerk kann der Verbindungswiderstand

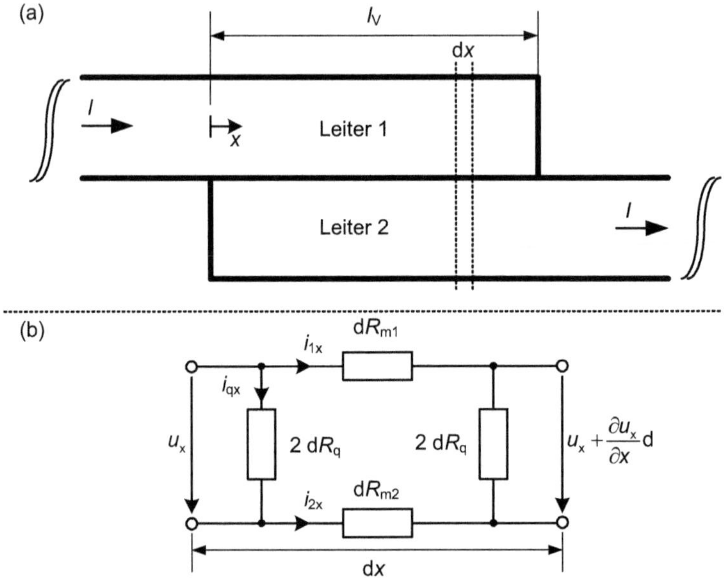

Abb. 4.29 Stromführende Verbindung zweier linienhafter elektrischer Leiter (**a**) sowie das Ersatzschaltbild eines Längenelements d*x* (**b**)

$$R_\mathrm{V} = \frac{R'_\mathrm{m1}}{R'_\mathrm{m1}+R'_\mathrm{m2}}\left[R'_\mathrm{m2}l_\mathrm{V} + \frac{\left(R'_\mathrm{m1}-R'_\mathrm{m2}\right)}{\alpha_\mathrm{el}}\tanh\left(\frac{\alpha_\mathrm{el}l_\mathrm{V}}{2}\right)\right] + \frac{R'_\mathrm{m1}+R'_\mathrm{m2}\cosh\left(\alpha_\mathrm{el}l_\mathrm{V}\right)}{\alpha_\mathrm{el}\sinh\left(\alpha_\mathrm{el}l_\mathrm{V}\right)} \tag{4.32}$$

mit der reziproken elektrischen Ortskonstante

$$\alpha_\mathrm{el} = \sqrt{\frac{R'_\mathrm{m1}+R'_\mathrm{m2}}{R'_\mathrm{q}}} \tag{4.33}$$

analytisch berechnet werden. Sind die Kontaktpartner im Widerstandsnetzwerk mit differenziellen Elementen kontaktwiderstandslos verbunden ($R'_\mathrm{q} \to 0$), so zeigt die Grenzwertbetrachtung

$$\begin{aligned}\lim_{R'_\mathrm{q}\to 0} R_\mathrm{V} &= \lim_{R'_\mathrm{q}\to 0}\left(\frac{R'_\mathrm{m1}}{R'_\mathrm{m1}+R'_\mathrm{m2}}\left[R'_\mathrm{m2}l_\mathrm{V} + \frac{\left(R'_\mathrm{m1}-R'_\mathrm{m2}\right)}{\alpha_\mathrm{el}}\tanh\left(\frac{\alpha_\mathrm{el}l_\mathrm{V}}{2}\right)\right] + \frac{R'_\mathrm{m1}+R'_\mathrm{m2}\cosh\left(\alpha_\mathrm{el}l_\mathrm{V}\right)}{\alpha_\mathrm{el}\sinh\left(\alpha_\mathrm{el}l_\mathrm{V}\right)}\right) \\ \lim_{R'_\mathrm{q}\to 0} R_\mathrm{V} &= \frac{R'_\mathrm{m1}R'_\mathrm{m2}l_\mathrm{V}}{R'_\mathrm{m1}+R'_\mathrm{m2}}\end{aligned} \tag{4.34}$$

dass sich der Widerstand der parallelgeschalteten Kontaktpartner $R_\parallel$ ergibt (Gl. (4.34). Daraus folgt, dass das Umlenken des Strömungsfelds in der Verbindung in diesem Widerstandsnetzwerk nicht berücksichtigt wird.

Aus dem linearen Widerstandsnetzwerk mit differenziellen Widerständen kann ein vereinfachtes Ersatzschaltbild mit je einem Widerstand jedes Kontaktpartners sowie dem wirksamen Kontaktwiderstand der Verbindung hergeleitet werden [11]. Das Ersatzschaltbild der stromführenden Verbindung vereinfacht sich zu einer Reihenschaltung der drei Ersatz-Widerstände R_M1, R_M2, und R_K analog zum Ersatzschaltbild in Abb. 4.4 (Abb. 4.30).

Dazu wird die Summe der in den differenziellen Widerständen entstehenden Verlustleistung berechnet. Daraus kann jeweils ein äquivalenter, vom gesamten Strom durchflossener Widerstand ermittelt werden, in dem die gleiche Verlustleistung entsteht (Gl. (4.35)–(4.37)).

$$P_\mathrm{V1} = \int_0^s \mathrm{d}P_\mathrm{V1} = R'_\mathrm{m1}\int_0^s i_\mathrm{1x}^2\,\mathrm{d}x = I^2 R_\mathrm{M1} \tag{4.35}$$

$$P_\mathrm{V2} = \int_0^s \mathrm{d}P_\mathrm{V2} = R'_\mathrm{m2}\int_0^s i_\mathrm{2x}^2\,\mathrm{d}x = I^2 R_\mathrm{M2} \tag{4.36}$$

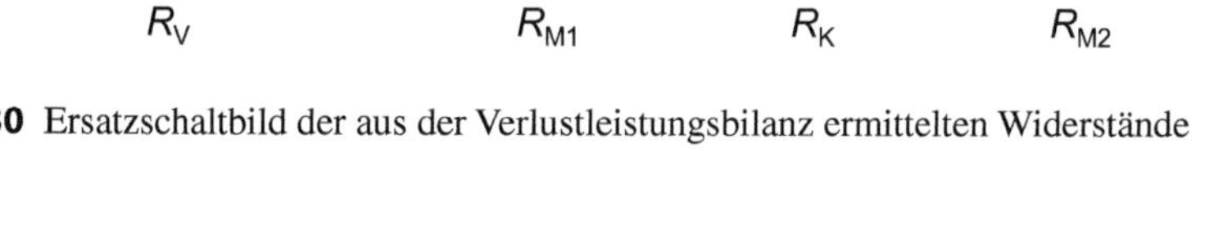

Abb. 4.30 Ersatzschaltbild der aus der Verlustleistungsbilanz ermittelten Widerstände

$$P_{\mathrm{Vq}} = \int_0^s \mathrm{d}P_{\mathrm{Vq}} = \int_0^s \frac{u_x^2}{R'_q}\,\mathrm{d}x = I^2 R_K \tag{4.37}$$

(b) Numerische elektrische Modelle

Mit numerischen elektrischen Modellen stromführender Verbindungen, die mit der Finite-Elemente-Methode gelöst werden, können die statische oder dynamische Verteilung des elektrischen Strömungsfelds in sowie die des elektrischen Potenzials an den Kontaktpartnern berechnet werden. Die Kontaktpartner werden in den Modellen zwei- oder dreidimensional mit der exakten oder einer vereinfachten Geometrie durch Flächen- oder Volumenelemente abgebildet. Zudem wird die elektrische Leitfähigkeit ihrer Werkstoffe berücksichtigt. Die Kopplung der Strömungsfelder zwischen zwei Kontaktpartnern erfolgt durch zusätzliche, paarweise Kontaktelemente auf je zwei Kontaktflächen. Abhängig vom benutzerdefinierten spezifischen Flächenleitwert G' ergibt sich die Potenzialdifferenz zwischen den Kontaktelementen abhängig von der lokalen Stromdichte S (Gl. (4.38)).

$$\Delta\varphi = \frac{S}{G'} \tag{4.38}$$

Der spezifische Flächenleitwert als Modellgröße kann dabei einer infinitesimal dünnen Schicht zwischen den Kontaktpartnern zugeordnet werden. Die spezifische Flächenleitfähigkeit kann dabei nicht direkt uneingeschränkt aus dem Kontaktwiderstand berechnet werden. Dies ist nur möglich, wenn die Stromdichteverteilung in der infinitesimal dünnen Schicht zwischen den Kontaktpartner homogen ist und ergibt sich dafür zu ((4.40)):

$$G' = \frac{1}{R_K A_S} \tag{4.39}$$

Diese Bedingung ist insbesondere bei Verbindungen mit gutem Kontaktverhalten, bei denen die Stromdichte in der Schicht von den Materialwiderständen der Kontaktpartner bestimmt wird, nicht erfüllt. In diesen Fällen kann die spezifischen Flächenleitfähigkeit auf indirektem Lösungsweg bestimmt werden (Abschn. 4.3.3).

4.3.3 Ermitteln der Modellgrößen des elektrischen Kontaktverhaltens

Modellgrößen sind die Materialwiderstände (R_M) und solche, die das elektrische Kontaktverhalten einer Verbindung beschreiben (R_K, R'_q, G'). Sie dienen dem elektrischen Modellieren der Verbindung und können zur Simulation des Betriebsverhaltens oder zur konstruktiven Verbesserung bestimmt und verwendet werden. Dabei sind Verfahren zu unterscheiden, bei denen die Modellgrößen aus Eingangsparametern (Werkstoff, Geometrie, Kraft) berechnet werden (direkt) oder bei denen die Modellgrößen aus Messwerten ermittelt werden (indirekt). Eine weitere Möglichkeit das elektrische Kontaktverhalten zu beschreiben, ist die Analogie zum thermischen Kontaktverhalten [42] (Abschn. 4.4.1).

(a) Direkter Lösungsweg

Das direkte Berechnen des Kontaktwiderstands oder einer das Kontaktverhalten beschreibenden Ersatzgröße von Flächenkontakten setzt z. B. definiert strukturierte Kontaktflächen voraus, bei denen Annahmen für die Größe und die Verteilung der Mikrokontakte getroffen werden können sowie der Einfluss von Fremdschichten vernachlässigt werden kann. Weiterhin kann für Flächenkontakte durch das Abschätzen des wirksamen Materialwiderstands einer Verbindung der Kontaktwiderstand direkt ermittelt werden. Eine solche Näherung ist gut anwendbar, wenn der Kontaktwiderstand der überwiegende Anteil des Verbindungswiderstands ist. In diesem Fall wirken sich Unsicherheiten beim Abschätzen des Materialwiderstands nur wenig aus.

Beispiel

Betrachtet wird eine Schraubenverbindung mit zwei Stromschienen aus Kupfer mit einem Querschnitt von (50 x 10) mm^2 und einer Verbindungslänge von l_V = 50 mm. An dieser Verbindung wurde ein sehr hoher Verbindungswiderstand von R_V = 41,2 µΩ gemessen. Der Materialwiderstand kann mit Gl.(4.42) abgeschätzt werden. In erster Näherung ergibt sich damit der spezifische Flächenleitwert G' mit:

$$R_{\mathrm{Mw}} = 34{,}5 \frac{\mu\Omega}{\mathrm{m}} 0{,}05\ \mathrm{m} \left[0{,}639 \left(\frac{50\ \mathrm{mm}}{10\ \mathrm{mm}} \right)^{-1{,}35} + 0{,}5 \right] = 0{,}99\ \mu\Omega$$

Da der Materialwiderstand klein gegenüber dem Verbindungswiderstand ist, kann der Flächenleitwert G' als Modellgröße in guter Näherung mit

$$R_{\mathrm{K}} = R_{\mathrm{V}} - R_{\mathrm{mw}} = 41{,}2\ \mu\Omega - 0{,}99\ \mu\Omega = 40{,}2\ \mu\Omega$$

$$G' = \frac{1}{R_{\mathrm{K}} A_{\mathrm{S}}} = \frac{1}{0{,}00004021\ \Omega \cdot 0{,}0025\ \mathrm{m}^2} = 9{,}95\ \frac{\mathrm{MS}}{\mathrm{m}^2}$$ abgeschätzt werden. ◀

(b) Indirekter Lösungsweg

Der Kontaktwiderstand stromführender Verbindungen kann vereinfacht bestimmt werden, indem der wirksame Materialwiderstand in der Verbindung abgeschätzt und vom Verbindungswiderstand subtrahiert wird (Gl. (4.40)).

$$R_{\mathrm{K}} = R_{\mathrm{V}} - R_{\mathrm{M}} \tag{4.40}$$

Zunächst werden zwei Kontaktpartner mit den längenbezogenen Materialwiderständen R'_{M1} und R'_{M2} betrachtet, die auf der Verbindungslänge l_V kontaktwiderstandslos verbunden sind. Der resultierende Materialwiderstand $R_{\parallel}$ der Verbindung bei einer elektrischen Parallelschaltung der Kontaktpartner auf der Verbindungslänge l_V beträgt

$$R_{\parallel} = \frac{R'_{m1} R'_{m2}}{R'_{m1} + R'_{m2}} l_V \tag{4.41}$$

Während in einem, von einem Gleichstrom durchflossenen, gestreckten elektrischen Leiter der Betrag und die Richtung der Stromdichte an jeder Stelle des Leiters gleich ist, ist der Betrag und die Richtung der Stromdichte in nahezu allen Arten von stromführenden Verbindung ortsabhängig verteilt. Der Strom kommutiert von einem elektrischen Leiter auf den anderen. Damit erhöht sich der wirksame, stromdurchflossene Materialwiderstand gegenüber dem Widerstand der Parallelschaltung der Kontaktpartner. Der wirksame Materialwiderstand $R_{m\,w}$, der auf die tatsächliche Durchströmung der Kontaktpartner auf der Verbindungslänge l_V zurückzuführen ist, wurde für stromführende Schraubenverbindungen mit Stromschienen der Höhe h empirisch ermittelt (Gl. (4.42)) [6].

$$R_{m\,w} = \frac{R'_{m1} + R'_{m2}}{2} l_V \left[0{,}639 \left(\frac{l_V}{h} \right)^{-1{,}35} + 0{,}5 \right] \tag{4.42}$$

Bei komplexeren Geometrien oder Anordnungen mit mehr als zwei Kontaktpartner kann der wirksame Materialwiderstand meist nur mit numerischen elektrischen Modellen bestimmt werden. Um damit den stromdurchflossenen Materialwiderstand zu ermitteln, ist es zweckmäßig die Kontaktpartner der betreffenden stromführenden Verbindung als einen Körper nachzubilden oder sinnvolle Annahmen für den spezifischen Flächenleitfähigkeit G' zu treffen. Insbesondere dessen Einfluss auf den wirksamen Materialwiderstand einer stromführenden Verbindung ist zu beachten.

(c) Ermitteln des spezifischen Querwiderstands für Widerstandsnetzwerke

Soll das Kontaktverhalten verschiedener stromführender Verbindungen unabhängig von der Geometrie und den elektrischen Eigenschaften der Kontaktpartner verglichen werden, so kann der spezifische Querwiderstand verwendet werden. Dieser kann nur direkt mit Gl. (4.44) aus dem Verbindungswiderstand R_V berechnet werden, wenn die Bedingung

$$R'_q << l_V^2 \left(R'_1 + R'_2 \right) \tag{4.43}$$

erfüllt ist.

$$R'_q = \left[\frac{l_V R'_{m1} R'_{m2} \sqrt{R'_{m1} + R'_{m2}}}{R'_{m1} + R'_{m2}} \left(\frac{R_V - R}{R} \right) \right]^2 \tag{4.44}$$

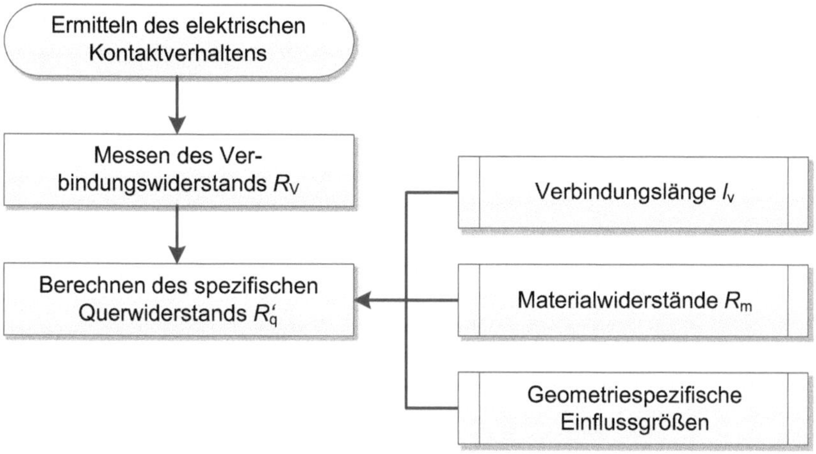

Abb. 4.31 Vorgehensweise zum Ermitteln des spezifischen Querwiderstands

In der Regel kann der spezifische Querwiderstand nur iterativ (indirekt) berechnet werden, da ohne die Bedingung in Gl. (4.43) keine analytische Lösung existiert. Als Orientierung dazu dient das Ablaufschema in Abb. 4.31.

(d) Ermitteln der spezifischen Flächenleitfähigkeit für FEM-Modelle

Zunächst sind die Randbedingungen festzulegen, bei denen die spezifische Flächenleitfähigkeit für Flächen- und Linienkontakte ermittelt werden soll. Es kann zwischen anordnungsspezifischen Vorgehensweisen und solchen, die das mechanische Kontaktverhalten einer bestimmten Werkstoffkombination bei definierten, mittleren mechanischen Spannungen berücksichtigen, unterschieden werden. Im zweiten Fall kann die spezifische Flächenleitfähigkeit G' unabhängig von der Geometrie der Kontaktpartner bestimmt werden. Aus der Annahme der gleichverteilten, mittleren mechanischen Spannung folgt, dass auch die Mikrokontakte in der Kontaktebene gleichgroß und gleichverteilt sind. Die spezifische Flächenleitfähigkeit G' als Modellgröße ist in diesem Spezialfall nicht ortsabhängig. Ausgangspunkt zum Bestimmen der spezifischen Flächenleitfähigkeit G' abhängig von der mechanischen Spannung sind die Hysterese-Kennlinien, die an stromführenden Verbindungen bestimmt werden (Abschn. 4.3.1). Dabei ist durch die Versuchskonzeption eine gleichverteilte mechanische Spannung in der Kontaktebene sicherzustellen. Der wirksame, stromdurchflossene Materialwiderstand R_M kann sich abhängig vom Kontaktwiderstand ändern, da dieser die Stromdichteverteilung in den Kontaktpartnern beeinflusst (Abschn. 4.3.4). Für den betrachten Linien- oder Flächenkontakt muss zunächst die Funktion $R_M(R_V)$ bestimmt werden (Vgl. Abb. 4.32), um insbesondere den wirksamen Materialwiderstand bei geringen Verbindungswiderständen erfassen zu können. Dazu kann ein geeignetes elektrisches Modell verwendet werden (Abschn. 4.3.2). Von dem jeweiligen, im

Hysterese-Versuch gemessenen Verbindungswiderstand wird der entsprechende Materialwiderstand subtrahiert, um den Kontaktwiderstand abhängig von der mittleren mechanischen Spannung σ_m zu berechnen (Gl. (4.45)). Anschließend können die Koeffizienten einer den Kontaktwiderstand beschreibenden Beziehung (z. B. k_V und m_V in Gl. (4.30) [12]) bestimmt werden.

$$R_K(\sigma_m) = R_V(\sigma_m) - R_M(R_V) \tag{4.45}$$

Weiter wird der wirksame Kontaktwiderstand der entsprechenden stromführenden Verbindung in Parameterstudien mit einem die reale Anordnung beschreibenden FEM-Modell abhängig vom spezifischen Flächenleitfähigkeit G' ermittelt. Der wirksame Kontaktwiderstand ist dabei derjenige, der aus der Leistungsbilanz der Kontaktpartner bestimmt werden kann (Gl. (4.37)). Dazu werden aus den Ergebnissen der FEM-Berechnung die Verlustleistungsdichten P'_V der Elemente jedes Kontaktpartners summiert. Mit dem Volumen des jeweiligen Kontaktpartners wird die in ihm erzeugte Verlustleistung berechnet (Gl. (4.46)) und daraus der wirksame Materialwiderstand des Kontaktpartners.

$$P_V = V \sum_{i=1}^{n} P'_{Vn} \tag{4.46}$$

Der Kontaktwiderstand ist letztlich die Differenz zwischen dem berechneten Verbindungswiderstand und den wirksamen Materialwiderständen der Kontaktpartner. Wird nun Gl. (4.30) nach der mechanischen Spannung umgestellt (Gl. (4.47)), kann in der Folge ein direkter Zusammenhang zwischen der Flächenleitfähigkeit und der mittleren mechanischen Spannung σ_m hergestellt werden.

$$\sigma_m\left(\mathrm{N/mm^2}\right) = \frac{1}{A_S\left(\mathrm{mm^2}\right)} \left(\frac{k_V}{R_K(\Omega)}\right)^{\frac{1}{m_V}} \tag{4.47}$$

Empirisch kann dieser Zusammenhang mit einer Potenzfunktion beschrieben werden (Gl. (4.48)).

$$G' = k_\sigma (\sigma_m)^{m_\sigma} \tag{4.48}$$

4.3.4 Anwendungsbeispiele

(a) Ermitteln des spezifischen Flächenleitwerts abhängig von der mittleren mechanischen Spannung am Beispiel eines Flächenkontakts

Der spezifische Flächenleitwert G' wurde für Flächenkontakte mit Kontaktpartnern aus Kupfer mit abrasiv vorbehandelten Kontaktflächen ermittelt. Dazu wurden mit einer Versuchsanordnung, bei der näherungsweise von einer gleichverteilten, mittleren mechanischen Spannung in der Kontaktebene ausgegangen werden kann, der Verbindungswiderstand an Flächenkontakten zwischen Stromschienen aus CU-ETP mit verschiedenen Querschnitten gemessen. Weiterhin wurde ein FEM-Modell aufgebaut, mit dem der Verbindungs- sowie die Materialwiderstände der Kontaktpartner des untersuchten Flächenkontakts berechnet wurden (Abb. 4.32). Der Materialwiderstand ist dabei für eine spezifische Flächenleitfähigkeit von 10^{10} S/m² um bis zu 12 % geringer als für 10^7 S/m².

Die Kontaktwiderstände wurden aus der Differenz des gemessenen Verbindungswiderstands und dem jeweilige, berechneten Materialwiderstand $R_M(R_V)$ ermittelt (Gl. (4.45)). Aus diesen Daten wurden die Parameter k_V und m_V für die empirische Funktion nach Babikow bestimmt (Abb. 4.33). Die Funktion nähert den Zusammenhang zwischen dem mittleren Kontaktwiderstand und der mechanischen Spannung gut an.

Im Bereich sehr geringer Kontaktwiderstände in der Größenordnung von 0,1 µΩ war die relative Streuung der ermittelten Kontaktwiderstände erheblich, was für praktische Anwendungen unbedeutend ist aber für das Berechnen des Flächenleitwerts relevant. Im nächsten Schritt kann den mit dem FEM-Modell ermittelten Kontaktwiderständen eine mit Gl. (4.47) berechnete mittlere mechanische Spannung zugeordnet werden. Damit kann eine empirische Korrelation zwischen der mittleren mechanischen Spannung und dem spezifische Flächenleitwert hergestellt werden. Wird die Spannweite der Widerstände in den Hysterese-Versuchen berücksichtigt, so ergibt sich ein Parameterfeld (Abb. 4.34). Für dieses können Potenzfunktionen als zugeschnittene Größengleichungen angegeben

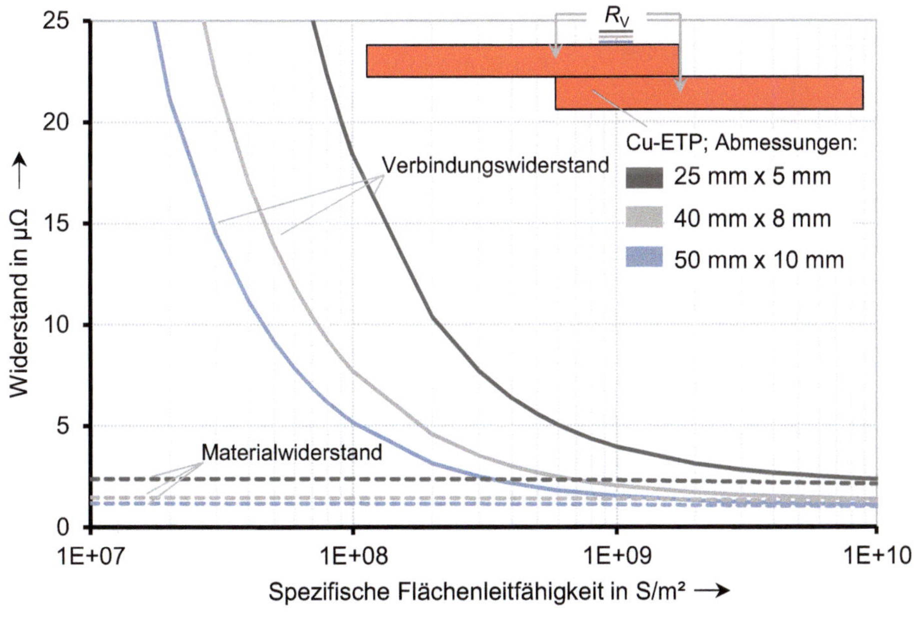

Abb. 4.32 Verbindungs- und Materialwiderstand des Flächenkontakts zwischen Stromschienen aus CU-ETP mit versch. Querschnitten abhängig von der spez. Flächenleitfähigkeit

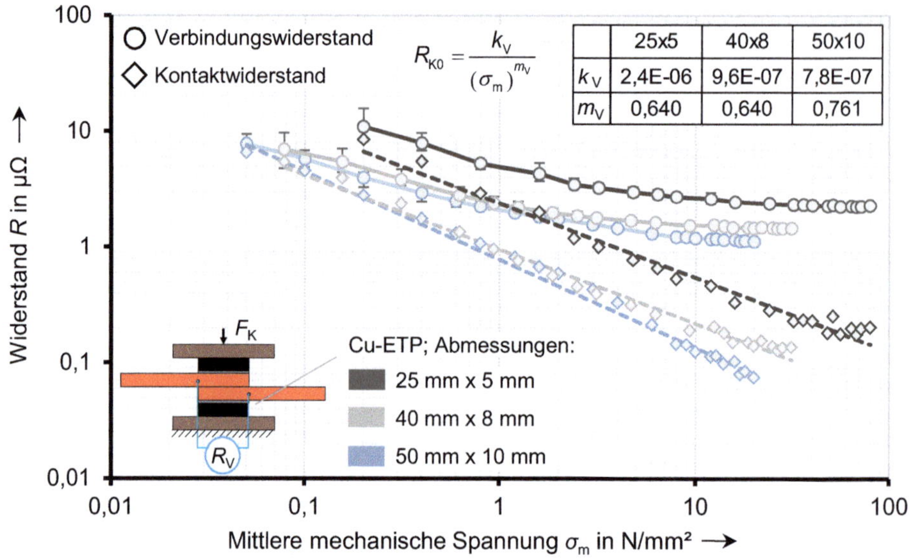

Abb. 4.33 Verbindungs- und Kontaktwiderstand eines Flächenkontakts zwischen Stromschienen aus CU-ETP mit verschiedenen Querschnitten abhängig von der Flächenpressung

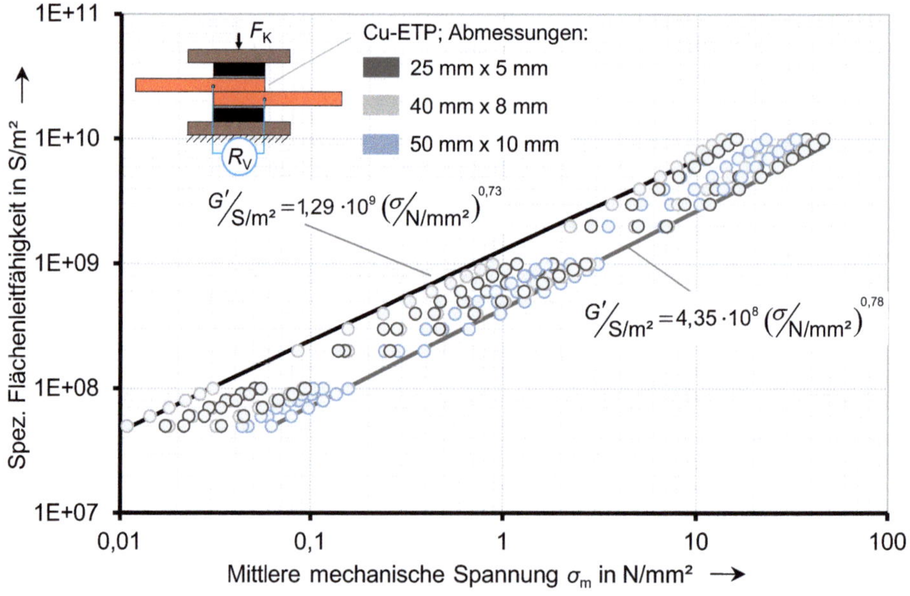

Abb. 4.34 Spezifische Flächenleitfähigkeit von Flächenkontakten zwischen Kontakten aus Kupfer mit abrasiv vorbehandelten Kontaktflächen abhängig von der Flächenpressung

werden, mit denen das optimale bzw. das ungünstigste Kontaktverhalten für die Werkstoffkombination Kupfer – Kupfer im Flächenkontakt abgeschätzt werden kann.

(b) Optimieren der Länge einer stromführenden Pressverbindung

Beispielhaft wird eine beliebige Pressverbindung bestehend aus Presshülse und Leiterseil betrachtet. Dabei wird angenommen, dass sich entlang der Verbindung die Güte des elektrischen Kontakts nicht verändert. Damit wird der spezifische Querwiderstand als unabhängig von der Verbindungslänge angenommen. Mit dieser Annahme kann der Verbindungswiderstand sowie dessen Anteile mit der Verlustleistungsbilanz in der Verbindung berechnet werden (Gl. (4.32), (4.35)–(4.37)) [11]. Der Verbindungswiderstand ist die Summe der drei Ersatz-Widerstände. Im Fallbeispiel ergibt sich ein Minimum des Verbindungswiderstands bei einer Verbindungslänge l_V ($R_{V\,min}$) von ca. 0,066 m (Abb. 4.35). Wird die Verbindungslänge l_V im Bereich $l_V < l_V$ ($R_{V\,min}$) stetig erhöht, so verringert sich der Verbindungswiderstand signifikant bis zum Erreichen des lokalen Minimums. In diesem Bereich dominiert der Ersatz-Kontaktwiderstand $R_{ers\,q}$, der sich durch das Parallelschalten zusätzlicher Kontaktpunkte verringert. In langen Verbindungen ($l_V > l_V$ ($R_{V\,min}$)) dominieren die Ersatz-Materialwiderstände der Kontaktpartner $R_{ers\,1}$ und $R_{ers\,2}$, die sich in diesem Bereich in erster Näherung linear mit der Verbindungslänge ändern. Für sehr lange Verbindungen ($l_V >> l_V$ ($R_{V\,min}$)) erreicht der Ersatz-Kontaktwiderstand asymptotisch einen Grenzwert. Werden durch Verlängern einer stromführenden Verbindung zusätzliche Mikrokontakte geschaffen, so sind diese im Ausgangszustand teilweise nicht stromdurchflossen, da der Strom bereits in den

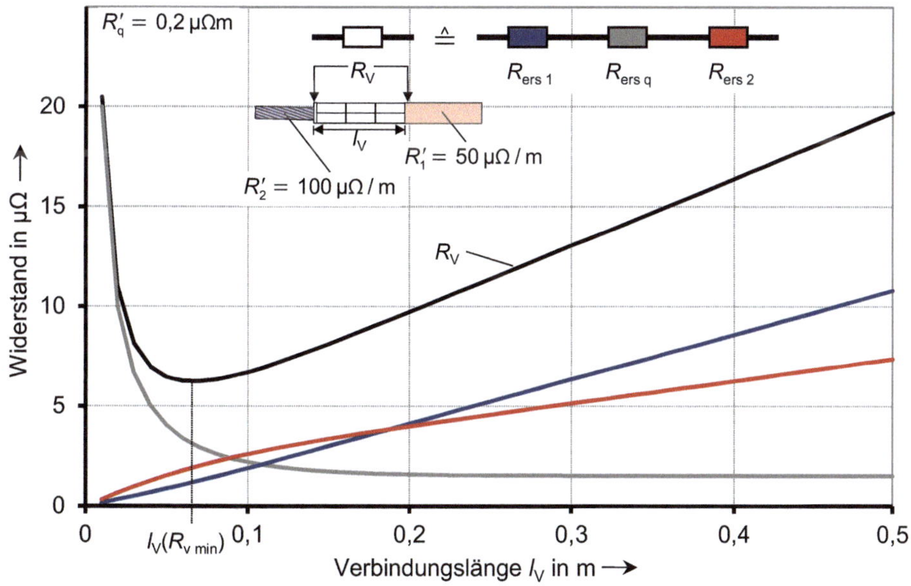

Abb. 4.35 Anteile des Verbindungswiderstands abhängig von der Länge der Pressverbindung unter der Annahme eines gleichen spezifischen Querwiderstands

axialen Randbereichen von einem Kontaktpartner auf den anderen kommutiert, um den zur Verfügung stehenden Leiterquerschnitt vollständig zu nutzen. Erst in der weiteren Lebensdauer nach Alterung der stromführenden Verbindung können diese Kontaktpunkte wirksam stromdurchflossen werden. Dies geschieht, wenn sich der Kontaktwiderstand von stromdurchflossenen Mikrokontakten wesentlich erhöht hat.

Allgemein konnte gezeigt werden, dass die Lage des minimalen Verbindungswiderstands unabhängig vom spezifischen Querwiderstand ist und nur vom Verhältnis der Materialwiderstände abhängt [11]. Es empfiehlt sich die Verbindungslänge mit mindestens dem vierfachen der reziproken elektrischen Ortskonstante α_{el} zu wählen (Gl. (4.33) (4.36) und (4.49)), um den Ersatz-Querwiderstand einer stromführenden Verbindung im Ausgangszustand gering zu halten.

$$l_V > 4 / \alpha_{el} \tag{4.49}$$

Damit entsteht die Verlustleistung im Dauerbetrieb überwiegend in den Kontaktpartnern und die Mikrokontakte werden thermisch entlastet.

4.4 Thermisches Kontaktverhalten

Beim thermischen Kontaktverhalten können zwei grundlegende Fälle unterschieden werden:

- Die Grenztemperatur auf der Oberfläche der Verbindung als oberes und unteres Limit des Betriebsbereiches, insbesondere hinsichtlich eines langzeitstabilen Betrieb (Abschn. 5.2, 5.3 und 6.3.4)
- Der thermische Kontakt zum Übertragen eines Wärmestrom von einem zum anderen Kontaktpartner (Abschn. 4.4.1)

Bei stromführenden Verbindungen gibt es im elektrischen Kontakt durch die Stromwärmeverluste eine Wechselwirkung von elektrischem und thermischen Strömungsfeld, die sich mathematisch mit der Wärmebilanzgleichung bzw. häufig mit der Spannungs-Temperatur-Beziehung beschreiben lässt (Abschn. 4.4.2)

4.4.1 Thermisches Kontaktverhalten

4.4.1.1 Grundlagen

Elektrisches und thermisches Strömungsfeld können mathematisch analog beschrieben werden. Die Ursache für den Stromfluss in einem elektrischen Leiter, dem elektrischen Strömungsfeld $\vec{S}$, sind Potenzialunterschiede grad φ im Leiter selbst. Die Ursache für den Wärmetransport, also dem thermischen Strömungsfeld $\vec{q_t}$, sind Temperaturdifferenzen grad ϑ [50].

$$\begin{aligned} \vec{S} &= -\kappa \; grad \; \varphi \\ \vec{q_t} &= -\lambda \; grad \; \vartheta \end{aligned} \tag{4.50}$$

In einem elektrischen Kontakt sind die wirksamen Transportpfade, um elektrische Leistung oder einem Wärmestrom zu übertragen, nicht identisch. Elektrisch wirksam sind insbesondere die rein metallische Kontaktfläche und zu einem geringeren Anteil die quasimetallische Kontaktfläche. Thermisch wirksam sind zusätzlich Fremdschichten und gasgefüllte Spalte, in denen Wärmeleitung und Wärmestrahlung auftritt (Abb. 4.36) [45]. Der Grund für die zusätzlichen Transportpfade im thermischen Kontakt ist das Verhältnis der

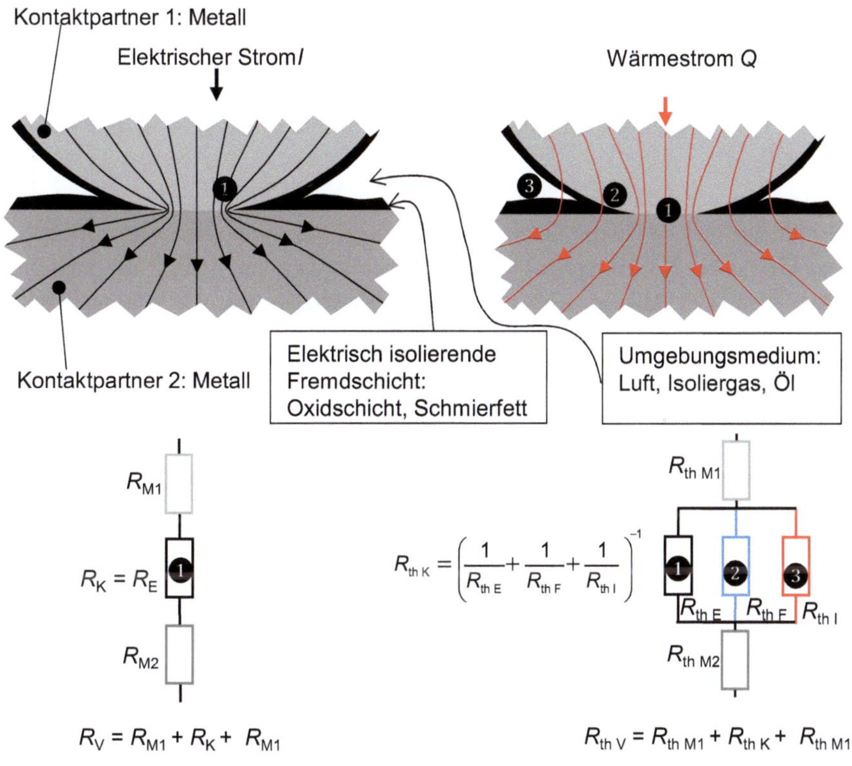

Transportpfade im Kontakt

	Ersatzelement elektrisch	Ersatzelement thermisch	Bezeichnung	Wirksamkeit elektrisch	Wirksamkeit thermisch
❶	R_E	$R_{th\,E}$	metallische und quasimetallische Kontaktfläche	ja	ja
❷	-	$R_{th\,F}$	mit Fremdschicht gefüllter Spalt (z. B. Oxidschicht, Schmierfett)	nein	ja
❸	-	$R_{th\,I}$	mit Isoliermedium gefüllter Spalt (z. B. Luft, Öl)	nein	ja

Abb. 4.36 Transportpfad für den elektrischen Strom *I* und den Wärmestrom *Q* sowie die Ersatzschaltbilder bei einer vereinfachten Modellverbindung mit einem Mikrokontakt

Tab. 4.14 Verhältnis von elektrischer und thermischer Leitfähigkeit von Materialien in stromführenden Verbindungen [59]

Leiterwerkstoff/Fremdschicht/Umgebungsmedium	Elektrische Leitfähigkeit κ		Thermische Leitfähigkeit λ	
	Wert in S/m	Verhältnis zum Leiter	Wert in W/(K · m)	Verhältnis zum Leiter
Aluminium (EA199,5)	$3{,}4 \cdot 10^{7}$	–	220	–
Aluminiumoxid Al_2O_3	10^{-12}	**$2{,}9 \cdot 10^{-20}$**	19 … 30	**$8{,}6 \ldots 13{,}6 \cdot 10^{-2}$**
Luft	$5 \cdot 10^{-14}$	**$1{,}5 \cdot 10^{-21}$**	$2{,}6 \cdot 10^{-2}$	**$1{,}8 \cdot 10^{-4}$**
Kupfer (Cu-ETP)	$5{,}6 \cdot 10^{7}$	–	385	–
Kupferoxid Cu_2O	$1{,}8 \cdot 10^{-5}$	**$2{,}7 \cdot 10^{-13}$**	6,3	**$1{,}6 \cdot 10^{-2}$**
Transformatorenöl	$2 \cdot 10^{-13}$	**$3{,}6 \cdot 10^{-21}$**	0,12	**$3{,}1 \cdot 10^{-4}$**

elektrischen und thermischen Leitfähigkeiten der Materialien in den Verbindungen. Oxidschichten und Gase haben typischerweise eine um 10 bis 20 Größenordnungen geringere elektrische Leitfähigkeit als Metalle und sind damit aus kontakttechnischer Sicht elektrisch isolierend.

Die thermische Leitfähigkeit ist dagegen nur ca. 2 … 4 Größenordnungen kleiner als bei Metall (Tab. 4.14). Da die durch Oxidschichten, Schmierstoffe oder Isoliergase getrennten Fläche der Kontaktpartner oftmals wesentlich größer sind als die metallischen Kontaktflächen (vgl. Abschn. 4.1.1). Kann ein erheblicher Teil des Wärmestroms über diese Pfade transportiert werden.

Für Metalle sind die elektrische und die thermische Leitfähigkeit über das Wiedemann-Franz-Lorenz-Gesetz verknüpft (Gl. (3.2)), das kann genutzt werden, um den thermischen Widerstand R_{th} eines metallischen Körpers aus dem äquivalentem elektrischen Widerstand R zu berechnen:

$$R_{\mathrm{th}} = \frac{\kappa}{\lambda} R_{\mathrm{el}} \approx \frac{1}{LT} R_{\mathrm{el}} \tag{4.51}$$

Gl. (4.51) kann auch bei Verbindungen genutzt werden, ist allerdings nicht für alle Elemente des Ersatzschaltbilds anwendbar:

- R_{M}, R_{E} → anwendbar
- R_{K}, R_{V} → eingeschränkt anwendbar

Der wirksame thermische Kontaktwiderstand $R_{\mathrm{th\,K}}$ ist aufgrund der Wärmeleitung durch Fremdschichten und das Isoliermedium (Pfade ❷ und ❸ in Abb. 4.36) immer kleiner als mit Gl. (4.51) aus dem elektrischen Kontaktwiderstand R_{K} berechnet. Es gelten:

$$R_{\mathrm{th\,K}} \leq \frac{1}{LT} R_{\mathrm{el\,K}} \text{ und } R_{\mathrm{th\,V}} \leq \frac{1}{LT} R_{\mathrm{el\,V}} \tag{4.52}$$

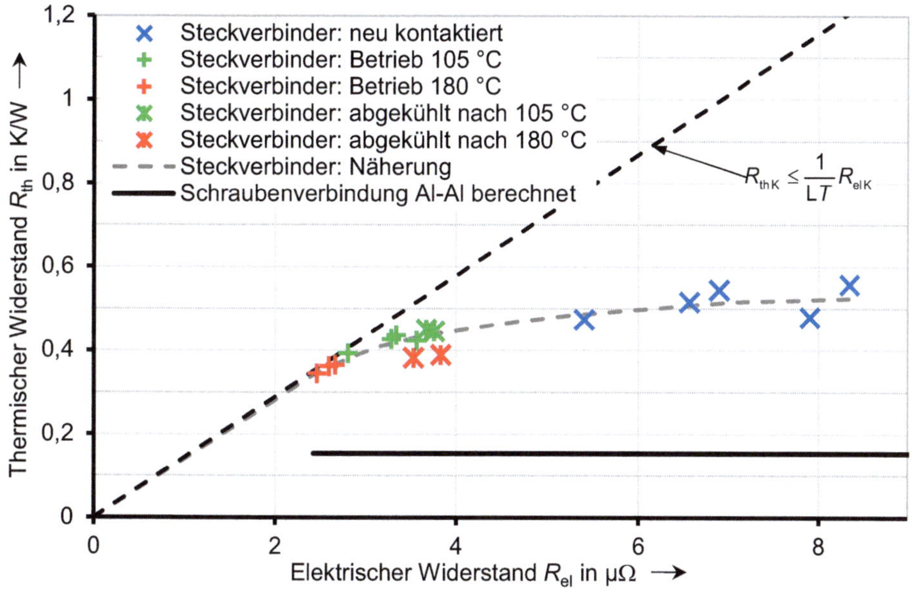

Abb. 4.37 Thermische und elektrische Verbindungswiderstände einer Steck- und einer Schraubenverbindung bei verschiedenen Betriebszuständen und vorbehandelten Kontaktflächen

4.4.1.2 Punkt- und Linienkontakte mit Edelmetallbeschichtung

Experimentell wurden der thermische und elektrische Kontaktwiderstand an versilberten Hochstrom-Steckverbindungen mit federnden Kontaktelementen und Schmierfett bestimmt. Im Betriebszustand war der thermische Verbindungswiderstand nur (3 … 18) % kleiner als der mit Gl. (4.51) berechnete (Abb. 4.37) [50].

Für den elektrischen und thermischen Kontaktwiderstand sind die wahren und quasimetallischen Kontaktflächen entscheidend (Pfad ❶ in Abb. 4.36). Der Wärmestrom durch Fremdschichten (Schmierfett in [50]) und Isoliermedium (Luft in [50]) ist dagegen gering (Pfade ❷ und ❸ in Abb. 4.36). Wird bei Steckverbindungen durch zu viel Schmierfett und neu Kontaktieren im „kalten“ Zustand bewusst der elektrische Kontaktwiderstand erhöht, wird der thermische Kontaktwiderstand nicht im gleichen Maß höher, da das Schmierfett einen größeren Teil des Wärmestroms führt. In dem Fall ist der thermische Kontaktwiderstand bis zu 58 % kleiner als der mit Gl. (4.51)) berechnete. An Messerkontakten für Sicherungseinsätze (versilbertes Messing auf versilbertes Kupfer) wurden experimentell ähnliche Ergebnisse bestimmt. Der ermittelte thermische Widerstand ist (0 … 34) % kleiner als der nach Gl. (4.51) berechnete [62].

4.4.1.3 Flächenkontakte

Bei Flächenkontakten in Schraubenverbindungen sind die zusätzlichen Transportwege für das thermische Strömungsfeld wesentlich bedeutsamer, da sich die Kontaktpartner auf einer relativ großen Fläche über die Fremdschichten berühren (mechanisch tragende

Kontaktfläche, Pfad ❷ in Abb. 4.36) und die Kontaktpartner zudem nur durch einen wenige µm breiten, mit Isoliermedium gefüllten Spalt verbunden sind (scheinbare Kontaktfläche, Pfad ❸ in Abb. 4.36). Entsprechend sind die zwei parallelen Wärmetransportpfade im resultierenden thermischen Kontakt- und Verbindungswiderstand mit zu berücksichtigen. Das bedeutet, dass der resultierende thermische Kontaktwiderstand signifikant niedriger ist als der, der mit Gl. (4.51) berechnet werden kann. Die thermischen Widerstände der zusätzlichen Pfade können mit (Gl. (4.53) ermittelt werden:

$$R_{\text{th}} = \frac{l_{\text{F}}}{\lambda A} \tag{4.53}$$

Dabei ist s die Dicke der Fremdschicht oder des Isoliermediums, λ die Wärmeleitfähigkeit der Fremdschicht oder des Isoliermediums und A die jeweilige wirksame Querschnittsfläche. Es wird davon ausgegangen, dass ein Gasspalt nur wenige Mikrometer groß ist und keine Molekülbewegung möglich ist, sodass die reine Wärmeleitfähigkeit der Luft zu berücksichtigen ist. Folgend wird der thermische Kontaktwiderstand aus dem elektrischen Kontaktwiderstand und der thermische Widerstand der Fremdschichten am Beispiel einer 10 nm dicken Aluminiumoxidschicht sowie eines 50 µm großen Luftspalts berechnet. Da die Fremdschicht um drei Größenordnungen dünner ist als der Luftspalt (10 nm vs. 50 µm) und die Wärmeleitfähigkeit zudem drei Größenordnungen größer, ist der thermische Kontaktwiderstand bei ähnlicher wirksamer Fläche um sechs bis sieben Größenordnungen kleiner und daher bei einer Parallelschaltung dominant (Abb. 4.36 und 4.38).

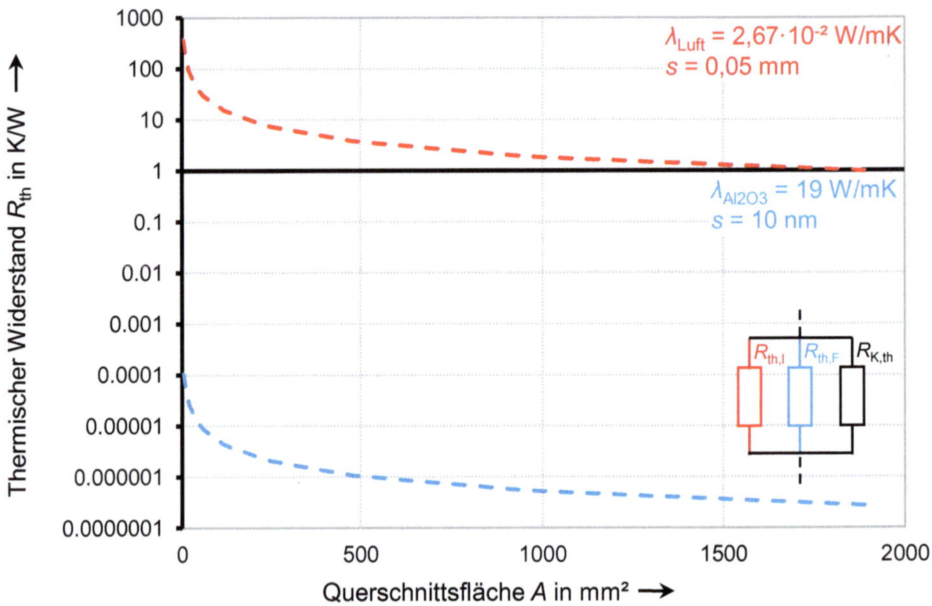

Abb. 4.38 Thermischer Kontaktwiderstand eines 0,05 mm dicken Luftspalts und einer 10 nm dicken Oxidschicht aus Al_2O_3 abhängig von der jeweils wirksamen Querschnittsfläche

Beispiel

Aus umfangreichen Untersuchungen zum Einfluss der Vorbehandlung der Kontaktfläche ist bekannt, dass der elektrische Verbindungswiderstand an identischen Verbindungen enorm streuen kann. Bei unbeschichteten Schraubenverbindungen mit Stromschienen aus Aluminium und einer scheinbaren Kontaktfläche $A_S = 30$ mm x 40 mm = 1200 mm² wurden Gütefaktoren im Bereich $k_{u\,0} = 1{,}1 \ldots 90$ gemessen [61]. Das entspricht guter bis katastrophaler Montagequalität. Der elektrische Materialwiderstand ist näherungsweise konstant $R_M \approx 1{,}1$ µΩ. Die zugehörigen elektrischen Engewiderstände waren im Bereich $R_E = (1{,}3 \ldots 200)$ µΩ. Mit Gl. (4.51) kann der zugehörige thermische Engewiderstand $R_{th\,E}$ sowie der thermische Materialwiderstand $R_{th\,M}$ berechnet werden:

$$R_{\mathrm{th\,E}} = (0{,}19 \ldots 27)\ \mathrm{K/W}$$

$$R_{\mathrm{th\,M}} = 0{,}15\,\mathrm{K/W}$$

Diesem werden die thermischen Widerstände durch die Fremdschicht Aluminiumoxid und das Isoliermedium Luft parallelgeschaltet. Die Flächenanteile werden je mit 10 % ($A_{Al2O3} = 0{,}1 \cdot A_S = 120$ mm²) und 90 % ($A_{Luft} = 0{,}9 \cdot A_S = 1080$ mm²) der scheinbaren Kontaktfläche A_S approximiert. Mit Gl. (4.53) folgt:

$$R_{\mathrm{th\,F}} = 4{\cdot}10^{-6}\ \mathrm{K/W}$$

$$R_{\mathrm{th\,I}} = 0{,}02\,\mathrm{K/W}$$

Durch den sehr kleinen thermischen Kontaktwiderstand durch die Fremdschicht $R_{th\,F}$ ist der thermische Engewiderstand $R_{th\,E}$ kurzgeschlossen (vgl. Abb. 4.36) und es gilt:

$$R_{\mathrm{th\,K}} \approx R_{\mathrm{th\,F}} \approx 0 \rightarrow R_{\mathrm{th\,V}} \approx R_{\mathrm{th\,M}} = 0{,}15\,\mathrm{K/W}$$

Damit ist $R_{th\,V}$ dieser an der beispielhaften Schraubenverbindung unabhängig von der durch die Vorbehandlung bestimmten elektrischen Kontaktgüte. Obwohl sich k_{u0}, R_V und R_E in einem weiten Bereich ändern, ist $R_{th\,V}$ praktisch konstant (Abb. 4.37). ◄

4.4.2 Spannungs-Temperatur-Beziehung

Stationäre Belastung

Bei thermisch stationärer Belastung eines Kontakts mit einem Strom I erreicht der Kontakt (Abb. 4.39) die stationäre Endtemperatur. Allgemein ist dies ist der Fall, wenn die Belastungsdauer um ein Vielfaches länger ist als die thermische Zeitkonstante des Leiters

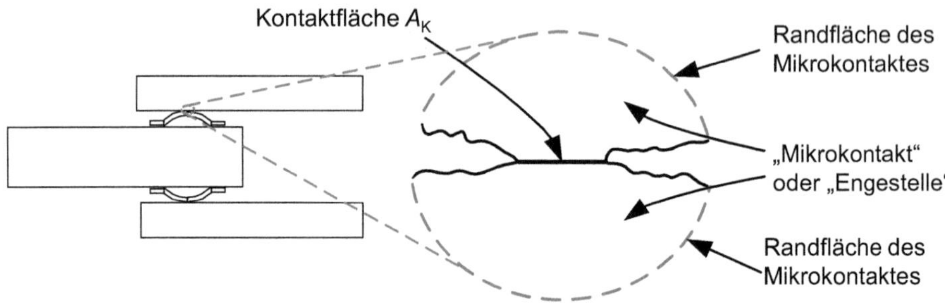

Abb. 4.39 Mikrokontakt am Beispiel einer Steckverbindung

oder Kontakts. Kohlrausch und Diesselhorst zeigten, dass in einem stromdurchflossenen, metallischen Leiter im stationären Zustand die Äquipotenzialflächen ebenfalls Äquitemperaturflächen sind, wenn keine Wärmeabgabe an die Umgebung stattfindet [54, 55].

Holm sowie Greenwood und Williamson nutzten diese Erkenntnis, um aus dem Spannungsfall über einem Kontaktpunkt U_K dessen Temperaturverteilung zu berechnen [2, 56]. Sie passten die sogenannte Spannungs-Temperatur-Beziehung auf den elektrischen Kontakt an (Abb. 4.40).

Annahme ist, dass ein Wärmefluss ausschließlich durch Wärmeleitung stattfindet, also weder Konvektion noch Strahlung auftreten. Wenn für den Kontakt das Wiedemann-Franz-Gesetz gültig ist und die gegenüberliegenden, äußeren Begrenzungsflächen des Punktkontaktes die absoluten Temperaturen T_1 und T_2 haben, kann die maximale Temperatur T_{max} im Kontakt analytisch berechnet werden:

$$T_{max} = \sqrt{\frac{U_K^2}{4\,L} + \frac{1}{2}\left(T_1^2 + T_2^2\right) + \frac{L}{4\,U_K^2}\left(T_1^2 - T_2^2\right)^2} \tag{4.54}$$

Abb. 4.40 Elektrisch-thermische Modellvorstellung zum Ellipsoidmodell

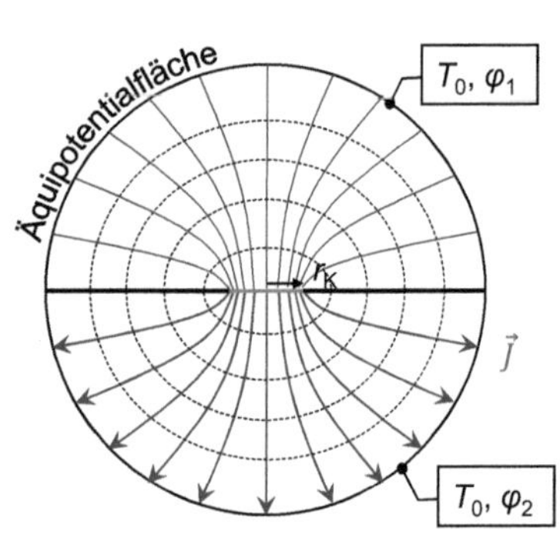

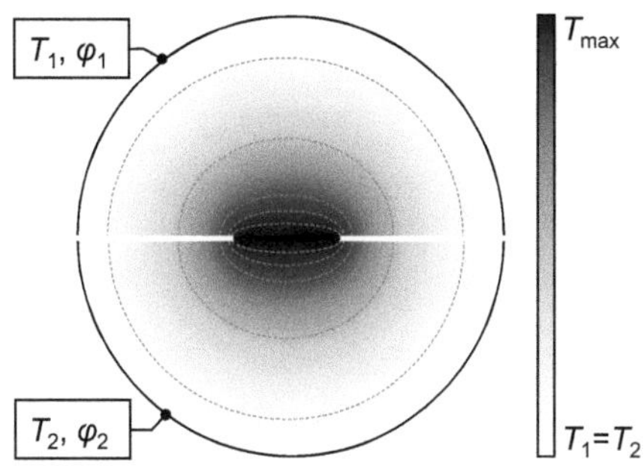

Abb. 4.41 Temperaturverteilung in einem stationären elektrischen Kontakt (Ellipsoidmodell)

Für symmetrisch erwärmte Anschlussleiter (T_1 = T_2) gilt vereinfacht Gl. (4.54) (vgl. Abschn. 4.1.3):

$$T_{max} = \sqrt{\frac{U_K^2}{4\ L} + T_1^2} \tag{4.55}$$

Diese Beziehung ist unabhängig von der tatsächlichen Form und Größe der Kontaktfläche. Für einen Kontakt, beschrieben mit dem Ellipsoidmodell, kann die Temperaturverteilung numerisch berechnet werden (Abb. 4.41). Bei symmetrisch geformten Kontakten tritt die maximale Temperatur im Berührungspunkt zwischen den Kontaktpartner auf, wenn diese auf die gleiche Temperatur erwärmt sind.

Die maximale Temperatur des Kontakts ist abhängig vom Spannungsfall und der Temperatur der Anschlussleiter ϑ_1 und ϑ_2 (Abb. 4.41 und 4.42).

Im Vergleich zu den Anschlüssen tritt im Kontakt eine Übertemperatur (ϑ_{max} − ϑ_1) auf. Diese Übertemperatur ist abhängig von der Kontaktspannung aber auch von der Temperatur der Anschlussleiter. Bei gleicher Kontaktspannung U_K führen stärker erwärmte Anschlussleiter insbesondere bei kleinen Kontaktspannungen, die in praktischen Anwendungen auftreten, auch zu einer höheren Maximaltemperatur im Kontakt (Abb. 4.42). Die Übertemperatur ist bei stark erwärmten Anschlussleitern hingegen geringer als bei Anschlussleitern auf Raumtemperatur. In der Elektroenergietechnik haben Kontakte die Aufgabe, einen bestimmten Strom I zu führen. Der Momentanwert des Stroms i wird bestimmt von der treibenden Netzspannung und den Netz- und Lastimpedanzen und wird vom Kontaktwiderstand selbst nicht beeinflusst. Im Folgenden wird ein fremdschichtfreier Kontakt betrachtet, sodass Enge- und Kontaktwiderstand identisch sind. Die bisherigen als Führungsgröße genutzte Kontaktspannung u_K stellt sich entsprechend des aktuellen (von ϑ_{max} und u_K selbst abhängigen) Engewiderstands R_E und des Stroms i ein:

$$u_K = R_E \cdot i \tag{4.56}$$

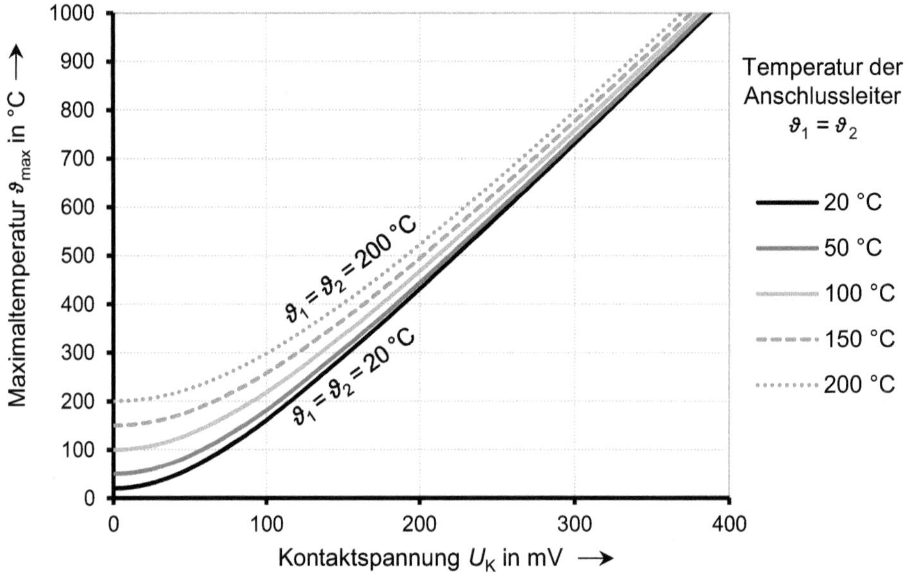

Abb. 4.42 Maximaltemperatur eines Kontaktes abhängig von der Kontaktspannung und Temperatur der Anschlüsse

Unter bestimmten Randbedingungen (Temperaturmaximum innerhalb des Kontakts, hohe Strombelastung) kann ein expliziter Ausdruck für $T_{max} = f(i)$ angegeben werden [54]:

$$T_{max} = \sqrt{\frac{2T_1 T_2 \cos\left(i\frac{R_{ET1}}{\sqrt{L}T_1}\right) - T_1^2 - T_2^2}{\cos^2\left(i\frac{R_{ET1}}{\sqrt{L}T_{T1}}\right) - 1}} \tag{4.57}$$

Mit größer werdendem Strom i wird auch die Kontaktspannung u_K größer (Gl. (4.56). Das führt zu einer höheren Maximaltemperatur ϑ_{max} im Inneren des Kontakts (4.57). Die stärkere innere Erwärmung des Kontakts führt dazu, dass sich der Engewiderstand vergrößert (Abb. 4.44). Wird i noch weiter erhöht, vergrößern sich u_K und ϑ_{max} aufgrund des sich ebenfalls vergrößernden Widerstands überproportional. Demzufolge kann ein Kontakt selbst bei sehr guter Kühlung nur mit einem bestimmten Maximalstrom belastet werden, bis im Inneren die Schmelztemperatur erreicht wird. Da der Kontaktbereich inhomogen erwärmt ist (Abb. 4.41), vergrößert sich der elektrische Engewiderstand $R_{E\,max}$ im Vergleich zu einem homogen erwärmten Kontakt $R_{K\,T1}$ mit $T_{max} = T_1 = T_2$. Greenwood und Williamson [56] berechneten diese Widerstandserhöhung für den Fall, dass ein lokales

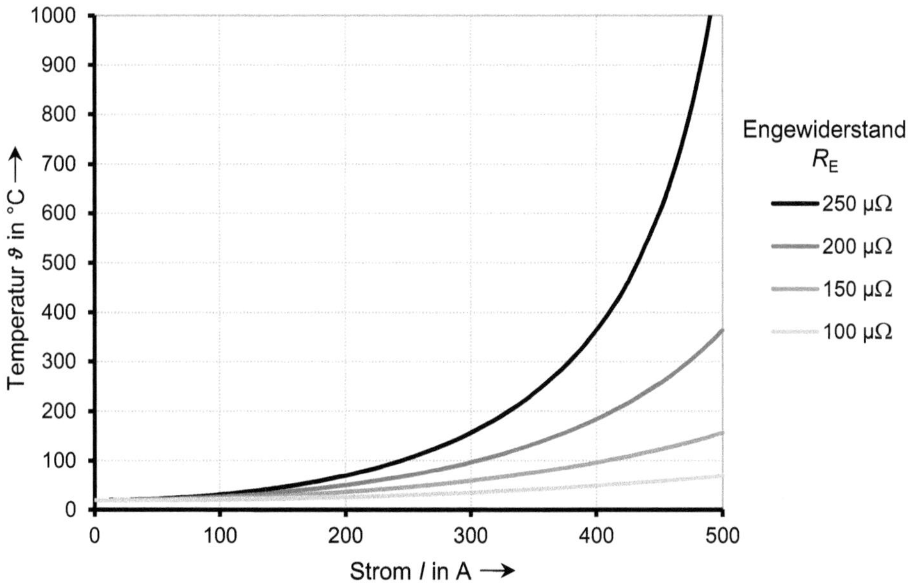

Abb. 4.43 Maximale Temperatur im Kontakt als Funktion des Stroms abhängig vom Engewiderstand R_E, berechnet mit Gl. (4.57), $\vartheta_1 = \vartheta_2 = 20$ °C

Temperaturmaximum im Kontakt existiert. Basierend darauf wurde die Gleichung wie folgt umgeformt [50] (Abb. 4.43):

$$\frac{R_{\mathrm{E\,max}}}{R_{\mathrm{E\,T1}}} = \frac{1}{T_1} \frac{\sqrt{T_{\max}^2 - T_1^2} + \sqrt{T_{\max}^2 - T_2^2}}{\arccos\dfrac{T_1}{T_{\max}} + \arccos\dfrac{T_2}{T_{\max}}} \tag{4.58}$$

Zu beachten ist, dass in Gl. (4.61) zur Berechnung des wirksamen Engewiderstandes $R_{\mathrm{E\,max}}$ der Widerstand des auf die Temperatur der Anschluss T_1 erwärmten Kontaktes $R_{\mathrm{E\,T1}}$ einzusetzen ist. Wird dieser wirksame Engewiderstand auf den Engewiderstand bei Raumtemperatur $R_{\mathrm{E\,20°C}}$ bezogen, wird deutlich, dass sonst ein signifikanter Fehler entsteht (Abb. 4.44).

Die bekannte und oft verwendete Näherungsgleichung nach [2] zur Berechnung des Engewiderstands abhängig von der Maximaltemperatur

$$\frac{R_{\mathrm{E\,max}}}{R_{\mathrm{E\,20°C}}} = 1 + \frac{2}{3}\alpha\left(\Delta\vartheta\right) \tag{4.59}$$

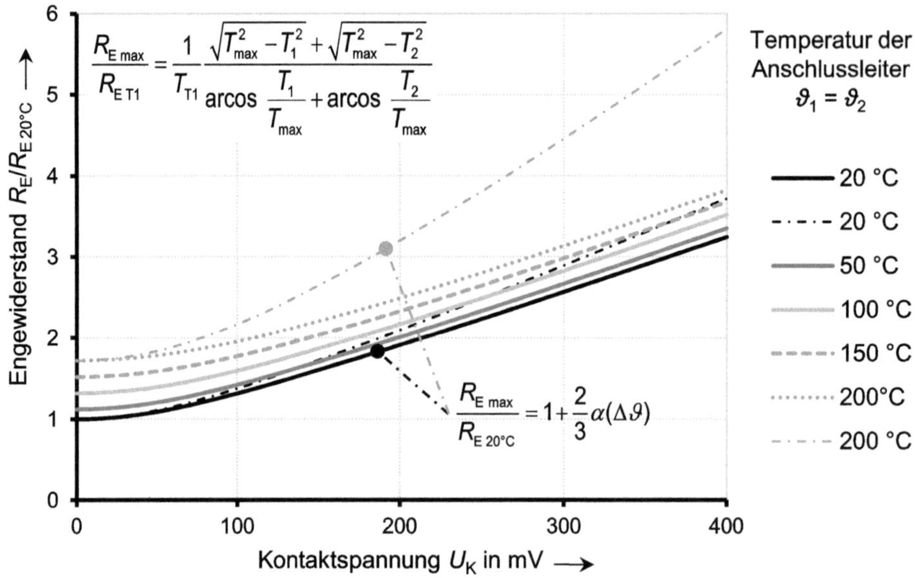

Abb. 4.44 Engewiderstand R_E bezogen auf den Engewiderstand bei 20 °C abhängig von der Kontaktspannung und der Temperatur der Anschlüsse

sollte ausschließlich für eine Temperatur der Anschlussleiter von 20 °C und Kontaktspannungen kleiner als 100 mV verwendet werden. Für andere Temperaturen der Anschlussleiter entstehen große Abweichungen zur exakten Lösung, da die Näherung nur für diese Anschlussleitertemperatur berechnet wurde. Für andere Anschlussleitertemperaturen ist folgende Näherungsgleichung nach [2] zu verwenden (Abb. 4.45):

$$\frac{R_{E\,max}}{R_{E\,T1}} = 1 + \frac{2}{3}\frac{1}{T_1}(\Delta\vartheta) \tag{4.60}$$

Bei Steck- und Gleitverbindungen zur Übertragung hoher Leistung kann der Spannungsfall bei Bemessungsstrom $U_{K\,r}$ als nahezu geometrieunabhängiges Kriterium verwendet werden (Tab. 4.3).

Instationäre Belastung

Ein Kontakt befindet sich bei transienter Strombelastung in einem thermisch instationären Zustand, wenn die Belastungsdauer beziehungsweise die Periodendauer des Belastungsstroms kleiner als oder in einem ähnlichen Zeitbereich wie die thermische Zeitkonstante des Kontakts ist. Die thermische Zeitkonstante des Kontaktes korreliert mit der Größe der Kontaktfläche. Es kann damit eine berechnete minimale Belastungsdauer angegeben werden, bei der abhängig von der Größe der metallischen Kontaktfläche noch von einem stationär erwärmten Kontakt ausgegangen werden kann (Abb. 4.46).

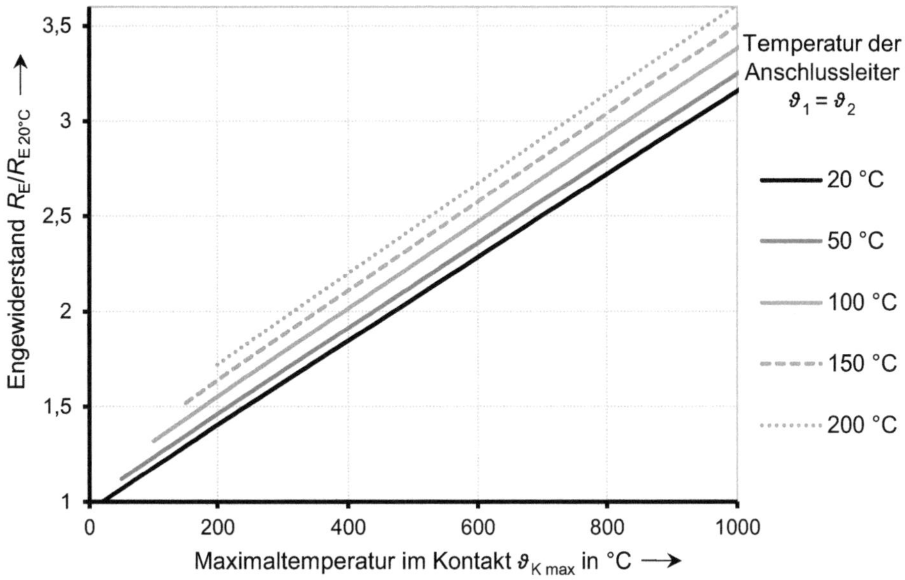

Abb. 4.45 Engewiderstand abhängig von der Maximaltemperatur im Kontakt und der Temperatur der Anschlussleiter

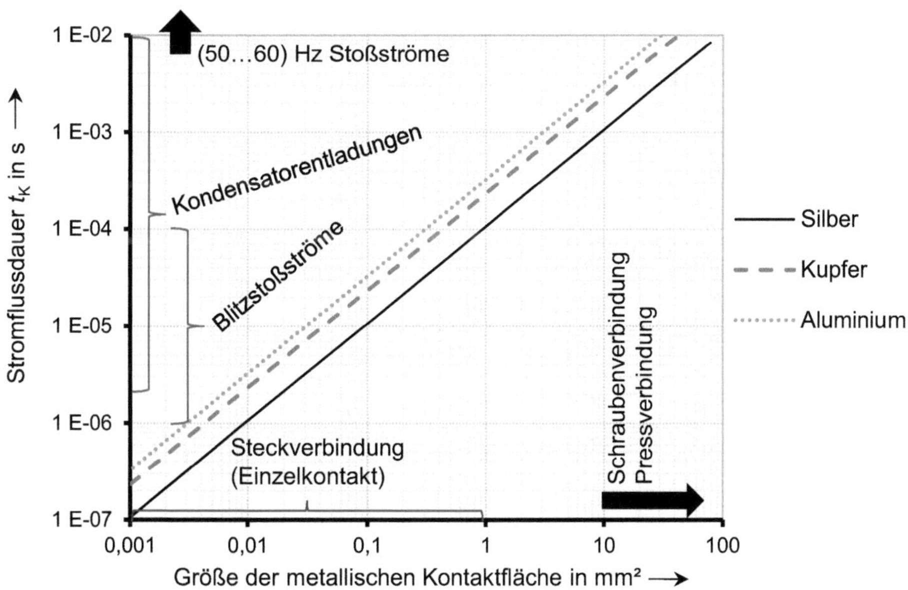

Abb. 4.46 Anwendbarkeit der stationären Näherung zum Berechnen der Temperatur der Kontaktpunkte abhängig von der Stromflussdauer und der Größe der metallischen Kontaktfläche nach [22, 57], rechteckförmige Ströme – Für Stromflussdauern oberhalb der Kurve kann die stationäre Näherung verwendet werden

Im instationären Zustand, wird die entstehende Verlustleistung während des Stromflusses nicht vollständig durch Wärmeleitung im Kontaktbereich verteilt. Im Gegensatz zum stationären Zustand ist daher bei einer transienten Belastung die Wärmekapazität des Kontakts für dessen Erwärmung entscheidend.

Je größer diese ist, desto weniger erwärmt sich der Kontakt bei sehr kurzer Strombelastung. Die Äquipotentiallinien des elektrischen Strömungsfeldes liegen im Gegensatz zur stationären Erwärmung nicht mehr auf den Aquitemperaturlinien (Abb. 4.47).

Der Zusammenhang zwischen Kontaktspannung und Kontakttemperatur wird dadurch abhängig von der Größe der Kontaktfläche. Ein Extremfall der transienten Belastung ist die Annahme, dass sich die entstandene Verlustleistung im Stromengegebiet während der Belastungsdauer nicht verteilen kann. Die maximale Temperatur im Kontakt ist dann nicht mehr nur von der Kontaktspannung U_K abhängig, sondern eine Funktion des Kontaktwerkstoffs, der Größe der wahren Kontaktfläche A_W und der Belastungsdauer t_K. Hilgarth gibt für Kontakte, die so kurzzeitig belastet werden an, dass kein Wärmeausgleich im Kontakt stattfindet und sich dieser adiabat erwärmt [58]. Dafür wird folgender Zusammenhang zwischen Kontaktspannung in V und maximaler Temperatur im Kontakt angegeben.

$$U_K = \frac{4}{\pi^2}\sqrt{\frac{c_p \rho \pi \ln\left(1+\alpha \vartheta_{max}\right)}{\alpha}}\left[1+\frac{1}{5}\ln\left(1+\alpha\ \vartheta_{max}\right)\right]\sqrt{\frac{A_W}{t_K}} \tag{4.61}$$

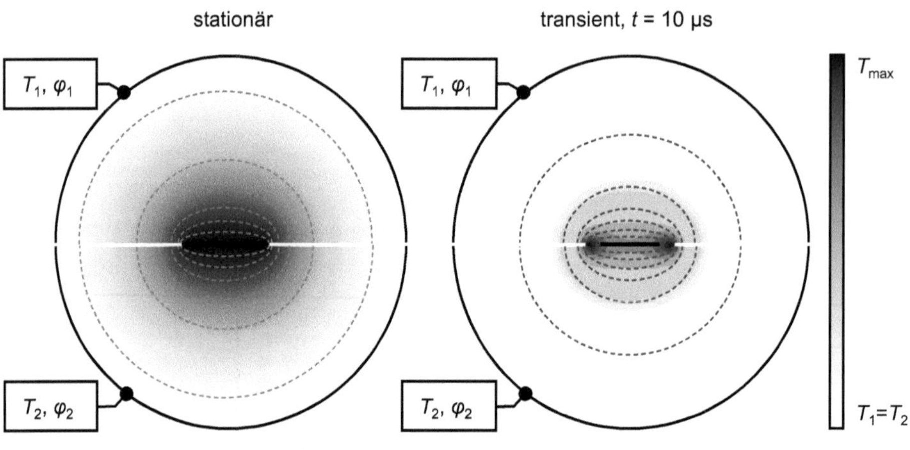

Abb. 4.47 Temperaturverteilung im elektrischen Kontakt bei stationärer Belastung (links) und kurzzeitiger, adiabater Erwärmung (rechts) bei gleichem Temperaturmaximum sowie Äquipotentiallinien (gestrichelt)

Dabei sind c_p die Wärmekapazität bei 20 °C in Ws/cm³, ρ der spezifische elektrische Widerstand bei 20 °C in Ωcm, α der Temperaturbeiwert des elektrischen Widerstands, A_W die wahre Kontaktfläche in cm², ϑ_{max} die maximale Temperatur im Kontakt in °C und t_K die Belastungsdauer in s. Es existiert für diesen Fall keine vollständige analytische, sondern nur eine genäherte Lösung, um die Änderung des Kontaktwiderstands berechnen zu können. Hilgarth [58] gibt für den Widerstand eines Kontakts, der so kurzzeitig belastet ist, folgende Näherung an:

$$\frac{R_{\mathrm{E\,max}}}{R_{\mathrm{E\,hom}}} = 1 + \frac{1}{5}\ln\left(1 + \alpha\left(T_{max} - T_{hom}\right)\right) \tag{4.62}$$

Der Anstieg des Kontaktwiderstands durch die Kontakterwärmung T_{max} ist bei diesen kurzzeitigen Belastungen wesentlich kleiner als im stationären Zustand, da sich der umgebende Kontaktwerkstoff des Kontakts weniger erwärmt als im stationären Zustand (Abb. 4.47, 4.48 und 4.89).

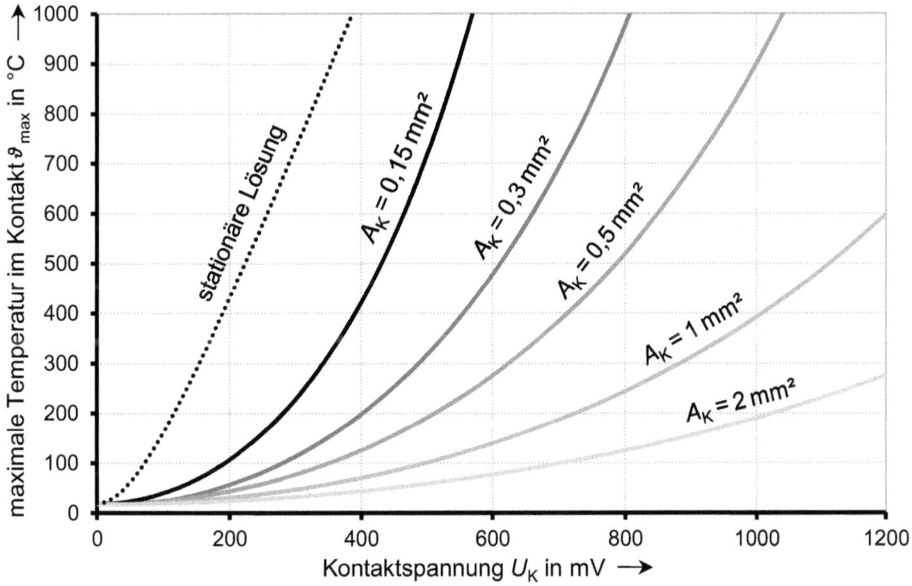

Abb. 4.48 Temperatur in einem symmetrischen Kontaktpunkt mit Leitern aus Kupfer bei einer Stromflussdauer von 10 µs abhängig von der Größe der Kontaktfläche

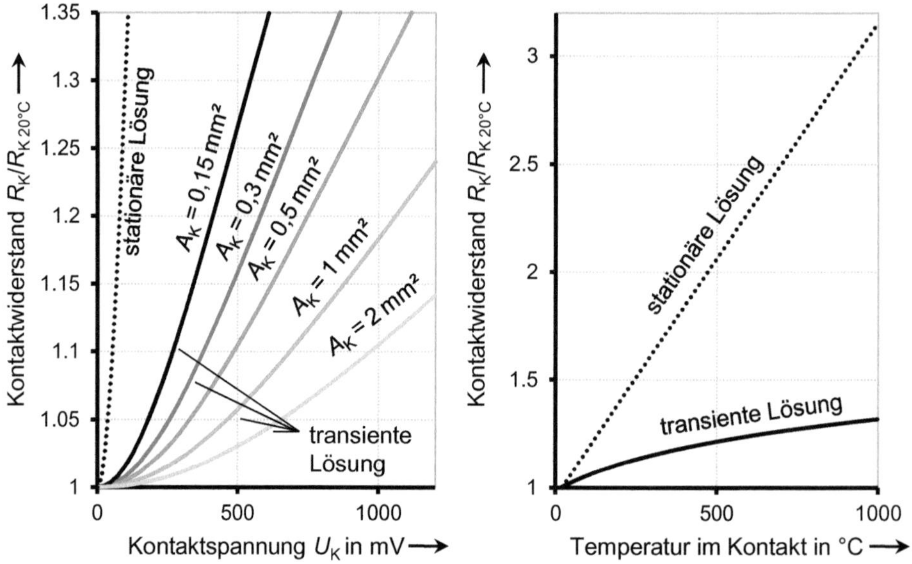

Abb. 4.49 Kontaktwiderstand im Verhältnis zum nicht erwärmten Kontakt abhängig von der Kontaktspannung (links) und der Maximaltemperatur (rechts) jeweils transient berechnet mit Gl. 4.62 für eine Stromflussdauer von 10 µs und im stationären Zustand

Bezogen auf die Maximaltemperatur im Kontakt ist das Widerstandsverhältnis nach Gl. (4.62) unabhängig von der Stromflussdauer und der Größe der Kontaktfläche, da der Temperaturausgleich im Stromengegebiet vernachlässigt wird. Diese transiente Lösung stellt damit den Grenzfall bei rein adiabaten Erwärmung dar.

Bei Kurzschlussströmen mit einer Frequenz von 50 Hz oder 60 Hz ist ein Aufschmelzen und anschließendes Verschweißen durch Schmelzschweißen möglich, wenn die Schmelzspannung bei stationärer Belastung U_{KS} erreicht wird. Bei einer Strombelastung im Mikrosekundenbereich kann der Spannungsfall über dem Kontakt die Schmelzspannung bei stationärer Belastung deutlich überschreiten, ohne dass es zum Aufschmelzen und Verschweißen der Kontakte kommt (Abb. 4.49).

4.5 Kopplung der physikalischen Größen

In stromführenden Verbindungen sind die mechanischen, elektrischen und thermischen Kontakteigenschaften miteinander gekoppelt. Beispielsweise hängt der elektrische Kontaktwiderstand insbesondere von der mechanischen Spannung zwischen den Kontaktpartner ab. Die Stromwärmeverluste im Kontakt hängen wiederum vom Kontaktwiderstand und dem Quadrat des Belastungsstroms ab, sie führen zur Erwärmung des Kontakts und der Verbindung (Abb. 4.50).

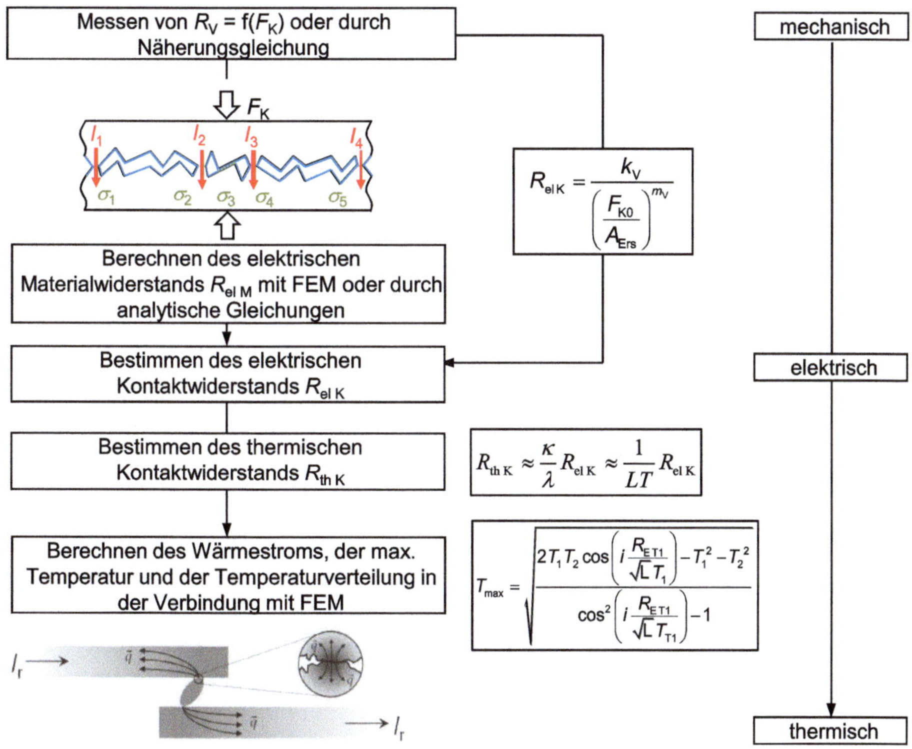

Abb. 4.50 Prinzipielle Kopplung der physikalischen Größen

4.5.1 Schraubenverbindung

Die kraftschlüssige Schraubenverbindung wird in der Elektroenergietechnik in unterschiedlichen Ausführungsarten eingesetzt. Folgend werden die wichtigsten Vertreter vorgestellt und unter besonderer Berücksichtigung der elektrisch-thermischen Eigenschaften näher betrachtet. (Tab. 4.15). Am Beispiel der Schraube-Mutter Verbindung mit Stromschienen werden die grundlegenden Zusammenhänge erläutert, die auf alle anderen Arten übertragen werden können. Spezifische Punkte werden separat betrachtet.

Der Stromfluss in klassischen stromführenden Schraubenverbindungen der Elektroenergietechnik findet zwischen den Leitern über Mikrokontakte statt (Abb. 4.51a). In einigen Anwendungen z. B. beim Potenzialausgleich im Fahrzeugbau können die Leiter z. B. aus Gründen des Korrosionsschutzes mit einer elektrisch isolierenden oder sehr schlecht leitfähigen Beschichtung ausgeführt sein, sodass der Stromfluss nur noch über die Fügeelemente möglich ist (Abb. 4.51b). Dabei entstehen Kontaktflächen zwischen den einzelnen Bauteilen wie z. B. des Klemmteil/Leiters 1 und der Schraube, dem Gewinde der Schraube und der Mutter sowie zwischen der Mutter und dem Klemmteil/Leiter 2. Werden zusätzlich Scheiben eingesetzt, erhöht sich die Anzahl der Kontakte entsprechend. Der Verbindungswiderstand wird dabei größer und hängt neben den Eigen-

Tab. 4.15 Ausführungsarten von Schraubenverbindungen in der Elektroenergietechnik

Ausführung	Schraube-Mutter Verbindung mit zwei Klemmteilen[1]	Mutter Verbindung mit Klemmteil und Gewindebolzen	Klemmverbindung
Beispiel Verbindung zwischen	zwei Stromschienen 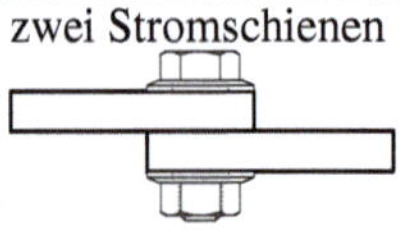 Kabelschuh/Strom-schiene 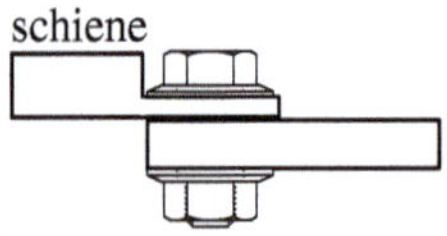 Geräteanschluss	Transformator-anschluss 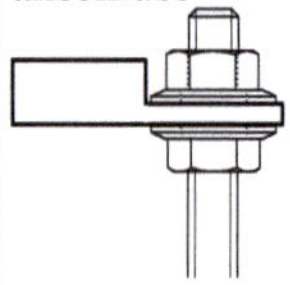	Schalenstromklemmen, Schaltanlagenklemmen 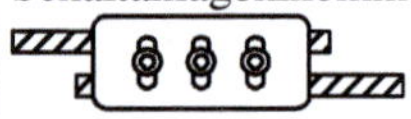 Schraubverbinder für Kabel 
Kraft-wirkung	Verspannen der Klemmteile	Verspannen des Klemmteils und der Gewindegänge gegen den Bolzen	Verspannen eines Klemm-körpers gegen einen elektrischen Leiter
Stromfluss	Von Klemmteil zu Klemmteil, geringer Anteil über die Fügelemente[2]	Vom Klemmteil über die Fügelemente auf den Gewindebolzen	Von einem Leiter über den Klemmkörper auf den zweiten Leiter

[1)] Dies beinhaltet auch Schraubenverbindungen, bei denen das Gewinde im Klemmteil geschnitten ist
[2)] Bei isolierten Leiteroberflächen z. B. aus Korrosionsschutzgründen fließt der Strom über die Fügelemente, dabei ist die Stromtragfähigkeit reduziert und der Einsatz spezieller Fügelemente zu berücksichtigen [69].

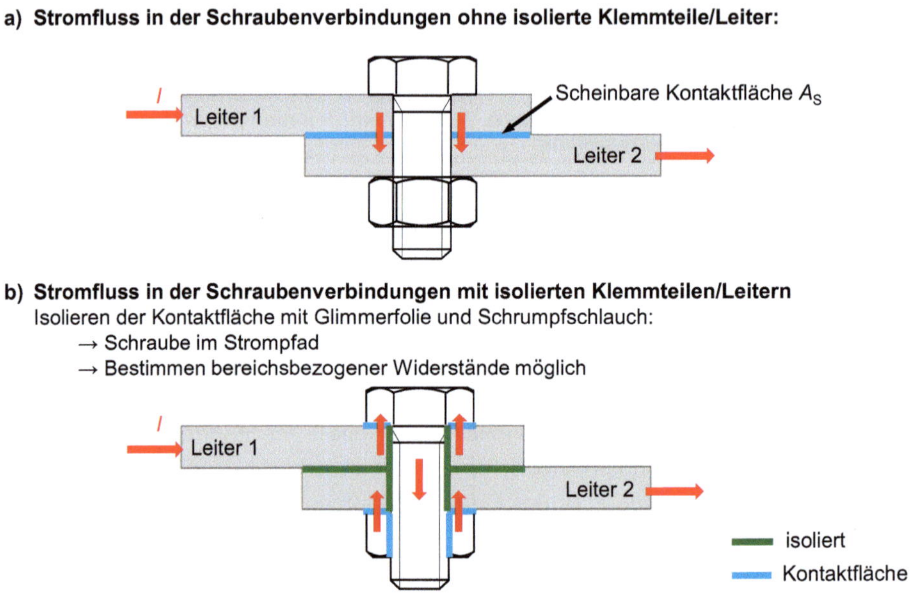

Abb. 4.51 Schraubenverbindung **a**) mit und **b**) ohne isolierte Kontaktfläche zwischen den Stromschienen [69]

schaften der Leiterwerkstoffe insbesondere von den Werkstoffen der Fügelemente ab. Es wird deshalb folgend zwischen stromführenden Schraubenverbindungen mit und ohne isolierte Klemmteile/Leiter unterschieden. Der Fokus liegt dabei klar auf den Schraubenverbindungen ohne isolierende Klemmteile/Leiter, da diese in der Praxis deutlich häufiger vorkommen.

Schraube-Mutter-Verbindung mit zwei nicht isolierten Klemmteilen/Leitern
Bei Flächenkontakten wie z. B. der Schraubenverbindung mit Stromschienen findet der Stromfluss scheinbar über die gesamte Verbindungslänge der Kontaktpartner statt. Tatsächlich werden die Strömungslinien aber in parallelen Mikrokontakten eingeschnürt, die nur an den Stellen zwischen den Kontaktpartner entstehen, an denen auch eine Kontaktkraft übertragen wird und eine mechanische Spannung vorhanden ist. Die Verteilung und Größe der Mikrokontakte ist damit direkt abhängig von der mechanischen Spannungsverteilung (Abb. 4.52).

Der Zusammenhang zwischen dem Gütefaktor, dem Verbindungs- oder Kontaktwiderstand und der Kontaktkraft bzw. mittleren mechanischen Spannung kann bisher nur experimentell ermittelt werden (Abschn. 4.3). Ansätze, diesen Zusammenhang auf Basis experimentell ermittelter Daten zu bestimmen, wurden bereits vorgestellt (Abschn. 4.3.1 und 4.3.3). Grundlage dafür sind Verspannversuche an Kontaktpartnern und Fügeelementen, in denen die Kontaktkraft schrittweise erhöht wird. Anschließend kann die mittlere mechanische Spannung berechnet werden (Abschn. 4.2.1, Abb. 4.53). Es wird deutlich, dass der Gradient und der absolute Wert des Gütefaktors stark von den eingesetzten Fügeelementen abhängt. Je gleichmäßiger die Kraft in die Kontaktpartner eingeleitet wird desto mehr parallele Mikrokontakte entstehen und der Gütefaktor verringert sich bereits bei geringen mittleren mechanischen Spannungen stark. Bei gleicher mittlerer mechanischer Spannung, insbesondere im Bereich $\sigma_m < 20\ N/mm^2$ sind die Gütefaktoren beispielsweise der Schraubenverbindungen mit Stromschienen aus Aluminium und Stahlplatte deutlich geringer als die, bei denen nur eine Schraube ohne Unterlegscheiben eingesetzt wurde (Abb. 4.53). Dies zeigt, dass das Kontaktverhalten von der mechanischen Spannungsverteilung in der Kontaktfläche abhängt. Je gleichmäßiger die mechanische Spannung verteilt ist, desto gleichmäßiger sind auch die Mikrokontakte verteilt.

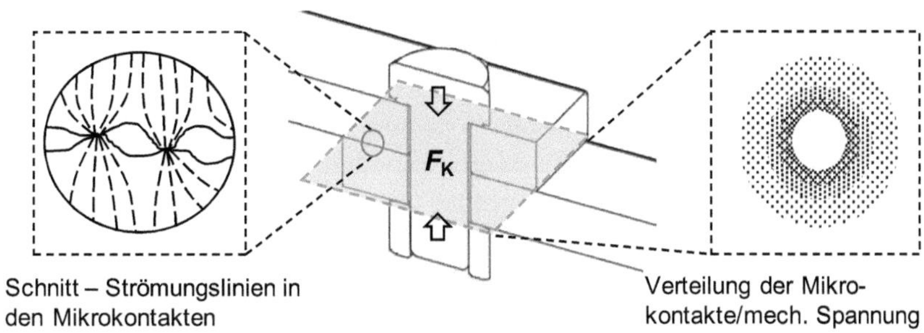

Abb. 4.52 Einschnüren der Strömungslinien in den Mikrokontakten am Beispiel einer Einschraubenverbindung mit Stromschienen

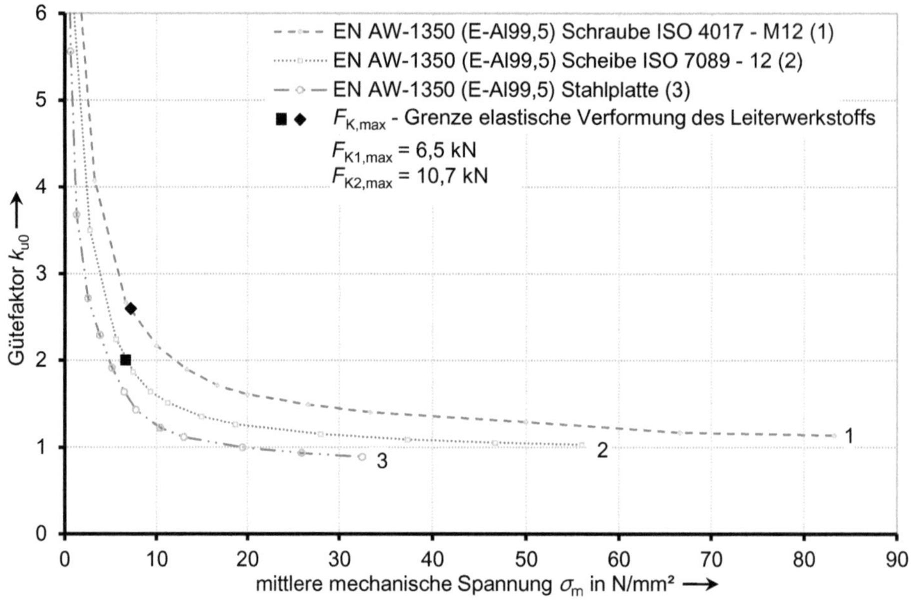

Abb. 4.53 Anfangswert des Gütefaktor k_{u0} abhängig von der mittleren mechanischen Spannung σ_m beispielhaft für Stromschienen mit einem Querschnitt von (40 x 10) mm² aus E-Al99,5 und unterschiedlichen Fügeelementen (mittlere mechanische Spannung berechnet mit Gl. ((4.11) und (4.12)). (Maximale Kontaktkraft $F_{K,max}$ berechnet mit einer Dehngrenze $R_{p0,2\text{-E-Al99,5-O}}$ = 20 N/mm² [26, 27])

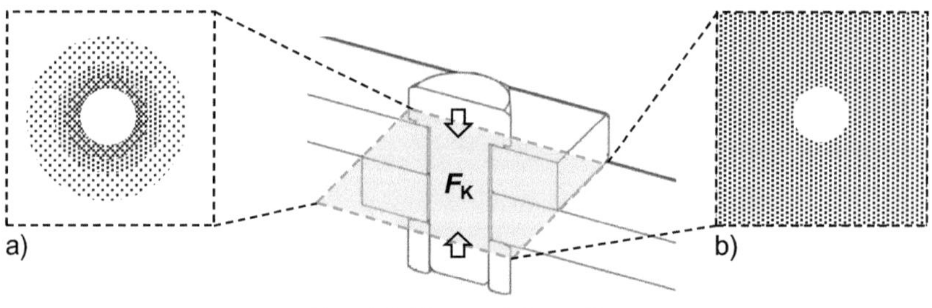

Abb. 4.54 Verteilung und Größe der Mikrokontakte bei inhomogener sowie homogener mechanischer Spannungsverteilung **a**) Verbindung Schraube-Mutter und **b**) zusätzlich Druckplatten (schematisch). (Materialwiderstand $R_{Ma} > R_{Mb}$)

Dies hat einen direkten Einfluss auf die Verteilung der Stromdichte in der wahren metallischen Kontaktfläche. Bei gleichmäßiger Verteilung der Mikrokontakte wird die gesamte Größe der Kontaktfläche gut ausgenutzt und ein niedriger Verbindungswiderstand entsteht (Abb. 4.54, Tab. 4.16).

Werden die Kontaktfläche und der Leiter homogen durchströmt, d. h. der vorhandene Leiterwerkstoff gut ausgenutzt, ist der Materialwiderstand und damit der Verbindungswiderstand am geringsten. Der Materialwiderstand und ideale Gütefaktor kann dann abgeschätzt werden (Gl. (4.67)). Des Weiteren wird in Abb. 4.53 deutlich, dass eine minimale mechani-

Tab. 4.16 Berechnen des Engewiderstands für den Mehrpunktkontakt (in Anlehnung an [5])

Mehrpunkt-kontakt	mikroskopische Oberflächenrauheit	strukturierte Oberfläche	
Annahme	R_E mit Interaktion 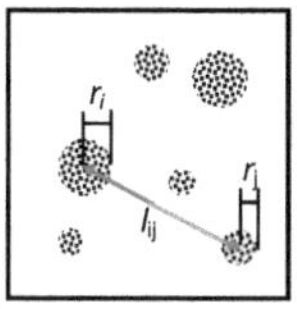	R_E ohne Interaktion 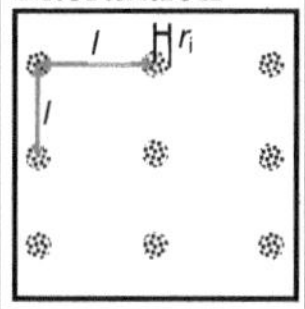 $\bar{l} > 20 \cdot r_i$	R_E mit Interaktion 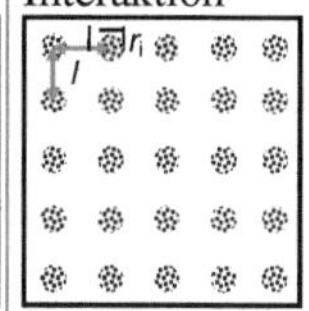 $\bar{l} < 20 \cdot r_i$
Gleichung	(4.63)	(4.64)	(4.65)
Parameter	ρ_M … spez. elektrischer Widerstand, n_E … Anzahl Mikrokontakte, r_i … Radius Mikrokontakt, l … Abstand zw. Mikrokontakten		

sche Spannung notwendig ist, um die Mikrospitzen beider Kontaktpartner elasto-plastisch zu verformen, dünne Fremdschichten aufzubrechen und damit einen niedrigen Kontaktwiderstand zu erreichen. Für Verbindungen mit zusätzlichen Druckplatten ist die mechanische Spannung homogener auf der Kontaktfläche verteilt. Die erzeugten Mikrokontakte sind gleichmäßiger verteilt, die Strömungslinien werden vor dem Kommutieren auf den anderen Kontaktpartner kaum beeinflusst und erst in den Mikrokontakten eingeengt. Dadurch ist die Stromdichte in den Kontaktpartnern homogener verteilt als bei den beiden anderen Verbindungsvarianten und der Anteil des Materialwiderstands minimal (Abb. 4.54).

$$R_E = \frac{\rho_M}{2\sum_{i=1}^{n} r_i} + \frac{\rho_M}{\pi} \frac{\sum_{i=1}^{n}\sum_{j\neq 1}^{n} \frac{r_i r_j}{l_{ij}}}{\left(\sum_{i=1}^{n} r_i\right)^2} \tag{4.63}$$

$$R_{E,E} = \frac{1}{n_E} \frac{\rho_M}{2 r_i} \tag{4.64}$$

$$R_{E,E} = \frac{1}{n_E} \frac{\rho_M}{2 r_i} \sqrt{\frac{\left(\frac{l}{2}\right)^2 - r_i}{r_i^2}} - 0{,}6 \frac{\rho_M}{A_S} \sqrt[2]{\left(\frac{l}{2}\right)^2 - l^2} \tag{4.65}$$

Es ist auch die Interaktion zwischen den Mikrokontakten zu berücksichtigen, die einen zusätzlichen Einfluss auf den Engewiderstand hat (Tab. 4.16). Voraussetzung für eine gute Stromverteilung durch gleichmäßig verteilte Mikrokontakte ist eine sorgfältige Vorbehandlung der Kontaktfläche vor dem Fügen, damit eine gleichmäßige Topografie auf den Kontaktflächen erzeugt wird. Bei den Verbindungen mit Schraube-Mutter und Schraube-Mutter mit zusätzlichen Scheiben ist der Unterschied zwischen der mittleren und maximalen mechanischen Spannung deutlich größer. Dieses Verhalten wurde in

FEM-Rechnungen mehrfach nachgewiesen [8, 9]. Es werden insbesondere im Bereich hoher mechanischer Spannungen großflächige Mikrokontakte erzeugt. Mit abnehmender mechanischer Spannung bei z. B. größerem Abstand in der Kontaktebene von der Schraube nimmt die Größe und Anzahl der Mikrokontakte wieder ab. Außerhalb des Druckkegels werden keine Mikrokontakte erzeugt. Die Strömungslinien werden dadurch bereits im Leiter und anschließend in den Mikrokontakten stärker eingeengt. Der Leiterquerschnitt wird schlechter ausgenutzt und damit der Anteil des Materialwiderstands und des Engewiderstands am Verbindungswiderstand höher. Für die in [52] untersuchten Stromschienen aus Al99,5 wird zudem deutlich, dass die, in Anlehnung an die Auslegungsrichtlinien [26, 27, 51] berechnete, maximal zulässige Kontaktkraft zu gering ist, um einen Anfangswert des Gütefaktors $k_{u0} < 1{,}5$ zu erreichen (Abb. 4.53). Für gleichartige Verbindungen mit Stromschienen aus AlMgSi0,5 oder Cu-ETP sind dagegen die Kontaktkräfte ausreichend hoch, da die mechanische Festigkeit des Werkstoffes höher ist [52]. Durch die höhere Festigkeit kann eine höhere Flächenpressung erzeugt werden, ohne das die Dehngrenze des Werkstoffs erreicht wird und eine makroskopische plastische Verformung auftritt.

Wird die Kontaktfläche sorgfältig vorbehandelt und die Verbindung unmittelbar danach gefügt, können bei Flächenkontakten mit annähernd gleichverteilter mechanischer Spannung in der Kontaktebene Werte des Gütefaktors im Neuzustand nahe des idealen Gütefaktors k_{uI} erreicht werden (Abb. 4.55, Gl. (4.67)). Um dies zu schaffen, können geeignete Fügeelemente, wie z. B. Druckplatten, Spannscheiben oder Schrauben mit großer Kopfauflagefläche eingesetzt werden. In Versuchen an Schraubenverbindungen mit unterschiedlich großen Schrauben und Geometrien der Stromschienen aber gleichem Aufbau

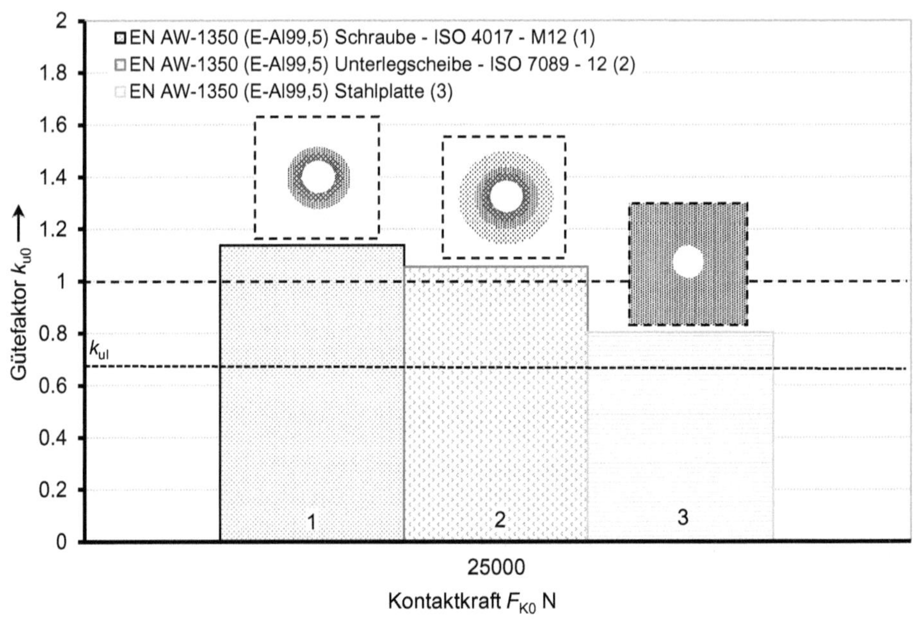

Abb. 4.55 Gütefaktor k_{u0} im Vergleich zum idealen Gütefaktor k_{uI} (Schraube-Mutter-Verbindung)

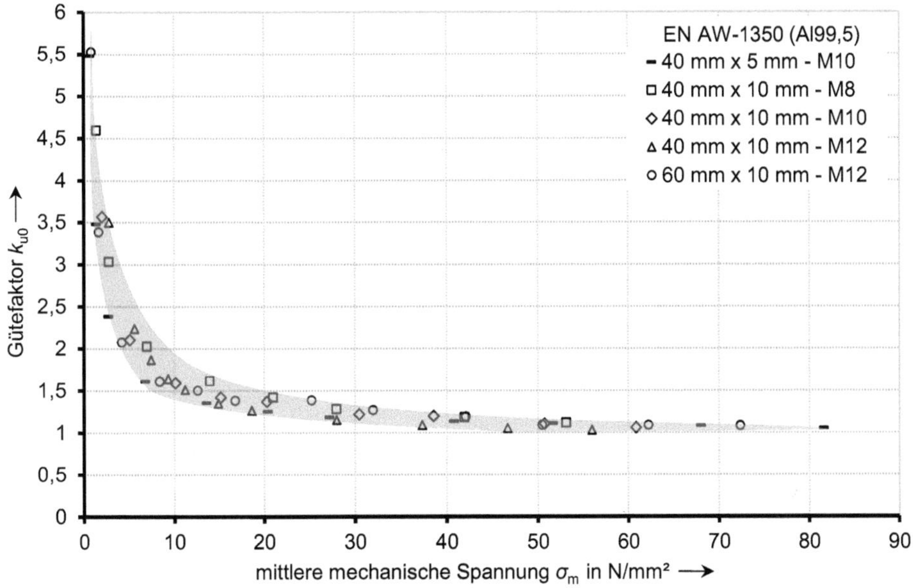

Abb. 4.56 Anfangwert des experimettel ermittelten Gütefaktors k_{u0} abhängig von der mittleren mechanischen Spannung σ_m, Größe der Schraube (ISO 4017), Scheiben der normalen Reihe (ISO 7089) und Geometrie der Stromschienen aus E-Al99,5 (Verbindungslänge = Breite der Stromschiene)

wird deutlich, dass ähnliche Zusammenhänge gelten und diese praktisch gleich betrachtet werden können (Abb. 4.56).

Weiterhin kann der Kontaktwiderstand bewertet werden. Dazu ist der Materialwiderstand vom gemessenen Verbindungswiderstand zu subtrahieren (Abb. 4.5, Gl. (4.3)). Um den Materialwiderstand bestimmen zu können, wird ein FEM Modell der Schraubenverbindung erstellt und dieser mit diesem berechnet oder mit der Näherungsgleichung bestimmt (Gl. (4.66)). Die Näherungsgleichung berücksichtigt die über die scheinbare Kontaktfläche gleichverteilte Änderung der Stromdichte [6]. Der Druckkegel wird dabei nicht extra berücksichtigt.

$$R_M = k_{uI}\left(A_B\right)\cdot R_{BL} \tag{4.66}$$

Weiterhin kann damit der ideale Gütefaktor wie folgt abgeschätzt werden:

$$\begin{aligned} k_{uI}\left(A_B=0\right) &= 0{,}639\cdot\left(\frac{l_V}{h_L}\right)^{-1{,}35}+0{,}5 \\ k_{uI}\left(A_B\right) &= C_B\cdot\frac{\sum A_B}{A_S}\cdot k_{uI}\left(A_B=0\right)+k_{uI}\left(A_B=0\right)\ \text{mit}\ A_B=\frac{\pi}{4}\cdot d_B^2 \end{aligned} \tag{4.67}$$

Es ist die Verbindungslänge l_V der Leiter, die Höhe h_L der Stromschiene und die Fläche des Bohrlochs A_B zu berücksichtigen. C_B ist experimentell bestimmt und abhängig von der Geometrie der Stromschiene und der Anzahl der Schrauben (Tab. 4.17). Für eine erste Ab-

Tab. 4.17 Parameter für den Approximationsfaktor C_B [6]

C_B für Schraubenverbindungen mit Stromschienen	Wert
(100 x 5) mm vier Bohrungen	1,8
Zwischengröße der Leiter	1,81 … 2,59
(40 x 5) mm (ein/zwei Bohrungen)	2,6

schätzung kann ein mittlerer Wert für C_B von 2,3 in den angegebenen Grenzen verwendet werden (Tab. 4.17) [6].

Beispiel

Schraubenverbindung mit Stromschienen der Maße 40 mm x 10 mm, einer Verbindungslänge l_V = 40 mm und einer Bohrung mit einem Lochdurchmesser von d_B = 13 mm

$$k_{uI}\left(A_B = 0\right) = 0{,}639 \cdot \left(\frac{40\text{ mm}}{10\text{ mm}}\right)^{-1{,}35} + 0{,}5 = 0{,}598$$

$$k_{uI}\left(A_B\right) = 2{,}59 \cdot \frac{\pi \cdot \left(\frac{13\text{ mm}}{2}\right)^2}{40\text{ mm} \cdot 40\text{ mm}} \cdot 0{,}598 + 0{,}598 = 0{,}73$$

Der ideale Gütefaktor k_{uI} ist von der Geometrie der Verbindung abhängig. ◄

Bei Verbindungen mit überlappenden Leitern ist das Verhältnis der Verbindungslänge l_V zur Höhe der Leiter h_L Gl. (4.67) zu beachten, da der Strom nicht nur in den Mikrokontakten eingeengt, sondern auch umgelenkt wird (Abb. 4.57). Dies hat einen direkten

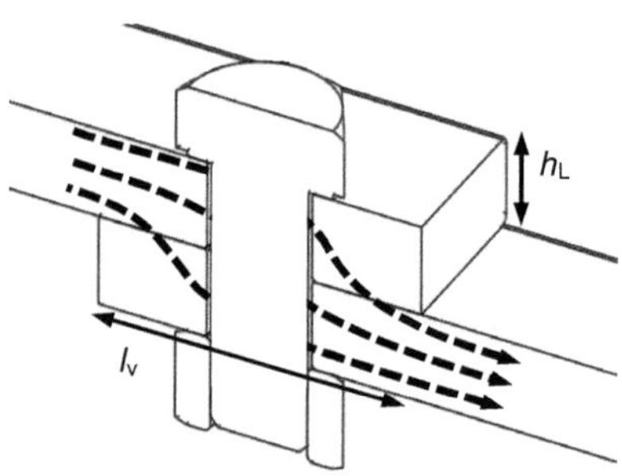

Abb. 4.57 Stromumlenkung in einer Schraubenverbindung mit Stromschienen (schematisch)

Einfluss auf das Strömungsfeld sowie den Verbindungswiderstand und erfordert bei Schraubenverbindungen eine minimale Verbindungslänge l_V der Kontaktpartner [6, 64].

Es wurden experimentelle Untersuchungen durchgeführt, die gezeigt haben, dass die Verbindungslänge l_V mindestens die 4-fache Dicke der Stromschiene betragen soll, um insbesondere den Einfluss des Umlenkens der Strömungslinien zu minimieren (Abb. 4.58) [6, 65].

Damit ist in der Regel für Geometrien der Leiter, wie sie in der Elektroenergietechnik eingesetzt werden auch erfüllt, dass sich der Durchmesser des Druckkegels in der Trennfuge zwischen den Leitern der Schraubenverbindung voll ausbildet. Es werden dadurch viele parallele Mikrokontakte erzeugt. Gesondert sind Schraubenverbindungen mit Langlöchern in den Leitern zu betrachten. Diese werden zum Ausgleich von Lagetoleranzen der zu fügenden Leiter eingesetzt. Die Kontaktfläche und damit auch die Anzahl der Mikrokontakte wird dabei im Vergleich zu Schraubenverbindungen mit runden Löchern in den Leitern verringert. Untersuchungen an Schraubenverbindungen mit Stromschienen in denen Langlöcher eingebracht waren, haben dabei ca. 30 % höher Verbindungswiderstand ergeben. Diese resultieren aus einem höher Kontaktwiderstand und durch die geänderte Stromdichteverteilung beeinflussten Materialwiderstand der Verbindung.

Versuche an Schraube-Mutter-Verbindungen mit beschichteten Stromschienen aus CW004a (Cu-ETP) zeigen, dass mit versilberten Kontaktpartnern bereits bei geringen mittleren mechanischen Spannungen von $\sigma_m \geq 10\ \text{N/mm}^2$ ein Gütefaktor von $k_{u0} = 1$ erreicht werden kann (Abb. 4.59). Das kann damit erklärt werden, dass Silber nur sehr locker

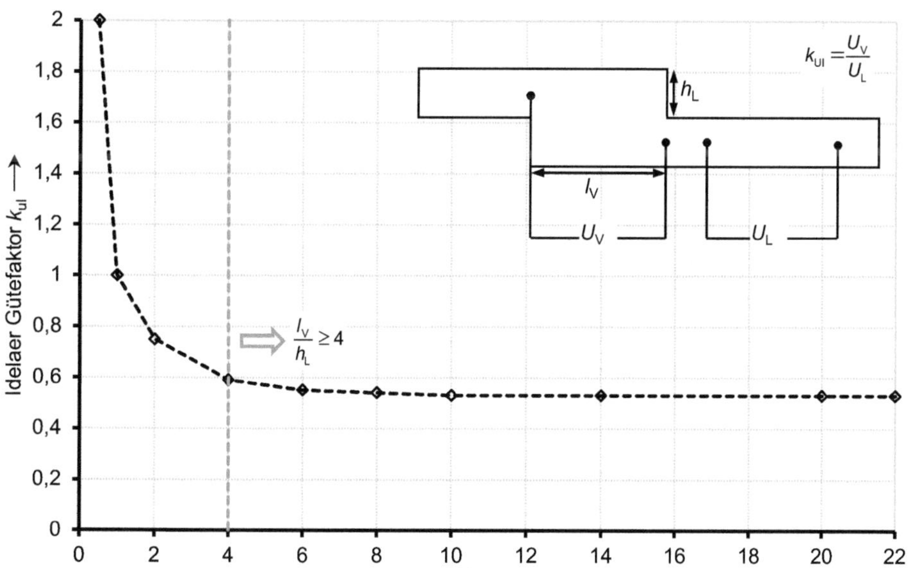

Abb. 4.58 Einfluss der Verbindungslänge l_V zur Leiterdicke h_L auf den idealen Gütefaktor k_{uI}, gefräste Stromschiene ohne Bohrloch aus Vollmaterial [6]

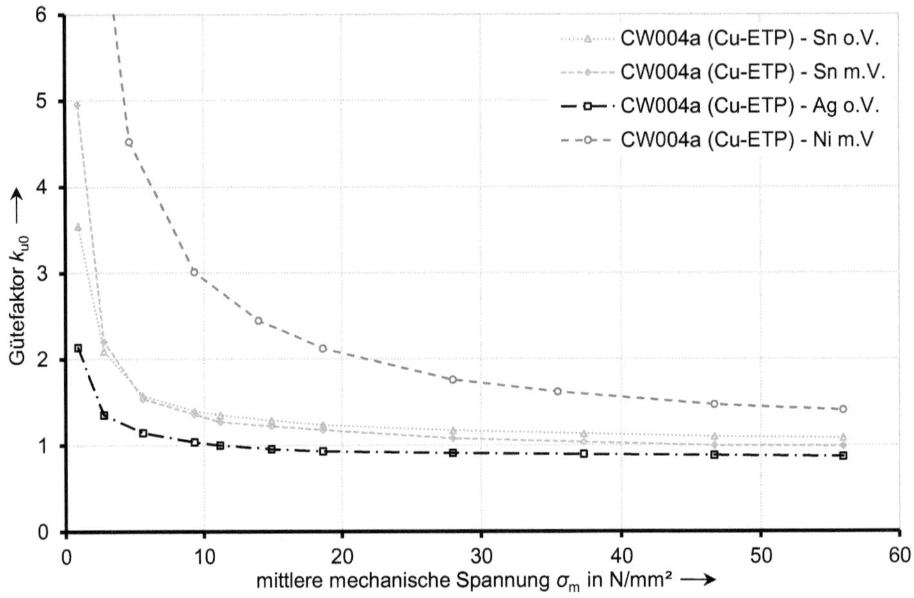

Abb. 4.59 Anfangswert des Gütefaktor k_{u0} abhängig von der mittleren mechanischen Spannung σ_m (Cu-ETP beschichtet ohne Zwischenschichten, o. V. – ohne abrasive Vorbehandlung und m. V. – Vorbehandlung mit einem Schleifvlies) [52]

anhaftende Fremdschichten bildet, eine moderate Härte hat und damit sehr gut kontaktierbar ist (Abschn. 3.2). Verbindungen mit verzinnten Kontaktpartnern erreichen bei gleicher mittlerer mechanischer Spannung einen Gütefaktor von $k_{u0} \leq 1{,}4$. Dabei konnte kein signifikanter Unterschied festgestellt werden, ob die Kontaktflächen mit einem Schleifvlies vorbehandelt wurden oder nicht. Zinn ist sehr weich und lässt sich gut verformen. Die Oxidschicht ist ebenfalls weich und kann leicht aufgebrochen werden. Die Leitfähigkeit von Zinn ist aber deutlich geringer als die von Silber, was zu leicht höheren Gütefaktoren bei gleicher mittlerer mechanischer Spannung als bei Silber führt (Abschn. 3.2). Bei Verbindungen mit vernickelten Kontaktpartnern ist der Gradient des Gütefaktors bei niedrigen mittleren mechanischen Spannungen deutlich größer. Aufgrund der hohen Härte des Nickels muss eine wesentlich höhere mittlere mechanische Spannung von $\sigma_m > 45$ N/mm^2 erzeugt werden, um Gütefaktoren von $k_{u0} \leq 1{,}5$ zu erreichen (Abb. 4.59). Trotz gleich vorbehandelter Kontaktfläche ist das Kontaktverhalten bei Nickel im Vergleich zu den Beschichtungswerkstoffen Silber und Zinn deutlich schlechter (Tab. 4.18).

Bei dynamischer mechanischer Belastung der Verbindung kann die für ein stabiles Kontaktverhalten minimal benötigte mittlere Flächenpressung höher sein. Ein entsprechender Sicherheitsfaktor muss dann gegebenenfalls ermittelt werden [7].

Mit einer rauen Oberfläche der Kontaktpartner können beim Fügen durch elastoplastische Verformung der Mikrospitzen Fremdschichten aufgebrochen, großflächige Mikrokontakte erzeugt und damit niedrige Kontaktwiderstände erreicht werden. Durch

Tab. 4.18 Minimale mittlere mechanische Spannung/minimale mittlere Flächenpressung abhängig vom Kontaktwerkstoff für statische und dynamische Belastung

Werkstoff	Belastung	Al	Cu	Ni	NiP	Sn	Ag	Quelle
$\sigma_{m\,min}$[1)] **in N/mm²**	statisch	20 … 40	20 … 30	45	–	15	10	[52]
		10 … 26	10 … 17	–	33 … 50	2 … 6	3 … 20	[53]
	dynamisch	–	13 … 17	–	29 … 34	16 … 30	13 … 20	[33, 53]

[1)] Die Werte dienen zur Orientierung, da sie stark von der Kontakthärte und Vorbehandlung der Kontaktfläche abhängen. Grundlage ist ein Gütefaktor k_{u0} zwischen 1 und 1,5

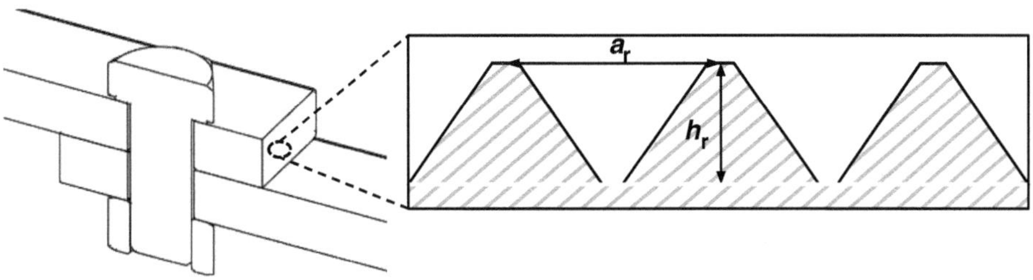

Abb. 4.60 Strukturieren der Kontaktfläche durch Rillen [6, 8, 63]

die Vorbehandlung unedler, unbeschichteter Leiterwerkstoffe, wie Kupfer oder Aluminium mit z. B. einer Drahtbürste, werden nicht nur Oxidschichten aufgebrochen, sondern auch die Oberflächen mikrostrukturiert und damit die Rauheit erhöht. Beides führt insbesondere bei Verbindungen mit Kontaktpartnern aus Aluminium zu einer deutlich besseren Kontaktierung. Durch definiertes Strukturieren der Kontaktflächen kann das Kontaktverhalten weiter verbessert werden (Abb. 4.60) [61]. Für Rillen wurde als optimaler Rillenabstand a_r ein Wert zwischen (400 … 600) µm ermittelt (Abb. 4.61).

Dazu wurden Untersuchungen an Schraubenverbindungen mit Kontaktpartnern aus Aluminium[5] und gerillten Kontaktflächen durchgeführt (Abb. 4.61). Die optimale Rillenhöhe h_r beträgt (150 … 230) µm, hat aber bei gleichem Rillenabstand eine geringere Bedeutung. Entscheidend ist, dass die Rillenhöhe gleichmäßig ist, um möglichst viele Berührungsflächen beim Fügen zu erzeugen. Für die Gestaltung der Kontaktflächen wird ein spanendes Fertigungsverfahren mit niedriger Schnittgeschwindigkeit und guter Kühlung empfohlen, um ein Verfestigen der Oberfläche und ein unzulässiges Erwärmen des Leiterwerkstoffs zu vermeiden [63].

[5]Versuche an Stromschienen aus Al 99,5 mit den Maßen (50 x 10) mm und einer Verbindungslänge s von 50 mm (scheinbare Kontaktfläche A_s = 2246 mm²).

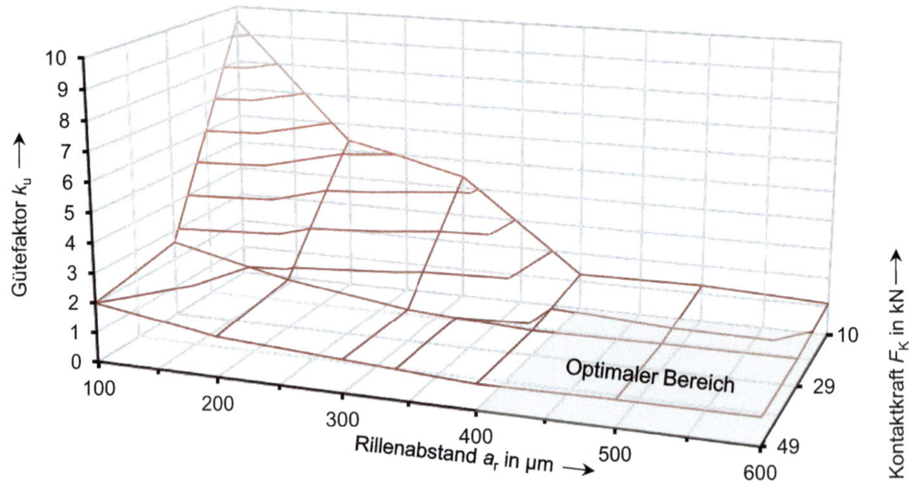

Abb. 4.61 Verhalten des Gütefaktors k_{u0} abhängig vom Rillenabstand a_r auf der Kontaktfläche und der Kontaktkraft F_{K0} [63]

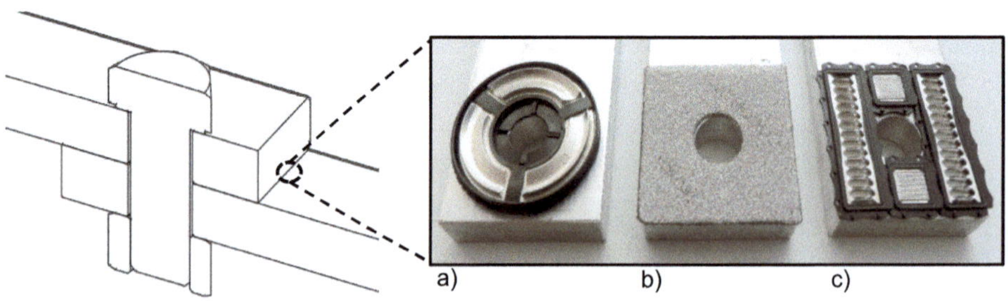

Abb. 4.62 Kontaktelemente für Flächenkontakte **a**) Kontaktscheibe, **b**) Metallschäume aus z. B. Nickel und **c**) Kontaktelement mit Lamellen [52, 65]

Konstruktiv angewendet wird diese Idee bereits bei unterschiedlichen stromführenden Verbindungen, wie z. B. Schraubverbindern für Kabelgarnituren, Schalenstromklemmen für Freileitungsseile oder isolationsdurchdringende Verbinder in der Niederspannungstechnik.

Die Wirkung von Kontaktelementen beruht auf dem gleichen Prinzip. Die Geometrie ist so gewählt, dass definierte Kontaktflächen in Form von Punkt- oder Linienkontakten entstehen. Beispielhaft können Kontaktscheiben, Metallschäume, Kontaktelemente mit Lamellen oder auch Cupal-Bleche genannt werden (Abb. 4.62, Tab. 4.19).

Die Stege der Lamellen haben die Funktion, sich durch die Oxidschichten der beiden Leiter zu drücken um diese gut zu kontaktieren. Gleiches gilt für die Rillen auf der Kontaktscheibe. Metallschäume drücken sich während des Fügens der Verbindung ebenfalls in die Kontaktfläche der Leiter ein und erzeugen parallele Punktkontakte. Alle Kontaktelemente erhöhen durch ihren eigenen Materialwiderstand den Widerstand der Verbindung mehr oder weniger stark. Es können dadurch aber z. B. unterschiedliche

Tab. 4.19 Wirkung und Einsatzmöglichkeiten von Kontaktelementen

Kontaktelement	Details und Wirkung	anwendbar auf Werkstoffpaarungen
Cupal Blech	– Verbundwerkstoff aus Aluminium und Kupfer – gasdicht durch Stoffschluss am Werkstoffübergang Aluminium – Kupfer – Einsatz in Schraube Mutter und Klemmverbindungen	Al-Cu
Kontaktscheibe oder Kontaktelemente mit Lamellen	– Durchdringen von Fremdschichten – Eindringen in die Kontaktpartner – Verringern der notwendigen Kontaktkraft beim Fügen	Al-Cu Al-Al St-Cu St-Al
Metallschaum aus beispielsweise Nickel oder Kupfer[1]	– Bilden von vielen parallelen Kontaktpunkten – Aufbrechen von Fremdschichten durch hohe Härte – Verringern der notwendigen Kontaktkraft beim Fügen	Al-Al Cu-St Al-Cu

[1]Vorbehandlung der Kontaktflächen aus Aluminium weiterhin notwendig/empfohlen

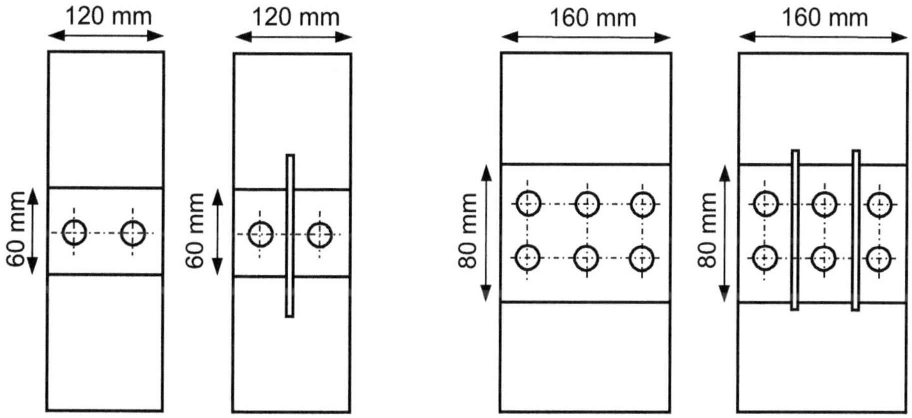

Abb. 4.63 Schraubenverbindung mit ungeschlitzten und geschlitzten Stromschiene im Kontaktbereich sowie **a**) zwei und **b**) sechs Schrauben nach [65, 66]

Leiterwerkstoffe langzeitstabil miteinander verbunden und der Aufwand der Vorbehandlung der Kontaktfläche vor dem Fügen verringert werden. Für Flächenkontakte ergeben sich damit unterschiedliche Möglichkeiten das Kontaktverhalten im Vergleich zum unbeschichteten Leiter aus Kupfer und Aluminium und weiteren Werkstoffkombinationen zu verbessern (Tab. 4.20).

Bei Mehrschraubenverbindungen mit Leitern ab einer Breite von 120 mm sollten die Stromschienen im Kontaktbereich geschlitzt werden (Abb. 4.63) [66]. Im Gegensatz dazu sind Langlöcher zu vermeiden, da dadurch die wirksame Kontaktfläche verringert und der Kontaktwiderstand im Vergleich zu Schraubenverbindungen mit kreisrunden Bohrungen erhöht wird. Durch das Schlitzen kann der Verbindungswiderstand gegenüber einer Ver-

Tab. 4.20 Möglichkeiten zum Verbessern des Kontaktverhaltens von Schraubenverbindungen

Kontaktflächen Wirkung auf	unbearbeitet, blank	definiertes Strukturieren/ Kontaktelement	galvanisches Beschichten	Kaltgasspritzen
Aufwand der Vorbehandlung	↑ Al → Cu	→	↓↓ Sn, Ag → Ni, Cu[1]	↓↓ Ag ↓ Cu (raue Struktur)
Notwendige mittlere mechanische Spannung bei Montage	↑ Al → Cu	→ Al ↓ Cu	↓↓ Ag ↓ Sn ↑ Ni	↓ Cu ↓↓ Ag
Vorteil	keine weiteren Fertigungskosten	– Definiertes Anordnen der Mikrokontakte verbessert das Kontaktverhalten – Reduzieren des Aufwands für die Vorbehandlung	– Verbessern des Kontakt- und Langzeitverhalten – Minimieren des Aufwands für die Vorbehandlung	– Aufbrechen von Oxidschichten beim Herstellen – Stoffschluss zwischen Leiter- und Beschichtungswerkstoff – Verbessern des Kontaktverhaltens durch eine raue Kontaktfläche
Nachteil	Vorbehandeln der Kontaktflächen – Spezifische Vorbehandlung – Gut geschultes Montagepersonal – Sicheres Einhalten der Montageparameter	Zusätzliche Kosten für das Bearbeiten der Kontaktfläche oder die Kontaktelemente	– Qualität des Beschichtungssystems – Zusätzliche Kosten	Zusätzliche Kosten

[1] Aluminium kann galvanisch verkupfert werden, um die Eigenschaften des Kupfers beim Kontaktverhalten zu erreichen.

bindung mit nicht geschlitzten Stromschienen um (30 … 40) % verringert werden [65]. Der Grund dafür ist, dass sich annähernd eine gleiche mechanische Spannungsverteilung in den Druckkegeln der Schrauben in den Teilleitern ausbilden kann, die die wirksame Kontaktfläche um das (1,5 … 1,7)-fache vergrößert und damit das Kontaktverhalten mit jeder Schraube durch die elektrische Parallelschaltung verbessert wird [65].

Der elektrische Kontaktwiderstand und der Belastungsstrom sind entscheidend für die Stromwärmeverluste in der Verbindung. Beide Größen bestimmen damit wesentlich die Temperatur der Schraubenverbindung. Im thermisch wirksamen Kontaktwiderstand werden neben dem Wärmestrom über die metallische Kontaktfläche auch die Wärmeströme über kleine Luftspalte und Fremdschichten berücksichtigt (Abschn. 4.4, Abb. 4.64).

Das thermische Verhalten von Schraubenverbindungen kann mit der Wärmenetzmethode abgebildet werden [61]. Dazu werden die Schraubenverbindung und die Stromschienen in diskrete Elemente unterteilt, die miteinander und der Umgebung über thermische Widerstände und Kapazitäten gekoppelt werden (Abb. 4.65).

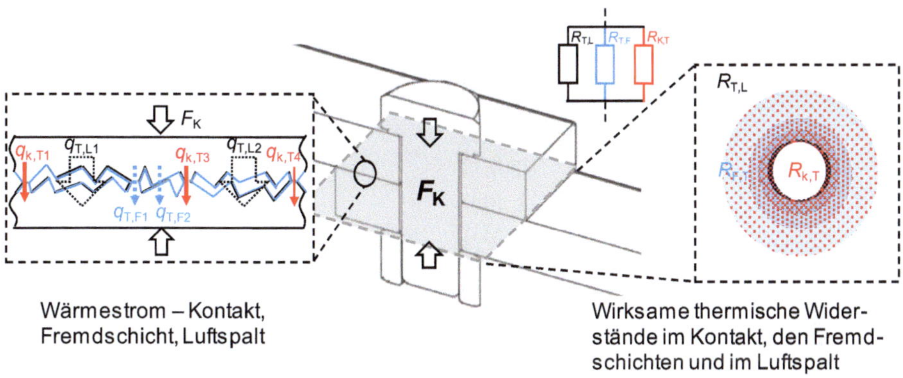

Abb. 4.64 Wärmestrom in Flächenkontakten über metallische, quasimetallische und isolierende Kontaktflächen sowie dünne Luftspalte am Beispiel einer Schraubenverbindung mit Stromschienen (schematisch)

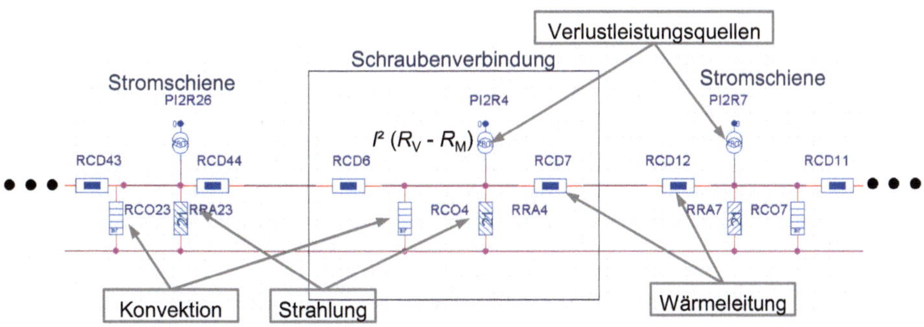

Abb. 4.65 Beispielhafter Auszug eines Wärmenetzes zum Berechnen der stationären Erwärmung einer Schraubenverbindung mit Stromschienen – abgebildet sind Quellen für die Stromwärmeverluste in der Schraubenverbindung und den Stromschienen, thermische Widerstände für die Wärmeleitung, die Strahlung und die Konvektion

Tab. 4.21 Temperaturäquivalenter Gütefaktor $k_{uT\text{-}20}$ für Schraubenverbindungen [6]

A in mm²	l_V in mm	Anzahl x Größe der Schraube	$k_{uT\text{-}20}$
12x5	12	1xM5	1,95
12x10	12	1xM5	2
20x5	20	1xM8	1,84
20x10	20	1xM8	1,96
25x5	25	1xM10	1,81
25x5	55	2xM10	1,72
30x5	30	1xM10	1,65
30x5	60	2xM10	1,62
30x10	30	1xM10	1,78
30x10	60	2xM10	1,69
40x5	40	1xM12	1,54
40x5	80	2xM12	1,54
40x10	40	1xM12	1,64
40x10	80	2xM12	1,58
50x5	50	1xM12	1,41
50x5	80	2xM12	1,46
50x10	50	1xM12	1,51
50x10	80	2xM12	1,52
60x5	60	1xM12	1,48
60x5	80	2xM12	1,43
60x10	60	1xM12	1,53
60x5	80	2xM12	1,47
80x5	80	4xM12	1,5
80x10	80	4xM12	1,54
100x5	80	4xM12	1,45
100x10	80	4xM12	1,49
100x10	100	4xM12	1,46
100x15	80	4xM12	1,56
120x10	80	4xM12	1,5
120x15	80	4xM12	1,56
160x10	80	8xM12	1,54
160x15	80	8xM12	1,59
200x10	80	8xM12	1,46
200x15	80	8xM12	1,52

Für die stationäre Erwärmung werden keine Wärmekapazitäten, sondern nur die thermischen Widerstände für die Wärmeleitung, Strahlung und Konvektion berücksichtigt. Die Wärmenetzmethode ist ein etabliertes Verfahren, das aktuell z. B. genutzt wird, um stromführende Komponenten im Bordnetz von Fahrzeugen nachzubilden [68]. Mit dem Wärmenetzmodell können für Schraubenverbindungen der temperaturäquivalente Gütefaktor $k_{uT\text{-}20}$ berechnet werden, bei dem die Verbindung bei stationärer Strombelastung die gleiche Temperatur wie die angeschlossenen Leiter hat (Abschn. 4.1.2, Tab. 4.21). In praktischen Anwendungen können zudem die Kühlbedingungen in Einbausituation, die thermische Kopplung zu benachbarten Komponenten oder auch das thermische Verhalten bei zeitlich veränderlichen Strömen abgebildet werden.

Schraube-Mutter-Verbindung mit isolierten Klemmteilen/Leitern

Ist die Kontaktfläche zwischen den Leitern isoliert, kann der Strom nur über die Fügelemente fließen. Dies ist zum Beispiel bei oberflächengeschützten Karosserieteilen im Fahrzeug der Fall. Sollen diese dennoch stromtragfähig kontaktiert werden, ergeben sich einige Besonderheiten die berücksichtigt werden müssen. So ergibt sich, abhängig von den eingesetzten Werkstoffen, deren Oberflächenzustand, der Relativbewegung der einzelnen Bauteile zueinander bei der Montage und der daraus resultierenden Anzahl und Größe von Mikrokontakten an jeder Kontaktstelle ein Kontaktwiderstand R_{Kn} (Abb. 4.66). Die Summe dieser Kontaktwiderstände addiert mit den Materialwiderständen der durchströmten Bereiche der Fügelemente und der Leiterabschnitte ergeben dann den Verbindungswiderstand R_V (Abb. 4.66).

Es wurden Schraube-Mutter Verbindungen untersucht, bei denen die Teilwiderstände über einzelnen Abschnitten der Verbindung bestimmt wurden. Um die Kontaktwiderstände zwischen den einzelnen Bauteilen abschätzen zu können, wurde ein FEM Modell aufgebaut und die Anteile des Materialwiderstands zwischen den Potenzialmesspunkten berechnet. Der Kontaktwiderstand zwischen den Bauteilen wurde dabei mit $R_K = 0\ \Omega$ angenommen. Die so berechneten Materialwiderstände wurden von den gemessenen Teilwiderständen subtrahiert, um die Anteile des Kontaktwiderstands zu erhalten (Abb. 4.67).

Es konnte gezeigt werden, dass der Verbindungswiderstand von Schraube-Mutter Verbindungen mit isolierter Oberfläche der Stromschienen insbesondere von der Leitfähigkeit des eingesetzten Werkstoffs der Schraube abhängt. Bei schraubenseitiger Montage ist zudem der Kontaktwiderstand zwischen Mutter und Stromschiene dominant, da keine Relativbewegung zwischen den Bauteilen stattfindet. Der Kontaktwiderstand zwischen Schraube und Mutter ist sehr gering und in der Darstellung kaum zu erkennen (Abb. 4.67). Aus der Relativbewegung zwischen Mutter und Schraube sowie den hohen Flächenpressungen vor allem in den ersten Gewindegängen resultiert offensichtlich ein gutes Kontaktverhalten. Dies bestätigen auch praktischen Erfahrungen mit verspannten Muttern gegen Gewindebolzen aus Kupfer bei z. B. Transformatoranschlüsse (Tab. 4.15).

Der erreichte Gütefaktor einer Schraube-Mutter Verbindung mit Leitern aus Aluminium und Fügelementen aus Stahl ist, im gezeigten Beispiel ca. 8,5-mal höher als der für diese Verbindung ermittelte temperaturäquivalente Gütefaktor von $k_{uT\text{-}20} \approx 1{,}95$. Der bereits hohe Kontaktwiderstand nach der Montage zwischen Mutter und Stromschiene erhöhte sich bei thermischer Belastung mit einer Temperatur von 90 °C abhängig von der Zeit weiter [69].

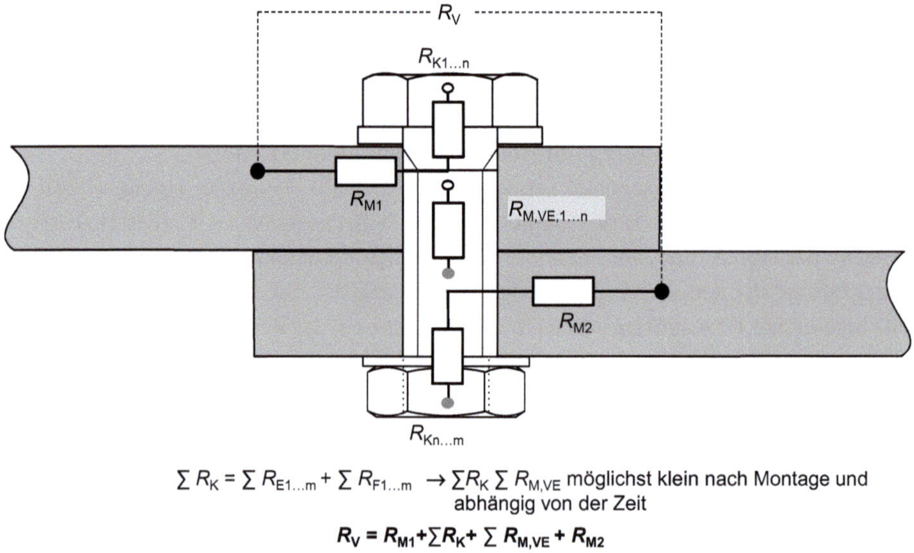

Abb. 4.66 Anteile des Verbindungswiderstands R_V bei isolierter Kontaktfläche zwischen den Leitern und Stromfluss über die Fügelemente

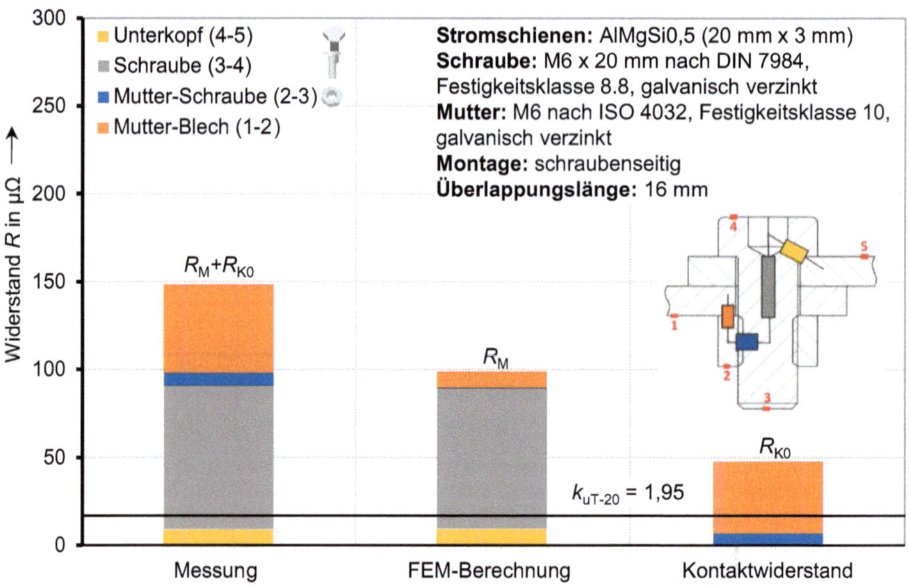

Abb. 4.67 Bereichsbezogene Widerstände einer Schraubenverbindung mit isolierter Kontaktfläche zwischen zwei Stromschienen [69]

Die Erkenntnisse zeigen, dass die Stromtragfähigkeit von Schraube-Mutter Verbindungen mit isolierten Leitern über die Fügelemente zu gering ist, um dauerhaft den Bemessungsstrom des angeschlossenen Leiters führen zu können. Die Verbindung wirkt als Heißstelle und begrenzt damit den maximal zulässigen Strom. Durch den Einsatz von Schrauben mit unterschiedlichen Unterkopfgeometrien kann bei unbeschichteten Leitern der Kontaktwiderstand zwischen Schraubenkopf und Leiter verbessert werden. Auch der Einsatz von Schrauben aus z. B. Aluminium oder Messing verringert den Anteil des Materialwiderstands deutlich. Trotz dieser Maßnahmen kann durch die zusätzlichen Kontaktstellen mit den zum Teil hohen Kontaktwiderständen nicht das Kontaktverhalten der Verbindung erreicht werden, was durch direkten elektrischen Kontakt zwischen den Leitern entsteht [69].

Mutter-Verbindung mit einem Klemmteil und einem Gewindebolzen

Die Mutter-Verbindung mit Klemmteil und Gewindebolzen wird zum Beispiel als Transformatoranschluss verwendet. Häufig werden dabei Kabelschuhe zwischen zwei Muttern verspannt (Abb. 4.68).

Der Strom kommutiert in diesem Fall vom Kabelschuh R_{M1} über gegebenenfalls die Fügelemente Scheibe und Mutter auf den Gewindebolzen $R_{K1\,...\,n}$. Die Fügelemente sind damit stromdurchflossen und müssen eine möglichst geringen elektrischen Widerstand $R_{M,FE,1\,...\,n}$ haben. Praktisch wird deshalb häufig Messing oder technisch reines Kupfer wie z. B. Cu-ETP eingesetzt. Gleichzeitig muss die Klemm- und damit die Kontaktkraft über die geforderte Betriebsdauer bei maximal zulässiger Temperatur aufrechterhalten werden. Der elektrische Kontakt zwischen Scheibe und Kabelschuh sowie Scheibe und Mutter ist durch den Zustand der Kontaktflächen und der wirksamen mechanischen Spannung ab-

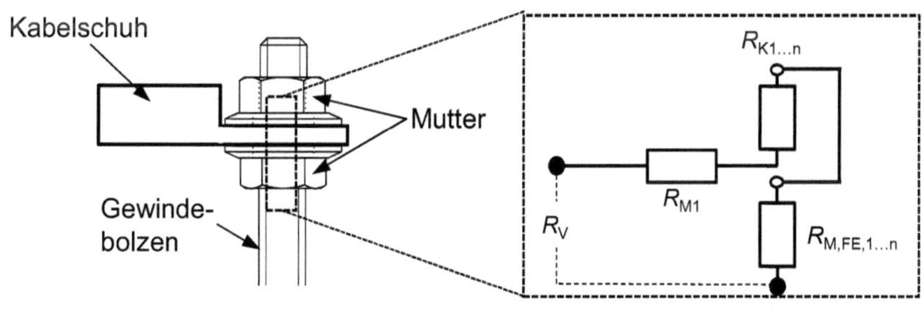

R_{M1}…	Materialwiderstands des Kabelschuhs
$R_{K1...n}$…	Kontaktwiderstände zwischen Kabelschuh und Scheibe, Scheibe und Mutter sowie Mutter und Gewindebolzen
$R_{M,FE,1...n}$…	Materialwiderstand der Fügelemente

Abb. 4.68 Aufbau einer Mutter-Verbindung mit Klemmteil und Gewindebolzen

hängig (siehe Abschnitt Schraube-Mutter Verbindung). Zwischen Mutter und Gewindebolzen muss ein niedriger Kontaktwiderstand über die Gewindegänge erreicht werden. Durch die Relativbewegung beim Fügen werden Teile der Fremdschichten aufgebrochen, eine Vorbehandlung ist dennoch zu empfehlen, um Schmutz und dickere Oxidschichten zu entfernen. Dass sehr niedrige Kontaktwiderstände möglich sind, konnte in Versuchen an Schraube-Mutter Verbindungen mit isolierten Klemmteilen gezeigt werden (Abb. 4.67). Weiterhin ist bei dieser Konstruktion auf die häufig kurze freie Dehnlänge des Gewindeteils zwischen Schraube und Mutter aufgrund der geringen Höhe des Klemmteils/Leiters hinzuweisen. Durch die daraus resultierende harte Federkennlinie können Setz- und Relaxationsprozesse zu einem starken Kraftabbau führen. Es wird deshalb empfohlen zusätzliche Federelemente wie z. B. Spannscheiben einzusetzen.

Klemmverbindungen
Typische Klemmverbindungen, die in der Elektroenergietechnik eingesetzt werden, sind Schalenstrom- und Schaltanlagenklemmen zum Verbinden von Freileitungsseilen, Rundleitern und Rohren aus Aluminium oder Aluminium-Stahl. Sie werden im Freileitungsbau und in Schaltanlagen eingesetzt und sind damit permanent der freien Witterung ausgesetzt. Die Klemmkörper sind Guss- oder Pressteile und bestehen aus Aluminium-Legierungen. Klemmverbindungen gehören zur Gruppe der kraftschlüssigen, lösbaren Verbindungen und sind nicht zugfest. Die Montage erfolgt durch Klemmen der Leiterseile, Rundleiter oder Rohre zwischen zwei Klemmkörpern (Abb. 4.69).

Die über die Schrauben erzeugte Klemmkraft führt zu einer mechanischen Spannung in den Klemmkörpern. Abhängig von der Steifigkeit und den Hebelverhältnissen stellt sich eine Kontaktkraft zwischen den zu verbindenden Leitern und dem Klemmkörper ein. Der Strom kommutiert nicht direkt zwischen den langgestreckten Leitern, sondern von einem Leiter über den Klemmkörper auf den zweiten Leiter. Damit muss der Klemmkörper eine ausreichend mechanische Festigkeit bei möglichst hoher spezifischer elektrischer

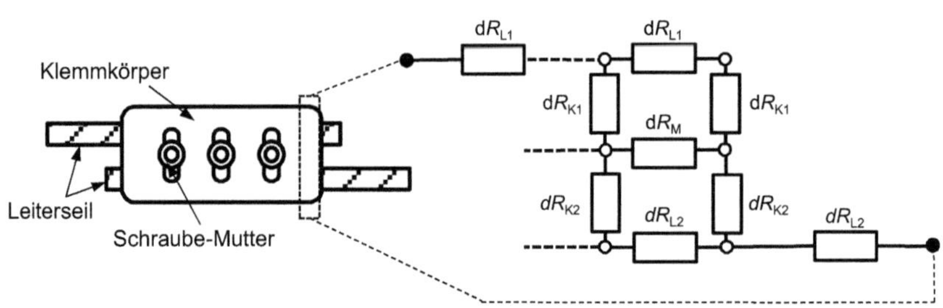

dR_{L1}... Teil des Widerstand Leiterseil 1
dR_{K1}... Teil des Kontaktwiderstands zw. Leiterseil 1 und Klemmkörper
dR_{K2}... Teil des Kontaktwiderstands zw. Leiterseil 2 und Klemmkörper
dR_M... Teil des Materialwiderstands des Klemmkörpers
dR_{L2}... Teil des Widerstand Leiterseil 2

Abb. 4.69 Aufbau einer Klemmverbindung am Beispiel einer Verbindungsklemme

Leitfähigkeit haben. Da häufig mehrdrähtige Leiter eingesetzt werden, ist wie bei der Pressverbindung nicht nur der Kontakt zwischen dem Klemmkörper und dem Leiter entscheidend, sondern insbesondere der Kontakt zwischen den einzelnen Teilleitern, um eine anzustrebende möglichst gleichmäßige Stromdichterverteilung zu erhalten.

Vor der Montage werden die Klemmkörper und die Oberfläche des Leiterseil vorbehandelt (Abschn. 6.6), um das Kontaktverhalten zu verbessern. Häufig wird die Kontaktfläche der Klemmkörper für mehrdrähtige Leiter zusätzlich durch Rillen oberflächenstrukturiert. Dadurch werden beim Fügen Punkt- und Linienkontakte zwischen der Außenlage des Leiters und der Klemmkörper erzeugt. Die Kontaktkraft bei der Montage ist hoch und an der Zugfestigkeit der eingesetzten Schrauben i. d. R. der Schraubengröße M10 oder M12 orientiert. Dies ist notwendig, um durch eine elasto-plastische Verformung großflächige Mikrokontakte zu erzeugen und dünne Oxidschichten aufzubrechen. Führt aber insbesondere beim Leiterwerkstoff Al99,5 lokal zum starken Kaltverfestigen. Durch den Einsatz in Freiluftatmosphäre und dem daraus resultierenden Einfluss der galvanischen Korrosion (Abschn. 5.1.3) werden häufig Edelstahlschrauben und -muttern verwendet, die bei der Montage drehmomentgesteuert angezogen werden. Um Klemmkräfte in einem definierten Bereich zu erhalten, werden die Schrauben i. d. R. mit einem Spezialschmiermittel benetzt, um definierte Reibwerte im Gewinde zu erhalten und ein Fressen zu verhindern. Die Kontaktkraft baut sich beim Klemmen von mehrdrähtigen Leitern in den ersten Stunden bei Betriebstemperatur stark ab, so das nach 1000 h nur noch ca. 20 % und nach 10.000 h nur noch ca. 10 % der Kontaktkraft im Vergleich zum Ausgangszustand nach der Montage vorhanden sind (Abb. 4.70, Abschn. 5.1.1).

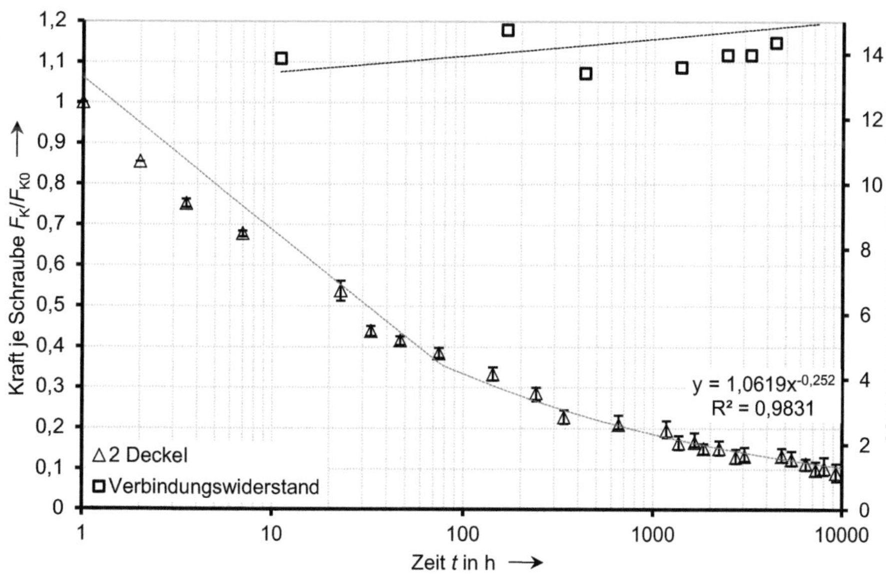

Abb. 4.70 Kraftverlauf der Schrauben einer 2-Deckel Klemmverbindung mit Leiterseilen des Typs Curlew (525-AL1/68-ST1A) bei einer Leitertemperatur von 80 °C

Durch die ausgeprägte Hysterese zwischen dem Verbindungswiderstand und der Kontaktkraft zwischen Leitern aus Aluminium führt der massive Kraftabbau nicht zum Versagen der Verbindung (siehe auch Abb. 5.10). Es wird dadurch aber deutlich, dass keine starken äußeren Kräfte auf die nicht zugfeste Verbindung wirken dürfen, damit es zu keiner Relativbewegung zwischen Leiter und Klemmkörper kommt, die zum starken Anstieg des Verbindungswiderstands führen würde. Der über die häufig eingesetzten Rillen auf der Kontaktfläche entstandene Formschluss zwischen Klemmkörper und Leiter wirkt dabei Relativbewegungen zusätzlich entgegen.

Schraubverbinder für Leiter von Kabeln

Schraubverbinder werden eingesetzt, um Kabel mit Kabeln in Kabelmuffen oder Kabel mit Kabelschuhen zu verbinden. Sie gehören zur Gruppe der dauerhaften kraftformschlüssigen Verbindungen. Mit dieser Verbindungsart können eindrähtige Leiter der Klasse 1, mehrdrähtige Leiter der Klasse 2 und feindrähtige Leiter der Klasse 5 verbunden werden. Der Vorteil von Schraubverbindern gegenüber Pressverbindungen ist, dass mit einem Verbinder mehrere Kabelquerschnitte abgedeckt werden können. Dies kann mit gepressten Verbindungen nicht realisiert werden, da der Leiter-, der Hülsenquerschnitt und die Presseinsätze aufeinander abgestimmt sind.

Beim Schraubverbinder werden nicht abreißende Schrauben oder Abreißschrauben eingesetzt. Nicht abreißende Schrauben werden mit einem vorgegebenen Drehmoment verschraubt. Abreißschrauben benötigen keinen Drehmomentenschlüssel bei der Montage, sondern reißen bei einem definierten Drehmoment ab. Häufig werden mehrstufige Abreißschrauben eingesetzt (Abb. 4.71).

Diese haben im Gewinde Sollbruchstellen, die bei einem bestimmten Drehmoment abscheren. Über das Drehmoment wird dabei eine Kontaktkraft zwischen Hülse und Lei-

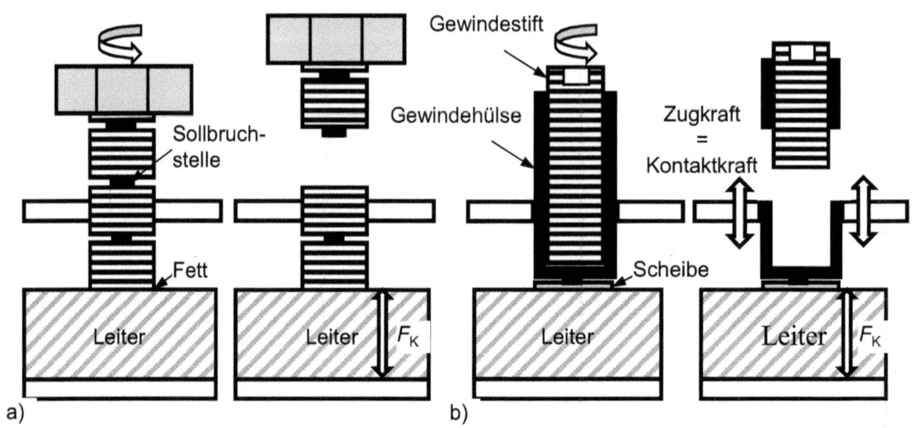

Abb. 4.71 Funktionsprinzip **a**) Abreißschraube mit gestuften Sollbruchstellen, **b**) stufenlose Abreißschraube (schematisch)

ter aufgebaut. Die Reibung zwischen Schraube und Leiter wird durch ein Fett und im Gewinde durch die Werkstoffkombination aus Schraube sowie Verbinderkörper eingestellt (Abb. 4.50a). Durch die mehreren Sollbruchstellen, können Leiter mit unterschiedlicher Höhe/Querschnitt gefügt werden. Eine weitere Ausführungsform sind Schraubenverbinder mit Abreißschrauben, die aus einem Gewindestifte mit einer Gewindehülse und einer Druckscheibe am Schraubenende bestehen (Abb. 4.50b). Beim Fügen wird der Gewindestift in die Gewindehülse gedreht, bis dieser den Boden der Hülse erreicht. Anschließend drehen sich Hülse und Gewindestift weiter. Dabei löst sich die Scheibe am Boden der Hülse und liegt auf der Leiteroberfläche auf. Damit findet eine Relativbewegung nur zwischen Hülse und Scheibe statt, der Reibwert kann wie mit dem Fett bei der mehrstufigen Abreißschraube definiert eingestellt werden. Im Gewindestift und der Gewindehülse baut sich eine Zugkraft auf, die der Kontaktkraft entspricht. Wird eine daraus resultierende zulässige Zugspannung im Gewindestift- und der -hülse überschritten, reißen diese ab.

In der Praxis finden beide Funktionsprinzipien Anwendung (Abb. 4.50). Vorteil beider Varianten ist, dass eine Montage auch von Monteuren ohne Spezialwissen erfolgen kann und kein spezielles Werkzeug wie ein Drehmomentschlüssel erforderlich ist.

Wie auch bei den anderen Verbindungsarten ist es das Ziel, bei der Montage eine definierte Kontaktkraft und damit ein Kontaktwiderstand mit einem niedrigen Wert einzustellen. Zudem darf während des Fügeprozesses der eingesetzte Leiter nicht beschädigt werden. Das eingesetzte Fett oder die Scheibe sollen also auch verhindern, dass einzelne Teilleiter bei mehrdrähtigen Leitern während des Fügens beschädigt werden. Gute elektrische Kontakte werden nur im Bereich der Schrauben erzeugt, wo der Leiter gegen den Verbinderkörper geklemmt und elastoplastisch verformt wird. Es werden i. d. R. mehrere Schrauben eingesetzt. Damit entstehen parallele Strompfade innerhalb der Verbindung (Abb. 4.72). Es kann näherungsweise das elektrische Ersatzschaltbild zwei linienhafter Leiter angesetzt werden (Abb. 4.29, Seite 64). Um das Kontaktverhalten zu verbessern, werden die Verbinderkörper innen quer- oder längsgerillt, sodass zwischen Leiter und

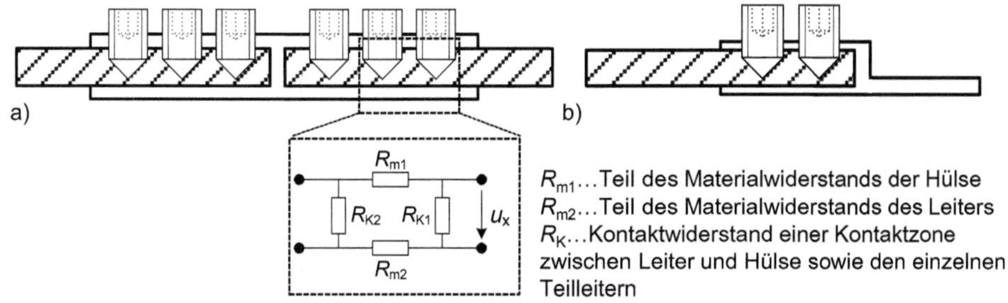

Abb. 4.72 Ausführungsformen (schematisch – Schrauben sollen den Leiter nicht beschädigen) **a**) Längsverbinder für Kabel und **b**) Schraubkabelschuh sowie vereinfachtes elektrisches Ersatzschaltbild nach Abb. 4.29

Hülse Linien- oder Punktkontakte entstehen. Die Oberflächen des Verbinderkörpers sind galvanisch verzinnt und in einigen Anwendungen galvanisch versilbert, um das Kontaktverhalten zusätzlich zu verbessern. Zudem wird Fett in die Hülse eingebracht, um den Einfluss der Oxidation nach dem Fügen im Betrieb zu verringern, in dem eine gewisse Gasdichtheit angestrebt wird. In Versuchen konnte festgestellt werden, dass ein gutes Kontaktverhalten nach der Montage zu Gütefaktoren von $k_{u0} \approx 0{,}8 \ldots 0{,}9$ führt.

Schraubverbinder werden elektrisch und mechanisch nach der IEC 61238-1 geprüft (Abschn. 7.2). Schraubverbinder werden auch für Milliken-Leiter mit großen Querschnitten über 1200 mm^2 eingesetzt. Sonderlösungen dafür werden von einigen Herstellern angeboten [70–72].

4.5.2 Pressverbindungen

Die prinzipiellen Wirkungsweisen zwischen dem mechanischen und dem elektrischen Kontaktverhalten sind bei Pressverbindungen analog zu anderen stromführenden Verbindungsarten mit Flächenkontakten (z. B. Abb. 4.53). Dieses Verhalten bei Pressverbindungen nachzuweisen war bisher nur indirekt möglich. So konnte bei Sechskant-Pressverbindungen ein Zusammenhang zwischen einem höheren Kompressionsfaktor bzw. höherem Passungsfaktor sowie höheren Kontaktkräften während des Fügens als auch höheren bleibenden Kontaktkräften in FEM-Berechnungen festgestellt werden (Abb. 4.14) [11]. Bei stromführenden Verbindungen mit zylindrischen Leitern wurden gleichermaßen bei höheren Übermaßen $ü$ höhere Kontaktkräfte berechnet [36]. In beiden Fällen war das elektrische Kontaktverhalten stromführender Verbindungen mit hohem Kompressionsfaktor bzw. hohem Übermaß besser (Abb. 4.73) [11, 36].

Das Aufbringen hoher Kontaktkräfte $F_{\mathrm{K\,press}}$ während des Fügens führt nicht nur zu einer größeren plastischen Verformung der Kontaktpartner, und damit zu einer größeren scheinbaren Kontaktfläche, sondern auch zu größeren mechanisch tragenden Flächen. Damit erhöhen sich auch die wahre metallische Kontaktfläche und entsprechend die Anzahl größerer Mikrokontakte (Abb. 4.74) [11]. Weiterhin beruht die elektrische Funktion von Pressverbindungen auf den nach dem Pressvorgang verbleibenden Kontaktkräften an den individuellen Ersatzflächen. Die bleibenden Kontaktkräfte stellen die Integrität der Mikrokontakte insbesondere im Langzeitverhalten sicher. Die bleibende Kontaktkraft in Pressverbindungen stellt sich durch das elastische Rückfedern der Kontaktpartner ein (Abschn. 4.2.2). Eine höhere aufgebrachte Kontaktkraft während des Fügens führt in der Regel zu höheren bleibenden Kontaktkräften. Beispielsweise begünstigt die in die Werkstoffe der Kontaktpartner eingebrachte Kaltverfestigung das elastische Rückfedern der Kontaktpartner. Weiterhin sind bei den bekannten Pressverfahren die axiale Dehnung der Kontaktpartner in der Regel hoch. Die damit verbundenen Schubspannungen begünstigen zum Beispiel das Aufreißen des spröden Aluminiumoxids Al_2O_3 [78]. Sie können aber auch zum Aufreißen der Beschichtung auf den Kontaktpartnern führen [36].

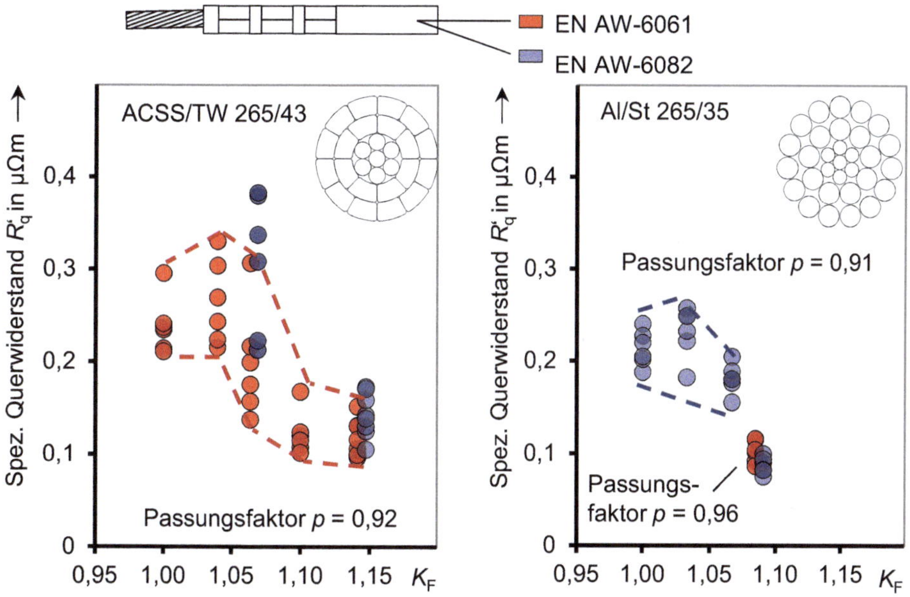

Abb. 4.73 Beispiel spezifischer Querwiderstand von Pressverbindungen mit zwei Leiterseilen abhängig vom Kompressionsfaktor K_F und dem Werkstoff der Presshülse

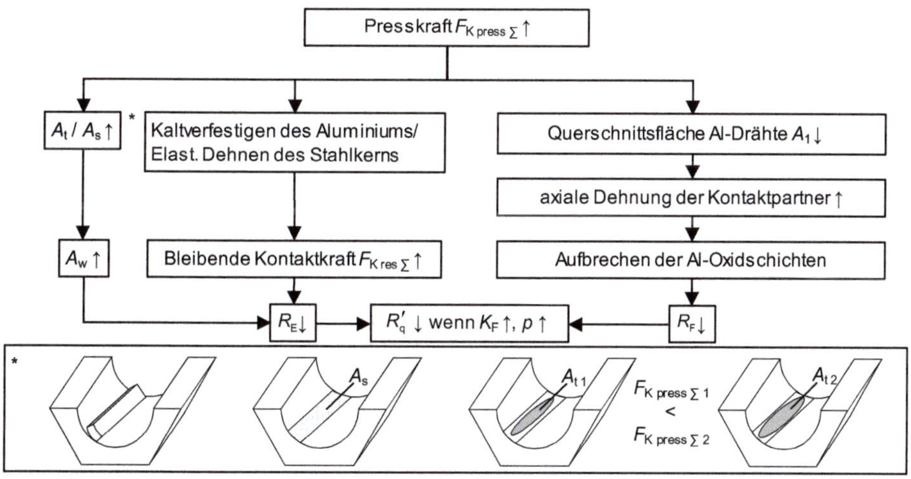

Abb. 4.74 Kraftwirkung in Pressverbindungen; Zusammenhänge zwischen mechanischem und elektrischem Kontaktverhalten

Die Erwärmung von Pressverbindungen wird zweckmäßigerweise mit der Wärmenetzmethode berechnet (Vgl. Abschn. 4.5.1). Die in diesen Verbindungen entstehenden Verlustleistungen werden dabei insbesondere von den Materialwiderständen der Kontaktpartner und nicht vom Kontaktwiderstand bestimmt. Weiterhin wird die Erwärmung von Pressverbindung maßgeblich durch das thermische Gesamtsystem bestimmt. So haben

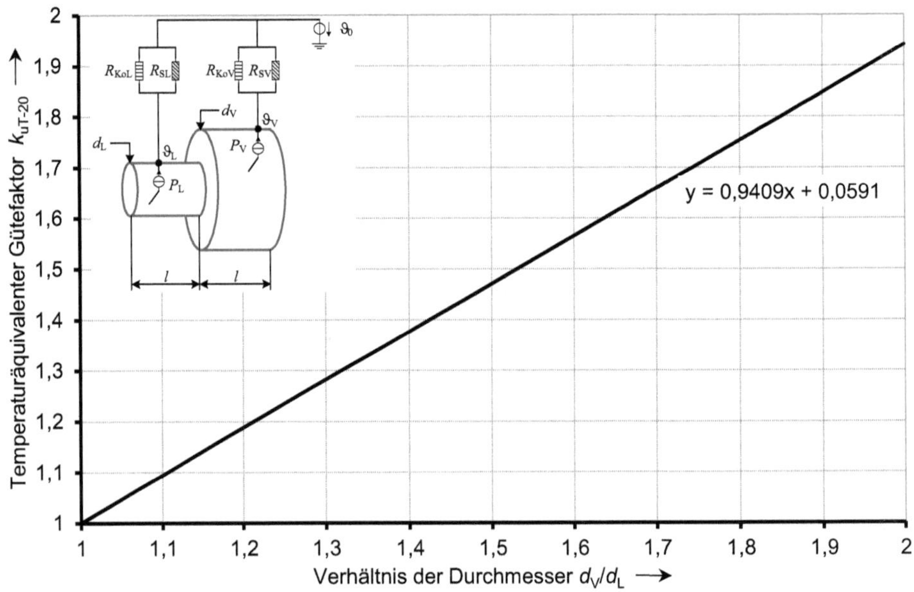

Abb. 4.75 Temperaturäquivalenter Gütefaktor $k_{uT\text{-}20}$ abhängig vom Querschnittsverhältnis d_V/d_L für annähernd rotationssymmetrische Leiter und Verbindungen nach [10]

z. B. die Oberfläche der Verbindung selbst sowie die Art und der Querschnitt der zu verbindenden Leiter einen wesentlichen Einfluss auf die insgesamt abgegebene Wärmeleistung. Durch eine adäquate thermische Dimensionierung stromführender Pressverbindungen kann ein schlechtes Kontaktverhalten z. T. ausgeglichen werden. Oft ist für die Praxis ausschlaggebend, dass die Verbindung sich nicht stärker erwärmt als der Leiter (Abschn. 6.3.4). Der dafür maximal zulässige temperaturäquivalente Gütefaktor $k_{uT\text{-}20}$ kann für eine koaxiale Zylinderanordnung allgemein berechnet werden (Abb. 4.75).

4.5.3 Steckverbindungen

Steckverbindungen werden in verschiedenen Ausführungsformen eingesetzt (Kap. 2). Im Allgemeinen werden zwei Leiter durch die Steckverbindung miteinander verbunden, sodass Relativbewegungen während des Betriebs möglich sind. Die Anschlussleiter werden durch einen elektrischen Kontakt jeweils an die Buchse und den Stecker angeschlossen. Zwischen Buchse und Stecker entsteht ein Steck- oder Gleitkontakt. Gegebenenfalls wird zusätzlich ein Kontaktelement eingesetzt. Dadurch müssen mehre Widerstandsanteile berücksichtigt werden, die in Summe den Verbindungswiderstand der gesamten Steckverbindung zwischen den Anschlussleitern ergibt (Abb. 4.76). Im Folgenden wird der Steck- bzw. Gleitkontakt betrachtet, da der Kontakt zu den Anschlussleitern durch andere Verbindungsarten, die geschraubt, gepresst, geschweißt oder stoffschlüssig ausgeführt sind, realisiert wird (Abschn. 4.5.1 und 4.5.2).

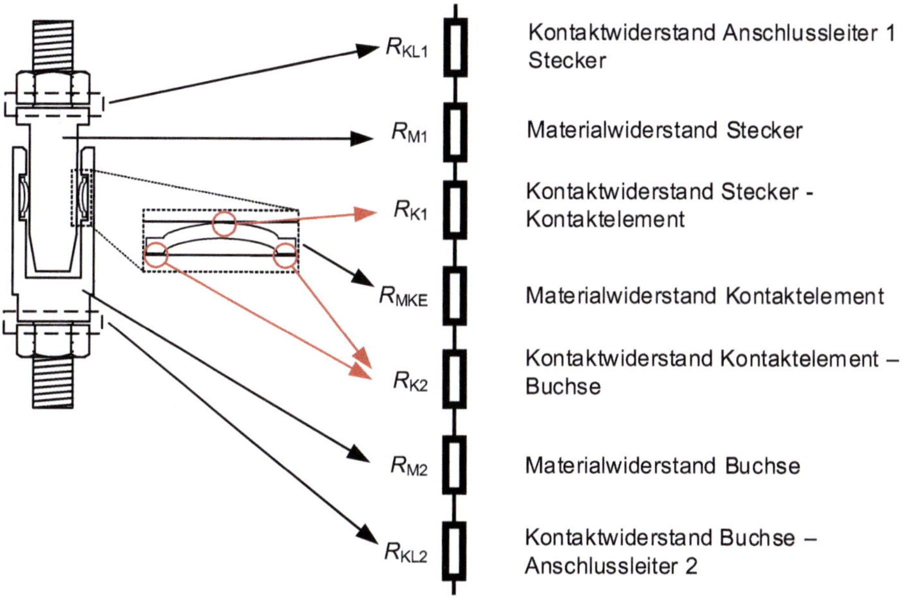

Abb. 4.76 Elektrisches Ersatzschaltbild der Komponenten einer Steckverbindung mit Kontaktelement (bespielhaft)

Bei Steckverbindungen kann die Federkennlinie der verwendeten Federelemente numerisch, analytisch oder experimentell bestimmt werden. Die analytische Berechnung ist nur für sehr einfache Geometrien, wie zum Beispiel bei einer axial belasteten Schraubenfeder möglich. Bei radial belasteten Schraubenfedern muss der Zusammenhang zwischen Einfederung und Kontaktkraft numerisch berechnet werden [73]. Abhängig von der Kontaktkraft, der Beschichtung und der Kontaktgeometrie entstehen Kontakte, die vereinfacht als Punkt- oder Linienkontakte betrachtet werden können.

Die Größe der Kontaktfläche einer Steckverbindung ist vor allem vom eingesetzten Kontakt- bzw. Beschichtungswerkstoff und der Kontaktkraft abhängig. Unter Annahme einer plastischen Verformung der Kontakte (Gl. (4.21)) kann anhand der Kontakthärte die ungefähre Größe der Kontaktfläche berechnet werden. Für häufig verwendete Kontaktwerkstoffe ist dies in Abb. 4.77 dargestellt.

Da die Kontakthärte vom Zustand des Kontaktwerkstoffs abhängig ist, kann nur ein Bereich für die zu erwartende Größe der Kontaktfläche angegeben werden. Relativ weiches Zinn bildet die größte Kontaktfläche. Nickel ist hart, was bei gleicher Kontaktkraft zu einer kleineren Kontaktfläche führt. Die Kontakthärte von Silber ist geringer als die von Kupfer, wodurch größere Kontaktflächen entstehen. Wenn der Kontakt frei von Fremdschichten ist, ergibt sich zur Größe der Kontaktfläche ein zugehöriger elektrischer Widerstand der Engestelle (4.4). Je größer die Kontaktfläche ist und je hoher die elektrische Leitfähigkeit der Kontaktwerkstoffe ist, umso geringer ist der Engwiderstand (Abb. 4.78). Silber erzeugt Kontaktpunkte mit dem niedrigsten Engewiderstand, da es vergleichsweise

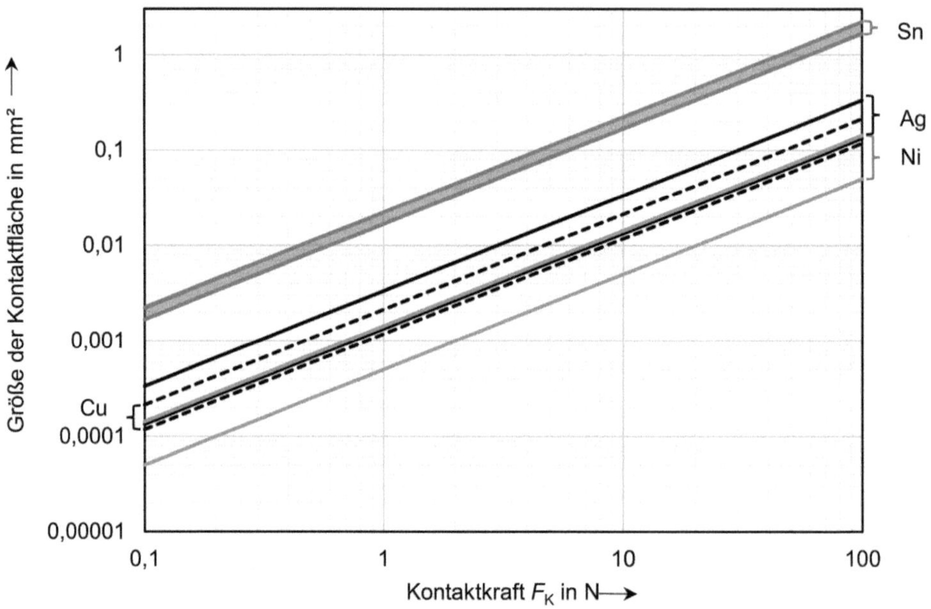

Abb. 4.77 Größe der Kontaktfläche eines Punktkontaktes unter Annahme plastischer Verformung abhängig von der Kontaktkraft

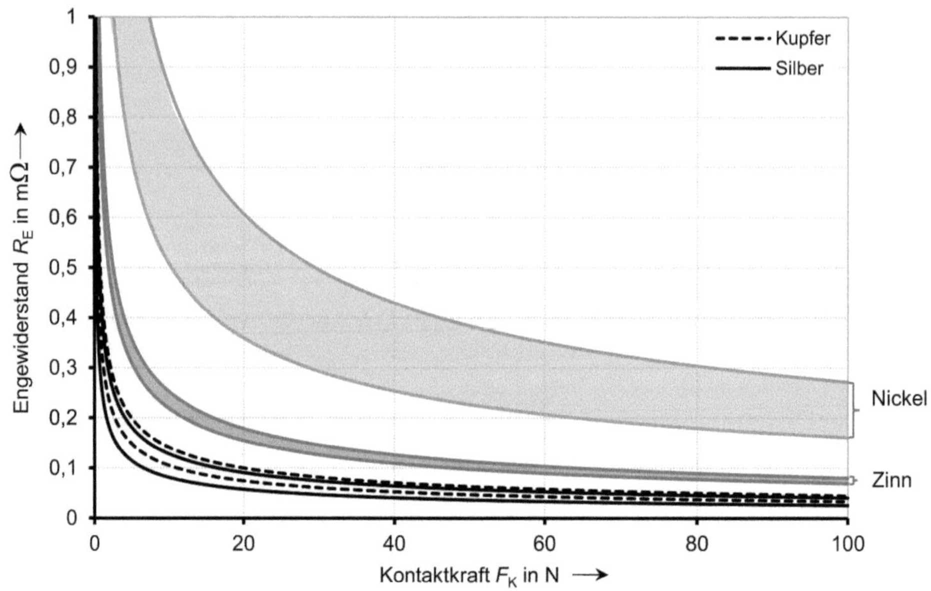

Abb. 4.78 Elektrischer Engewiderstand eines fremdschichtfreien, plastisch verformten Punktkontakts abhängig von der Kontaktkraft bei einer Temperatur von 20 °C

weich ist und die höchste elektrische Leitfähigkeit der zur Beschichtung von Leitern von Verbindungen eingesetzten Metalle hat. Zinn bildet zwar im Vergleich zu Silber größere Kontaktflächen, hat aber nur 13,4 % von dessen elektrischer Leitfähigkeit. Der elektrische

Engewiderstand von Verbindungen mit verzinnten Kontaktpartnern ist daher deutlich höher als der bei Kontakten mit versilberten Kontaktpartnern. Bei realen Kontakten tritt zusätzlich durch Fremdschichten ein Fremdschichtwiderstand auf, sodass der messbare Kontaktwiderstand höher als der Engwiderstand ist. Die dargestellten Werte gelten daher nur für fremdschichtfreie Kontakte. Selbst dünne Fremdschichten können den Kontaktwiderstand signifikant über den Engwiderstand hinaus erhöhen.

Nach dem Wiedemann-Franz Gesetz sind gute elektrische Leiter auch gute thermische Leiter. Unter der Annahme, dass ein Wärmetransport nur über Wärmeleitung erfolgt, kann aus dem Engewiderstand der thermische Kontaktwiderstand berechnet werden (Abb. 4.79). Messungen zeigen, dass der thermische Kontaktwiderstand durch zusätzliche Wärmetransportpfade über Fremdschichten und luftgefüllte Spalte immer niedriger ist als der aus dem Engwiderstand errechnete Wert. Je größer der Anteil der Fremdschichten ist, desto größer ist die Abweichung (Abschn. 4.4.1).

Der maximal zulässige Belastungsstrom hängt von der Temperatur im Kontakt ab und kann abhängig von der Belastungsdauer für unterschiedliche Randbedingungen und Annahmen berechnet werden (Abb. 4.80). Die Temperatur hat dabei einen unmittelbaren Einfluss auf die Alterung des Kontakts (siehe auch Abschn. 5.1).

Bei Dauer- bzw. Wechsellast altern Steckverbindungen durch fünf bekannte Alterungsmechanismen (Abschn. 5.1), wobei ein Einfluss von Elektromigration bei realen Steckverbindungen bisher nicht festgestellt wurde. Bei kurzen, hohen Strombelastungen im Sekunden-Bereich und darunter kann die Temperaturüberhöhung im Kontakt bzw. im Federelement zu einer thermisch induzierten Schädigung führen. Bei Belastungszeiten länger als circa 50 ms kann Kraftabbau durch Spannungsrelaxation und Blasenbildung in der Beschichtung auftreten. Kürzere Belastungszeiten als 50 ms führen meist nicht zu

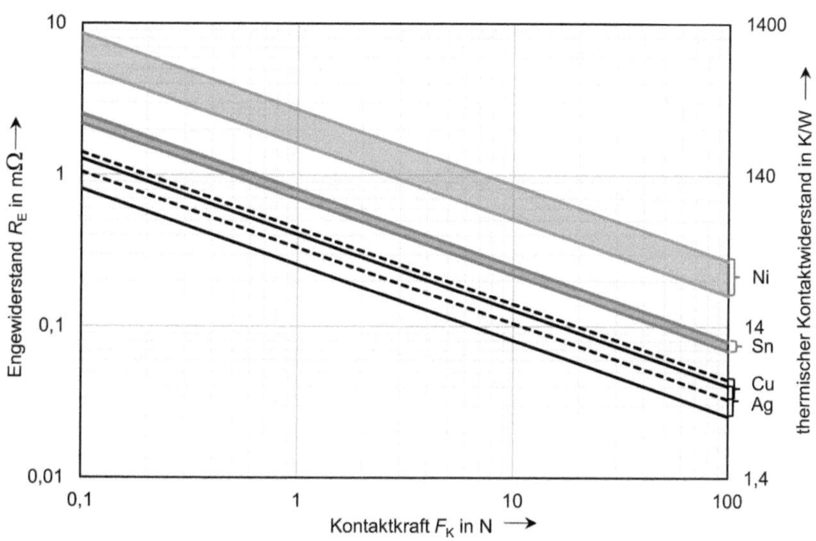

Abb. 4.79 Engwiderstand und nach dem Wiedemann-Franz-Gesetz berechneter thermischer Kontaktwiderstand eines fremdschichtfreien, plastisch verformten Punktkontakts abhängig von der Kontaktkraft bei einer Temperatur von 20 °C (Konvektion und Strahlung vernachlässigt)

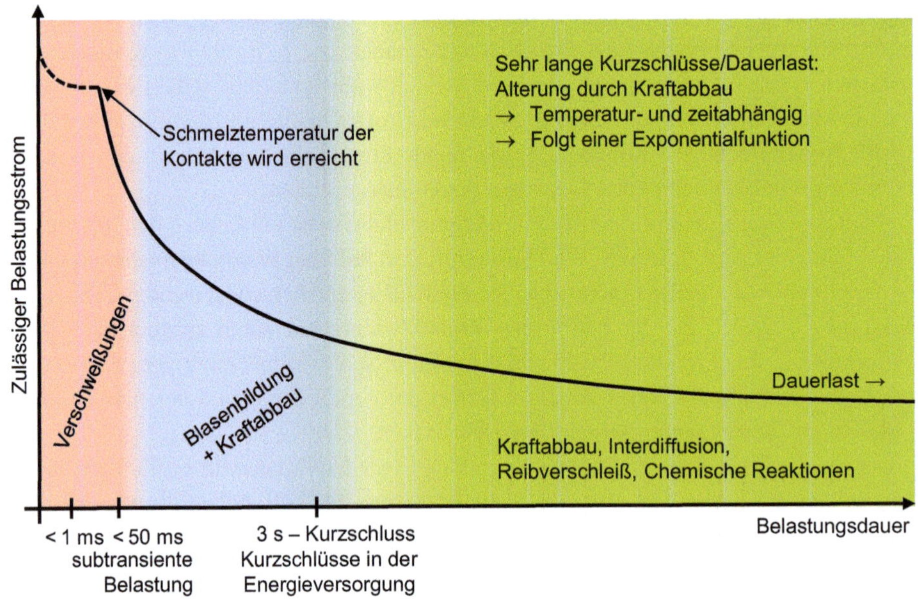

Abb. 4.80 Zulässiger Belastungsstrom abhängig von der Belastungsdauer am Beispiel eines versilberten Steckkontaktes, nach [76, 77]

einer signifikanten Erwärmung des gesamten Feder- bzw. Kontaktelements aufgrund der thermischen Trägheit. Es erwärmen sich hauptsächlich die Mikrokontakte, die durch den Wärmeeintrag Verschweißen oder Anhaften können. Da die Mikrokontakte eine thermische Zeitkonstante im Mikrosekunden-Bereich haben, erhöht sich der Schweißgrenzstrom im Bereich kleiner 50 ms bis circa 1 ms nur wenig. Bei deutlich kürzeren Belastungszeiten als 1 ms kann die thermische Trägheit der Mikrokontakte ausgenutzt werden und der Schweißgrenzstrom erhöht sich. Der Grund dafür ist, dass die Belastungszeit nicht ausreicht, um die Wärmekapazität der Mikrokontakte vollständig zu füllen [75, 85].

4.5.3.1 Dauerbelastung mit freier Konvektion und Zwangskühlung

Genau wie für den einzelnen Kontaktpunkt in Abschn. 4.4.2 diskutiert, bildet sich im Kontakt einer Steckverbindung bei Strombelastung ein elektrisches Strömungsfeld aus. Das führt zu Stromwärmeverlusten, wobei die Verlustleistungsdichte im Kontaktelement und den Kontakten am größten ist, da wenig stromführender Querschnitt zur Verfügung steht (Abb. 4.81). Eine direkte Wärmeabgabe an der Oberfläche des Kontaktelements durch Strahlung und Konvektion findet durch die gekapselte Bauweise nur in geringem Maß statt. Deshalb werden die Stromwärmeverluste aus dem Kontaktelement nahezu vollständig durch Wärmeleitung über die Kontakte in die Leiter abgeführt, dort verteilt und an den äußeren Oberflächen der Leiter durch Strahlung und Konvektion an die Umgebung abgegeben (vgl. Konzept der thermischen Ortskonstante in [5]).

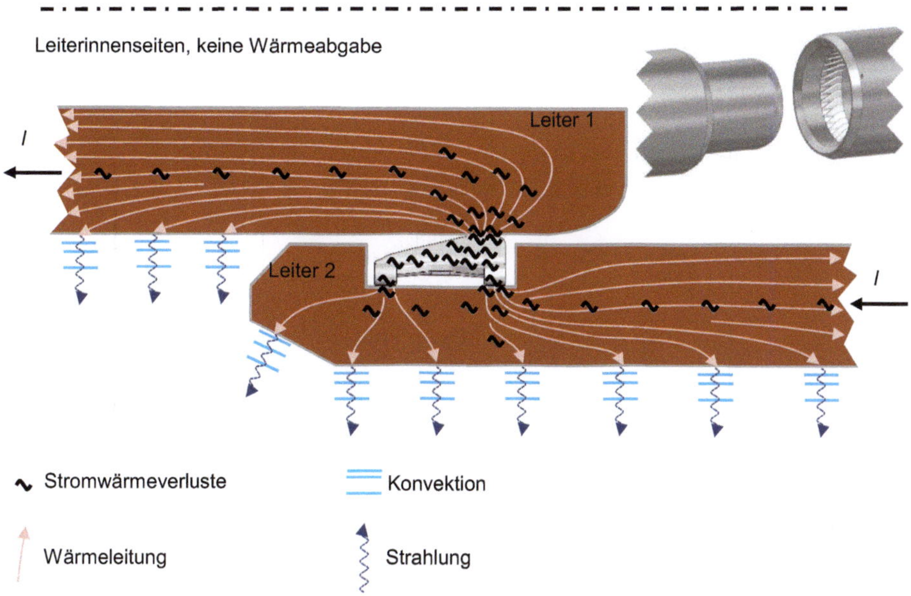

Abb. 4.81 Wärmefluss in einer Steckverbindung bei Dauerlast

Versuche an Steckverbindungen bei Hochstrombelastung mit Silber-Silber-Kontakten zeigen, dass die in Abschn. 4.4.2 diskutierte Temperatur-Spannungs-Beziehung für den „Innenbereich" der Steckverbindung inklusive Kontaktelement anwendbar ist [50]. Die Temperaturdifferenz zwischen dem Kontaktelement und der Oberfläche des Leiters ist für Dauerbetriebsströme sehr klein und beträgt bei freier Konvektion bis zu 3 K. Durch eine Zwangskühlung der Leiter z. B. durch Wasser kann die Stromtragfähigkeit bei gleichem Leiterquerschnitt deutlich erhöht werden [50]. Die größeren Verlustleistungsdichten und Wärmeströme führen zu Temperaturdifferenzen bis zu 20 K. Allgemein kann aufgrund der geringen Temperaturdifferenzen in der Steckverbindung die leicht messbare Leitertemperatur als Kriterium für die Langzeitstabilität im Dauerbetrieb mit freier Konvektion verwendet werden.

4.5.3.2 Kurzzeitbelastung mit Gleich- und Wechselstrom

Bei Steckverbindungen entsteht in den Anschlussleitern die geringste und in den Kontakten die höchste Verlustleistungsdichte. Die entstehende Wärmeleistung wird bei kurzzeitiger Belastung in der großen Wärmekapazität der Anschlussleiter und in den kleineren Wärmekapazitäten der Kontaktelemente und Kontakte gespeichert. Ein Teil der Leistung wird durch Wärmeleitung aus den Bereichen hoher Verlustleistungsdichte in den umgebenden Leiter abgeführt (Abb. 4.82). Durch kurzzeitige Strombelastung erwärmen sich Steckverbindungen inhomogen. Aufgrund des kleinen stromführenden Querschnitts im Bereich der Kontaktelemente und der daraus resultierenden hohen Stromdichten ist die kurzzeitige Belastung, beispielsweise bei hohen Kurzschlussströmen, besonders zu beachten.

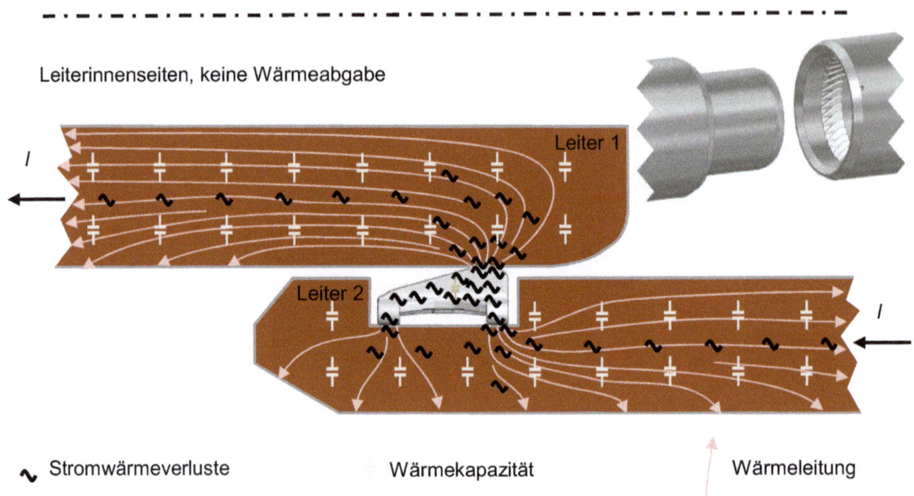

Abb. 4.82 Wärmefluss in einer Steckverbindung bei Kurzzeitbelastung

Der Kurzschlussstrom führt zu einer Erwärmung der Steckverbindung. Je höher der Kurzschlussstrom ist und je länger der Kurzschluss dauert desto höher ist die maximale Temperatur in der Steckverbindung (Abb. 4.83). Je höher die elektrischen und thermischen Leitfähigkeiten von Stecker und Buchse sind, desto höher ist auch die Stromtragfähigkeit bei Belastung der Steckverbindung mit einem Kurzschlussstrom. Hersteller von Kontaktelementen geben deshalb bei Einsatz von Aluminium statt Kupfer als Grundmaterial Reduktionsfaktoren für den Kurzschlussstrom von 0,75 und bei Verwendung von Messing statt Kupfer 0,6 an [90].

Die thermische Belastung der Federelemente einer Steckverbindung führt zu einem Kraftabbau. Dieser korreliert mit der maximalen Temperatur während der Strombelastung (Abb. 4.84).

Die Kontaktkraft reduziert sich abhängig von der maximalen Temperatur und der Zeitdauer des Kurzschlusses. Je länger der Kurzschluss dauert und je höher die maximale Temperatur ist, desto höher ist der Kraftabbau. Dieser Mechanismus kann vor allem bei Kurzschlüssen, die deutlich länger als 100 ms dauern, zum Ausfall führen. Neben dem Kraftabbau können auch weitere Schädigungen wirken. Ein Verschweißen der Kontakte findet statt, wenn die Kombination aus Kontakttemperatur, Kontaktkraft und Einwirkdauer so hoch ist, dass ein Stoffschluss stattfindet. Beim Erreichen der Schmelztemperatur der Kontaktwerkstoffe setzt Schmelzschweißen ein. Dies wurde für Punktkontakte bei Belastungsdauern bis zu einigen 10 ms als hauptsächlicher Ausfallmechanismus festgestellt. Neben dem Schmelzschweißen kann auch Diffusions- oder Kaltverschweißen stattfinden. Diese Vorgänge finden bei geringeren Temperaturen, aber längeren Einwirkzeiten statt. Experimente deuten darauf hin, dass diese Vorgänge bei galvanisch versilberten Kontakten möglicherweise bereits bei Belastungszeiten im Bereich von 0,3 s bis zu einigen Sekunden und Temperaturen von (340 … 550) °C einsetzen können [75]. Der zum Verschweißen benötigte Strom wird als Schweißgrenzstrom i_w bezeichnet.

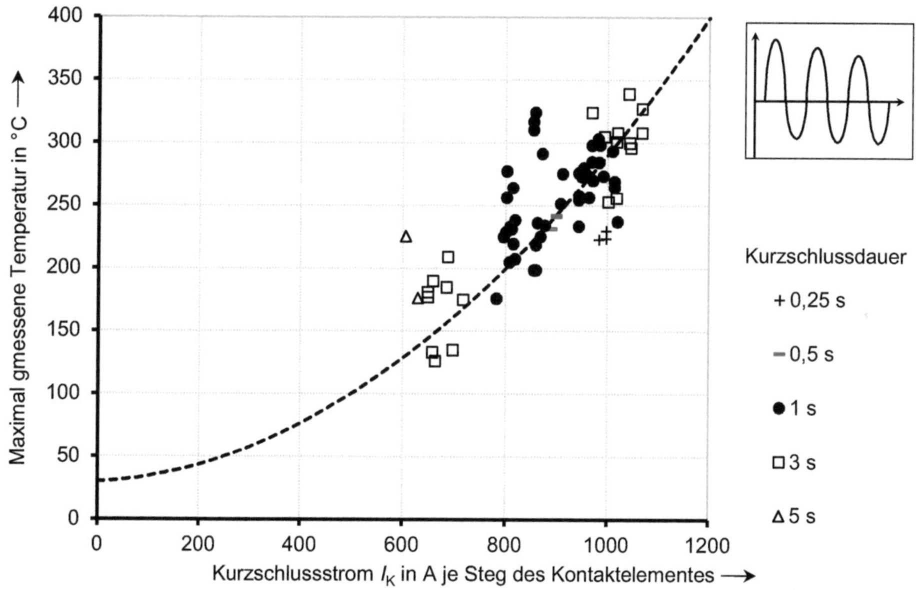

Abb. 4.83 Gemessene Erwärmung einer Steckverbindung mit Kontaktelementen abhängig von der Stromstärke und der Belastungsdauer

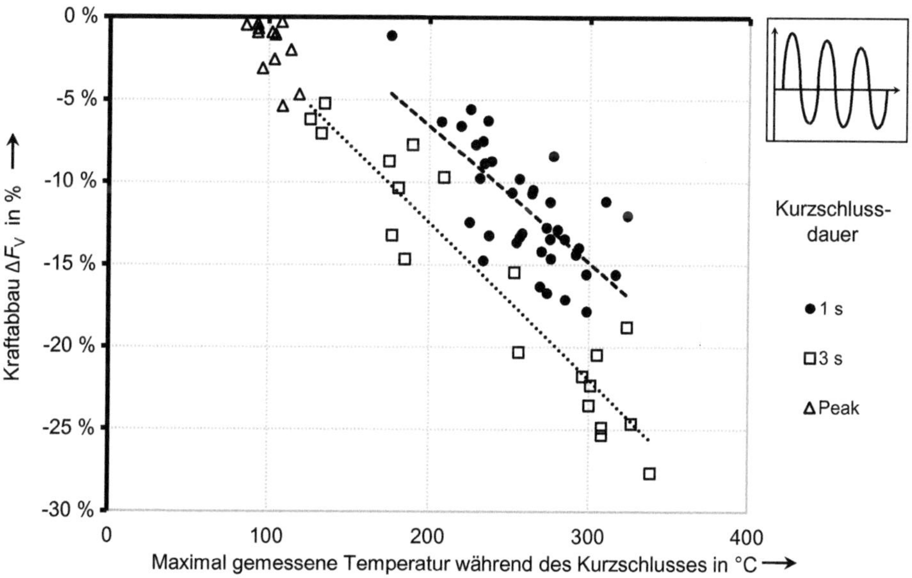

Abb. 4.84 Kraftabbau eines Kontaktelements aus versilbertem Kupfer abhängig von Kurzschlussdauer und maximaler Temperatur

Bei Belastung einer Steckverbindung mit einem Kurzschlussstrom wird die höchste Temperatur in den Leitern die die Kontakte umgeben, meist sind dies Stecker und Buchse, erst kurz nach dem Ende der Strombelastung erreicht. Dies liegt daran, dass die in den Kontakt- und Federelementen entstandene Wärme zum Teil noch in die Anschlussleiter durch Wärmeleitung abgeführt wird. Dies kann anhand des berechneten Verlaufs der Temperatur in Abb. 4.85 gezeigt werden.

Mit einem Berechnungsmodell, kann das Kontaktverhalten während des Kurzschlusses genauer untersucht werden. Die Kontakte zwischen Kontaktelement und Stecker sowie Buchsen erwärmen sich nahezu unverzögert zur Strombelastung, da ihre thermische Zeitkonstante nur wenige Mikrosekunden beträgt. Der Kontaktwiderstand ändert sich bei einem beispielhaften 1-s-Kurzschlussstrom am stärksten nach einer Zeit von (0,12 ... 0,35) s nach Beginn des Kurzschlusses (Abb. 4.86). In dieser Zeit $t = (0{,}12 \ldots 0{,}35)$ s erreicht der Kontakt des bespielhaften Kontaktelements eine Temperatur von ca. (180 … 200) °C, was identisch mit der Entfestigungstemperatur des Kontaktwerkstoffs Silber ist. Nach diesem Vorgang verringert sich der Kontaktwiderstand weiter, da sich die Temperatur des Kontakts weiter erhöht und der Beschichtungswerkstoff weiter entfestigt. Die scheinbare Kontakthärte verringert sich auf 27 % des Anfangswerts und die Kontaktfläche vergrößert sich auf den 3,4-fachen Wert. Der Kontaktwiderstand nimmt auf 54 % des Anfangswerts am Ende des Kurzschlusses ab. Die dargestellten Kontaktwiderstände sind zum besseren Vergleich auf eine Temperatur von 20 °C bezogen. In der Berechnung muss der Kontaktwiderstand auf die jeweilige Maximaltemperatur im Kontakt bezogen werden.

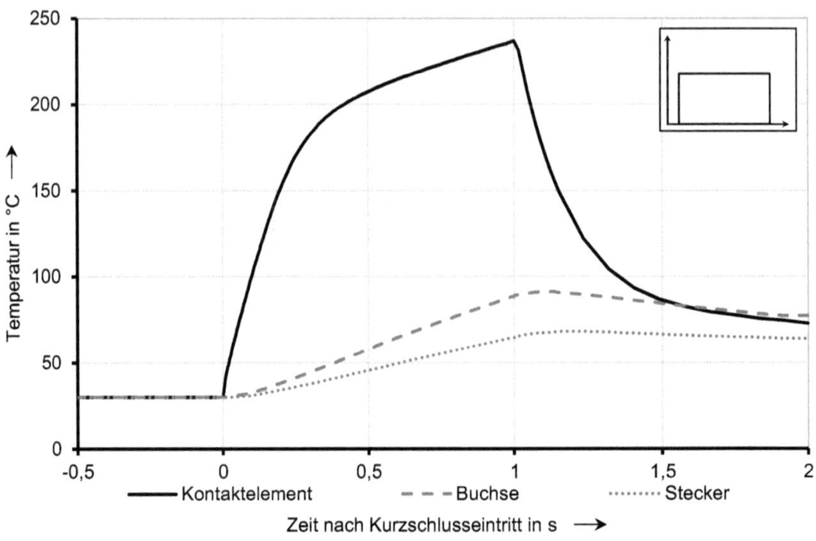

Abb. 4.85 Beispielhafter Temperaturverlauf eines Kontaktelements, des Steckers und der Buchse während eines 1-s-Kurzschlussstroms (DC) bei einer Rundsteckverbindung aus versilbertem Kupfer (alle Kontaktflächen versilbert)

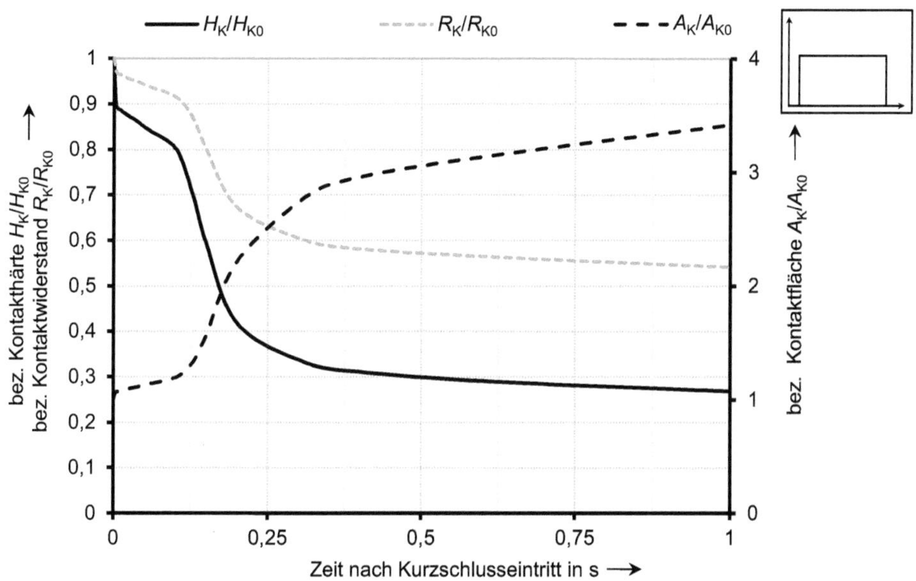

Abb. 4.86 Kontakthärte, -widerstand und -fläche eines Kontaktpunkts für ein Kontaktelement während eines Gleichstrom-Kurzschlusses (Rundsteckverbindung)

Am Ende des Kurzschlusses wird im Beispiel ein Spannungsfall über dem Kontaktelement von $U_{\mathrm{KS\,max}} = |\varphi_{\mathrm{Stecker}} - \varphi_{\mathrm{Buchse}}| = 0{,}124$ V erreicht. Mit der analytischen stationären Lösung nach Gl. (4.54) würde eine Temperatur im Kontakt von 257 °C für diesen Spannungsfall berechnet. Diese Temperatur ist höher als die numerisch berechnete Maximaltemperatur, da $U_{\mathrm{KS\,max}}$ einen Teil des Spannungsfalls über Stecker und Buchse enthält. Da sich Stecker und Buchse nicht im thermisch stationären Zustand befinden, ist die aus dem Spannungsfall für den stationären Endzustand berechnete Temperatur höher als die numerisch berechnete. Bei impulsförmigen Kurzschlussströmen mit einer Dauer von $t_K < 20$ ms nimmt bis zum Erreichen der Entfestigungstemperatur des Silbers der Kontaktwiderstand bezogen auf 20 °C nur geringfügig ab. Der tatsächlich wirksame Engewiderstand unterscheidet sich daher nur geringfügig von dem mit Gl. 4.60 berechneten, bei der keine Widerstandsreduktion berücksichtigt wird. Die Erhöhung des Kontaktwiderstands oberhalb der Entfestigungstemperatur ist für die nummerisch berechneten und gemessenen Werte deutlich geringer als für die analytischen ermittelten, bei denen die temperaturabhängige Widerstandsreduktion nach Gl. 4.60 nicht berücksichtigt wird. Es zeigt sich, dass die Reduktion des Kontaktwiderstands durch Vergrößern der Kontaktfläche der Widerstandserhöhung durch die sich verringernde elektrische Leitfähigkeit des erwärmten Stromengegebiets entgegenwirkt. Der tatsächlich wirksame Kontaktwiderstand erhöht sich rechnerisch um maximal 21 % nahe der Entfestigungstemperatur. Oberhalb der Entfestigungstemperatur verringert sich der Kontaktwiderstand bezogen auf die Maximaltemperatur im Kontakt ungefähr auf den Anfangswert vor dem Kurzschluss R_{K0} (Abb. 4.87).

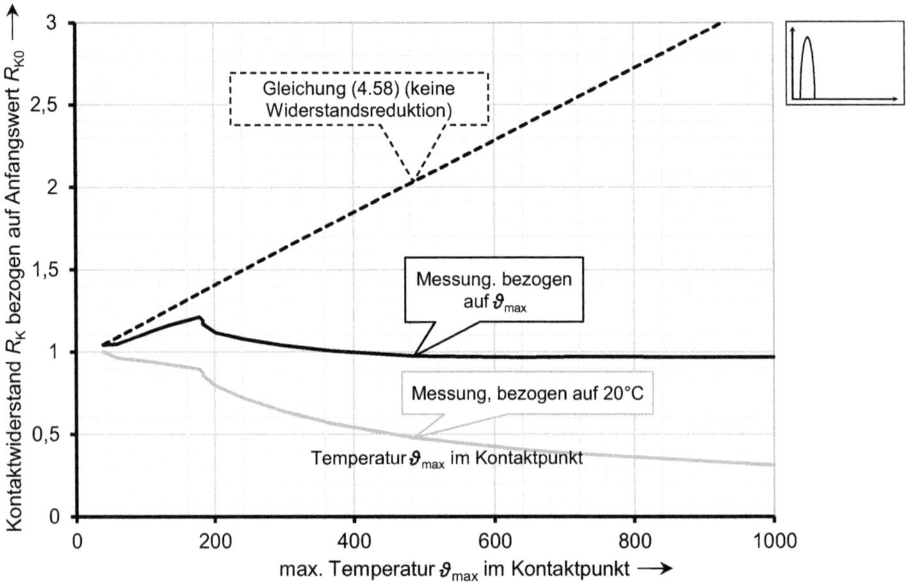

Abb. 4.87 Gemessener Kontaktwiderstand, auf 20 °C bezogen sowie mit Gl. (4.54) bezogen auf die Maximaltemperatur ϑ_{max}, abhängig von der Maximaltemperatur im Kontaktpunkt. $T_1 = T_2 = 293{,}15$ K. Gilt für Impulsförmige Belastung mit $t_K \leq 20$ ms

Bei Kurzschlüssen mit einer Dauer von bis zu 20 ms kann für Steckverbindungen mit $F_K = (5 \ldots 10)$ N in erster Näherung mit einem konstanten, temperaturunabhängigen Kontaktwiderstand gerechnet werden. Bei längeren Kurzschlüssen muss das Hysterese-Verhalten durch die plastische Verformung des Kontaktes und abhängig von der Gestaltung der Verbindung die elektromagnetische Abhebekraft beachtet werden (vgl. [49, 85] und Abschn. 4.2.4.2).

Eine Belastung im Mikro- bis Millisekunden-Bereich ist so kurz, dass sich im Wesentlichen nur die Kontakte erwärmen, deren Zeitkonstanten bei Steckverbindungen ebenfalls im Mikrosekunden-Bereich liegt. Um die Erwärmung der Kontakte im Mikrosekunden-Bereich berechnen zu können, wird im Folgenden nur ein einzelner Punktkontakt betrachtet, da sich der umgebende Kontaktwerkstoff kaum erwärmt. Aufgrund der kurzen Belastungsdauer wird vereinfachend angenommen, dass elektromagnetische Abhebekräfte nicht wirksam sind, da deren anregende Frequenzanteile wesentlich geringer sind als die mechanische Eigenfrequenz des Systems. Versuche bei einer Strombelastung im Mikrosekundenbereich zeigten, dass der Kontaktwiderstand auch durch diese kurze Belastung verringert wird und dass eine Entfestigung der Beschichtung zumindest teilweise einsetzt [75, 85]. Allerdings streut die Widerstandsreduktion zum Teil deutlich höher im Vergleich zu Versuchen mit längerer Stromflussdauer. Ein Vergrößern der Kontaktflächen kann derzeit nicht numerisch modelliert werden, da dies eine gekoppelte mechanisch-elektrisch-thermische Analyse erfordert, für die keine Daten des Werkstoffverhaltens im transienten Zustand bekannt sind. In der folgenden numerischen Berechnung sollen die ablaufenden elektrisch-thermischen Vorgänge im Kontakt veranschaulicht werden, da diese messtechnisch nicht erfasst werden können.

Die Ergebnisse der Berechnung sind daher als qualitative Aussagen zu verstehen, die durch die notwendigen Vereinfachungen gegenüber Versuchen abweichen können. Die betrachtete Kontaktfläche im Model hat eine Größe von $A_K = 0{,}1\ \text{mm}^2$ (Abb. 4.88). Der Engewiderstand des Kontakts entspricht in etwa dem einer Hochstrom-Steckverbindung vor einem Kurzschluss. Es wird die Erwärmung des Kontakts bei rechteckigen- und sinusförmigen Stromimpulsen mit einer Dauer im Bereich von 1 µs bis 10 ms berechnet. Es sind die Ströme angegeben (Abb. 4.90), bei denen die Schmelztemperatur des Kontaktwerkstoffs Silber im Kontakt erreicht wird.

Die Temperaturverteilung im Stromengegebiet und auf der Kontaktfläche ist von der Belastungsdauer abhängig (Abb. 4.89). Die Maximaltemperatur tritt dabei immer am Rand der Kontaktfläche auf. Bei einer Belastungsdauer von 1 µs wird der umgebende Kontaktwerkstoff kaum erwärmt, obwohl der Rand der Kontaktfläche bereits die Schmelztemperatur erreicht hat. Je länger die Belastung dauert, umso stärker erwärmt sich zusätzlich zur Kontaktfläche der umgebende Kontaktwerkstoff, da die erzeugte Verlustleistung durch Wärmeleitung aus dem Kontakt transportiert wird. Die Temperaturverteilung ähnelt dann zunehmend der eines stationär erwärmten Kontakts (vgl. Abschn. 4.1.3).

Bei einem sinusförmigen Belastungsstrom mit einer Dauer von 10 µs tritt die Maximaltemperatur im Kontakt 1,7 µs nach dem Strommaximum auf (Abb. 4.90). Bei einem rechteckförmigen Belastungsstrom tritt dagegen das Temperaturmaximum am Ende der Belastung auf. Der Spitzenwert des Belastungsstroms, der zum Erreichen der Schmelztemperatur von Silber führt, ist bei einer Belastungsdauer von 10 µs und rechteckförmigem Strom um 13,6 % niedriger als bei einem sinusförmigen Strom. Je geringer die Belastungsdauer ist, desto größer ist der Unterschied der numerisch berechneten Schweißgrenzströme i_w zwischen sinus- und rechteckförmigen Strömen [75]. Der Effektivwert des

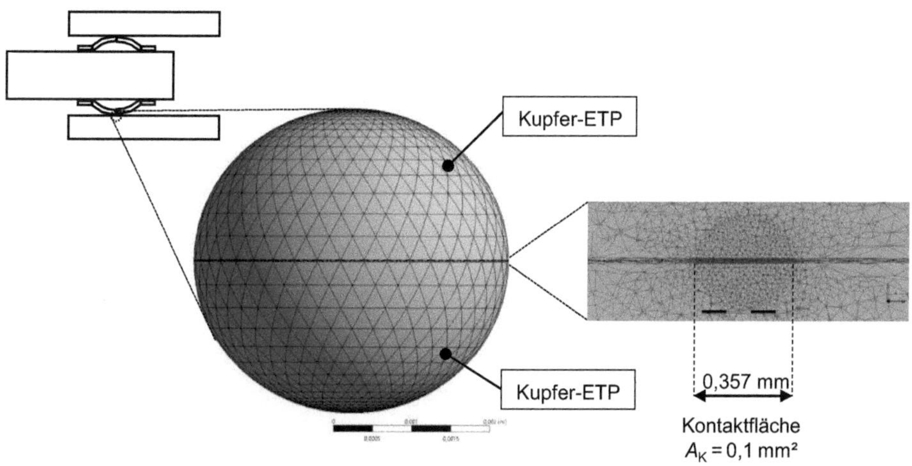

Abb. 4.88 Vernetzte Geometrie für ein transientes elektrisch-thermisches FE-Modell fü einens Punktkontakt mit einem Durchmesser der Halbräume (links) 4 mm

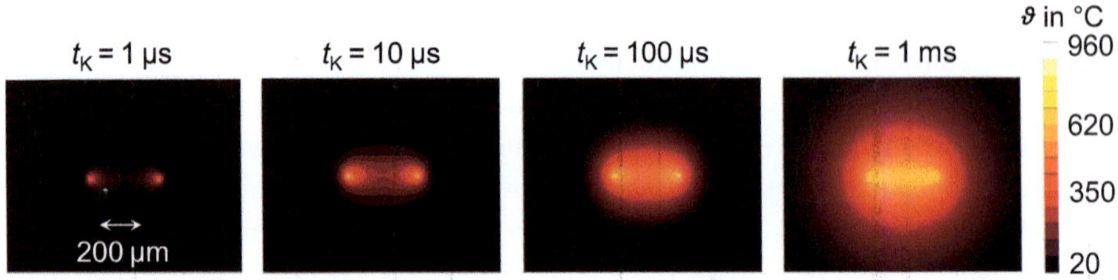

Abb. 4.89 Numerisch berechnete Temperaturverteilung eines Punktkontakts am Ende einer Belastung mit rechteckförmigen Belastungsstrom und einer Stromflussdauern im Bereich von 1 µs bis 1 ms. Die Stromstärke ist jeweils so hoch gewählt, dass zum Ende der Belastung die Schmelztemperatur erreicht wird.

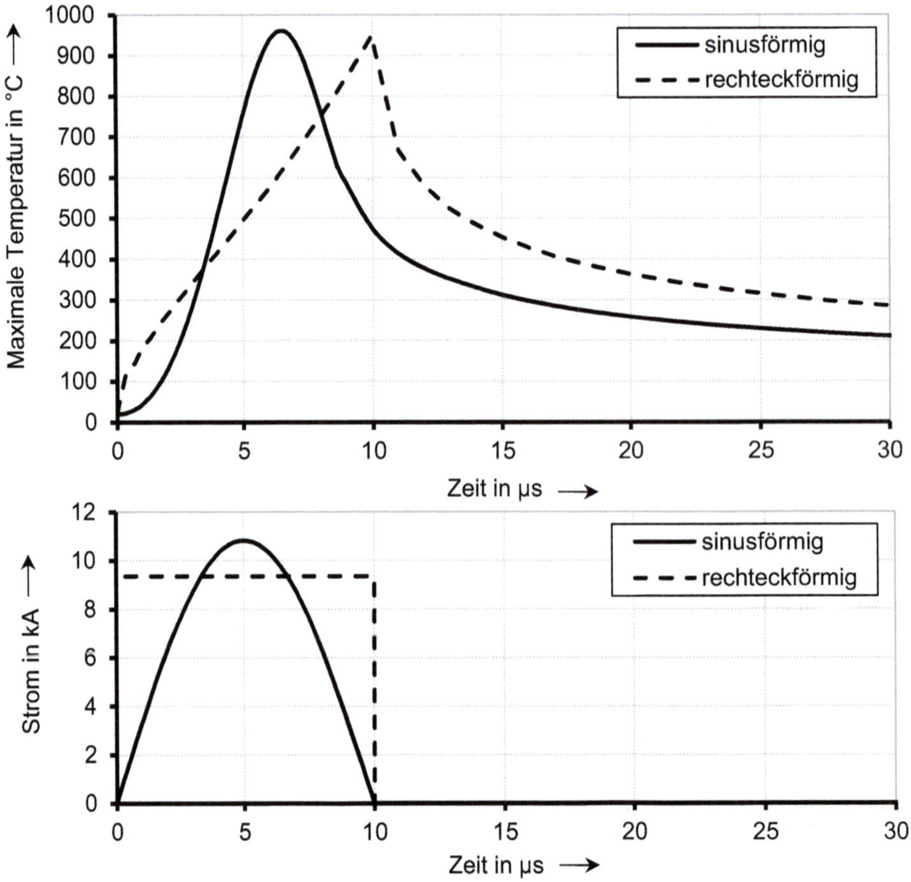

Abb. 4.90 Temperaturverlauf im Kontakt (oben) bei sinus- und rechteckförmigen Strom (unten), der jeweils zum Erreichen der Schmelztemperatur des Kontaktwerkstoffs Silber führt

Schweißgrenzstroms ist rechnerisch bei rechteckförmigen Belastungsstrom höher als bei sinusförmigen Belastungsstrom. Hintergrund ist die thermische Trägheit des Kontaktes, die bei einem rechteckförmigen Belastungsstrom genutzt werden kann. Bei längeren Belastungsdauern kann mehr Wärme aus der Kontaktfläche in das umgebende Stromengegebiet geleitet werden. Dadurch wird der Einfluss der Stromform auf die Erwärmung geringer. Die Erwärmung einer Steckverbindung unterscheidet sich qualitativ und quantitativ abhängig von der Stromform und vor allem von der Belastungsdauer (Tab. 4.22). Bei kurzen Belastungsdauern, beispielsweise einzelnen 50-Hz-Halbwellen und Kondensatorentladungen, werden hauptsächlich die Kontaktpunkte erwärmt. Je länger die Belastung dauert, umso stärker erwärmt sich zusätzlich der Kontaktwerkstoff des Kontaktelements, des Steckers sowie der Buchse. Eine signifikante Erwärmung von Stecker und Buchse tritt typischerweise bei Stromflusszeiten länger als circa 100 ms auf.

Wenn die Grenztemperaturen für die Schädigungsmechanismen (Tab. 4.23) bekannt sind, kann für Kurzschlussdauern von einzelnen 50-Hz-Halbwellen bis in den Sekunden-

Tab. 4.22 Zusammenfassung der Erkenntnisse zum Verhalten von Steckverbindungen bei Kurzzeitströmen im Bereich 30 µs bis 5 s

Stromform	Gleichstrom	Wechselstromgeneratorfern	Wechselstrom generatornah	50-Hz-Stoßwechsel-strom	Impuls
Zeitverlauf	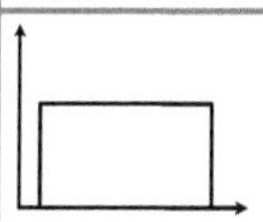	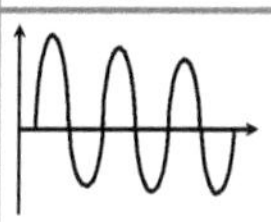	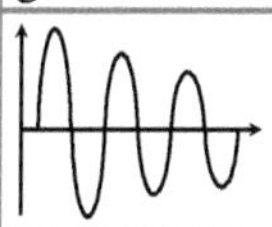	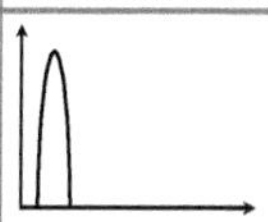	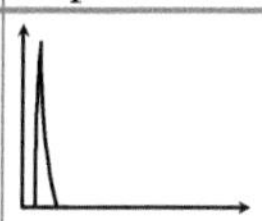
Typ. Zeitdauern in s	0,1 … 4	0,1 … 4	0,1 … 4	0,01 … 0,02	<10 ms
Typ. Grenzströme bezogen auf den Umfang[a]	≈ (0,7 … 4,4) kA/cm			≈(3,6 … 11,2) kA/cm	meist nicht spez., identisch zu Stoßstrom
Erwärmung der Anschlussleiter	typ. $\vartheta_{max} \leq 200$ °C (vgl. Abb. 5.37)			wenige K	keine
Erwärmung Kontaktelement	einige hundert K, größer als Anschlussleiter			gering, nur in der Nähe der Kontakte	gering
Erwärmung der Kontakte	nahezu gleich zum Kontakt-element	höher als Kontakt-element bei $\kappa > 1$	bis zur Schmelztemperatur des Kontaktwerkstoffs		
Grenzstrom berechenbar	wenn Grenztemperaturen für Schädigungs-mechanismen bekannt sind			analytisch/ numerisch	nur Größen-ordnung [85]
Maximaltemperatur messbar mit IR-Kamera	Ja, tritt am Ende des Kurzschlusses auf		vermutlich ja, tritt während des KS auf	Kontakte nicht direkt messbar	Kontakte nicht direkt messbar

[a]Gilt für axial belastete Schraubenfedern und Lamellenkontakte für Schaltanlagen

Tab. 4.23 Schädigungsmechanismen einer Steckverbindung bei kurzer Strombelastung und Beispiele für Ausfallgrenzen

Schädigung	Beobachtung	Mechanismus	Bedingung für Aktivierung	Beispiel für Ausfallgrenzen
elektrisch	Erhöhter Kontaktwiderstand nach Neukontaktierung	Verschweißen der Kontaktpunkte Elektromagnetische Abhebekräfte	Erreichen der Schweißtemperatur der Beschichtung, meist durch thermische Wirkung des Stoßstroms	Erhöhen des Kontaktwiderstands um maximal 20 %, Erwärmungsfahrt zur Widerstandsreduktion möglich [74]
	Verringerter Kontaktwiderstand nach Strombelastung	Entfestigen des Kontaktwerkstoffes Verschweißen der Kontaktpunkte	Erreichen der Entfestigungs- bzw. Schweißtemperatur der Beschichtung	Nicht standardisiert, Verschweißen bei Kontaktwiderständen $R_K/R_{K0} = (0{,}26 \ldots 0{,}36)$ gemessen, rechnerischer Minimalwert $R_K/R_{K0} = (0{,}194 \ldots 0{,}324)$ [75]
mechanisch	Kraftabbau, plastische Deformation	Spannungsrelaxation	Erwärmen der mechanisch belasteten Teile (Drehfedern, Blattfeder) → erreichen einer bestimmten Aktivierungsenergie	Noch ausreichend gutes Kontaktverhaltens bei (20 … 30) % Kraftabbau [50]
		Plastische Verformung	Einfederung z. B. durch Querkräfte, die auf die Steckverbindung wirken	Kontakt nicht geschlossen, wenn die Höhe des Kontaktelementes geringer als der Spalt ist
optisch	Blasenbildung	Teilweises Ablösen der Beschichtung	Schnelle Änderung der Temperatur der Beschichtung (Temperaturschock)	Nicht standardisiert, i. A. nicht zulässig, da Kontakteigenschaften verschlechtert werden können
	Zerstören oder Ablösen des Kontaktwerkstoffes	Verschweißen und Abreißen beim Trennen	Erreichen der Schweißtemperatur des Werkstoffs, abhängig von der Kontaktkraft und der Einwirkdauer	Nicht zulässig [74], da sich insbesondere durch Oxidation das Kontaktverhalten verschlechtert
chemisch	Zersetzen/Verdampfen von Schmierfett	Sieden oder Sublimieren	Erreichen der Grenztemperatur des Schmierfetts, keine grundlegenden Untersuchungen bekannt	Möglicherweise erhöhter Reibkoeffizient nach dem Kurzschluss, bisher nicht erforscht

Bereich ein Grenzstrom berechnet werden. Bei Belastungen im Mikrosekunden-Bereich existieren nur stark vereinfachte Berechnungsansätze um den Schweißgrenzstrom zu bestimmen. Für verschiedene Steckverbindungen wurde beispielsweise eine Erhöhung des Schweißgrenzstroms um (20 … 25) % [85] bis (40 … 50) % ([75], Abschn. 6.1) experimentell und rechnerisch ermittelt, wenn die Belastungsdauer um den Faktor 10 reduziert wurde. Untersucht wurden Kurzschlussdauern im Bereich von etwa 30 µs bis zu 5 s.

Literatur

1. *Vinaricky, E.*: Elektrische Kontakte, Werkstoffe und Anwendungen – Grundlagen, Technologien, Prüfverfahren. 3. Auflage, Springer Verlag, 2016 – ISBN 978-3-642-45427-1
2. *Mballa, F.; Noël, S., et al.*: Three-level Multi-scale Modeling of Electrical Contacts – Sensitivity study and experimental validation. Konferenzbd. IEEE 61st Holm Conference on Electrical Contacts, San Diego, 11.–14.10.2015, pp. 414–422. – ISBN 978-1-4673-9341-6
3. *Holm, R.*: Electrical Contacts: Theory and Application. 4. Aufl. Berlin, Heidelberg, New York: Springer, 1967.
4. *Erk, A.*; Schmelzle, M.: Grundlagen der Schaltgerätetechnik. Berlin: Springer, 1974. – ISBN 978-3-642-50340-5
5. *Böhme, H.*: Mittelspannungstechnik-Schaltanlagen berechnen und entwerfen. 2. Stark bearbeitete Auflage Berlin: Verlag Technik 2005. – ISBN 3-341-01495-0.
6. *Bergmann, R.*: Zum Langzeitverhalten des Widerstands elektrischer Stromschienenverbindungen. Dissertation, TU Dresden, Fortschritt-Berichte VDI Nr. 195. VDI-Verlag 1996. – ISBN 3-18-319521-6.
7. *Poudeu, F. S. D.; Beilner, M.; Schlegel, S.:* Einfluss von additiven thermischen Belastungen auf das Langzeitverhalten von stromführenden Schraubenverbindungen mit verzinnten und vernickelten Leitern aus Aluminium und Kupfer in elektrisch angetriebenen Fahrzeugen. Wiley Online Library, 2021 in press
8. *Schlegel, S.*: Langzeitverhalten von Schraubenverbindungen mit Stromschienen aus Reinkupfer in der Elektroenergietechnik unter besonderer Berücksichtigung der Temperatur. Dissertation, TU Dresden, 2011.
9. *Fuhrmann, T.*: Kontakt- und Langzeitverhalten von stromführenden Schraubenverbindungen mit vernickelten und versilberten Leitern aus Aluminiumwerkstoffen. Dissertation, TU Dresden, 2019. – ISBN 978-3-86780-636-7
10. *Fuhrmann, T., Schlegel, S., Großmann, S., Hoidis, M.:* Studies on current-carrying connections with flat surfaces – relationship between mechanical stress and electrical contact behavior. Konferenzbd. 28th International Conference on Electric Contacts, Edinburgh, 06.–09.06.2016, pp. 311–316.
11. *Hildmann, C.*: Zum elektrischen Kontakt- und Langzeitverhalten von Pressverbindungen mit konventionellen und Hochtemperatur-Leiterseilen mit geringem Durchhang. Dissertation, TU Dresden, 2016. – ISBN 978-3-00-056211-2.
12. *Babikow, M. A.*: Wichtige Bauteile elektrischer Apparate – Band 1 Theoretische Einführung. VEB Verlag Technik Berlin, 1954.
13. *Nicolaus, G.*: Lebensdauerverhalten ruhender Kontakte unter den Einsatzbedingungen der Nachrichtenvermittlungstechnik. Dissertation, Technische Hochschule Karl-Marx-Stadt, 1974.
14. *Höft, H.*: Elektrische Kontakte – Physikalische Grundlagen. Berlin, VEB Verlag Technik, 1977.

15. *Slade, P. G.*: Electrical Contacts – Principles and Applications. 2. Auflage, CRC Press Taylor & Francis Group, 2014. – ISBN 978-1-4398-8130-9
16. *Leidner, M., Myers, M., Schmidt, H., et al.*: Enhancing the contact interface by matching the surface pressure and current density distribution. Konferenzbd. 27th International Conference on Electrical Contacts, 22.–26.06.2014, Dresden, pp. 23–28. – ISBN 978-3-8007-3624-9
17. *Leidner, M., Schmidt, H.*: Stromdichteverteilung innerhalb realer elektrischer Kontakte in Abhängigkeit von der Kontakttopographie und Normalkraft. Konferenzbd. 21. Albert-Keil-Kontaktseminar, Karlsruhe, 28.–30.09.2011, pp. 187–194.
18. Liefervorschrift LV 215-1 (2013-02): Electrical/Electronic Requirements of Highvolt Connectors Elektrik/Elektronik Anforderungen an Hochvolt Kontaktierungen.
19. DIN EN 61851-23 (Entwurf 2018-03): Konduktive Ladesysteme für Elektrofahrzeuge – Teil 23: Gleichstromversorgungseinrichtungen für Elektrofahrzeuge.
20. *Timsit, S.*: Electrical contact resistance properties of stationary interfaces. Konferenzbd. 44th IEEE Holm Conference on Electrical Contacts, Arlington, USA, 26.–28.10.1998, pp. 1–19, doi: https://doi.org/10.1109/HOLM.1998.722422.
21. Stäubli Elektrical Connectors AG (Hrsg.): Das MC Kontaktlamellen Prinzip.
22. *Timist, R. S.*: Contact Properties of Tubular Crimp Connections: Elementary Considerations. Konferenzbd. 54th IEEE Holm Conference on Electrical Contacts, Orlando, USA, 27.–29.10.2008, pp. 161–167.
23. *Brand, R., Kochjohann, T.*: Verschleißfreies Kontaktsystem für Ladestecker in der E-Mobility, Konferenzbd. 4. Symposium Connectors: Elektrische und Optische Verbindungstechnik, Lemgo, 06.–07.03.2013, pp. 167–176.
24. *Holm, R.*: Electrical Contacts: Theory and Application, 4. Aufl., Berlin, Heidelberg, New York, Springer, 1967.
25. *Papailiou, K. O.* (Hrsg.): Springer Handbook of Power Systems – Chapter 4 4. High Currents and Contact Technology. Singapore, Springer, 2021. – ISBN 978-981-329-937-5.
26. *Kloos, K.-H., Thomala, W.*: Schraubenverbindungen – Grundlagen, Berechnung, Eigenschaften, Handhabung. 5. Aufl., Berlin, Heidelberg. 2007. – ISBN: 978-3-540-21282-9
27. VDI-Richtlinie 2230 (2003): Systematische Berechnung hochbeanspruchter Schraubenverbindungen – Zylindrische Einschraubenverbindungen.
28. *Pullen, J.; Williamson, J. B. P.*: On the Plastic Contact of Rough Surfaces. Proceedings of the Royal Society A: Mathematical, Physical and Engineering Sciences, vol. 327, no. 1569, pp. 159–173, 1972.
29. *Uppal, A. H.; Probert, S. D.*: The plastic contact between a rough and a flat surface. Wear, Volume 23, Issue 2, Pages 173–184, Februar 1973.
30. *Poudeu, F.; Beilner, M.; Schlegel, S.*: Einfluss der Montageparameter auf das Kontakt- und Langzeitverhalten stromführender Schraubenverbindungen. Konferenzbd. 2. VDI-Fachkonferenz, Versagensmechanismen von Schraubenverbindungen, VDI Wissensforum, 03.–04.11.2020.
31. RIBE Blauheft Nr. 30: Technische Tabellen. 3. Auflage 1990
32. *Poudeu, F.; Beilner, M.; Schlegel, S.*: Impact of additive thermal loads on the long-term behaviour of current-carrying bolted joints made of tinned and nickel-plated aluminum and copper conductor materials in electrical vehicle. Material Science and Engineering Technology, Manuscript ID mawe.202100159, 28.06.2021.
33. *Poudeu, F*: Langzeitverhalten stromführender Schraubenverbindungen mit Stromschienen kleiner Dicke bei wechselnden Umgebungsbedingungen. Dissertation, TU Dresden 2022 (in press).
34. DIN EN 50343 (Ausg. 2014-09): Bahnanwendungen – Fahrzeuge – Regeln für die Installation von elektrischen Leitungen
35. DIN 43673-1 (Ausg. 1982-02): Stromschienen-Bohrungen und -Verschraubungen; Stromschienen mit Rechteck-Querschnitt

36. *Ramonat, A.*: Untersuchungen zum elektrischen Kontakt- und Langzeitverhalten von Fügetechnologien mit zylindrischen Leitern aus Aluminium. Dissertation, TU Dresden, 2018.
37. *Beyer, W.; Iancu, P.; Merkel, M.*: Verbindungen und Anschlüsse in der Elektrotechnik. Berlin, Verl. Technik, 1992.
38. *Hildmann, C.; Grossmann, S.; Dockhorn, T.*: The initial contact stress in aluminum compression connections with high temperature low sag conductors, Konferenzbd. 27th International Conference on Electrical Contacts (ICEC), Dresden, 2014. pp. 557–562.
39. *Salewski, A.*: Grundlagenuntersuchungen zur Herstellung und zu dem Betriebsverhalten elektrisch leitender Umfangpreßverbindungen. Dissertation, Technische Hochschule Leipzig, 1985.
40. *Williams, D. M.*; et al.: Forensic analysis of thermally stressed crimp connections. Konferenzbd. 61st IEEE Holm Conference on Electrical Contacts, San Diego, 11.–14.10.2015, pp. 331–337.
41. *Babiel, G.*: Bordnetze und Powermanagement -- Thermische Modellbildung für elektrische und elektronische Bauelemente. Springer Vieweg, Wiesbaden, 2013.
42. *Prin, G. R.; Courtin, T.; Boyer, L.*: A new method to investigate electrical conduction in crimp joints – Influence of the compaction ration and electrical model. Konferenzbd. 48th IEEE Holm Conference on Electrical Contacts, Orlando, USA, 2002, pp. 246–251.
43. Cigré TB 758 (Ausg.: 2020-10). Test regimes for HV and EHV cable connectors. https://e-cigre.org/publication/758-test-regimes-for-hv-and-ehv-cable-connectors.
44. DIN EN 61284 (Ausg.: 1998-05): Freileitungen – Anforderungen und Prüfungen für Armaturen.
45. *Yovanovich, M.*: Four Decades of Research on Thermal Contact, Gap, and Joint Resistance in Microelectronics. IEEE Transaction on Components and Packaging Technologies, Vol 28, 2005, pp 182–206.
46. *Kuckuck, C.; Blauth, M.; Song, J.*: Differentielles Widerstandsmodell zur Beschreibung des elektromechanischen Kontaktverhaltens von Crimpverbindungen. Tagungsbd. 25. Albert-Keil-Kontaktseminar, Karlsruhe, 09.–11.10.2019, pp. 64–73.
47. *Möcks, L.*: Die Stromverteilung in der Starkstromklemme. Elektrie, 1995, vol. 49, no. 8/9, pp. 299–303.
48. *Holm, E.; Holm, R.*: Theory of Hardness and Measurements Applicable to Contact Problems. Journal of Applied Physics 20, April 1949, pp. 319–327.
49. *Israel, T., Schlegel, S., Großmann, S., Kufner, T., Freudiger, G.*: Modelling of Transient Heating and Softening Behaviour of Contact Points during Current Pulses and Short Circuits. Konferenzbd. 65th IEEE Holm Conference on Electrical Contacts, Milwaukee, USA, 14.–18.09.2019, pp. 9–18.
50. *Gatzsche, M.*: Elektrisch-thermisches Betriebs- und Langzeitverhalten hochstromtragfähiger Kontaktelemente. Dissertation TU Dresden, Shaker Verlag, 2016. – ISBN 978-3-84404-894-0
51. DIN 40501-2 (Ausg. 2005-03): Aluminium für die Elektrotechnik – Teil 2: Rohre, Stangen und Profile, Technische Lieferbedingungen.
52. *Schlegel, S.*: Stromführende Verbindungen und Leiterwerkstoffe der Elektroenergietechnik – Theorie zum Kontakt- und Langzeitverhalten von Schraubenverbindungen mit Flächenkontakten. Habilitation, TU Dresden, 2019. – ISBN 978-3-86780-614-5
53. *Poudeu F., Schlegel, S.*: Bestimmung der Mindestflächenpressung von stromführenden-Schraubenverbindungen mit kleinen und großen Leiterquerschnitten unter Berücksichtigung der Umgebungsbelastungen. Konferenzbd. 26. Albert-Keil-Kontaktseminar, Karlsruhe, 30.03–01.04.2022, pp. 82–89.
54. *Kohlrausch, F.*: Ueber den stationären Temperaturzustand eines elektrisch geheizten Leiters. *Ann. Phys.*, Bd. 306, Nr. 1, 1900, pp. 132–158. doi: https://doi.org/10.1002/andp.19003060107
55. *Diesselhorst, H.*: Ueber das Problem eines elektrisch erwärmten Leiters. *Ann. Phys.*, Bd. 306, Nr. 2, 1900, S. 312–325. doi: https://doi.org/10.1002/andp.19003060211

56. *Greenwood, J. A.; Williamson, J. B. P.*: Electrical Conduction in Solids. II. Theory of Temperature-Dependent Conductors. *Proc. Royal Soc. Math. Phys. Eng. Sci.*, Bd. 246, Nr. 1244, Juli 1958, pp. 13–31. doi: https://doi.org/10.1098/rspa.1958.0103.
57. *Kharin, S. N.*: Mathematical Models of Phenomena in Electrical Contacts. Novosibirsk: A.P. Ershov Institute of Informatics system, Siberian Branch of RAS, 2017.
58. *Hilgarth, G.*: Zusammenhang zwischen Kontaktspannung und Kontaktstellentemperatur bei kurzzeitig belasteten Starkstromkontakten. Elektrotechnische Zeitschrift, Bd. 79, Ausgabe A, 1958, pp. 464–468.
59. *Küchler, A.*: Hochspannungstechnik, Grundlagen – Technologie – Anwendungen. 3. Aufl., Kapitel 4.2.2.2, Springer, 2009. – ISBN 978-3-540-78413-5
60. *Böhme, H.; Löbl, H.*: Die Resistanz von Schraubverbindungen in Geräten der Elektroenergieübertragung und ihr Einfluß auf deren Strombelastbarkeit. Elektrie, Bd. 38 (1984), Nr. 5, pp. 181–183
61. *Löbl, H.*: Zur Dauerstrombelastbarkeit und Lebensdauer der Geräte der Elektroenergieübertragung. Dissertation B, TU Dresden, 1985.
62. *Büttner, L.*: „Erwärmungsverhalten von NH Sicherungseinsätzen in Einbausituation" Diplomarbeit, TU Dresden, 2019.
63. *Mücksch, D.*: Kontaktwiderstand von Schraubverbindungen bei Stromschienen. Diplomarbeit, TU Dresden, 1981.
64. *Braunovic, M.*: Effect of Connection Design on the Contact Resistance of High Power Overlapping Bolted Joints. IEEE Transactions on Components and Packaging Technologies, vol. 25, No. 4, Dezember 2002, pp. 642–650.
65. *Braunovic, M.*: Electrical Contacts-Fundamentals, Applications and Technology. Taylor & Francis Group, 2006. – ISBN 1-57444-727-0.
66. DIN 43673-1 (Ausg. 1982-02): Stromschienen-Bohrungen und -Verschraubungen; Stromschienen mit Rechteck-Querschnitt.
67. *Hübner, F.*: Thermische Modellierung von Komponenten im automobilen Bordnetz. Konferenzbd. 25. Albert Keil Kontaktseminar, Karlsruhe, 09.–11.10.2019, pp. 160–167. – ISBN 978-3-8007-5083-2
68. *Füssel, U.; Johne, V.; Lamm, A.; Großmann, S.; Schlegel, S.; Oberst, M.*: Elektrisches Eigenschaftsprofil von Schraubenverbindungen im Fahrzeug- und Maschinenbau. Abschlussbericht AiF-Projekt 18231 BR, 2019.
69. *Pfisterer Holding AG*: FrontCon– Anschluss- und Verbindungstechnik für einzeldrahtisolierte Starkstromkabel. M2018-013 DE 02 11/2021, (29.11.2021) https://www.pfisterer.com/de/produkte/unsere-produkte/frontcon.
70. Patentschrift EP2226899A1: Vorrichtung zum Verbinden von zwei elektrischen Leitern. 2009. (29.11.2021) https://patents.google.com/patent/EP2226899A1/de
71. Fa. Relibond (29.1.2021): http://www.relibond.com/cold-jointing-technology/
72. *Lücke, N.*: Zum Langzeitverhalten elektrischer Steckverbindungen mit Kupfer-Beryllium-Kontaktlamellen. Dissertation, TU Dresden, 2014.
73. DIN EN 62271-1 (Ausg.: 2009-08): Hochspannungs-Schaltgeräte und -Schaltanlagen.
74. *Israel, T.*: Verhalten von Hochstrom-Steckverbindungen bei kurzer Strombelastung. Dissertation, TU Dresden, 2020. – ISBN 978-3-86780-653-4.
75. *Israel, T.; Schlegel, S.; Großmann, S.; Kufner, T.; Freudiger, G.*: The Influence of Peak Current and ECR on the Transmission Performance of High Power Connectors during Faults. Konferenzbd. IEEE 64th Holm Conference on Electrical Contacts, Albuquerque, USA, 14.–18.10.2018, pp. 254–261. doi: https://doi.org/10.1109/HOLM.2018.8611641

76. *Israel, T.; Schlegel, S.; Großmann, S.; Kufner, T.; Freudiger, G.*: Recommendations for Testing the Short Circuit Behaviour of Power Plug-In Connectors. Konferenzbd. 30th International Conference on Electrical Contacts, online, 07.11.06.2021, pp. 404–411. – ISBN 978-3-907255-11-7
77. *Bond, N. T., Robinson, D. L., Mohajery, M.*: Fundamental consideration of aluminum electrical contact interfaces. Tagungsbd. 23rd Holm Conference on Electrical Contacts, Chicago, 01–03.11.1977, S. 213–222.
78. *Slade, P. G.*: The Current Level to Weld Closed Contacts. Konferenzbd. IEEE 59th Holm Conference on Electrical Contacts, Newport, USA, 22.–25.09.2013, pp. 123–128. doi: https://doi.org/10.1109/HOLM.2013.6651431.
79. *Zanetti, A.; Mauroux J.-C.*: Current Carrying Capacity of an Earthing Switch for a Generator Circuit Breaker. Konferenzbd. IEEE 64th Holm Conference on Electrical Contacts, Albuquerque, USA, 14.–18.10.2018, pp. 113–118.
80. *Faltin, C.*: Electrodynamic Repulsion Between Electric Contacts With Arbitrary Current-Density Distribution. IEEE Trans. on Compon. Hybrids Manuf. Technol., Bd. 9, Nr. 2, pp. 188–189, Juni 1986. doi: https://doi.org/10.1109/TCHMT.1986.1136633.
81. *Zhou, L.; Man, S.; Wang, Z.; Xue, S.; Ren, W.*: „On the Relationship Between Contact a-Spots Features and Electrodynamic Repulsion Force for Electrical Apparatus", IEEE Trans. On Compon. Packag. Manuf. Technol., Bd. 8, Nr. 11, pp. 1888–1895, Nov. 2018. doi: https://doi.org/10.1109/TCPMT.2018.2869993.
82. *Slade, P. G.; Taylor, E. D.*: The repulsion or blow-off force between closed contacts carrying current. Konferenzbd. IEEE 62nd Holm Conference on Electrical Contacts, Clearwater, USA, 09.–12.10.2016, pp. 159–162. doi: https://doi.org/10.1109/HOLM.2016.7780025.
83. *Slade, P. G.; Taylor, E. D.; Lawall, A.*: The effect of the axial magnetic field structure on the threshold welding current for closed axial magnetic field vacuum interrupter contacts. Konferenzbd. IEEE 63rd Holm Conference on Electrical Contacts, Denver, USA, 10.–13.09.2017, pp. 253–257. doi: https://doi.org/10.1109/HOLM.2017.8088096.
84. *Israel, T.; Müller, R.; Schlegel, S.; Schmidt, H.; Ludwig, M.*: „Untersuchung von Steckverbindungen bei Strombelastung im Milli- bis Mikrosekunden-Bereich" Elektrische und Optische Verbindungstechnik 2021, VDE-Verlag. Gehalten auf dem Symposium Connectors 2021, Lemgo.
85. *Blumenroth, F.*: Zum Langzeitverhalten von Steckverbindungen mit Schraubenfedern in Anlagen der Elektroenergietechnik. Dissertation, TU Dresden, Shaker Verlag, Aachen, 2010. – ISBN 978-3-8322-9506-6
86. *Greiner, F. et al.*: Hochbeständige, physikalisch abgeschiedene Kontaktoberfläche auf Silberbasis für die Anwendung in Buchsenkontakten. Konferenzbd. Elektrische und Optische Verbindungstechnik 2021 zum 8. Symposium Connectors, Lemgo, 23.–24.3.2021.
87. *Oberst, M.; Israel, T.; Hildmann, C.; Schlegel, S.; Egetenmeyer, A.-K.; Kappl, H.; Willing, H.*: Elektrische und tribologische Eigenschaften von Silber-Dispersionsschichten für die Anwendung in Steckverbindungen. Konferenzbd. Elektrische und Optische Verbindungstechnik 2021 zum 8. Symposium Connectors, Lemgo, 23.–24.3.2021.
88. *DODUCO GmbH (Hrsg.)*: Datenbuch der elektrischen Kontakte. überarbeitete 3. Auflage, Stieglitz Verlag, 2012
89. Icore International Ltd. (2009): „Datenblatt Kontakt-Band 8" und „Datenblatt Kontakt-Band 12".

5 Langzeitverhalten stromführender Verbindungen

Stromführende Verbindungen altern abhängig von Betriebs- und Umweltbedingungen. Durch die Alterung erhöhen sich der Kontakt- und der Verbindungswiderstand, wodurch die Verlustleistung und die Temperatur der Verbindung größer werden. Derzeit sind fünf Mechanismen bekannt, die abhängig von der Verbindungsart und den eingesetzten Fügelementen die Alterung bestimmen (Abb. 5.1). Bei stromführenden Verbindungen mit Kontaktpartnern aus gleichen Leiterwerkstoffen dominieren der Kraftabbau, die chemischen Reaktionen und bei ausreichend hoher Stromdichte die Elektromigration das Langzeitverhalten. Bei Bimetall-Verbindungen muss zusätzlich die Interdiffusion berücksichtigt werden. Sind Relativbewegungen; verursacht durch thermische Dehnungen oder bei Schalt- und Steckvorgänge, zwischen den Kontaktpartnern möglich, ist zusätzlich der Reibverschleiß zu beachten.

Die Geschwindigkeit der Alterung ist stark von der absoluten Temperatur T abhängig, da fast alle Alterungsmechanismen mit dem Arrhenius-Gesetz beschrieben werden können (Gl. (5.1).

$$v_k = D_0 \cdot e^{-\frac{E_A}{R \cdot T}} \tag{5.1}$$

Dabei muss die Aktivierungsenergie E_A und der Frequenzfaktor D_0 des wirkenden physikalischen Prozesses bekannt sein sowie die universelle Gaskonstante R (8,314 $J \cdot K^{-1} \cdot mol^{-1}$) berücksichtigt werden. Der Verlauf des Verbindungswiderstands R_V (t) bzw. Gütefaktors k_u (t) hängen stark von der Art und der Konstruktion der Verbindung, dem Leiter- und dem Beschichtungswerkstoff, der mechanischen und elektrisch-thermischen Belastung und den Umgebungsbedingungen ab. Prinzipiell werden in der Lebensdauerkennlinie die Phase der Formierung, die Phase der relativen Ruhe, die Phase der beschleunigten Alterung und das Intermittieren unterschieden (Abb. 5.2) [3, 4].

S. Schlegel et al., *Kontakt- und Langzeitverhalten stromführender Verbindungen in der Elektroenergietechnik*, https://doi.org/10.1007/978-3-662-64658-8_5

Abb. 5.1 Kontakt- und Langzeitverhalten stromführender Verbindungen nach [2]

Es existieren verschiedene Modelle, die den Verlauf der Alterung stromführender Verbindungen beschreiben. Ein bestehendes Modell [3, 4], das phänomenologisch den Verlauf des Gütefaktors für eine konstante thermische Belastung auf Basis von experimentell ermittelten Parametern aus Langzeitversuchen und dem Arrhenius-Gesetz beschreibt, wird folgend näher erläutert. In diesem Modell wird davon ausgegangen, dass die Alterung stromführender Verbindungen insbesondere von den chemischen Reaktionen an den Mikrokontakten abhängt (Gl. (5.2) – 1. Term). Des Weiteren wird angenommen, dass die Alterungsgeschwindigkeit mit zunehmender Dicke der Fremdschichten abnimmt, da die Reaktionspartner durch die vorhandene Fremdschicht diffundieren müssen (Gl. (5.2) – 2. Term). Durch den Ausfall einzelner Mikrokontakte, infolge isolierender Fremdschichten, ändert sich zudem das elektrische Strömungsfeld, was ebenfalls die Alterungsgeschwindigkeit beeinflusst (Gl. (5.2) – 3. Term). Aus den drei Anteilen resultiert folgender Ansatz [3].

$$\dot{R}_{\mathrm{V}} = d e^{-\left(\frac{b}{\mathrm{R}T_{\mathrm{E}}}+\frac{1}{2}\right)} \cdot \frac{1}{t_0\left(\frac{t}{t_0}\right)^{\mathrm{m}}} \cdot \left(R_{\mathrm{V}}(t) - R_{\mathrm{VI}}\right) \text{ oder} \tag{5.2}$$

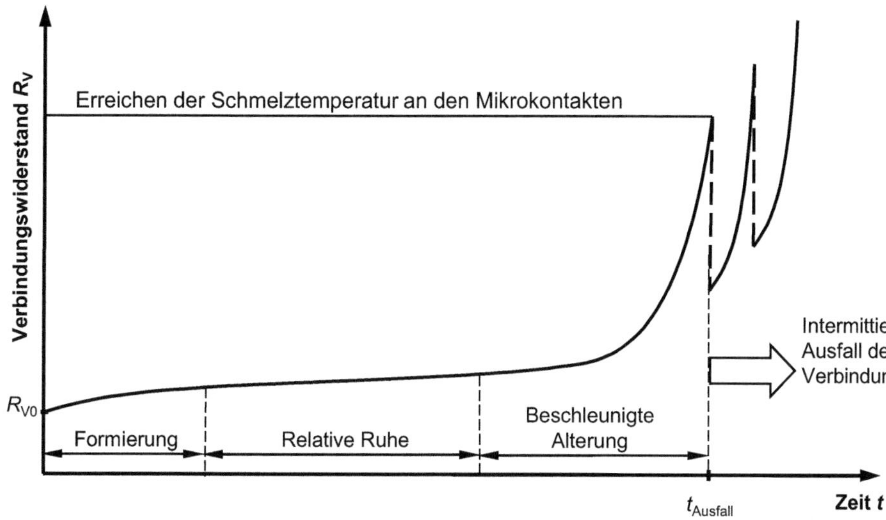

Abb. 5.2 Verlauf des Verbindungswiderstands R_V (schematisch) [4]

$$\dot{k}_u = de^{-\left(\frac{b}{RT_E}+\frac{1}{2}\right)} \cdot \frac{1}{t_0\left(\frac{t}{t_0}\right)^m} \cdot \left(k_u(t) - k_{uI}\right) \tag{5.3}$$

Die Alterungsgeschwindigkeit hängt dabei von den experimentell zu ermittelnden Faktoren m, d, b, der Zeit t, der Bezugszeit t_0, ab der extrapoliert wird, dem idealen Gütefaktor k_{uI}, dem Gütefaktor $k_u(t)$ zum Zeitpunkt t, der universellen Gaskonstante R und der absoluten Temperatur T_E an der Engestelle ab. Die Differenzialgleichung (Gl. (5.2)) ist nicht geschlossen lösbar, kann aber in eine Differenzengleichung überführt werden (Gl. (5.4)), mit der sich der Gütefaktor k_u zum Zeitpunkt $t + \Delta t$ aus dem vorangegangenen Wert $k_u(t)$ berechnen lässt.

$$R_V(t+\Delta t) = R_V(t) + \frac{\left(R_V(t) - R_{VI}\right) \cdot d \cdot e^{-\left(\frac{b}{R \cdot T_E}+\frac{1}{2}\right)}}{t_0 \cdot \left(\frac{t}{t_0}\right)^m} \cdot \Delta t \text{ Order} \tag{5.4}$$

$$k_u(t+\Delta t) = k_u(t) + \frac{\left(k_u(t) - k_{uI}\right) \cdot d \cdot e^{-\left(\frac{b}{R \cdot T_E}+\frac{1}{2}\right)}}{t_0 \cdot \left(\frac{t}{t_0}\right)^m} \cdot \Delta t \tag{5.5}$$

Da die Parameter m, b, d aus Langzeitversuchen ermittelt werden müssen, wird die Wirkung der Alterungsmechanismen als integrale Größe beschrieben. Die Wirkung der einzelnen physikalischen Vorgänge wird in diesem Modell entsprechend nicht betrachtet. Den-

Tab. 5.1 Parametertripel für Schraube-Mutter-Verbindungen mit Stromschienen [3]

Leiterwerkstoff	Kontaktpartner/Vorbehandlung	m	b in J/mol	d
Al99,5 F7[1)]	Spiritus + Drahtbürste	0,487	9709	0,1
Cu-ETP	Keine Beschreibung möglich, da keine signifikante Alterung während der Langzeitversuche über tausende h festgestellt werden konnte.			
Al99,5 F7-Cu-ETP[2)]	Spiritus + Drahtbürste	0,616	14432	5

[1)] gilt im Temperaturbereich von (90 … 150) °C
[2)] gilt für eine Temperatur von 90 °C

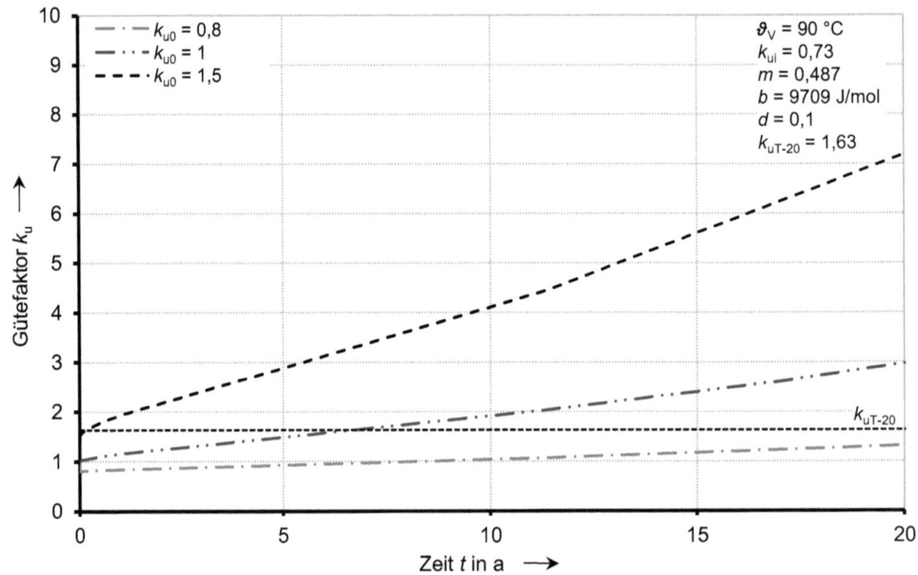

Abb. 5.3 Gütefaktor k_u abhängig von der Zeit t und dem Anfangswert des Gütefaktors k_{u0} einer Schraubenverbindungen mit Stromschienen aus Al99,5 F7 berechnet mit Gl. (5.5) und Tab. 5.1

noch kann die Lebensdauer der Verbindungen bei bekannten Parametertripel extrapoliert werden (Tab. 5.1) [3]. Die Physik der Alterung darf sich nicht ändern, wenn unterschiedliche Temperaturen betrachtet werden. Zahlreiche Untersuchungen zu den einzelnen Alterungsmechanismen haben gezeigt, dass diese unabhängig voneinander wirken [8, 9, 11, 12] (Abb. 5.3).

Abhängig von der Strombelastung der Verbindung bestimmen sie deren Langzeitverhalten gemeinsam, aber unterschiedlich stark. Mit den bisherigen Erkenntnissen ist es deshalb noch nicht möglich, ein geschlossenes analytisches oder numerisches Alterungsmodell anzugeben, das die komplexen Vorgänge der einzelnen Alterungsmechanismen und deren Zusammenwirken beschreibt. Es muss deshalb für die einzelnen Verbindungsarten und deren Einsatzbedingungen abgeschätzt werden, welche Mechanismen den Verlauf der

Lebensdauerkennlinie maßgeblich bestimmen. Für die Wirkung und den Einfluss einzelner Mechanismen auf z. B. den Verbindungswiderstand oder den Gütefaktor wurden Modelle und Ansätze entwickelt, die folgend näher betrachtet werden.

5.1 Alterungsmechanismen

5.1.1 Kraftabbau

Der Kraftschluss ist bei allen nicht stoffschlüssigen Verbindungen für ein gutes Kontakt- und Langzeitverhalten notwendig und hängt insbesondere von der Auslegung und der Belastung im Betrieb ab. Dabei beeinflusst die Kontaktkraft den Kontaktwiderstand maßgeblich (Abschn. 4.1). Bei der Montage einer stromführenden Verbindung muss zunächst eine ausreichend hohe Kontaktkraft bzw. mechanische Spannung in der Kontaktebene erzeugt werden, damit sich großflächige Mikrokontakte ausbilden können. Während des Betriebs darf die Kontaktkraft einen minimalen Wert nicht unterschreiten, da es sonst zum Aufbrechen der Mikrokontakte kommen kann. Der Kontakt- und damit der Verbindungswiderstand würden sich sprunghaft erhöhen. Die Mindestkontaktkraft $F_{K,min}$ ist abhängig von den mechanischen und den thermischen Belastungen der Verbindung. Im normalen Betrieb müssen z. B. Kräfte durch thermische Dehnungen und Vibrationen der Leiter berücksichtigt werden. Im Fehlerfall, z. B. durch hohe Kurzschlussströme, können zusätzlich elektromagnetische Kräfte, die zwischen den Leitern wirken, den Kontaktwiderstand entscheidend beeinflussen (Abschn. 4.2.4). Der Kraftabbau in einer Verbindung hängt stark von den eingesetzten Werkstoffen sowie der Geometrie der Leiter, den zusätzlichen Trennfugen durch Füge- und Kontaktelemente, der maximalen mechanischen Spannung und deren Verteilung sowie von der Temperatur ab. Je nach Verbindungsart führt die Relaxation oder die Relaxation mit einem Kriechanteil zum Kraftabbau (Abb. 5.4) [1].

Der Kraftabbau kann in das Setzen, den primären und den sekundären Bereich unterteilt werden (Abb. 5.5).

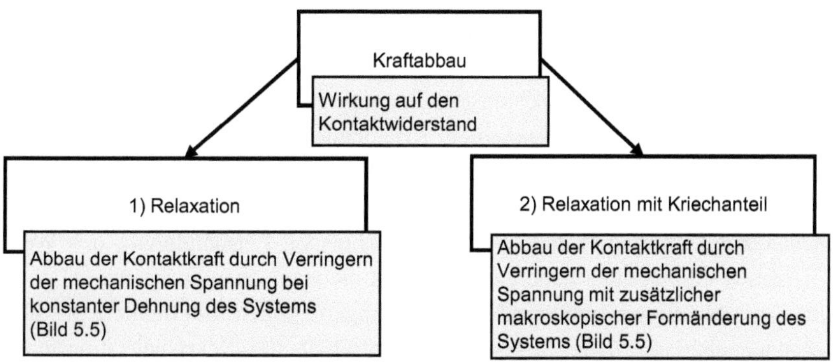

Abb. 5.4 Materialphysikalische Prozesse beim Kraftabbau und deren Wirkung auf stromführende Verbindungen

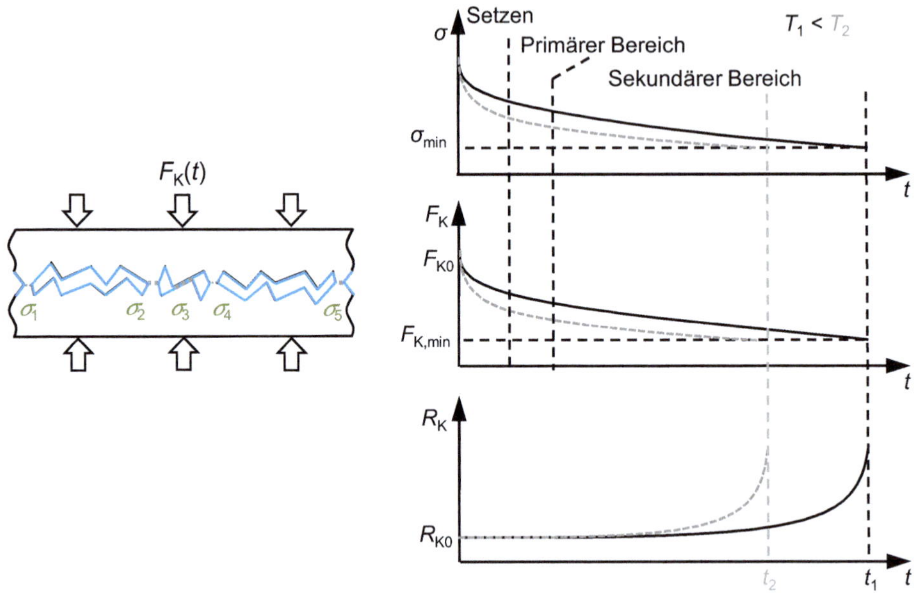

Abb. 5.5 Prinzipielle Wirkung des Kraftabbaus auf den Verlauf des Kontaktwiderstands R_K [11]

Das Setzen beschreibt das Einebnen von Oberflächenrauheiten in den mechanisch tragenden Kontaktflächen. Setzprozesse verringern die Kontaktkraft direkt nach der Montage. Der Setzbetrag ist insbesondere abhängig von den mechanischen Eigenschaften der Werkstoffe, der Art der Beanspruchung, der Anzahl der Trennfugen und der Rauheit der Oberflächen. Zudem wird der Setzbetrag durch unterschiedliche thermische Ausdehnungskoeffizienten und durch temperaturabhängige Elastizitätsmoduln der verspannten Teile beeinflusst [2].

Im primären Bereich des Kraftabbaus erfolgen Ausgleichsprozesse im Werkstoff, insbesondere in Gebieten höchster mechanischer Spannung, bis im sekundären Bereich ein Gleichgewichtszustand der nachfolgend beschriebenen Prozesse erreicht wird. Um die Wirkung des Kraftabbaus zu verstehen, muss zwischen den Vorgängen und den physikalischen Mechanismen unterschieden werden. Abhängig von der Verbindungsart und den Fügeelementen baut sich die mechanische Spannung und damit die Kontaktkraft durch Spannungsrelaxation mit oder ohne einem Kriechanteil ab (Abb. 5.4). Die Spannungsrelaxation beschreibt dabei den Abbau einer von außen angelegten mechanischen Spannung bei gleichbleibender Gesamtdehnung des Systems. Bei der Spannungsrelaxation mit einem Kriechanteil überlagert sich eine makroskopische Formänderung des Werkstoffs durch Kriechen infolge einer äußeren gerichteten mechanischen Spannung [1].

Beim Kraftabbau in stromführenden Verbindungen können sich mehrere physikalische Mechanismen überlagern. Bei Temperaturen unterhalb der Rekristallisationstemperatur wirkt insbesondere die dynamische Erholung als dominanter Prozess. Bei der dynamischen Erholung werden mechanische Spannungen im Material durch Versetzungsbewegungen

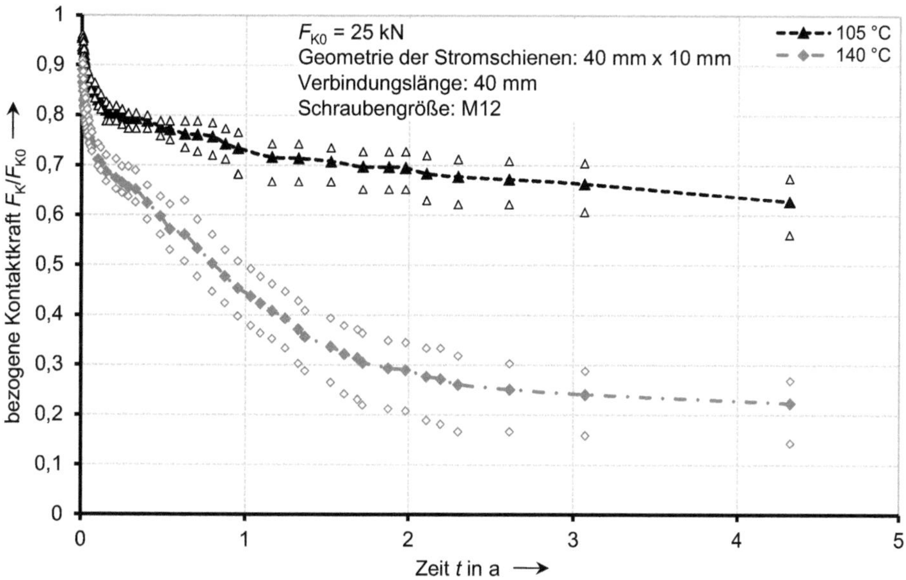

Abb. 5.6 Beispiel – Verlauf der Kontaktkraft (Mittelwert und Spannweite) einer Schrauben-Mutter Verbindung mit Stromschienen aus Cu-ETP R300 ohne federnde Fügelemente [11]

und Auslöschen von Versetzungen verringert. Gleichzeitig werden durch die äußere mechanische Spannung neue Versetzungen erzeugt. Ist die Temperatur hoch genug, kann sich Materialentfestigung durch Rekristallisation überlagern und damit der Kraftabbau deutlich beschleunigt werden [1].

Da sich durch Rekristallisation die mechanische Festigkeit der Leiter stark verringert, muss dieser Mechanismus vermieden werden (Abb. 5.6). Die maximale Betriebstemperatur ist damit abhängig vom eingesetzten Leiterwerkstoff (Abschn. 3.1) [2, 5].

Der Kraftabbau in Verbindungen kann berechnet werden. Dazu sind für die eingesetzten Werkstoffe Materialmodelle zu erarbeiten, die das Relaxieren abhängig von der Zeit und Temperatur beschreiben. Ein sehr stark vereinfachter Ansatz, mit dem ausschließlich der sekundäre Bereich des Kraftabbaus beschrieben werden kann, ist die phänomenologische Kriechgleichung (Gl. (5.6)).

$$F_K\left(\dot{\varepsilon}_s,\, t\right) \text{ mit } \dot{\varepsilon}_s = C \cdot \sigma^n \cdot e^{\left(-\frac{E_A}{R \cdot T}\right)} \tag{5.6}$$

Als Materialparameter müssen der Spannungsexponent n sowie die Aktivierungsenergie E_A in Zeitstandversuchen und zusätzlich der Proportionalitätsfaktor C in Langzeitversuchen mit der betreffenden Verbindung bestimmt werden (Tab. 5.2).

Die Dehnrate $\dot{\varepsilon}_s$ kann abhängig von der mechanischen Spannung σ, der absoluten Temperatur T und der universellen Gaskonstante R berechnet werden. Dies erfolgt iterativ numerisch, indem zu jeder Dehnung ε eine mechanische Spannung σ berechnet wird, die

Tab. 5.2 Kriechparameter für Leiterwerkstoffe von Kontaktelementen und Stromschienen

Verbindungsart/Quelle	Werkstoff	Temperatur in °C	n	E_A in kJ/mol
Steckverbindung mit Schraubenfeder [62]	CuCo2Be	105	8,3	46,6
	CuCr1Zr		17,5	37,6
Steckverbindung mit Kontaktlamelle [63]	CuBe2	90	3,45	43,14
		115	3,37	
Schraubenverbindung mit Stromschienen [19]	CuAg0,1P	110	7,02	27,4
		130	9,96	31,9
		150	11,31 … 16,01	51,8 … 78,5

wiederum Eingangsgröße für den nächsten Rechenschritt ist. Gl. (5.6) darf zudem nur angewendet werden, wenn sich die physikalischen Prozesse, die während des Zeitstandversuchs wirken, innerhalb der für die Berechnung betrachteten Zeit nicht ändern. Komplexere Werkstoffmodelle, die zusätzlich den primären Bereich beschreiben, müssen unter Berücksichtigung der physikalischen Prozesse erarbeitet werden.

Alternativ kann der Kraftabbau durch Extrapolationsverfahren auf Basis von Experimenten abgeschätzt werden. Dies ist allerdings nur möglich, wenn der Verlauf der Kontaktkraft gemessen werden kann. Ein Verfahren ist z. B. die Larson-Miller Methode, die sich aus der Mont-Grant-Beziehung und dem Arrhenius-Gesetz herleitet (Gl. (5.7) [6].

$$\frac{F_K(t)}{F_{K0}} = m_K \cdot P' + n_K \quad \text{mit} \quad P' = T \cdot (C' + \lg t) \tag{5.7}$$

Die spezifischen Parameter der Verbindung m_K und n_K sind experimentell zu bestimmen. Die spezifische Materialkonstante C' kann für das verwendete Material aus Versuchsergebnissen bei gleichen aufgebrachten mechanischen Spannungen und verschiedenen Temperaturen $T_{1,2}$ sowie Zeiten $t_{1,2}$, bei der eine definierte mechanische Spannung erreicht wird, ermittelt werden (Gl. (5.8)). Für Metalle kann näherungsweise $C' = 20$ angenommen werden [1].

$$C' = \frac{T_2 \lg t_2 - T_1 \lg t_1}{T_1 - T_2} \tag{5.8}$$

Der Vorteil der Extrapolationsverfahren ist, dass sich innerhalb der Versuchszeit ändernde oder überlagernde physikalische Prozesse berücksichtigt werden können (Abb. 5.7). Der Nachteil dabei ist die längere Versuchszeit, um zuverlässige Aussagen treffen zu können.

Erheblichen Einfluss auf den Kraftabbau von Schraubverbindungen mit mehrdrähtigen Leitern hat deren Leiteraufbau. Insbesondere durch das Setzen in den zahlreichen Trennfugen und dem ausgeprägten primären Bereich verringert sich die Kontaktkraft bei solchen Verbindungen in den ersten ca. 500 Betriebsstunden ($P' \approx 8000$) überproportional (Abb. 5.8) auf bis zu ca. 20 % der Montagevorspannkraft. Ab diesem Zeitpunkt ist der Gradient des Kraftverlaufs vergleichbar mit dem von Schraubenverbindungen mit Stromschienen aus Al99,5 mit einem geringen Kaltverfestigungsgrad im Zustand H14.

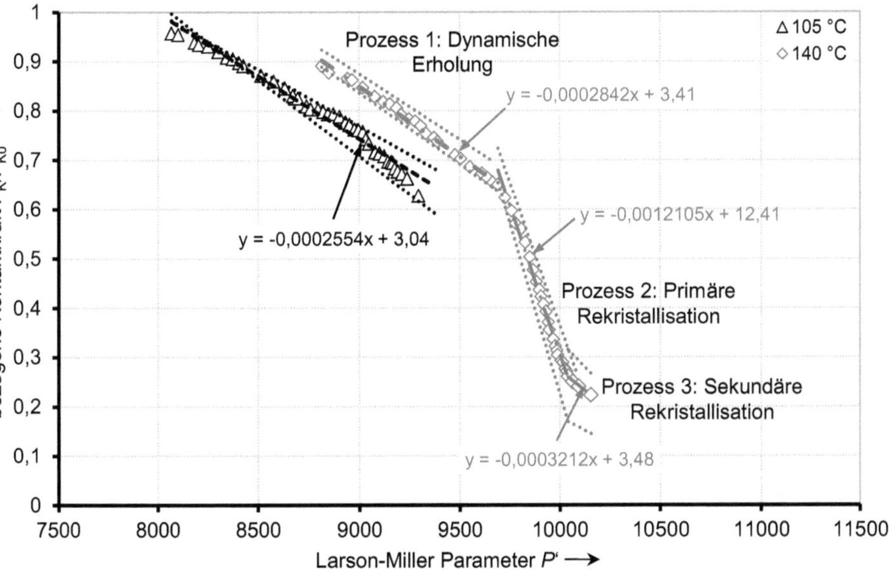

Abb. 5.7 Auswerten des Verlaufs der Kontaktkraft einer Schraubenverbindung mit Stromschienen aus Cu-ETP R300 ohne federnde Fügelemente über dem Larson-Miller Parameter, wirkende physikalische Mechanismen und bestimmte Werte für m_K, n_K [11]

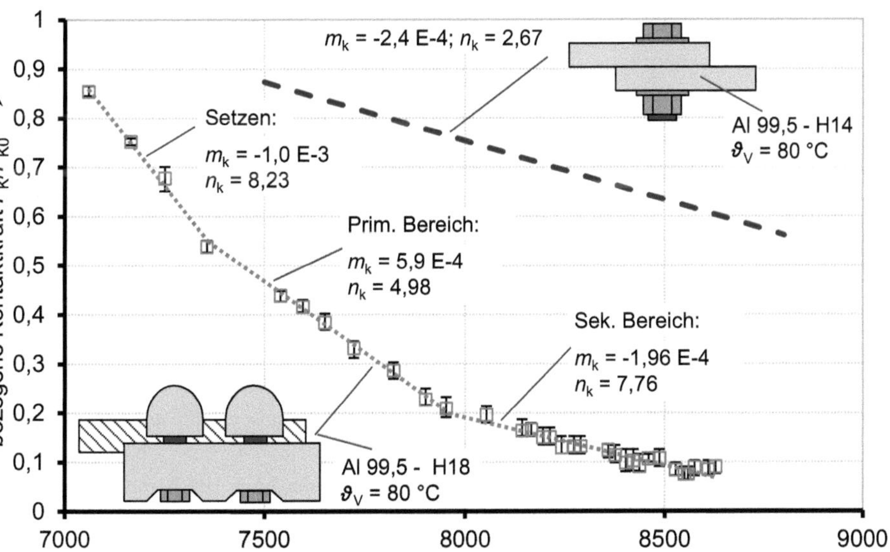

Abb. 5.8 Verlauf der Kontaktkraft für Schraubenverbindungen mit Stromschienen aus Al99,5 ohne federnde Fügeelemente gemäß [5] und der einer Verbindung einer Schaltanlagenklemme mit dem Leiterseil Curlew (525-AL1/68-ST1A)

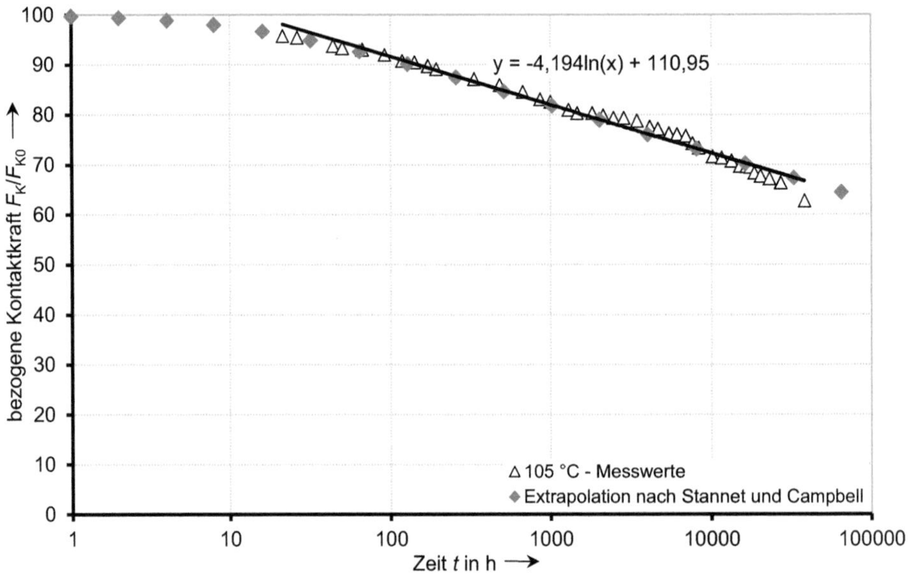

Abb. 5.9 Beispiel – Auswertung des Verlaufs der Kontaktkraft einer Schraubenverbindung mit Stromschienen aus Cu-ETP R300 ohne federnde Fügelemente nach Stennet und Campbell $m = 4{,}194$ $a = 110{,}95$ [11]

Eine weitere Extrapolationsmethode ist die nach Stennet und Campbell (Gl. (5.9)) [7].

$$\frac{F_{\mathrm{K}}(t)}{F_{\mathrm{K0}}} = 100 - B' \cdot \ln\left(\frac{t}{D'} + 1\right) \text{ mit } D' = e^{\left[\frac{a-100}{b}\right]} \tag{5.9}$$

Die spezifischen Materialkenngrößen B' und D' müssen auch hier in Langzeitversuchen bei unterschiedlichen Temperaturen bestimmt werden. Der Einfluss des Parameters D' auf die logarithmische Funktion ist sehr gering, sodass in guter Näherung Regressionsfunktionen (Gl. (5.10)) aus dem gemessenen Kraftverlauf berechnet werden können (Abb. 5.9).

$$\text{Regressionsfunktion}: y = m \ln(x) + n \text{ mit } m = b = B' \tag{5.10}$$

Ein Vergleich der einzelnen Verfahren zeigt, dass die iterativen Berechnungs- und Extrapolationsverfahren Vor- und Nachteile haben, die entsprechend der geforderten Ergebnisse berücksichtigt werden müssen (Tab. 5.3).

Für die jeweilige stromführende Verbindung ist entsprechend die Mindestkontaktkraft zu bestimmen, die durch Kraftabbau innerhalb der Lebensdauer nicht unterschritten werden darf, da sich sonst der Kontakt- und damit der Verbindungswiderstand stark erhöht. Für den Fall, dass keine zusätzliche mechanische Belastung wirkt, kann die Mindestkontaktkraft in erster Näherung anhand der Hysterese-Kurve, die beim Entspannen aufgenommen wird, bestimmt werden (Abb. 5.10). Die so ermittelte Mindestkontaktkraft ist sehr konservativ, da dabei weitere zeit- und temperaturabhängige Prozesse nicht berücksichtigt werden können,

Tab. 5.3 Vergleich der Verfahren zum Bestimmen des Kraftabbaus

Verfahren	Berechnungsansätze	Extrapolationsverfahren
Ansatz*	Modellieren der Werkstoffeigenschaften in einem Materialmodell auf Basis von Zeitstand- und Langzeitversuchen	Auswerten der experimentellen Ergebnisse/Bestimmen der erforderlichen Parameter aus Langzeitversuchen
Vorteil	Berechnen des Kraftabbaus für unterschiedliche Anfangskräfte und Temperaturen am verifizierten Berechnungsmodell möglich; systemunabhängige Materialparameter der Leiterwerkstoffe	Berechnen des Kraftabbaus bei unterschiedlichen Temperaturen und gleichen Anfangskräften möglich
Nachteil	Berechnung nicht unabhängig von experimentell ermittelten Parametern an Leiterwerkstoffen und Verbindungen	Gilt nur für die untersuchten Verbindungen unter gleichen Randbedingungen
Anwendung	Entwicklungsbegleitend	Betriebsbegleitend

* Die Ansätze gelten, solange kein Wechsel der wirkenden physikalischen Mechanismen auftritt

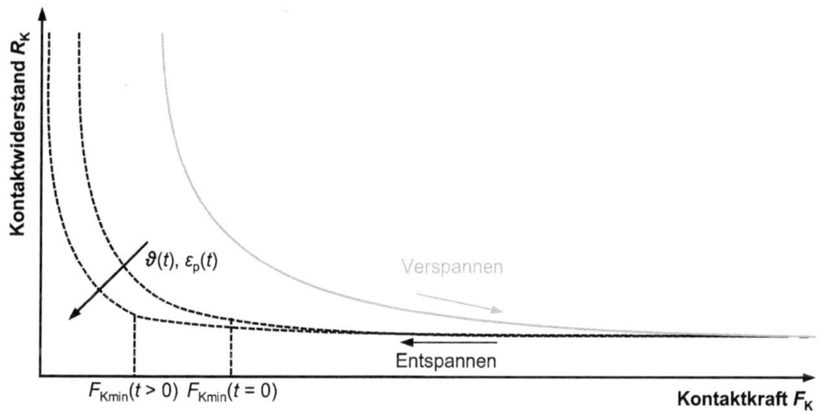

Abb. 5.10 Mindestkontaktkraft $F_{K,min}$ abhängig von der Temperatur ϑ, der Zeit t, der zeitabhängigen plastischen Verformung ε_p und von Gefügeänderungen

diese aber einen wesentlichen Einfluss durch z. B. Kontakthaften haben können (Abschn. 5.1.2). Zudem gilt die so ermittelte Mindestkontaktkraft nur für eine statische mechanische Belastung.

Durch Setzprozesse bei Raumtemperatur und insbesondere bei hoher Temperatur wird durch die zeitabhängige plastische Verformung der Mikrokontakte oder ein mögliches Kontakthaften ein deutlich geringerer Wert der Mindestkontaktkraft erreicht als der, der beim Entspannen bei Raumtemperatur ermittelt wird (Abb. 5.10). Für praktische Anwendungen ist diese Methode dennoch geeignet, da eine höhere, konservative als die möglicherweise notwendige Mindestkontaktkraft bestimmt wird.

Es ist zu prüfen, ob diese bei hohen dynamischen mechanischen Belastungen, wie sie bei geringen Leiterabständen im Kurzschlussfall auftreten, ausreichend ist. Aufgrund der vielen Einflussgrößen auf die Mindestkontaktkraft, kann diese bisher nicht geschlossen berechnet werden. Der Einfluss des Kraftabbaus kann vereinfacht mit Gl. (5.11) abgeschätzt werden. Dabei ist zu beachten, dass bei sehr kleinen Kontaktkräften sprunghafte Änderungen des Kontaktwiderstands auftreten können, die mit Gl. (5.11) nicht beschrieben werden können.

$$R_K\left(F_K(t)\right) = \frac{k_E}{\left(0{,}1 \cdot F_K(t)\right)^{m_E}} \tag{5.11}$$

k_E und m_E sind experimentell in Entspannversuchen zu ermitteln. Für Steck- und Schraubenverbindungen kann der Verlauf des Kontaktwiderstands abhängig von der Kontaktkraft beim Entspannen gemessen werden. Bei Pressverbindungen ist dies nicht möglich, sodass hier nur Abschätzungen über Modellanordnungen erfolgen können. Für die Modelle müssen die Werkstoffparameter für den umgeformten Zustand bekannt sein.

5.1.2 Diffusion

Diffusion ist ein physikalischer Prozess, der zum vollständigen Durchmischen zweier oder mehrerer Stoffe führt. Er beruht auf thermisch aktivierter Teilchenbewegung, die gerichtet abläuft, wenn ein Konzentrationsunterschied vorhanden ist [1]. Das Langzeitverhalten stromführender Verbindungen wird durch die Selbst-, die Interdiffusion und die Diffusion von Gasen beeinflusst (Abb. 5.11)

Die physikalischen Grundlagen der Diffusion hängen von der Thermodynamik und der Kinetik ab und können mit den Fick'schen Gesetzen beschrieben werden. Das erste

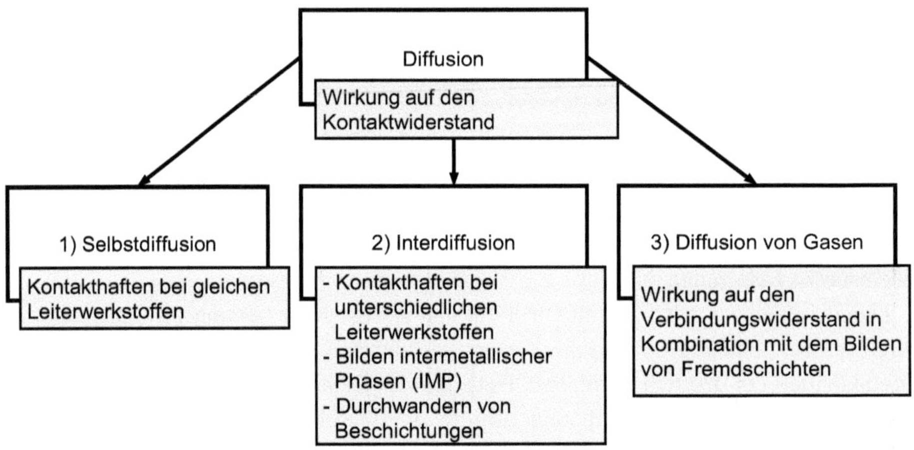

Abb. 5.11 Diffusion und deren Wirkung auf stromführende Verbindungen

Fick'sche Gesetz beschreibt die Teilchenstromdichte J als die Anzahl von Teilchen N, die pro Zeit t durch einen Querschnitt A fließen (Gl. (5.12) [1].

$$J = \frac{N}{A \cdot t} = -D\nabla c \tag{5.12}$$

Das zweite Fick'sche Gesetz beschreibt die zeitliche Änderung der ortsabhängigen Konzentration c der Teilchen (Gl. (5.13)).

$$\frac{dc}{dt} = \nabla\left(D\nabla c\right) \tag{5.13}$$

Beide Vorgänge werden durch den Diffusionskoeffizient D bestimmt, der ein Maß für die Geschwindigkeit der Diffusion ist (Gl. (5.14)). Der Diffusionskoeffizient hängt vom Frequenzfaktor D_0, der Aktivierungsenergie Q, der Boltzmann Konstante k_B und der Temperatur T ab [1].

$$D = D_0 \cdot e^{\left(\frac{Q}{\mathrm{k_B} \cdot T}\right)} \tag{5.14}$$

Die Fick'schen Gleichungen gelten jedoch nur für spezielle Randbedingungen. Dabei muss z. B. der Diffusionskoeffizient konstant sein. Dann kann für unendliche und endliche Halbräume eine analytische Lösung angegeben werden. Für konzentrationsabhängige Diffusionskoeffizienten kann die Boltzmann-Matano-Methode verwendet werden [10].

Die **Selbstdiffusion** ist ein wesentlicher Mechanismus der Rekristallisation und damit der Kornneubildung. Berühren sich zwei Metalle, kann die Kornneubildung dazu führen, dass beide Metallgitter zusammenwachsen. Dadurch kann Kontakthaften auftreten, insbesondere bei Verbindungen, die längere Zeit oberhalb der Rekristallisationstemperatur des Leiter- oder der Beschichtungswerkstoffe betrieben werden [2]. Unbeschichtete, unedle Kontaktpartner werden i. d. R. vor der Montage abrasiv vorbehandelt. Dadurch wird der Leiterwerkstoff lokal kaltverfestigt. Beim Fügen werden metallische Kontaktpunkte erzeugt und es wirken Adhäsionskräfte im Mikrokontakt zwischen den Kontaktpartnern. Die Orientierung der Metallgitter beider Kontaktpartner ist zufällig und stimmt i. d. R. nicht überein. Es entstehen Korngrenzen. Wird die Temperatur über die lokale Rekristallisationstemperatur des Gefüges erhöht, bilden sich diffusionsgesteuert neue Körner. Durch Teilrekristallisation wird die Korngrenze zwischen den Metallgittern in einem neuen Korn aufgelöst. Dieses verbindet beide Kontaktpartner stoffschlüssig miteinander und die ursprüngliche Grenzfläche verschwindet (Abb. 5.12). Auf den Verbindungswiderstand hat dieser Effekt keinen Einfluss, führt aber bei kraftschlüssigen Verbindungen dazu, dass die Kontaktpartner beim Öffnen der Verbindung schwer zu trennen sind[1] [2]. Bei Verbindungen mit gleich beschichteten Kontaktpartnern kann dieser Effekt durch Rekristallisation des Beschichtungswerkstoffs auftreten. Insbesondere bei Verbindungen mit silberbe-

[1] An Verbindungen, bei denen Relativbewegungen zwischen den Leitern ausgeglichen werden müssen, kann dadurch erhöhter Verschleiß entstehen.

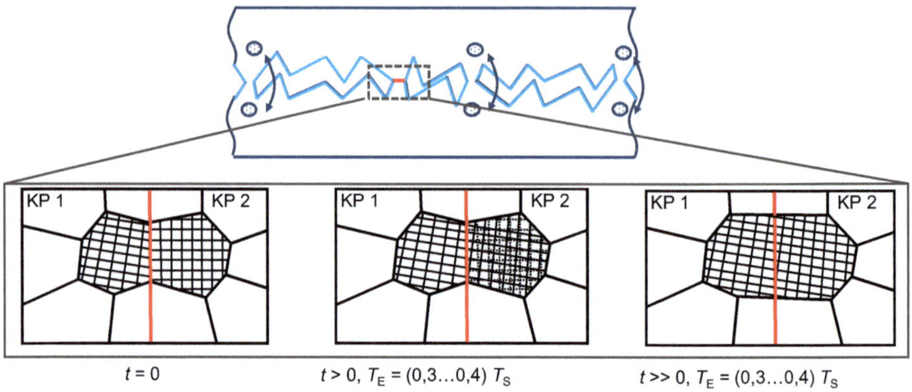

Abb. 5.12 Kornneubildung als Ergebnis der Selbstdiffusion und Ursache von Kontakthaften

schichteten Kontaktpartnern konnte dies bei Temperaturen ab 100 °C beobachtet werden. Ab dieser Temperatur ist auch ein Entfestigen von Silber wahrscheinlich. In Kombination mit wachsenden intermetallischen Phasen (IMP) zwischen der Deck- und der Zwischenschicht kann beim Öffnen der Verbindung zusätzlich die Beschichtung lokal oder flächig abgerissen werden, was ein gutes Kontaktverhalten beim erneuten Fügen verhindert [2].

Die Selbstdiffusion im Kontaktbereich kann sich bei Pressverbindungen auch positiv auf das Langzeitverhalten auswirken, da keine Lösbarkeit gefordert wird und der Stoffschluss die stromführenden Leiter dauerhaft verbindet. Bei Steckverbindungen ist ein Abreißen der Beschichtung wahrscheinlich, wenn die Kontakte für längere Zeit im gesteckten Zustand oberhalb der Entfestigungstemperatur betrieben werden. Im Allgemeinen ist dies ein Ausfallgrund, da der blanke Leiterwerkstoff im geöffneten Zustand oxidiert und die Kontakteigenschaften beim erneuten Stecken massiv verschlechtert werden. Dies wird verstärkt, wenn die Kontaktkraft durch Kraftabbau bereits verringert ist.

Die **Interdiffusion** beschreibt den Teilchentransport von Atomen zu gitterfremden Bausteinen zwischen mindestens zwei Werkstoffen aufgrund von Konzentrationsunterschieden mit dem Bestreben diese auszugleichen. Es wird zwischen Grenzflächen- und Volumendiffusion unterschieden. Bei niedrigen Temperaturen dominiert die Grenzflächendiffusion an Fehlstellen im Atomgitter wie Korngrenzen und Versetzungen. Je höher die Temperatur ist, desto stärker wirkt die Volumendiffusion. Die Aktivierungsenergie für Korngrenzendiffusion ist geringer als für die Volumendiffusion $Q_{KG} \approx (0{,}5 \ldots 0{,}6) \cdot Q_V$ [8]. Durch Interdiffusion können sich intermetallische Phasen (IMP) bilden. Wachsen diese flächig, kann die Dicke d_{IMP} mit dem parabolischen Zeitgesetz abgeschätzt werden (Gl. (5.15)).

$$d_{IMP} = \sqrt{k(T) \cdot t} \tag{5.15}$$

Dabei kann die Wachstumskonstante k aus der Dicke der intermetallischen Phase d_{IMP} für zwei verschiedene Diffusionszeiten t bei gleicher Temperatur T ermittelt werden. Durch die Interdiffusion können intermetallische Phasen in den Mikrokontakten und an den Grenzflächen zwischen dem Leiter- und dem Beschichtungswerkstoff entstehen (Abb. 5.13).

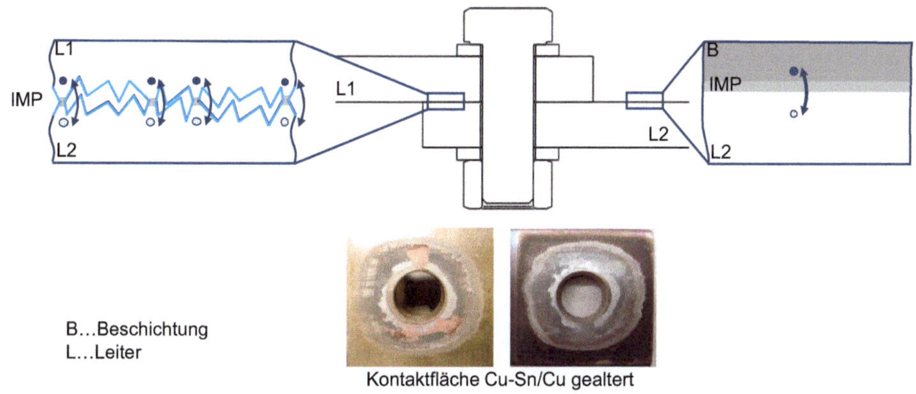

Abb. 5.13 Interdiffusion als Ursache für das Abreißen von Beschichtungen [11]

Die IMP haben in der Regel höhere spezifische elektrische Widerstände als die Reinmetalle und sind härter sowie spröder als diese. Die Eigenschaften der IMP wie temperaturabhängige Wachstumskonstante k und spezifischer elektrischer Widerstand ρ_{IMP} wurden sowohl aus der Literatur als auch durch experimentelle Untersuchungen ermittelt (Tab. 5.4, 5.5 und 5.6). Um den Einfluss der flächig wachsenden IMP im Mikrokontakt abschätzen zu können, kann ein erweiterter Ansatz zum Berechnen des Fremdschichtwiderstands genutzt werden. Dabei kann die Dicke der IMP über das parabolische Zeitgesetz berechnet (Gl. (5.15)) und der Widerstand R_{IMP} näherungsweise bestimmt werden (Gl. (5.16)).

$$R_{\text{IMP}}(t) = \frac{\sqrt{k(T) \cdot t} \cdot \rho_{IMP}}{A_{\text{w}}} \tag{5.16}$$

Sind mehrere IMP in einem System vorhanden, ergibt sich der Widerstand R_{IMP} zu:

$$R_{\text{IMP}}(t) = \frac{1}{A_{\text{W}}} \left(\sum_{d=1}^{m} \sqrt{k_{\text{d}}(T) \cdot t} \cdot \rho_{\text{IMP w}} \right) \tag{5.17}$$

Damit erweitert sich Gl. (4.3) um den Widerstand der intermetallischen Phasen R_{IMP} (Gl. (5.18)).

$$R_{\text{V}}(t) = R_{\text{M}}(t) + R_{\text{E}}(t) + R_{\text{F}}(t) + \sum_{d=1}^{\text{m}} R_{\text{IMP d}}(t) \tag{5.18}$$

Bei Flächenkontakten wie Schraubenverbindungen mit Stromschienen und Pressverbindungen ist die Verteilung und genaue Lage der Mikrokontakte nicht bekannt. In diesem Fall kann der Einfluss der IMP mit dem Verhältnis der Kontaktwiderstände q_{K} im Neuzustand und gealtertem Zustand abgeschätzt werden. Dabei wird der Kontaktwiderstand im gealterten Zustand auf den im Neuzustand bezogen (Gl. (5.19)). Der Einfluss von Fremd-

Tab. 5.4 Eigenschaften intermetallischer Phasen in den Systemen mit Aluminium im Temperaturbereich bis 200 °C [8, 18, 22–29]

System	Al-Cu			Al-Ag		Al-Ni					
Phase	Al_2Cu	AlCu	Al_4Cu_9	Ag_2Al	Ag_3Al	Al_3Ni,	Al_3Ni_2	NiAl	Al_3Ni_5	Ni_3Al	Al-Sn
Gitterstruktur	Tetra-gonal raum-zentriert	ortho-rombisch raum-zentriert	krz	Mg-Typ (hP2)	Mn-Typ cP20	Pnma	P3m1	Pm3m	Cmmm	P4/mmm	keine IMP
Schmelztemperatur ϑ_S in °C	550	591	1030	–	–	854	1133	1638	–	1395	
Aktivierungsenergie Q in kJ/mol	138	134	147	–	–	–	–	–	–	–	
Enthalphie in ΔH_f in kJ/mol	−13,05	−19,92	−21,69	–	–	−150,6	−282,4	−118,4	–	−153,1	
Dichte ρ in g/cm³	4,36	2,7	6,85	8,12	8,7	3,93 … 4,1	4,9	5,88 … 6	6,7	7,5	
Elastizitätsmodul E in kN/mm²	105	138	150	96 … 104[1)]	97 … 106[1)]	143	224	107 … 294	196	179 … 197	
thermischer Ausdehnungskoeffizient α in $1/K \cdot 10^{-6}$	16,1	11,9	17,6	–	–	–	–	11,9	–	12,3	
Härte H in $HV_{0,01}$	632	794	636	291 … 203	437 … 488	–	–	270	–	325	
elektrische Leitfähigkeit κ in $m/\Omega \cdot mm^2$	11,2 … 15	7,6 … 13,3	2,8 … 5,3	2,9 … 3,1	1,7 … 1,9	–	–	6,3 … 16,7	–	–	
Temperaturbeiwert α_{20} in $1/K \cdot 10^{-3}$	3,5 … 3,8	2,7 … 3,3	0,8 … 1,7	0,93 … 0,94	0,55 … 0,66	–	–	–	–	–	

Tab. 5.5 Eigenschaften intermetallischer Phasen in den Systemen mit Kupfer im Temperaturbereich bis 200 °C [2, 17, 30, 53]

System	Cu-Sn		Cu-Ni	Cu-Ag
Phase	Cu_6Sn_5	Cu_3Sn		
Gitterstruktur	NiAs-Struktur	orthorhombischer Cu_3Ti-Typ	keine IMP	keine IMP
Schmelztemperatur ϑ_s in °C	415	676		
Wachstumskonstante k in cm^2/s (Temperatur ϑ in °C)	$3{,}5\ 10^{-11}$ (212) $3{,}35\ 10^{-12}$ (171) $7{,}4\ 10^{-14}$ (110) $3{,}3\ 10^{-14}$ (68)	$7{,}9\ 10^{-12}$ (212) $1{,}2\ 10^{-12}$ (171) $7{,}4\ 10^{-14}$ (110) $1{,}1\ 10^{-14}$ (68)		
Enthalpie ΔH_f in kJ/mol	−67,1	−32,8		
Dichte ρ in g/cm^3	8,28	8,90		
Elastizitätsmodul E in kN/mm^2	90[1)]	110[1)]		
thermischer Ausdehnungs- koeffizient α in $1/K \cdot 10^{-6}$	16,3	19		
Härte in $HV_{0,005}$	539	472		
Querkontraktionszahl ν	0,32	0,33		
elektrische Leitfähigkeit κ in $m/(\Omega \cdot mm^2)$	8,2	4,9		
Temperaturbeiwert α_{20} in $1/K \cdot 10^{-3}$	0,45	0,2		
Wärmeleitfähigkeit λ in $W/(m \cdot K)$	34,1	70,4		
spezifische Wärmekapazität c_p in $J/(g \cdot K)$	0,286	0,326		

1) Bestimmt mit Ultraschall

Tab. 5.6 Eigenschaften intermetallischer Phasen in den Systemen mit Beschichtungswerkstoffen bis 200 °C [30–33]

System	Ag-Sn[1)]		Ni-Sn[2)]
Phase	Ag_3Sn	Ag_4Sn	Ni_3Sn_4
Gitterstruktur	Cu_3Ti-Typ (oP8)	Mg-Typ (hP2)	–
Schmelztemperatur ϑ_s in °C	480	724	–
Wachstumskonstante k in cm^2/s (Temperatur ϑ in °C)	$6{,}8\ 10^{-11}$ (212) $2{,}2\ 10^{-12}$ (171) $3{,}6\ 10^{-13}$ (110) $3{,}2\ 10^{-14}$ (68)	–	$1{,}2\ 10^{-13}$ (160) $6{,}5\ 10^{-14}$ (125) $1{,}9\ 10^{-14}$ (100) $7{,}2\ 10^{-15}$ (75)
Enthalpie ΔH_f in kJ/mol	–	–	–
Dichte ρ in g/cm^3	9,93	10,0	8,64
Elastizitätsmodul E in kN/mm^2	11,06 … 78,9	–	119 … 152
thermischer Ausdehnungs-koeffizient α in $1/K \cdot 10^{-6}$	–	–	–
Härte in HV	138 (KHN)	–	540 ± 87
Querkontraktionszahl ν	–	–	–
elektrische Leitfähigkeit κ in $m/\Omega \cdot mm^2$	8,03 ± 0,6	1,72 ± 0,25	3,51
Temperaturbeiwert α_{20} in $1/K \cdot 10^{-3}$	0,0036	0,0006	0,0031
thermische Leitfähigkeit λ in W/mK	–	–	19,6

1) keine Angaben zu den elektrischen Eigenschaften und kaum Angaben zu den mechanischen Eigenschaften (Neue Erkenntnisse im Projekt – IGF Nr. 17EWBG – Titel „Zuverlässigkeit und Sicherheit von Betriebsmitteln in Niederspannungsverteilstationen für die Anwendung im Bereich der Windkraft- und Photovoltaikanlagen")

2) zwei weitere Phasen bei Raumtemperatur vorhanden, die im festen Zustand vorzugsweise nicht gebildet werden

schichten und die zeitabhängige plastische Verformung der Mikrokontakte werden dabei vernachlässigt [8]. Die bezogene Widerstandsänderung q_k eignet sich insbesondere für das Bewerten von Verbindungen, die stirnseitig gefügte Kontaktpartner haben, wie z. B. Punktkontakte mit zylindrischen Leitern und stoffschlüssige Verbindungen (Abb. 5.14).

$$q_K(t) = \frac{R_K(t>0)}{R_{K0}} = \frac{R_V(t>0) - R_M}{R_{V0} - R_M} \tag{5.19}$$

Es wurden Versuche an Punktkontakten mit Leitern aus EN AW-1350 (E-Al99,5) und einer konischen sowie einer kreisrunden, planen Kontaktfläche durchgeführt. Dazu wurden beide Kontaktpartner direkt versilbert, sodass IMP zwischen Leiter- und Beschichtungswerkstoff wachsen konnten. Die Ergebnisse wurden mit den berechneten Widerstandsänderungen gemäß Gl. (5.16) und Tab. 5.4 verglichen (Abb. 5.14) [8, 39].

Es wird deutlich, dass die berechnete und gemessene bezogene Widerstandsänderung gut übereinstimmen und mit dem Ansatz der Verlauf dieser näherungsweise abgeschätzt werden kann.

Die Ergebnisse dieser Untersuchungen an Punktkontakten können auf ruhende Steckverbindungen übertragen werden, da die Form der Kontakte sehr ähnlich ist. Bei Steckverbindungen können die IMP zwischen dem Leiter- und dem Beschichtungswerkstoff dazu führen, dass bei mechanischer Belastung die Beschichtung abreißt. Falls die IMP bis an die Oberfläche wachsen, ändern sich der Kontaktwiderstand und das tribologische Verhalten [41].

Ein vergleichbarer Einfluss der IMP auf die Widerstandsänderung von Flächenkontakten wurde für Schraubenverbindungen mit einer verzinnten und einer unbeschichteten Stromschiene aus CW004a (Cu-ETP) festgestellt (Abb. 5.15). Der Anstieg des Kontaktwiderstandes ist weniger stark, weil eine große Anzahl an Mikrokontakten parallelgeschaltet ist und die elektrische Leitfähigkeit der IMP in diesem System maximal die Hälfte der von Zinn beträgt.

Ein Vergleich der Einflüsse flächig wachsender IMP im Mikrokontakt sowie von IMP zwischen dem Leiter und der Beschichtung auf den Widerstand zeigt, dass insbesondere die Querschnittsfläche der Diffusionszone einen entscheidenden Einfluss hat. Es wird deutlich, dass IMP im Mikrokontakt mit sehr kleinen Kontaktflächen den Kontakt- und damit den Verbindungswiderstand signifikant erhöhen. Intermetallische Phasen, die zwischen dem Leiter und der Beschichtung über eine große Fläche wachsen, haben kaum einen Einfluss auf den Verbindungswiderstand. Es ist dennoch zu berücksichtigen, dass sich auch die mechanischen Eigenschaften des Kontakts ändern, wenn IMP gewachsen sind. So wird zum Beispiel die Duktilität geringer.

Ein weiterer Einfluss auf das Langzeitverhalten stromführender Verbindungen kann durch **Diffusion von Gasen** in Metallen oder an Grenzflächen entstehen. In Beschichtungen aus Silber kann Sauerstoff eindringen. Dabei wird zunächst das Sauerstoffmolekül an

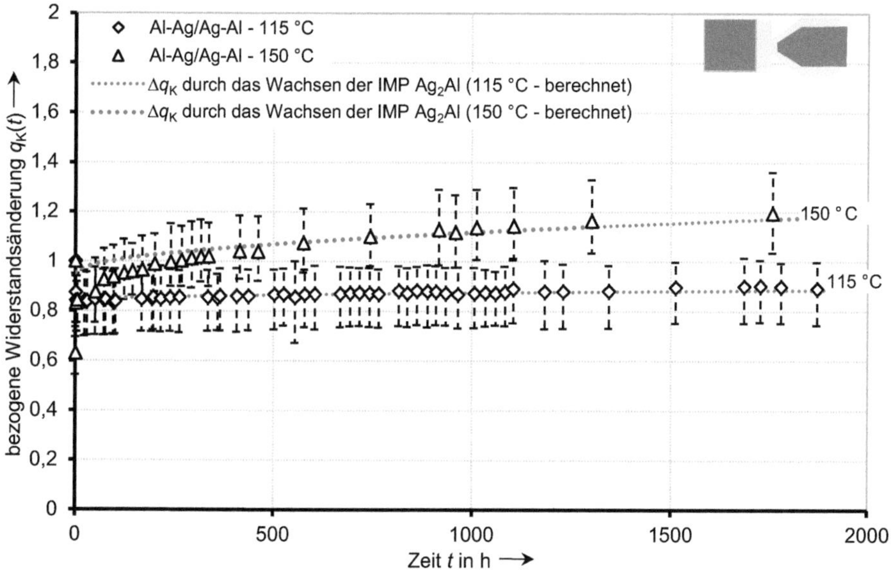

Abb. 5.14 Verlauf der bezogenen Widerstandsänderung an Punktkontakten mit einer konischen und einer kreisrunden Kontaktflächen für Leitern aus versilbertem E-Al99,5 [39]

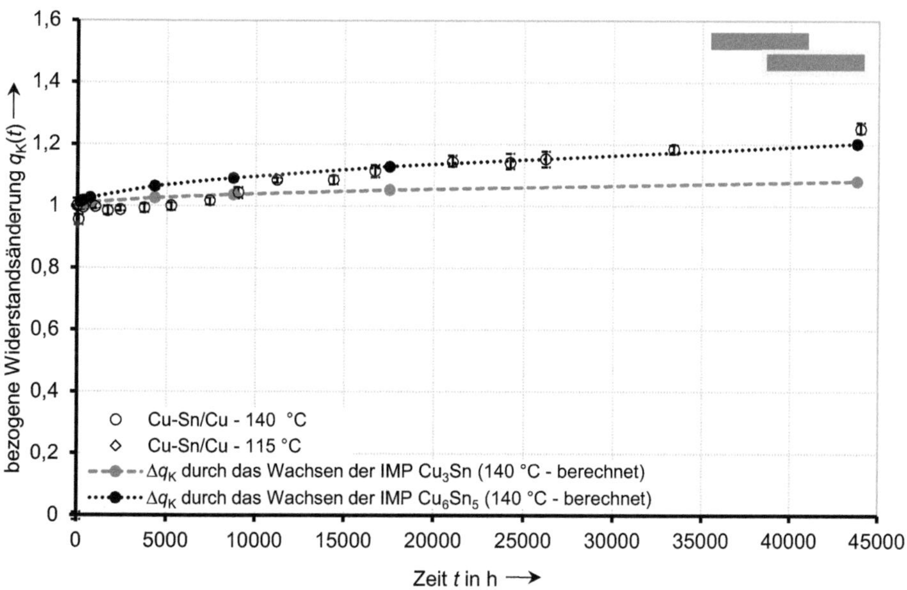

Abb. 5.15 Verlauf der bezogenen Widerstandsänderung q_k einer Schraubenverbindung mit einer verzinnten und einer unbeschichteten Stromschiene aus Cu-ETP (Annahme 1,5 % der scheinbaren Kontaktfläche stromführend) nach [2]

der Oberfläche adsorbiert und dissoziiert. Anschließend diffundieren die Sauerstoffatome durch das Kristallgitter. Bei Temperaturen unterhalb von 380 °C findet die Diffusion an den Korngrenzen statt. Ist die Temperatur höher, wandern die Sauerstoffatome entlang der Oktaederlücken des kubisch flächenzentrierten Silbers [43]. Durch diesen Effekt kann Sauerstoff bis zum Leiterwerkstoff vordringen oder nach dem Fügen mit der Oberfläche des zweiten Kontaktpartners reagieren. So ist es denkbar, dass eine Oxidschicht in den Mikrokontakten entsteht (siehe Abschn. 5.1.3) [21].

5.1.3 Chemische Reaktionen

Als wesentliche Art chemischer Reaktionen, die den Widerstand stromführender Verbindungen beeinflusst, wird die Korrosion betrachtet. Die Korrosion ist dabei der zerstörerische Angriff eines Metalls durch eine chemische oder eine elektrochemische Reaktion mit der Umgebung [9]. Entsprechend dieser Definition wird folgend die mögliche Wirkung der Korrosion auf das Kontakt- und Langzeitverhalten stromführender Verbindungen betrachtet, wenn die Leiter- und die Beschichtungswerkstoffe durch Oxidation oder galvanische Korrosion in atmosphärischer Luft angegriffen werden (Abb. 5.16).

Nach dem Fügen der Verbindung sind die Mikrokontakte ausgebildet. Wird die Temperatur an der Verbindung im Betrieb erhöht, nimmt die Härte der Leiter- und der Beschichtungswerkstoffe ab. Dabei wird die Fläche der Mikrokontakte größer, was insbesondere bei Verbindungen mit versilberten oder verzinnten Leitern zu einem kleineren Kontakt- und damit Verbindungswiderstand innerhalb der Phase des ersten Aufheizens führt. Verbindungen mit unedlen Leitern zeigen dieses Verhalten nicht oder es ist nur sehr schwach ausgeprägt, da sich durch die bereits gebildeten Oxidschichten die quasimetallische und mechanisch tragende aber nicht die wahre metallische Kontaktfläche vergrößert. Dieses Verhalten konnte in Kriechversuchen an Punktkontakten mit gekreuzten Zylindern

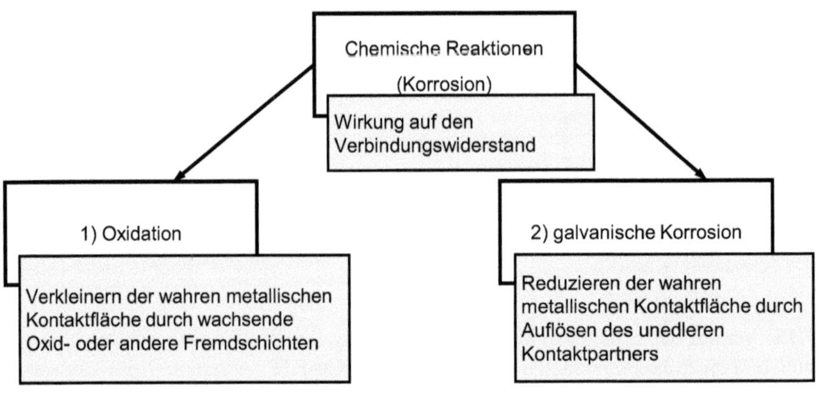

Abb. 5.16 Chemische Reaktionen und deren Wirkung auf das Langzeitverhalten stromführender Verbindungen [9]

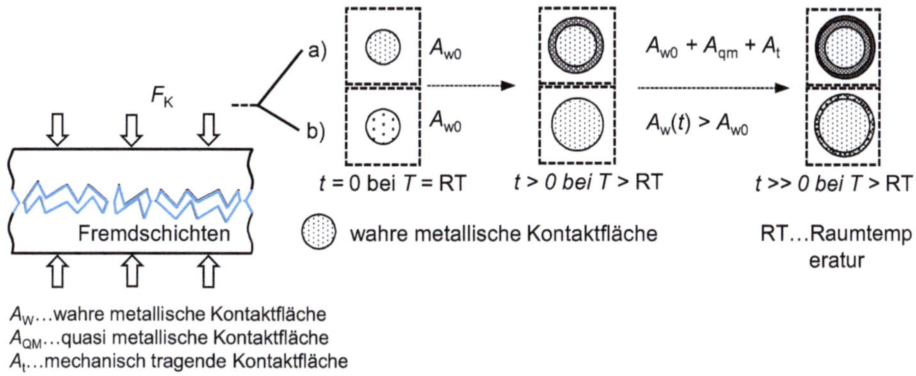

Abb. 5.17 Vergrößern der Kontaktfläche durch eine zeitabhängige, plastische Verformung der Mikrokontakte **a**) unedle Metalle, **b**) edle Metalle (schematisch) [9]

aus Aluminium und Kupfer sowie versilberten, verzinnten und vernickelten Leitern aus Kupfer nachgewiesen werden (Abb. 5.17) [12].

Mikrokontakte in Verbindungen mit unedlen Leitern aus gleichen Metallen wirken wie eine Grenze zwischen Körnern unterschiedlicher oder gleicher Orientierung im Gefüge von Metallen. Die Elektronen queren die Grenzfläche, werden gebeugt und der Widerstand ist im Idealfall vergleichbar mit dem einer natürlichen Korngrenze im Gefüge des Leiterwerkstoffs. Er liegt im Bereich von einigen 10 nΩ [13, 14].

Sind dünne, durchtunnelbare Oxidschichten im Mikrokontakt vorhanden, wirkt zusätzlich der Hautwiderstand im Bereich weniger µΩ (Abschn. 4.1.1). Dieser führt nicht zum thermischen Versagen der Verbindung im Betrieb. Erst bei dickeren Oxidschichten kann der Kontaktwiderstand so hoch werden, dass es zum Ausfall kommt. Der Einfluss wachsender Oxidschichten, kann bei dünnen Schichten mit dem Haut- und für dicke Schichten mit dem Volumenwiderstand der Fremdschicht beschrieben werden (Gl. (5.20)) – Tab. 5.7).

$$R_H = \frac{\sigma_H}{A_w} \text{ oder } R_F(t) = \frac{\rho_F \cdot l_F(t)}{A_w} \tag{5.20}$$

Die Dicke der Fremdschicht l_F hängt stark von der Zeit t, der Temperatur θ und der Zugänglichkeit des Sauerstoffs zur Oberfläche ab. *Slade* gibt eine allgemeine Gleichung an, die zum Berechnen des spezifischen Hautwiderstands abhängig von der Dicke der Oxidschicht l_F genutzt werden kann [17].

$$\text{Slade}: \sigma_H = \frac{l_F \cdot h^2}{3 \cdot e^2 \sqrt{2 \cdot m \cdot \Phi}} \cdot e^{\frac{4 \cdot \pi \cdot l_F \cdot \sqrt{2 \cdot m \cdot \Phi}}{h}} \tag{5.21}$$

Dabei ist h das Plancksche Wirkungsquantum, m die Elektronenmasse, e die Elementarladung und Φ die Höhe des für die Oxidschicht spezifischen Potenzialwalls in eV. Der spezifische Hautwiderstand σ_H in Ωcm^2 nach *Holm* kann für eine Oxidschicht mit einer Dicke $l_F < 1{,}5$ nm mit Gl. (5.22) abgeschätzt werden [15].

Tab. 5.7 Eigenschaften von Fremdschichten im Temperaturbereich bis 175 °C [45–57]

Fremdschicht	Cu_2O Kupfer(I)-oxid	Al_2O_3 (>99 %) Aluminiumoxid	SnO Zinn(II)-oxid	α-Ag_2S Silber(I)-sulfid	Ag_2O Silber(I)-oxid	NiO Nickel(II)-oxid
Kristallstruktur	cP6	hR10	tP4	monoklin		
Farbe	transparent, gelb, braun, rot, schwarz (abhängig von der Dicke)	transparent (dünne Schichten), weiß	blau, schwarz	bleigrau, grau, eisenschwarz	fast schwarz	hellgelb, grün, graugrün, schwarz
Schmelztemperatur ϑ_s in °C	1242	2040 … 2055	1042 (zerfällt in Sn und Zinndioxid)	150 … 300 (zerfällt)	230 (zerfällt)	1957
Dichte ρ in g/cm^3	5,8 … 6,1	3,94	6,45	7,3	7,2	7,45
Bandlücke in eV	1,8 … 2,1	8,7	–	1,3	–	3,7
relative Primitivität ε_r	7 … 16,2	9 … 10	9,72	–	–	–
Durchschlagfestigkeit E_d in kV/mm	–	35	–	–	–	–
spezifischer elektrischer Widerstand ρ_{20} in Ωm bei 20 °C	$5{,}5 \cdot 10^4$	10^{12}	10^2	3,6	$9{,}7 \cdot 10^{-1}$ … $2{,}6 \cdot 10^{-5}$	10^{11}
Wärmeleitfähigkeit λ in W/K · m	6,3 … 8	19 … 30 (30 … 100) °C	–	–	–	12,3
spezifische Wärmekapazität c_p in J/(kg · K)	–	850 … 1050 (30 … 600) °C	–	–	–	–
Elastizitätsmodul E in kN/mm^2	–	360	–	–	–	–
Biegefestigkeit in N/mm^2	–	520	–	–	–	–
linearer Ausdehnungs-koeffizient α in 1/K · 10^{-6}	–	7 … 8 (30 … 600) °C	–	14	–	–
Härte H in HV	109 … 189	1730 … 2060	36 … 60	36 … 60		535 … 550

$$\text{Holm}: \sigma_\text{H} = 0{,}5 \cdot 10^{-22} \cdot \frac{A^2}{1+AB} e^{AB} \text{ mit}$$

$$A = 7{,}32 \cdot 10^6 \cdot \left(l_\text{F} - \frac{0{,}72eV}{\phi} \right) \text{und } B = 1{,}265 \cdot 10^{-6} \sqrt{\phi - \frac{1\text{nm}}{l_\text{F} \cdot \varepsilon_\text{r}}} \quad (5.22)$$

ε_r ist die relative Permeabilität und l_F die Dicke der durchtunnelten Oxidschicht in nm. Sind die Oxidschichten dicker als $l_\text{F} > 1{,}5$ nm empfiehlt *Holm* den Ansatz nach *Simmons* [16] Gl. (5.23) zu verwenden.

$$\text{Simmons}: \sigma_\text{H} = \frac{\Delta s}{3{,}16 \cdot 10^9 \cdot \sqrt{\phi_\text{L}}} \cdot e^{10{,}25 \cdot \Delta s \sqrt{\phi_\text{L}}} \text{ mit } \Delta s = s_2 - s_1, s_1 = \frac{0{,}6eV}{\varepsilon_\text{r}\phi},$$

$$s_2 = l_\text{F} - \frac{0{,}6eV}{\varepsilon_\text{r}\phi} \text{ und } \phi_\text{L} = \phi - \frac{0{,}575}{\varepsilon_\text{r} \cdot (s_2 - s_1)} \cdot \ln\left(\frac{s_2 \cdot (s - s_1)}{s_1 \cdot (s - s_2)} \right) \quad (5.23)$$

Beide Ansätze unterscheiden sich insbesondere in der mathematischen Approximation der Form des Potenzialwalls. Die Grundform ist dabei eine Exponentialfunktion, bei sich der Vorfaktor und der Exponent mit zunehmender Schichtdicke erhöht.

Am Beispiel des spezifischen Hautwiderstands von Aluminiumoxid wird deutlich, dass sich dieser bereits bei wenigen nm dicken Schichten über mehrere Dekaden ändert (Abb. 5.18). Für Oxidschichten beispielsweise auf Metalloberflächen frei in Luft wurden Wachstumsgesetze hergeleitet [1]. Am Beispiel eines Punktkontakts wird deutlich, dass bereits wenige Zehntel nm dicke Schichten einen wesentlichen Einfluss auf den Kontaktwiderstand haben (Abb. 5.19).

Bereits Oxidschichten mit einer Dicke von (0,5 … 0,7) nm führen zu Hautwiderständen, die im Bereich des Engewiderstands sind. Oxidschichten mit größerer Dicke erhöhen den Kontaktwiderstand deutlich. Dies gilt auch bei parallel geschalteten Punktkontakten wie sie bespielhaft bei Schraubenverbindungen mit gekreuzten Rillenstrukturen auf der Kontaktfläche der Stromschienen auftreten (Abb. 5.20). Eine kritische Schichtdicke wird bei Werten >1 nm erreicht.

Ein Ansatz mit dem der Kontaktwiderstand eines einzelnen oder mehrerer paralleler Mikrokontakte, deren Radien statistisch gleichverteilt sind, abhängig von der Zeit und der Dicke der sich bildenden Oxidschicht für den quasimetallischen Bereich durch diffundierenden Sauerstoff beschrieben werden kann lautet [37]:

$$\text{ein Mikrokontakt } R_\text{K}(t) = \frac{R_\text{K0}}{1 - \frac{2D}{r_\text{i}^2 l_\text{q} / l_\text{Fmax}} t} \quad (5.24)$$

$$\text{mehrere Mikrokontakt } R_\text{K}(t) = \frac{R_\text{K0}}{\left(1 - \frac{2D}{\bar{r}_\text{i}^2 l_\text{q} / l_\text{Fmax}} t\right)\left(1 - \sqrt{\frac{2D}{\bar{r}_\text{i}^2 l_\text{q} / l_\text{Fmax}} t}\right)} \quad (5.25)$$

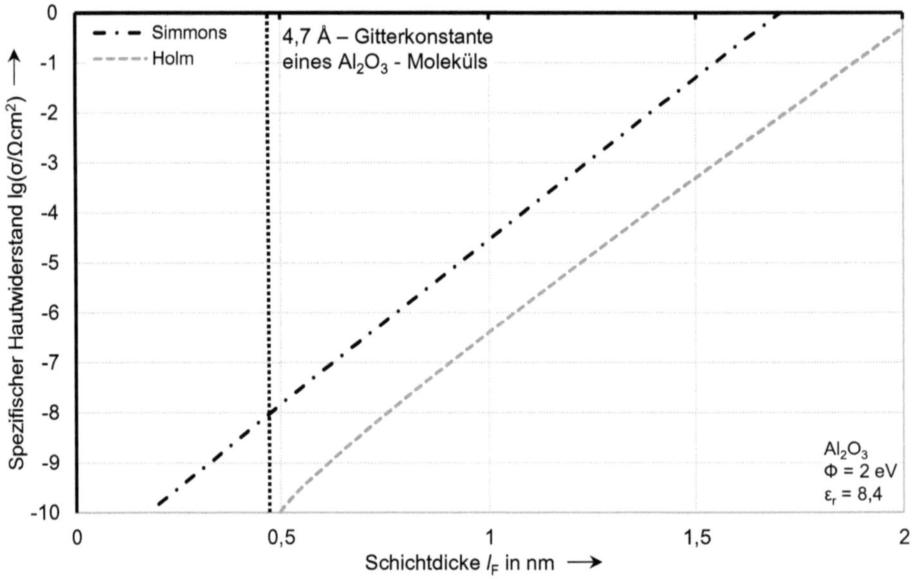

Abb. 5.18 Spezifischer Hautwiderstand σ_H für Aluminiumoxid Al_2O_3 zwischen zwei Aluminiumleitern abhängig von der Schichtdicke l_F (Stoffwerte aus [38])

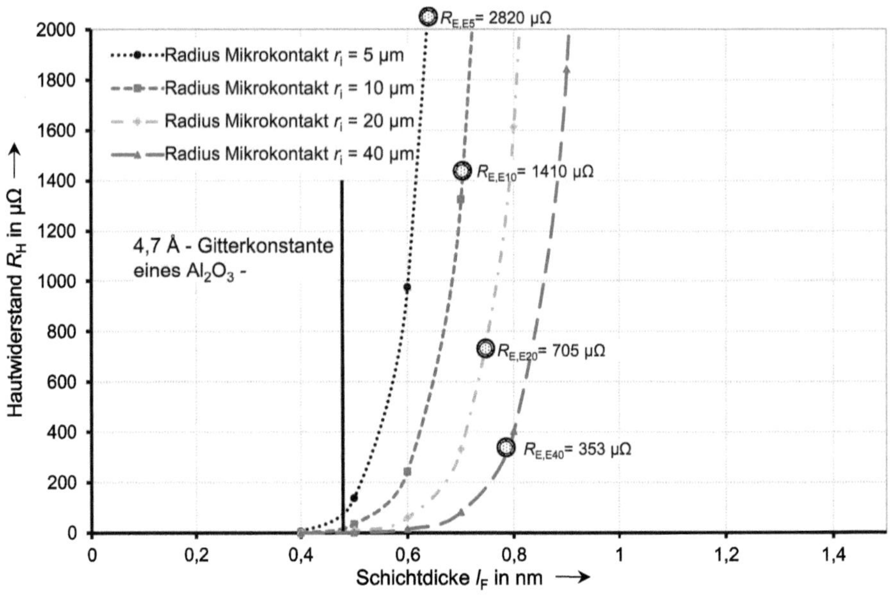

Abb. 5.19 Hautwiderstand R_H von Aluminiumoxid Al_2O_3 für unterschiedliche große Punktkontakte zwischen zwei Leitern aus Aluminium abhängig von der Dicke der Oxidschicht l_F Gl. (5.22 und 5.21) im Vergleich zum jeweiligen Engewiderstand $R_{E,E}$ Gl. (4.4)

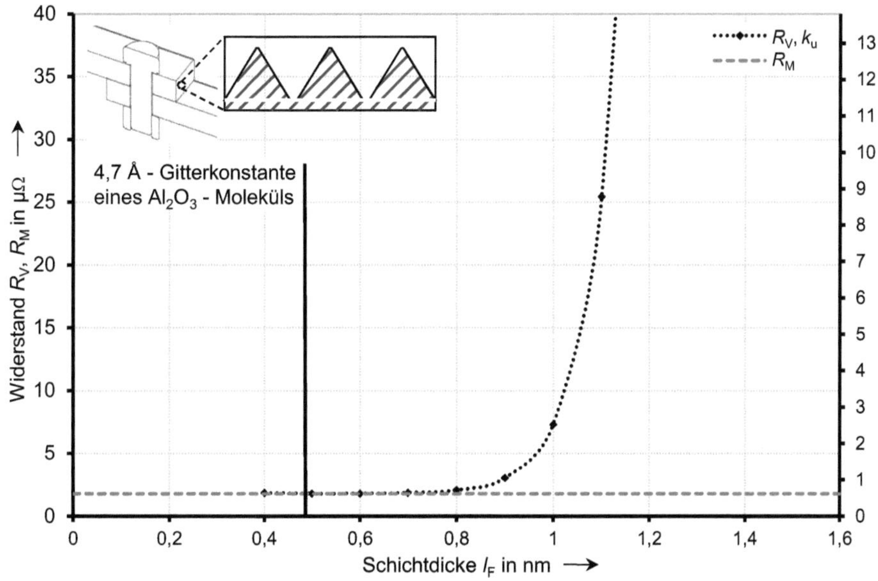

Abb. 5.20 Verbindungswiderstand und Gütefaktor abhängig von der Dicke der Oxidschicht l_F am Bsp. einer Schraubenverbindung mit gerillten Stromschienen aus Aluminium, einer scheinbaren Kontaktfläche von 1477 mm^2 und 5869 parallel geschalteten Mikrokontakten mit einer Größe von 40 µm (keine Interaktion zwischen den Mikrokontakten)

Dabei ist $l_{F\,max}$ die maximale Dicke der Oxidschicht außerhalb des Mikrokontakts. Diese ist abhängig von der Art des Werkstoffs sowie den Umgebungsbedingungen. l_q ist die Dicke der quasimetallischen, durchtunnelbaren Oxidschicht im Kontakt und ist in der Regel unbekannt. R_{K0} ist der Kontaktwiderstand des Punktkontakts im Ausgangszustand und D der Diffusionskoeffizient, der die Geschwindigkeit des eindringenden Sauerstoffs in den Mikrokontakt beschreibt. Der Diffusionskoeffizient ist nahezu unbekannt und abhängig von der Temperatur T, der Aktivierungsenergie Q und dem Frequenzfaktor D_0 [37].

Beispiel aus [21]

Es wird ein Punktkontakt zwischen einem konischen Zylinder aus Kupfer und einem planen Zylinder aus Aluminium mit parallelen Mikrokontakten betrachtet, die einen mittleren Radius von r_i = 7 µm haben. Der Punktkontakt wird bei einer Temperatur von 115 °C gealtert. Der gemessene Ausgangswiderstand war R_{K0} = 248 µΩ und der Diffusionskoeffizient $D_{115\,°C} = 4{,}2 \cdot 10^{-16}$ cm^2/s. Die maximale Dicke der Al_2O_3-Oxidschicht außerhalb des Kontakts wurde mit $l_{F\,max}$ = 2,5 nm und die durchtunnelbare Schichtdicke mit l_q = 15 nm angenommen. Es wurde der mittlere gemessene und der berechnete Kontaktwiderstand über 4000 h verglichen (Abb. 5.21). Folgend ist der Rechenschritt für einen Zeitpunkt nach 4000 h zur Erläuterung dargestellt:

$$R_K(4000\,h) = \frac{248\,\mu\Omega}{\left(1 - \frac{2 \cdot 1{,}5 \cdot 10^{-12}\,cm^2/h}{(0{,}000\bar{7}\,cm)^2 \cdot 15\,nm/25\,nm} 4000\,h\right)\left(1 - \sqrt{\frac{2 \cdot 1{,}5 \cdot 10^{-12}\,cm^2/h}{(0{,}000\bar{7}\,cm)^2 \cdot 15\,nm/25\,nm} 4000\,h}\right)} = 325\,\mu\Omega$$

◂

In der Phase der Formierung kann sich der Kontaktwiderstand durch wachsende Oxidschichten in Kombination mit Setzprozessen leicht erhöhen. Wie stark dieser Effekt ausgeprägt ist, hängt von der Verbindungs- und der Leiterart sowie der Verteilung der mechanischen Spannung in der Kontaktebene ab. Beispielsweise ist der Kraftabbau bei Verbindungen mit mehrdrähtigen Leitern aus Aluminium insbesondere durch das Setzen in den zahlreichen Kontaktebenen innerhalb der ersten Stunden deutlich stärker als bei Verbindungen mit massiven Leitern. Zudem kann durch die hohe Anzahl an Kontaktebenen leichter Sauerstoff in die Kontaktflächen eindringen und wachsende Oxidschichten kleinere Mikrokontakte unterbrechen (Abb. 5.22). Entsprechend ist ein geringes Erhöhen des Verbindungswiderstands in der Formierungsphase für stromführende Verbindungen mit mehrdrähtigen Leitern typisch.

Weitere Oxidationsprozesse können anschließend erst wirken, wenn sich die Kontaktkraft weiter stark reduziert hat und/oder Relativbewegungen zwischen den Kontaktpartnern auftreten. Der Kontaktwiderstand von Bimetall-Verbindungen kann durch Wandern von Sauerstoff entlang der Grenzflächen (Abb. 5.23a) oder durch Umwandlung von einem

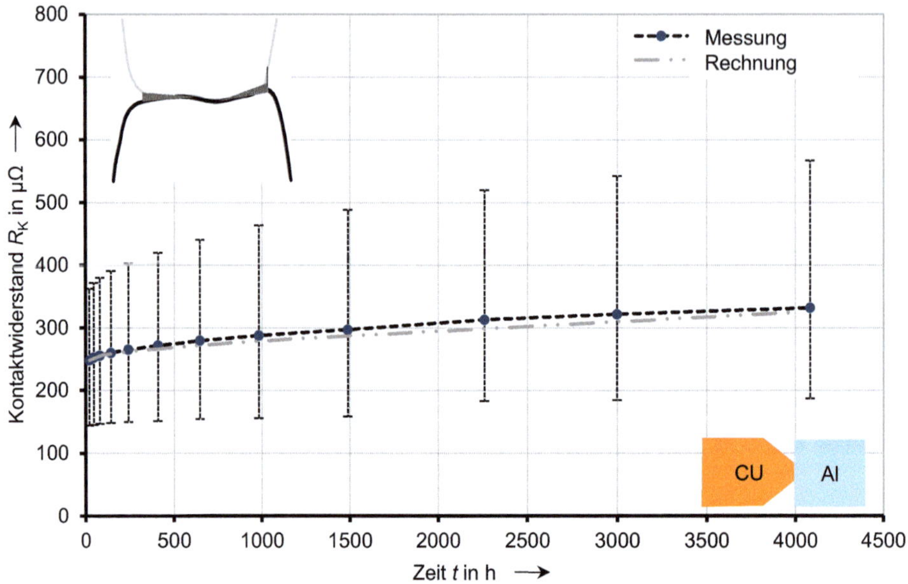

Abb. 5.21 Berechneter und gemessener Verlauf des Kontaktwiderstands eines Punktkontakts mit Leitern aus Aluminium und Kupfer nach [21]

Abb. 5.22 Hypothese zum Einfluss wachsender Oxidschichten auf den Mikrokontakt von Verbindungen mit gleichen, unedlen Kontaktpartnern (schematisch) [9]

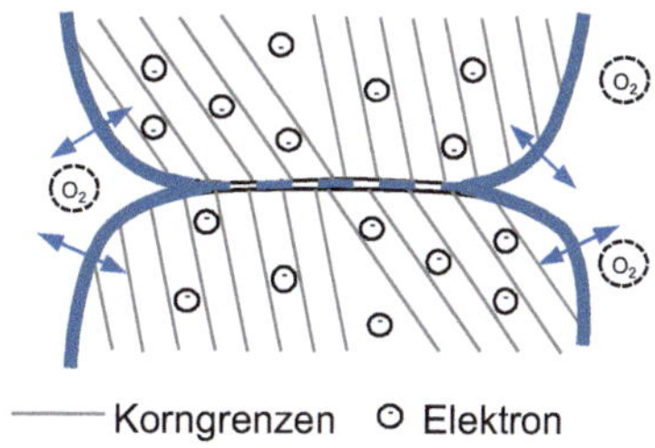

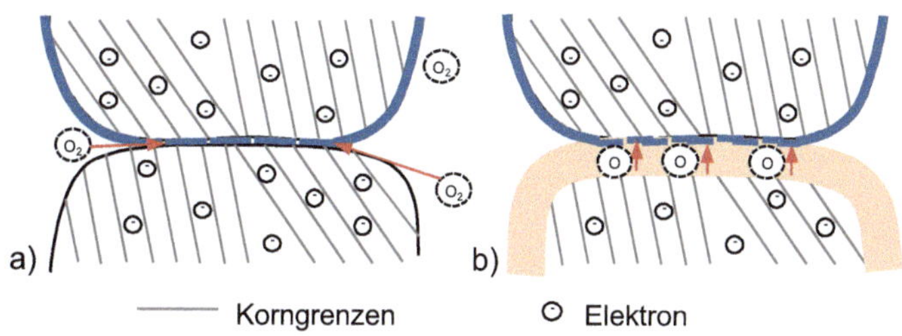

Abb. 5.23 Hypothese zum Einfluss wachsender Oxidschichten auf den Mikrokontakt von Verbindungen mit **a**) einem unedlen und edlen Kontaktpartner und **b**) unterschiedlichen unedlen Kontaktpartnern (schematisch) [9]

in ein anderes Oxid bereits in den ersten Betriebsstunden beeinflusst werden (Abb. 5.23b). Das Ellingham-Richardson-Diagramm zeigt (Abb. 5.24), dass Aluminiumoxid den niedrigsten Energiezustand im Vergleich zu den anderen Oxiden hat, sodass ein Antrieb für den Sauerstoff vorhanden ist, aus der Bindung eines Oxids herausgelöst zu werden, um ein anderes Oxid zu bilden [21, 39, 40].

Sauerstoff kann im Mikrokontakt den unedleren Kontaktpartner oxidieren. Dies ist z. B. bei Verbindungen mit Leitern aus Aluminium und Kupfer denkbar. Des Weiteren kann Sauerstoff aus der Umgung entlang der Korngrenzen zur Oberfläche des unedleren Kontaktpartners wandern. Dieses Phänomen konnte bei Verbindungen mit einem unbeschichteten und einem versilberten Kontaktpartner aus Aluminium beobachtet werden (siehe auch Abb. 5.40 – Abschn. 5.3) [21].

Silber bildet in normaler atmosphärischer Luft kaum Oxidschichten auf der Oberfläche. Silber(I)-Oxid (Ag_2O) ist sehr weich und nur schwach auf der Oberfläche gebunden. Ein negativer Einfluss auf das Kontaktverhalten ist nicht bekannt [18, 19]. Es wurde jedoch gezeigt, dass bei Temperaturen größer als 200 °C Sauerstoff an den Korngrenzen in der Silberschicht wandert [19, 20]. Bei höheren Temperaturen >380 °C ist auch Volumendiffusion durch die Kristallstruktur des Silbers möglich [43]. Antrieb dafür ist der starke Konzentrationsgradient des Sauerstoffs zur Oberfläche des Aluminiums.

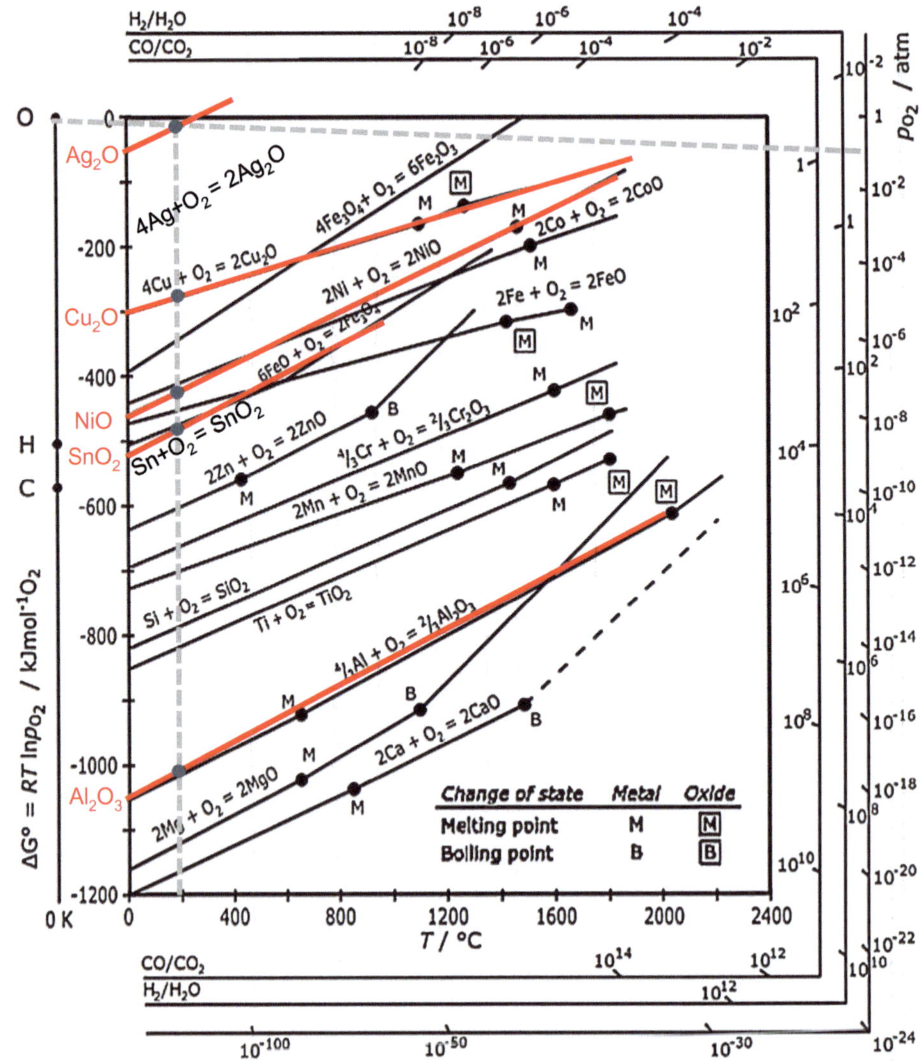

Abb. 5.24 Ellingham-Richardson-Diagramm (Oxide rot hervorgehoben, Zinnoxid ergänzt) – Als Beispiel ist die obere grau gestrichelte Linie für p_{O2} = 0,2 atm (Luft) eingezeichnet. Oxide deren ΔG_0-Wert unterhalb der Linie liegen sind thermodynamisch in normaler atmosphärischer Luft stabil. Zusätzlich ist eine graue Linie bei der Temperatur von 200 °C eingezeichnet. Die Schnittpunkte (blaue Punkte) zeigen den ΔG_0 – Wert [40]

Für die Alterung durch Oxidation ist entscheidend, ob Sauerstoff an die Mikrokontakte gelangt und damit eine Oxidschicht auf der wahren metallischen Kontaktfläche wachsen kann. Es ist daher entscheiden, ob eine Verbindung gasdicht ist oder nicht. Ein Ansatz dies zu prüfen, ist die probabilistische Perkolationstheorie[2] [42]. Mit dieser kann für zwei- oder

[2] Perkolationstheorie beschreibt die Wahrscheinlichkeit, mit der ein zufällig besetztes Gitter eines bestimmten Typs zusammenhängende Bereiche bildet.

dreidimensionale Strukturen unterschiedlicher Füllfaktoren f die jeweils spezifische Perkolationswahrscheinlichkeit und aus dem Produkt dieser beiden die kritische Perkolationsdichte p_C bestimmt werden. Oberhalb der kritische Perkolationsdichte existieren gesichert unbegrenzt viele zusammenhängende Bereiche oder Cluster von Berührungsstellen in einer Mikrostruktur oder einem Gitter, sodass z. B. ein Eindringen des Sauerstoffs von außen in das Innere der geschützten Bereiche ausgeschlossen werden kann. Mikrokontakte, die im Inneren der geschützten Bereiche liegen, sind damit vor weiterer Oxidation geschützt. Für zweidimensionale Strukturen kann die kritische Perkolationsdichte mit 42 … 46 % und für dreidimensionale Strukturen mit 14 … 16 % bestimmt werden [44]. In erster Näherung kann die zweidimensionale Kontaktebene in sich berührende und in sich nicht berührende Flächen unterschieden werden. Folglich hätte bei einem Anteil der mechanisch tragenden Kontaktfläche A_t zur scheinbaren Kontaktfläche A_s größer 44 % eine Verbindung gesichert gasdichte Bereiche in der Kontaktebene. Um die notwendige Kontaktkraft bzw. mittlere mechanische Spannung berechnen zu können, kann die empirische Gl. (5.26) aus Gl. (4.10) her- und angewendet werden [42]:

$$F_K = \frac{H_K A_S A_t}{A_S - A_t} \text{ oder } \frac{F_K}{A_{Ers}} = \sigma_m = \frac{H_K A_S A_t}{A_S - A_t} \tag{5.26}$$

Dabei ist H_K die Kontakthärte des weicheren Kontaktpartners. Eine erste Auswertung des Ansatzes hat für reale Verbindung gezeigt, dass die mit Gl. (5.26) berechneten Kräfte zu hoch im Vergleich zu denjenigen sind, die in Experimenten zu Gasdichtheit führten [21]. In Gl. (5.26) wird davon ausgegangen, dass die Kraft in der scheinbaren Kontaktfläche gleichverteilt ist, was in realen Verbindungen praktisch nicht der Fall ist. Daher muss die mechanische Spannungsverteilung berücksichtigt werden. Im Gegensatz zu den Annahmen der Perkolationstheorie entstehen die zusammenhängenden Bereiche nicht zufällig verteilt, sondern vorzugsweise in den Bereichen hoher mechanischer Spannungen. Entsprechend kann ggf. Gasdichtheit der Mikrokontakte abhängig von der Materialkombination auch mit geringeren Kontaktkräften erreicht werden. Folglich ist entscheidend, ob einerseits lokal eine Gasdichtheit in der Kontaktebene eines Flächenkontakts bzw. Punktkontakts erreicht wird und ob die Mikrokontakte gasdicht sind. Beide Fälle sind bisher unzureichend untersucht, sodass die Anwendbarkeit der Perkolationstheorie zukünftig validiert werden muss, um Grenzwerte für erforderliche Kontaktkräfte abhängig von der Werkstoffkombination zu ermitteln.

Ein experimentell bestimmtes Kriterium für eine gasdichte Verbindung im Neuzustand wurde über die bezogene Widerstandsänderung q_k aus dem Kontaktwiderstand nach einer Stunde und 24 h Betriebszeit $R_K(1\text{ h})$ und $R_K(24\text{ h})$ hergeleitet [21]:

$$q_K = \frac{R_K(24\text{h})}{R_K(1\text{h})} < 1{,}5 \tag{5.27}$$

Dabei wurden phänomenologisch Ergebnisse aus Versuchen ausgewertet und festgestellt, dass Verbindungen, die das genannte Kriterium erfüllen, zunächst als gasdicht angesehen werden können [21].

Tab. 5.8 galvanischer Korrosion gefährdete Materialkombinationen [58, 59, 61]

Werkstoffpaarung Metall 1/Metall 2	Potentialdifferenz in mV
Al/Cu	580
Al/Ag	770
Al/Ni	620
Al/Sn	300
Ag/Sn	470
Ag/Ni	150
Sn/Ni	320
Cu/Sn	260
Cu/Ag	190
Cu/ Ni	40

grau schattiert sind gefährdete Werkstoffkombinationen

Neben der Oxidation kann die **galvanische Korrosion** das Langzeitverhalten von stromführenden Verbindungen beeinflussen. Galvanische Korrosion tritt auf, wenn zwei unterschiedliche Leiterwerkstoffe miteinander verbunden werden, die in der elektrochemischen Spannungsreihe weit auseinander stehen. Beide Metalle sind über die Mikrokontakte elektrisch leitend miteinander verbunden. Sind beide Leiter mit einem Elektrolyten benetzt, setzt die galvanische Korrosion ein. Dabei wirkt das unedlere Metall als Anode, wird oxidiert und geht in den Elektrolyten über. Die bei dieser Reaktion entstanden Elektronen bewegen sich über die Mikrokontakte zum edleren Metall, das als Kathode wirkt, und gelangen dort in den Elektrolyten. An dieser Stelle wird Wasser und Sauerstoff reduziert und es entsteht Hydroxid. Dadurch wird das unedlere Metall immer weiter aufgebraucht und an der Oberfläche des edleren Metalls als hydratisiertes Oxid angelagert. Je höher die Potenzialdifferenz ist, desto stärker wirkt die galvanische Korrosion (Tab. 5.8). Zudem ist das Oberflächenverhältnis beider Reaktionspartner entscheidend. Die galvanische Korrosion wirkt an der Anode verstärkt, wenn die Fläche der Anode kleiner ist als die der Kathode [59, 60]. Die galvanische Korrosion muss in technischen Anwendungen ab einer Potenzialdifferenz von >350 mV berücksichtigt werden [61].

Durch galvanische Korrosion kann die wahre metallische Kontaktfläche einer Verbindung reduziert werden, wodurch sich der Verbindungswiderstand erhöht. Da ein Elektrolyt für die Reaktion notwendig ist, der beide Reaktionspartner bedeckt, ist im Innenraum (<50 % RH) und bei Temperaturen über 100 °C die Wirkung der galvanischen Korrosion praktisch ausgeschlossen [61]. Unter Freiluftatmosphäre, in Meeresnähe oder in Fahrzeugen bei gesalzenen, feuchten Straßen, muss die galvanische Korrosion besonders berücksichtigt werden, da sie das Langzeitverhalten der Verbindung stark beeinflussen kann. Durch „Abdichten" der Verbindungen mit Kunststoffgehäusen, Lacken oder Kunststoffbeschichtungen (nach dem Fügen) kann die galvanische Korrosion stark gemindert werden.

5.1.4 Reibverschleiß

Reibverschleiß beschreibt die Alterung stromführender Verbindungen aufgrund von Relativbewegungen, die Veränderungen der Oberflächentopografie beziehungsweise der Oberflächen und Kontakteigenschaften bewirken. Durch diese Relativbewegungen können die folgenden Verschleißmechanismen wirken [63]:

1. Abrasion: Verschleiß weicherer Oberflächen durch harte Partikel oder harte Oberflächenerhebungen
2. Adhäsion: Bilden von Haftbrücken (Mikrokaltverschweißen), die bei genügend großen Versatzbewegungen im oder Nahe des Kontaktes aufreißen und dabei kaltverfestigte Partikel aus der Oberfläche lösen
3. Tribochemische Reaktionen: Entfernen von schützenden Fremdschichten durch Relativbewegung. Das darunterliegende Material reagiert anschließend erneut mit Bestandteilen der Atmosphäre, z. B. durch Oxidation. Es kommt zu einem fortwährenden Materialabtrag.
4. Oberflächenzerrüttung: Rissbildung in den Kontaktoberflächen durch Temperaturänderung oder mechanische Beanspruchung (Versprödung). Die Beschichtung kann zum Teil herausbrechen und Sauerstoff gelangt an darunterliegendes Material.

Der Reibverschleiß kann grundsätzlich in Fretting und Gleitverschleiß unterschieden werden (Abb. 5.25). Ziel ist es dabei, anwendungsspezifische Wertebereiche für die Amplitude der Relativbewegung zwischen den Kontaktpartner und der wirkenden Kontaktnormalkraft abzugrenzen, in denen bestimmte Verschleißmechanismen abhängig von den Kontaktwerkstoffen bevorzugt auftreten [63].

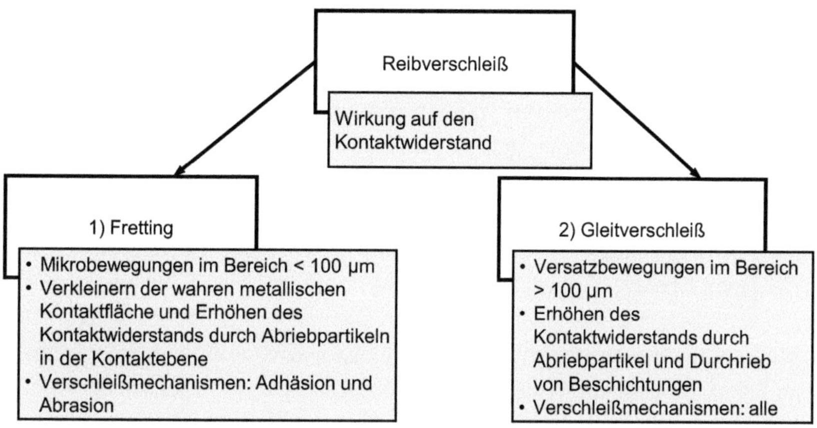

Abb. 5.25 Wirkung des Reibverschleiß auf das Langzeitverhalten stromführender Verbindungen

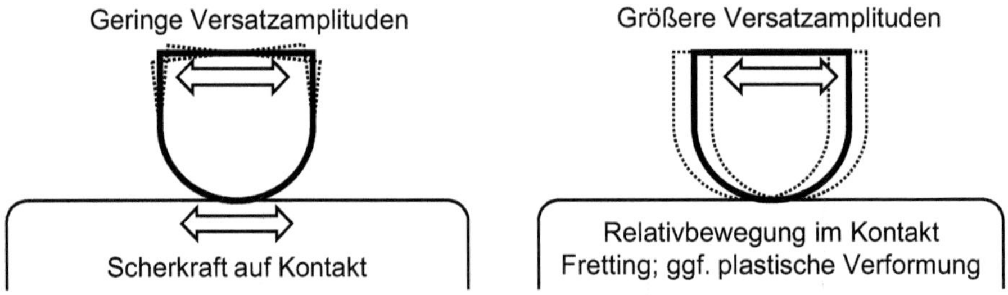

Abb. 5.26 Elastische Verformung im Kontakt und Aufbrechen bei größeren Amplituden

Durch **Fretting** werden Mikrospitzen und Korrosionsschichten abgetragen. Als Verschleißmechanismus wirkt die Adhäsion. Sind die Versatzbewegungen sehr klein, führen die Adhäsionskräfte zu einer rein elastischen Verformung der Mikrokontakte. Ist dies der Fall, entsteht im Kraft-Weg-Diagramm (Abb. 4.16) eine Hysterese. Abhängig von der Kontaktkraft, der Härte der Kontaktwerkstoffe und der Haftreibung zwischen den Kontaktpartnern tritt ab einer bestimmten Versatzamplitude auch plastische Verformung auf (Abb. 5.26).

Bei Steckverbindungen mit Kontaktlamellen können auch größere Relativbewegungen durch elastische Verformung aufgenommen werden. Werden die Relativbewegungen zu groß, beginnen die Mikrokontakte aufzureißen und die Abrasion beginnt. Durch die geringen Relativbewegungen beim Fretting (typischerweise < 100 µm) bleiben die entstandenen abgerieben und anschließend kaltverfestigten Partikel zwischen den Kontaktpartnern. Dadurch wird die Abrasion verstärkt und der Verschleiß erhöht [62, 63]. Befinden sich ausreichend Abriebpartikel zwischen den Kontaktpartnern, verringert sich der Verschleiß, da sich die Kontaktpartner jeweils gegen die beweglichen Abriebpartikel verschieben. Im weiteren Verlauf werden Partikel aus dem Kontaktbereich herausgedrängt und die mechanische Spannungsverteilung wird ungleichmäßig. Dadurch verschleißt der Kontaktbereich insbesondere in den Bereichen der höchsten mechanischen Spannungen [63]. Geschlossene mathematische Modelle zum Beschreiben des Einflusses von Fretting auf den Verlauf des Kontaktwiderstands von Verbindungen sind nicht bekannt, sodass die Wirkung in experimentellen Untersuchungen ermittelt werden muss [62, 63].

Noch größere Relativbewegung führen zum Gleiten und der **Gleitverschleiß** wird dominant. Beim Gleitverschleiß werden die Rauigkeiten der Oberflächen der Kontaktpartner eingeebnet und die Abriebpartikel werden aus dem Kontaktbereich herausgedrängt. Dies führt dazu, dass auch der Kontaktwerkstoff abgetragen wird. Dies kann durch geeignete Schmierfette verlangsamt werden, die auch die Oberfläche vor chemischen Reaktionen schützen und den Reibwert zwischen den Kontaktpartnern verringern. Beim Gleitverschleiß können prinzipiell alle Verschleißmechanismen wirken, dennoch wird in drei Phasen unterschieden. In der ersten Phase, der Einlaufphase, reiben die unbeschädigten Oberflächen der Kontaktpartner erstmals aufeinander. Der Kontaktwiderstand ist nach dem ersten Steckvorgang R_{K0} zunächst vergleichsweise hoch (Abb. 5.27 – a)). Dieser verringert sich durch Setzprozesse und

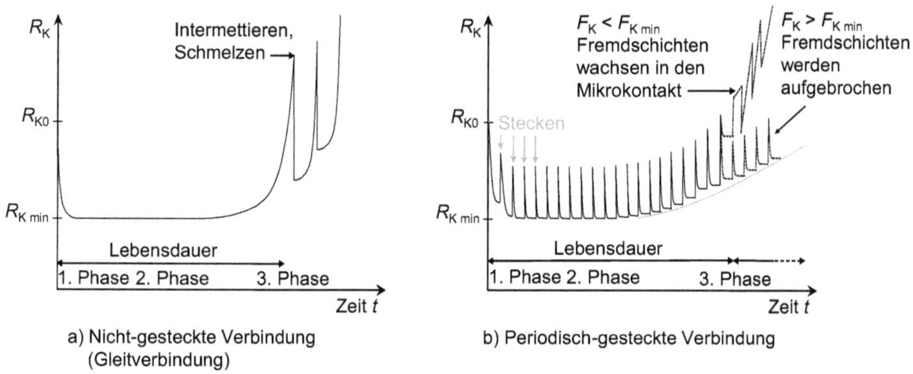

Abb. 5.27 Kontaktwiderstand abhängig von der Wirkung des Reibverschleißes von versilberten Gleit- und Steckverbindungen (schematisch) **a**) nicht gesteckte Verbindung oder Gleitverbindung **b**) periodisch gesteckte Verbindung

das Erweichen der Beschichtung nach wenigen Stunden bis auf einen Minimalwert $R_{K0\,min}$. In den ersten Zyklen ist der Verschleiß durch das Einebnen der Rauheitsspitzen vergleichsweise gering. Nach den ersten Stunden ändert sich der Kontaktwiderstand in der ersten Phase kaum. In der zweiten Phase wird der Kontaktwiderstand kontinuierlich größer, da Fremdschichten in der Kontaktebene durch den Steck- oder Reibvorgänge nicht mehr vollständig aufgebrochen werden können und sich die Anzahl an Abriebpartikel erhöht (Abb. 5.27 – a)). Gleichzeitig kann sich die Kontaktkraft durch Relaxation verringern. In der dritten Phase ist die Beschichtung praktisch durchgerieben. Die Eigenschaften des Leiterwerkstoffs dominieren zunehmend das Kontaktverhalten. Der Leiterwerkstoff von Steckverbindungen, Kupfer, Aluminium oder deren Legierungen, altert in der Regel schneller durch chemische Reaktionen als der Beschichtungswerkstoff. Die Degradation der Mikrokontakte wird in damit in der dritten Phase durch den tribochemischen Verschleiß und die Abrasion dominiert, bis es zum Ausfall der Verbindung kommt (Abb. 5.27a) [18, 64].

Werden Steckvorgänge ausgeführt, ist insbesondere die vorhandene Kontaktkraft entscheidend für das Kontaktverhalten. Ist die Kontaktkraft F_K größer als die kritische minimale Kontaktkraft $F_{K\,min}$, werden die vorhanden Fremdschichten beim Stecken aufgebrochen und der Kontaktwiderstand bleibt niedrig (Abb. 5.27 – b)). Die dritte Phase ist dadurch gekennzeichnet, dass durch den Steckvorgang der Kontaktwiderstand vorübergehend reduziert wird, allerdings bereits auf einem sehr hohen Niveau verbleibt. Durch das Stecken erhöht sich der Kontaktwiderstand typischerweise auf Werte deutlich größer als $R_{K\,min}$ aber kleiner oder gleich $R_{K\,0}$. Wenn Fremdschichten vorhanden sind, werden diese durch das Stecken und Reiben aufgebrochen (Abb. 5.27b).

Wenn sich die Kontaktkraft F_K unter den kritischen Wert $F_{K\,min}$ verringert, bricht der Steckvorgang zwar noch zum Teil Fremdschichten auf, wodurch sich zunächst der Kontaktwiderstand verringert. Die verbliebene Kontaktkraft reicht aber nicht aus, um das Wachsen von Oxid- und Fremdschichten in den Kontaktpunkt hinein zu verhindern [7, S. 128,139].

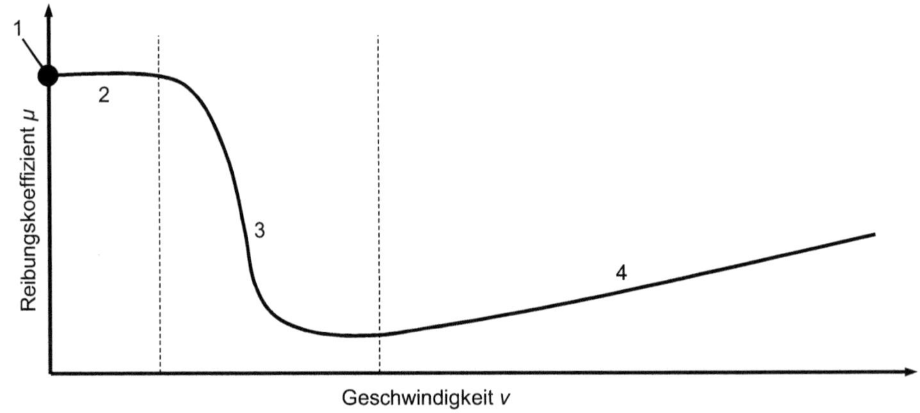

Abb. 5.28 Reibungskoeffizient μ abhängig von der Geschwindigkeit 1) Haftreibung 2) Grenzreibung/Festkörperreibung 3) Mischreibung 4) Flüssigkeitsreibung/hydrodynamische Reibung

Die Mechanismen des Reibverschleißes sind geschwindigkeitsabhängig. Zur Erläuterung des Verhaltens dient die Stribeck-Kurve (Abb. 5.28). Zunächst muss die Haftreibung überwunden werden. Bei Bewegungen im µm-Bereich ist durch die Elastizität – zum einen der den Kontakt umgebenden Werkstoffe aber auch im Kontakt selbst – eine minimale Relativbewegung ohne Aufbrechen der Mikrokontakte möglich. Bei größeren Versatzbewegungen und langsamen Geschwindigkeiten findet eine Grenzreibung bzw. Festkörperreibung statt. Der Reibungskoeffizient ist vergleichsweise hoch, da Metall direkt auf Metall reibt. Bei höheren Geschwindigkeiten reibt zum Teil Metall auf einem festen oder flüssigen Schmierstoff, was als Mischreibung bezeichnet wird. Bei noch höheren Geschwindigkeiten findet kein metallischer Kontakt mehr statt und die Reibung ist hydrodynamisch [13].

Typischerweise ist der Kontaktwiderstand während der Bewegung höher als in Ruhe, da die Mikrokontakte aufgebrochen werden und sich, abhängig von der Geschwindigkeit und der Schmierung, weniger stark verzahnen als in der Ruhelage. Der Gleitverschleiß kann bisher nicht vollständig in Modellen beschrieben werden. Es gibt jedoch empirisch-analytische Modelle mit denen das Verschleißvolumen beim Gleitverschleiß berechnet werden kann. Damit kann abgeschätzt werden, ab wann eine Beschichtung durchgerieben ist und entsprechend ein starker Anstieg des Kontaktwiderstands erwarten werden muss. Grundlage dafür ist die Verschleißformel nach Archard [91]. Er berechnet das Verschleißvolumen V_r mit dem aus Experimenten ermittelten spezifischen Verschleißkoeffizienten k_r abhängig von Kontaktnormalkraft F_K und Reibweg s_r wie folgt:

$$V_r = k_r F_K s_r \tag{5.28}$$

Aus dem Verschleißvolumen V_r kann bei bekannter Kontaktgeometrie auf die Verschleißtiefe h_w zurückgerechnet werden. Bei vereinfachter Annahme einer Kugel-Platte Geometrie, wie sie in Steckverbindungen und bei Schaltern oft vorkommt, kann dies analytisch erfolgen.

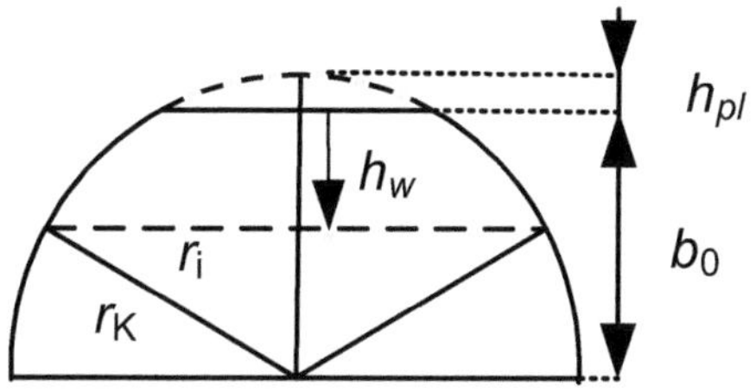

Abb. 5.29 Modellvorstellung zum Reibverschleiß

Die Größe der Kontaktfläche nach dem ersten Fügen eines Einpunktkontaktes A_w kann zunächst vereinfacht mit Gl. (4.21) berechnet werden. Die dazugehörige plastische Eindrucktiefe h_{pl} bei Annahme eines halbkugelförmigen Kontaktpartners ergibt sich abhängig von dessen Kugelradius r_K und der Kontakthärte H_K (Tab. 4.9, Gl. (5.29 und 5.30)). Für Linienkontakte wird die gleiche Fläche (Abb. 5.29) angenommen, allerdings mit der mittleren Kontaktlänge l (Zylinder-Platte) [65]:

Punktkontakt

$$h_{pl} = r_K - \sqrt{{r_K}^2 - \frac{F_K}{H_K \pi}} \tag{5.29}$$

Linienkontakt

$$h_{pl} = r_K - \sqrt{{r_K}^2 - \left(\frac{F_K}{H_K 2l}\right)^2} \tag{5.30}$$

Wird davon ausgegangen, dass während des Reibvorgangs kontinuierlich das Verschleißvolumen mit der konstanten Verschleißrate k abgetragen wird, so ergibt sich der Verschleißweg s_r für Punkt- bzw. Flächenkontakt abhängig von der Verschleißtiefe h wie folgt:

Punktkontakt [65]

$$s_r = \frac{\pi}{k_r\ F_K}\left(-\frac{1}{3}h_w^3 + \left(r_K - h_{pl}\right)h_w^2 + \left(2r_K h_{pl} - h_{pl}^2\right)h_w\right) \tag{5.31}$$

Linienkontakt

$$s_r = \frac{l}{k_r\ F_K}\left(\begin{array}{l} r_K^2\ \arccos\left(1 - \frac{h_w + h_{pl}}{r_K}\right) - \left(r_K - \left(h_w + h_{pl}\right)\right)\sqrt{2r_K\left(h_w + h_{pl}\right) - \left(h_w + h_{pl}\right)^2} \\ -\left(r_K^2\ \arccos\left(1 - \frac{h_{pl}}{r_K}\right) - \left(r_K - h_{pl}\right)\sqrt{2r_K h_{pl} - h_{pl}^2}\right) \end{array}\right) \tag{5.32}$$

Tab. 5.9 Spezifischer Verschleißkoeffizient abhängig von Material, Bewegungsgeschwindigkeit und Amplitude, gültig für Amplituden >100 µm und Kugel/Platte-Geoemetrien [62, 65, 92, 93]

Kontaktpaarung	ϑ_{Test} in °C	F_K in N	Geschwindigkeit v in mm/s	Amplitude in mm	k_r in mm³/(N mm)
Ag-Ag geschmiert	25	4	0,15	2,2	$<<1{,}0 \cdot 10^{-9}$
Ag-Ag geschmiert	55	4	0,15	2,2	$1{,}5 \cdot 10^{-9}$
Ag-Ag geschmiert	65	7	15 … 100	0,4 … 0,6	$(1{,}4 \dots 1{,}8) \cdot 10^{-11}$
Ag-Ag geschmiert	65	7	1,2	0,3	$8{,}0 \cdot 10^{-9}$
Ag-Ag geschmiert	30	7	20	60	$<<1{,}0 \cdot 10^{-11}$
Ag-Ag geschmiert	100	7	20	60	$6{,}3 \cdot 10^{-11}$
Ag-Ag blank	25	3	0,4	0,2	$2{,}0 \cdot 10^{-8}$
Ag-Ag blank	55	4	0,15	2,2	$1{,}5 \cdot 10^{-8}$
Ag-Ag blank	65	3	49	0,4	$1{,}43 \cdot 10^{-8}$

Dabei werden die in der ersten und zweiten Phase des Gleitverschleißes effektiven Verschleißkoeffizienten k_r zusammengefasst (Tab. 5.9) [62, 65, 92, 93].

Dies ist notwendig, da ein genaueres Verschleißmodell für die erste Phase nur bei einem genau bekannten Oberflächenprofil bestimmt werden kann [65]. Das ist in der Praxis sehr selten der Fall. Anhand von Versuchen konnten als Haupteinflussgrößen für den Gleitverschleiß neben dem Kontaktwerkstoff die Temperatur, die Kontaktkraft und die Bewegungsgeschwindigkeit ermittelt werden.

Aus vergleichenden Untersuchungen wird deutlich, dass sich der Gleitverschleiß bei höheren Betriebstemperaturen als der Raumtemperatur um mindestens den Faktor (2 … 10) erhöht. Damit ist die zu erwartende Lebensdauer elektrischer Kontakte, bezogen auf den Reibverschleiß, bei typischen Einsatztemperaturen von (55 … 105) °C um den Faktor (2 … 17) geringer. Damit ist die Einsatztemperatur bei Untersuchungen der Lebensdauer als wesentliche Einflussgröße zu berücksichtigen. Eine langsame Bewegungsgeschwindigkeit führt dazu, dass die abgeriebenen Partikel während einer festen Anzahl an Zyklen mehr Zeit haben Oxidationsprodukte zu bilden, wordurch die Wirkung des Reibverschleiß verstärkt wird. Schmierfette reduzieren den Koeffizienten der Gleitreibung wesentlich. Dadurch können geschmierte Kontakte im Vergleich zu ungeschmierten mindestens zehnmal mehr Reibzyklen bestehen [62, 90, 92, 93].

Es existieren auch Festschmierstoffe für bewegte Kontakte (Tab. 4.8). Diese können in Form einer Dispersionsschicht direkt in eine Silbermatrix eingebaut werden. Im Vergleich zu ungeschmierten Kontakten werden sowohl mit Festschmierstoffen als auch mit Schmierfetten deutlich verringerte Reibungskoeffizienten erreicht und damit der Reibverschleiß durch Abrasion reduziert (Abb. 5.30, Tab. 4.8). Je nach Festschmierstoff-Partikelsorte werden bis zum Durchrieb (3 … 18) mal mehr Zyklen als mit ungeschmierten Silber erreicht. Beim Einsatz von Schmierfetten beispielsweise für Gleitkontakte in gasisolierten Schaltanlagen (GIS) können noch deutlich höhere Zyklenzahlen bis zu 20.000 und mehr erreicht werden.

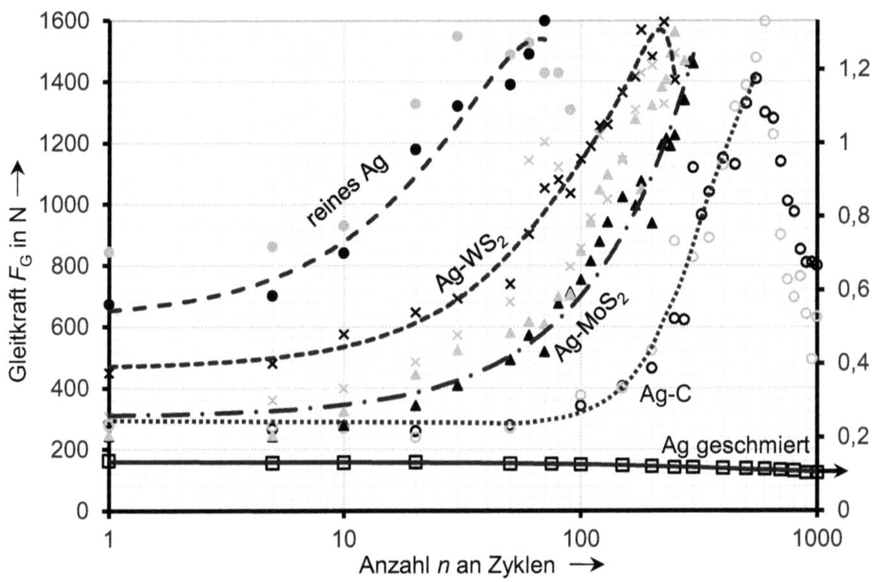

Abb. 5.30 Gleitkraft und Gleitreibungskoeffizient eines GIS-Rohres, das auf zwei axial belasteten Schraubenfedern gelagert ist, abhängig von der verwendeten Beschichtung der Schraubenfedern – Leiterrohr und Kontaktträger sind mit reinem Silber beschichtet, Gleitweg je Zyklus 120 mm [90]

Die jeweiligen experimentellen Ergebnisse auf andere Geometrien zu übertragen ist schwierig, da im Verschleißkoeffizient die Wirkung der einzelnen Verschleißmechanismen überlagert erfasst ist. Aufgrund der unterschiedlichen Verschleißmechanismen, die sich gegenseitig beeinflussen, gibt es derzeit noch keine vollumfänglichen numerischen oder analytischen Modelle. Um Aussagen zum Reibverschleiß treffen zu können, sind experimentelle Untersuchungen an gleichen oder ähnlichen Kontaktgeometrien sowie mit gleichen Kontaktkräften, Beschichtungsaufbauten, eingesetzten Schmierfetten, umgebender Atmosphäre und Einsatztemperaturen notwendig. Für eine hohe Festigkeit gegen Durchrieb sind eine niedrige Kontaktkraft, niedrige Einsatztemperaturen und vor allem eine hohe Schichtdicke vorteilhaft. Bei einer festen Anzahl an zu leistenden Steckzyklen ist eine hohe Bewegungsgeschwindigkeit und damit kurze Zeitdauer, in denen diese Zyklen durchgeführt werden, vorteilhaft. Dies lässt sich in der Praxis allerdings kaum beeinflussen.

Bei Schrauben- und Pressverbindungen mit Kontaktpartnern aus unterschiedlichen Werkstoffen treten durch unterschiedliche thermische Dehnung, wie z. B. bei Kupfer mit Aluminium mechanische Scherspannungen in der Kontaktebene auf. Durch eine ausreichend hohe Kontaktkraft kann eine Relativbewegung verhindert werden, sodass der Reibverschleiß erst bei einer geringen Kontaktkraft auftreten kann. Bei Bimetall-Schraubenverbindungen mit harten Leiterwerkstoffen oder bei Verbindungen mit harten Beschichtungswerkstoffen könnte durch unterschiedliche thermische Ausdehnungskoeffizienten eine Versatzbewegung in den Mikrokontakten im µm-Bereich auftreten. Sind die Kontaktoberflächen hart, wie z. B. bei Nickel, ist die Verzahnung und Verformung der

Mikrostrukturen beider Kontaktpartner beim Fügen gering, können mechanische Scherspannungen zu Relativbewegungen und damit zum Aufbrechen von Mikrokontakten oder Ablösen von Beschichtungen führen [66]. Versuche an Schraubenverbindungen mit Nickel-Phosphor beschichteten Stromschienen aus Aluminium bei konstanter und wechselnder Temperaturbelastung stützem diese Theorie [5]. Durch die zahlreichen Einflussparameter des Reibverscheißes müssen die Randbedingungen wie z. B. die Kontaktkraft im Ausgangszustand, der Kraftabbau im Betrieb und die Wirkung gebildeter intermetallische Phasen sehr genau betrachtet werden. Um die Effekte und die Wirkung auf Schrauben- und Pressverbindungen besser zu verstehen, sind weitere Untersuchungen an notwendig.

Beispiel

Steckverbindung mit versilberter Buchse und versilbertem Stecker geschmiert

Eine Steckverbindung mit einer Einsteckkraft von 100 N und 20 parallelen Kontakten wird in einer Schaltanlage mit zylindrischen Leitern aus Aluminium (α_T = 23,1 · 10^{-6} K^{-1}) eingesetzt. Durch den Tageslastgang des Energieverbrauchs schwankt die Temperatur der Leiter zweimal täglich zwischen −20 °C und 115 °C. Die maximale Leiterlänge zwischen zwei Stützpunkten beträgt 10 m. Es ist eine Lebensdauer von 20 Jahren gefordert. Es wird der gesamte Reibweg berechnet. Zunächst ergibt sich je Abkühl- bzw. Aufheizphase eine Längenänderung von:

$$\Delta L = \alpha \ L_0 \ \Delta\vartheta = 23{,}1 \cdot 10^{-6} \cdot 10 \ \text{m} \cdot \left(115\ °\text{C} - \left(-20\ °\text{C}\right)\right) = 31{,}18\,\text{mm}$$

Dies entspricht einem gesamten Reibweg während der Lebensdauer von 20 Jahren von:

$$s_r = 4 \cdot 365 \cdot 20 \cdot 0{,}01871 \ \text{m} = 29200\,\text{Zyklen} \cdot 0{,}03118 \frac{\text{m}}{\text{Zyklus}} = 910{,}5\,\text{m}$$

Die abgetragene Schichthöhe berechnet sich für Punktkontakte gemäß Gl. (5.31). Kontakte für GIS/GIL-Anwendungen sind galvanisch silberbeschichtet. Die Kontaktkraft je Kontaktpunkt im Beispiel beträgt 50 N, welche höher ist als die Kontaktkraft bei den Versuchen in Tab. 5.9. Die Geschwindigkeit der Ausdehnung beträgt 0,0014 mm/s. Es wird daher mit Verschleißkoeffizienten im Bereich (1,5 · 10^{-9} … 6,3 · 10^{-11}) mm^3/(N mm) gerechnet. Unter Annahme eines Reibkoeffizienten von μ_G = 0,1. Es ergibt sich ein Reibweg bis zum Durchrieb von:

$$s_r = \left(128 \ldots 3048\right)\text{m}$$

Der berechnete Reibweg bis zum Durchrieb ist davon abhängig, welche Vergleichswerte für den Reibverschleißkoeffizienten bekannt sind bzw. aus der Literatur angesetzt werden. Iterativ kann die benötigte Schichtdicke berechnet werden, um einen realen Reibweg von 910 m zu erreichen. Demnach ist dafür eine Schichtdicke von (10 … 61) µm notwendig. Im Zweifel sollten Reibverschleißversuche am realen System die Spannweite der Berechnung reduzieren. ◄

5.1.5 Elektromigration

Elektromigration ist ein Vorgang, bei dem Teilchen J_D wandern. Im Gegensatz zur Diffusion aufgrund von Konzentrationsunterschieden (Abschn. 5.1.2) entsteht die antreibende Kraft durch ein vorhandenes elektrisches Feld und die Impulsübertragung von Ladungsträgern auf Atomrümpfe [73, 74].

$$J_D = -D \cdot grad\ n_a + \frac{D\ n_a}{k\ T} F_{EW} \tag{5.33}$$

$$F = \left(Z_e + Z_w\right) \cdot \rho \cdot E = Z^* q \cdot \rho \cdot J \tag{5.34}$$

Der sich einstellende Diffusionsstrom J_D ist bei vernachlässigbarem Atomdichte-Konzentrationsgradient grad $n_a = 0$, also einem homogenen Gefüge, abhängig von der absoluten Temperatur T, dem Diffusionskoeffizienten D und der treibenden Kraft F_{EW} (Gl. (5.33)). Die treibende Kraft ergibt sich zum einen aus der Wirkung des elektrischen Feldes auf die Ladung ionisierter Störstellen Z_e und aus der Wirkung der Ladungen Zw, die durch Impulsübertragung von Elektronen auf die Atromrümpfe entstehen („Elektronenwind"). In anderer Darstellung werden diese Komponenten zur effektiven Ladung der Atomrümpfe Z*q zusammengefasst und es ergibt sich eine direkte Abhängigkeit von der Stromdichte J und dem spezifischen elektrischen Widerstand ρ. Bei sehr hohen Stromdichten kommt es durch Zusammenstöße zwischen Elektronen mit dem Metallgitter zu erzwungenen Bewegungen von Metallionen, was auch als Elektronenwind bezeichnet wird [67, 68]. Eine signifikante Bewegung der Metallionen tritt ab einer Stromdichte von (10^3 … 10^4) A/mm^2 auf. Diese Stromdichte wird in Leitern der Energietechnik jedoch nicht erreicht. Erst in Bereichen von Engstellen, wie z. B. in dünnen Leiterschichten oder Mikrokontakten, die sehr gut gekühlt sind, um diese Stromdichten zu erreichen, kann Elektromigration stattfinden [69]. Atome im Metallgitter schwingen dann aufgrund der thermischen Energie um Ihre Ruhelage. Die Verteilung der Energie auf die einzelnen Atome folgt dabei einer Boltzmann-Verteilung. Daraus ergibt sich ein Anteil p von Atomen, die eine höhere Energie E_A haben.

$$p = \mathrm{e}^{-\frac{E_A}{k \cdot T}} \tag{5.35}$$

Ist die Energie der Atome höher als die des Potenzialtrichters, können Sie diesen verlassen. Dieser Prozess wird auch als Selbstdiffusion bezeichnet (Abschn. 5.1.2). Überlagert sich nun eine Kraft auf die Atome, die durch Stöße mit im elektrischen Feld bewegten Elektronen hervorgerufen wird, kann Material gerichtet transportiert werden. Dabei führt Gleichstrom zu einem gerichteten Materialtransport, bei dem an der Kathode Atome in Richtung Anode mitgerissen werden und so Leerstellen entstehen [70]. Die Anzahl an Gitterstörungen im Bereich der Engestelle nimmt entsprechend stark zu. Bei Wechselstrom ist der Stofftransport alternierend und die Anzahl von Gitterfehlern nimmt zu. Es erhöht sich lokal der elektrische Widerstand im Material und damit der Kontaktwiderstand

[71]. Die Elektromigration der Metallionen ist dabei ein diffusionsgesteuerter Prozess, der insbesondere entlang des Stromdichtegradienten an Korngrenzen oder großen Gitterstörungen abläuft (Abb. 5.31).

Es entstehen Störstellen, die zu Rissen im Bereich der Mikrokontakte führen können. Die notwendige Stromdichte für Migrationsprozesse ist bei Mikrokontakten aus Aluminium im Bereich zwischen 10^4 A/mm² bis 10^6 A/mm² gegeben [68] (Abb. 5.32). Für Kupfer werden Stromdichten von $2 \cdot 10^4$ A/mm² bei einer Temperatur von 105 °C angegeben [72]. Mit diesen materialspezifischen Stromdichten S_{EM} kann ein kritischer Strom I_{EM} abgeschätzt werden, ab dem die Elektromigration in den Mikrokontakten wirkt, wenn die wahre metallische Kontaktfläche annähernd bekannt ist.

$$I_{EM} = S_{EM} \cdot A_W \tag{5.36}$$

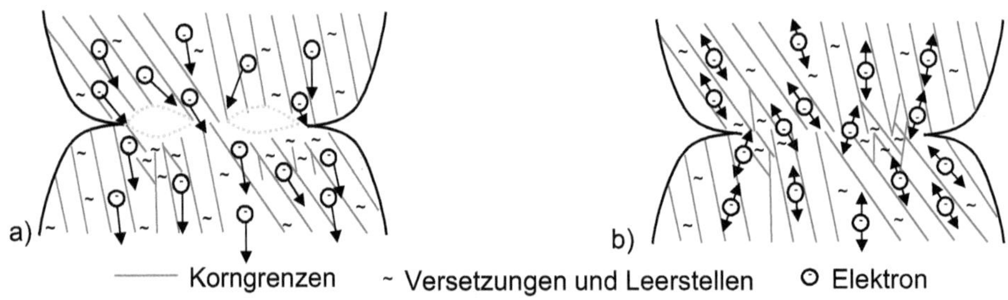

Abb. 5.31 Wirkung der Elektromigration im Mikrokontakt bei **a**) Gleich- und **b**) Wechselstrom

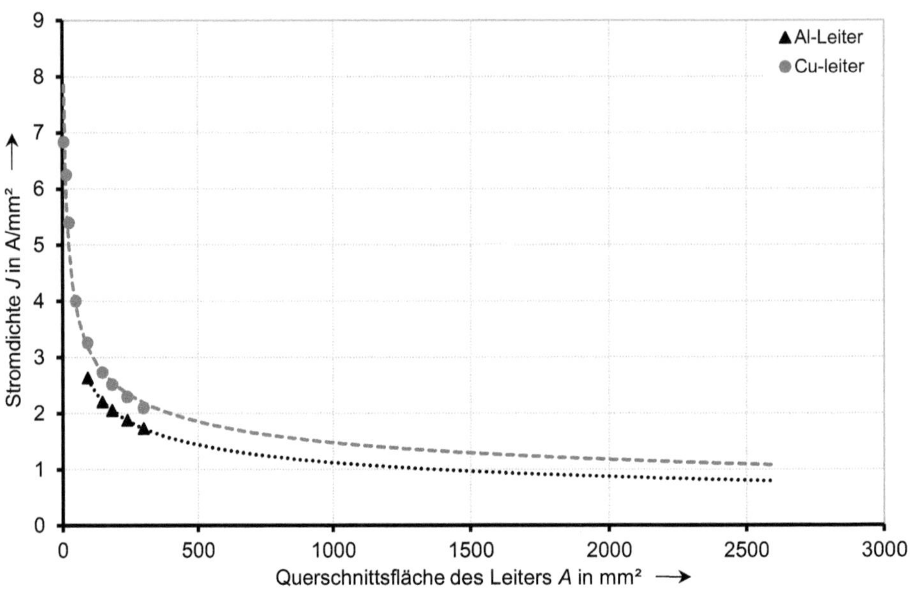

Abb. 5.32 Zulässige Stromdichte abhängig vom Leiterquerschnitt am Beispiel von frei in Luft gelegten Kabeln mit einer zulässigen Grenztemperatur von 90 °C

Beispiel: Kritischer Strom I_{EM} einer Verbindung mit Leitern aus Kupfer

Bei einer Schraubenverbindung mit Stromschienen der Geometrie (40 x 10) mm² aus Kupfer und einer Verbindungslänge von 40 mm ergibt sich abzüglich Bohrloch eine scheinbare Kontaktfläche von 1477 mm². Unter der Annahme, dass 1 % dieser scheinbaren Kontaktfläche wahre Kontaktfläche ist, ergibt sich diese zu 14,8 mm². Damit ergibt sich ein kritischer Strom, ab dem Elektromigration wirksam werden kann, bei einer Temperatur von 105 °C von:

$$I_{\mathrm{EM}} = 2 \cdot 10^4\,\mathrm{A/mm^2} \cdot 14{,}8\mathrm{mm^2} = 2960\ \mathrm{kA}$$

Diese Ströme werden im praktischen Betrieb nicht erreicht. ◀

Die Elektromigration ist ein physikalischer Mechanismus, der insbesondere in der Mikroelektronik und Leistungselektronik zu beobachten ist. Um den Ausfall eines Bauteils abschätzen zu können, wird die phänomenologische BLACK'sche Gleichung verwendet, die die mittlere Ausfallzeit *MTF* eines Bauteils (Widerstandsanstieg um 5 … 20 % einer homogenen Leiterbahn) beschreibt abhängig von der Stromdichte J und der absoluten Temperatur T beschreibt [73, 75].

$$MTF = A^* J^{-n} e^{\frac{E_a}{kT}} \tag{5.37}$$

Aus zahlreichen Versuchen an homogenen Leiterbahnen wurde der Proportionalitätsfaktor A^* und die Aktivierungsenergie E_a für verschiedene Werkstoffe berechnet (Tab. 5.10 und 5.11). Der Exponent n kann für Stromdichte kleiner als 10^4 A/mm² mit $n = 1$ angenommen werden.

In elektrischen Leitern verringert sich die Stromdichte mit größer werdender Querschnittfläche, da sich die wärmeabgebende Oberfläche bezogen auf die Querschnittsfläche verringert (Abb. 5.32).

Die Stromdichten in den Leitern sind damit viel zu niedrig für die Elektromigration. In Verbindungen wird der Strom in den Mikrokontakten stark eingeengt, dadurch erhöht sich die Stromdichte. Die innere Erwärmung des Kontaktes begrenzt die maximal mögliche Strombelastbarkeit und -dichte (Abb. 5.33). Die Stromdichte, die in Kontakten erreicht wird, wenn diese die Schmelztemperatur erreichen während die Anschlussleiter auf Raumtemperatur verbleiben, ist anhand der Vereinfachungen in Abschn. 4.4.2 berechnet. Eine realistische maximale Stromdichte in elektrischen Kontakten liegt im Bereich von (10^3 … 10^4) A/mm².

Für die in Tab. 5.10 gegebenen Aktivierungsenergien und Temperaturen bis 120 °C werden mit Gl. (5.37) mittlere Ausfallzeiten durch Elektromigration von mehreren tausend Stunden bis Jahren berechnet (Tab. 5.12).

Den größten Einfluss auf die Geschwindigkeit der ablaufenden Prozesse bei Elektromigration hat die Temperatur. Sehr hohe Temperaturen werden im Betrieb stromführender

Tab. 5.10 Ausgewählte Forschungsergebnisse zum Elektromigrationsverhalten

Werkstoff	Stromdichte in A/mm^2	Exponent n	Temperatur in °C	MTF in h	E_a in eV	Prop.-Faktor A^*	Quelle
Al 99,9	$1 \cdot 10^4$	2	375	0,524	1,03	0,72	[84]
	$0,96 \cdot 10^4$	2	265	50,6	1,03	0,72	
	$2 \cdot 10^4$	2	260	110	1,14	0,72	[80]
AlCu0,5 … 4	$2 \cdot 10^4$	2	260	72	1,12	0,75	
Al(O)	$2 \cdot 10^4$	2	260	75	1,11	0,95	
Cu (rein)	$6 \cdot 10^4$	2	200	26	1,02	1,2 … 1,5	[79]
	$3 \cdot 10^4$	2	300	7	1,1		[81]
	$7 \cdot 10^4$	2	300	3	1,14		
	$8 \cdot 10^4$	2	300	2,5	1,14		
	$1 \cdot 10^5$	2	300	0,55	1,1		
CuAg0,8	$2 \cdot 10^4$	2	300	130	1,2	1,3 … 2,2	[77]
	$3 \cdot 10^4$	2	350	68	1,3		
	$3 \cdot 10^4$	2	300	52	1,2		
	$2 \cdot 10^4$	1	350	26	0,67		
	$2 \cdot 10^4$	1	320	55	0,67		
	$2 \cdot 10^4$	1	290	106	0,67		
Ag (rein)	$2,8 \cdot 10^4$	2	150	0,13	0,82	1,7	[78]

Tab. 5.11 Aktivierungsenergie E_a für verschiedene Mechanismen der Elektromigration [73, 76, 82, 83]

	Aktivierungsenergie E_A in eV		
Diffusionsmechanismus	Aluminium	Kupfer	Silber
Gitter	1,2 … 1,4	2,1 … 2,3	1,91 … 1,97
Korngrenze	0,4 … 0,5	1,2	0,99
Oberfläche	0,28	0,74 … 1,09	0,51

Verbindungen jedoch erst erreicht, wenn der Kontaktwiderstand sehr hoch und damit die wahre metallische Kontaktfläche sehr klein ist. Für Verbindungen mit Leitern aus Aluminium und Kupfer ist dies erst der Fall, wenn diese bereits als ausgefallen zu werten sind. Bei Verbindungen mit versilberten Kontaktflächen wäre ein Einfluss der Elektromigration auf die Alterung durch Betriebstemperaturen im Bereich (120 … 180) °C möglich. In Untersuchungen an Steckverbindungen mit versilberten Leitern bei einer Temperatur von bis zu 180 °C über 16.000 h wurde jedoch kein kritischer Zustand festgestellt [88]. Dies ist vermutlich darauf zurückzuführen, dass die Verbindungen kraftschlüssig sind. Die Materialwanderung durch Elektromigration im Kontaktbereich wird durch die Federelemente und die daraus resultierende elasto-plastische Verformung ausgeglichen, sodass die wahre metallische Kontaktfläche nicht signifikant verringert wird. Auch der Einfluss sich bildender zusätzlicher Fehlstellen im Werkstoff nahe des Mikrokontakts führt zu keinem signifikant höheren Kontaktwiderstand. Untersuchungen an Schrauben- oder Pressverbin-

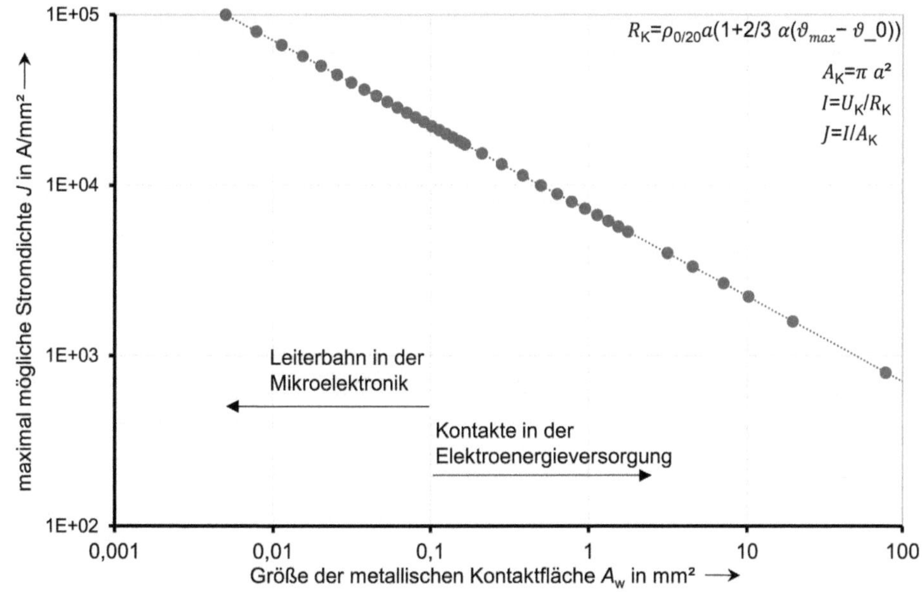

Abb. 5.33 Maximal mögliche Stromdichte in einem elektrischen Kontakt bei Erreichen der Schmelztemperatur – Anschlussleiter auf Raumtemperatur

Tab. 5.12 Berechnete mittlere Ausfallzeit MTF (Widerstanderhöhung um (5 … 20)%) für angenommene Stromdichten in den Kontaktstellen

Werkstoff/ Parameter	Aluminium		Kupfer		Silber	
Stromdichte J in A/mm^2	$1 \cdot 10^4$ Steckverbindung	$1 \cdot 10^3$ Stromschiene	$1 \cdot 10^4$ Steckverbindung	$1 \cdot 10^3$ Stromschiene	$1 \cdot 10^4$ Steckverbindung	$1 \cdot 10^3$ Stromschiene
Temperatur ϑ in °C	120	120	120	120	120	120
MTF in h	117670	$11{,}8 \cdot 10^6$	$1{,}93 \cdot 10^6$	$19{,}4 \cdot 10^6$	562	56208

dungen der Elektroenergietechnik zeigen bisher ebenfalls keinen signifikanten Einfluss der Elektromigration auf das Langzeitverhalten. Es konnten keine signifikanten Unterschiede im Verlauf des Kontaktwiderstands bei Versuchen im Wärmeschrank und DC-stromdurchflossen beobachtet werden [2, 5, 8, 19, 62, 63].

Die bisherigen Erkenntnisse, gewonnen an praktisch eingesetzten kraftschlüssigen Verbindungen der Elektroenergietechnik, zeigen, dass noch kein Ausfall einer Verbindung auf die Wirkung der Elektromigration zurückgeführt werden konnte. Bei stark gealterten Verbindungen ist denkbar, dass der Einfluss der Elektromigration wirksam werden kann. Die Kontaktwiderstände sind dann aber bereits so hoch, dass durch die hohe thermische Beanspruchung der Verbindung bei Belastung mit dem Bemessungsstrom die weiteren Alterungsmechanismen ebenfalls verstärkt werden. Da die Wirkung der Elektromigration exponentiell von der Temperatur und annähernd quadratisch von der Stromdichte abhängt sowie vor allem an Korngrenzen bei Dauerstrombelastung stattfindet, sollten diese Einflüsse anwendungsspezifisch untersucht werden [69].

5.2 Wechselwirkung der Alterungsmechanismen und daraus resultierende Lebensdauerkennlinien

Die betrachteten Mechanismen der Alterung von Kontakten und Verbindungen wirken gleichzeitig und überlagern sich. Der Verlauf der Alterung und entsprechend der des Verbindungswiderstandes sind abhängig von den dominant wirkenden Alterungsmechanismen. Damit können bereits durch den Verlauf des Verbindungswiderstands mögliche Alterungsmechanismen identifiziert werden. Typische Lebensdauerkennlinien ergeben sich dabei, je nachdem welche Verbindungsart, Leiter- und/oder Beschichtungswerkstoffe sowie Betriebsbedingungen vorhanden sind. Für ruhende Verbindungen mit Kontaktpartnern aus gleichem Werkstoff dominiert die Alterung durch Kraftabbau und chemische Reaktionen (Abb. 5.34).

Die typische Lebensdauerkennlinie solcher Verbindungen ist in der Phase der Formierung dadurch gekennzeichnet, dass sich die mechanische Spannung in der Kontaktfläche

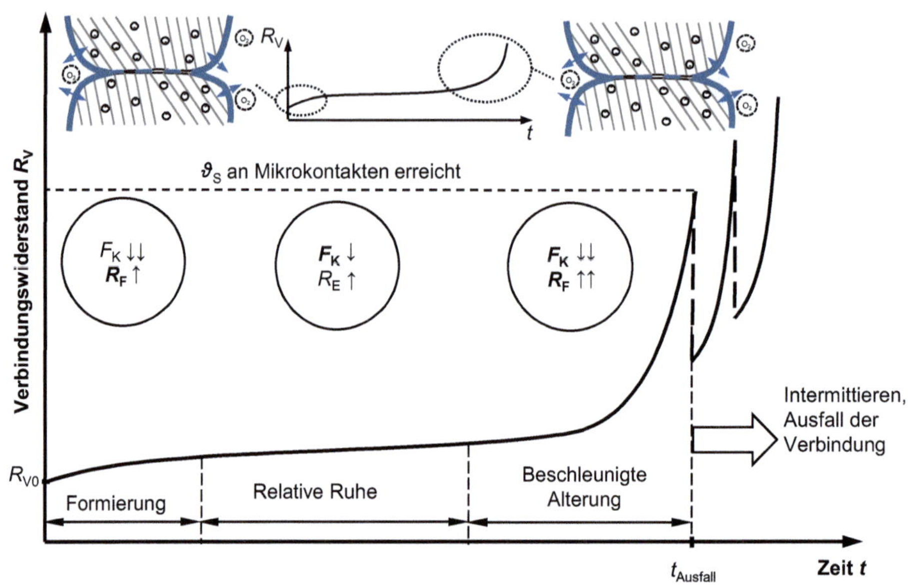

Abb. 5.34 Lebensdauerkennlinie von Verbindungen mit Kontaktpartnern aus gleichen Werkstoffen [11]

durch Setzen und den primären Bereich des Kraftabbaus verringert und kleinflächige Mikrokontakte aufbrechen oder durch wachsende Fremdschichten unterbrochen werden. Besonders typisch ist dieses Verhalten für Verbindungen mit Leitern aus Aluminium, bei denen sich der Gütefaktor in den ersten Betriebsstunden leicht erhöht. In der Phase der relativen Ruhe ändern sich der Verbindungswiderstand wenig, auch wenn sich die Kontaktkraft weiter verringert. Erst wenn eine minimale Kraft unterschritten wird, z. B. F_K $F_{Kmin}\leq$, brechen weitere Mikrokontakte auf, die Gasdichtigkeit in der Kontaktfläche wird verringert und die chemischen Reaktionen (Abschn. 5.1.3) wirken verstärkt. Dadurch wird die metallische Kontaktfläche verringert, es erhöht sich die Temperatur und die Alterungsprozesse werden beschleunigt, bis die Verbindung ausfällt.

Bei Bimetall-Verbindungen kann die Interdiffusion (Abschn. 5.1.2) so dominant sein, dass sich der Verlauf der Lebensdauerkennlinie von der einer Verbindung mit gleichen Werkstoffen der Kontaktpartner signifikant unterscheidet. In der Phase der Formierung und der relativen Ruhe ist der Gradient des Verbindungswiderstands höher und kann zu einem schnelleren Ausfall der Verbindung führen (Abb. 5.35).

Dabei wachsen die intermetallischen Phasen zu Beginn sehr schnell und können den Widerstand in den Mikrokontakten erhöhen. Die Wirkung ist jedoch geringer als bei Fremdschichten, da der spezifische elektrische Widerstand der betrachteten intermetallischen Phasen maximal das ca. 37-fache des Leiterwerkstoffs beträgt (Abschn. 5.1.2), während der spezifische elektrische Widerstand von Oxiden etwa um den Faktor $10^8 \ldots 10^{11}$ höher ist als der der Leiterwerkstoffe. Anschließend verlangsamt sich das Phasenwachs-

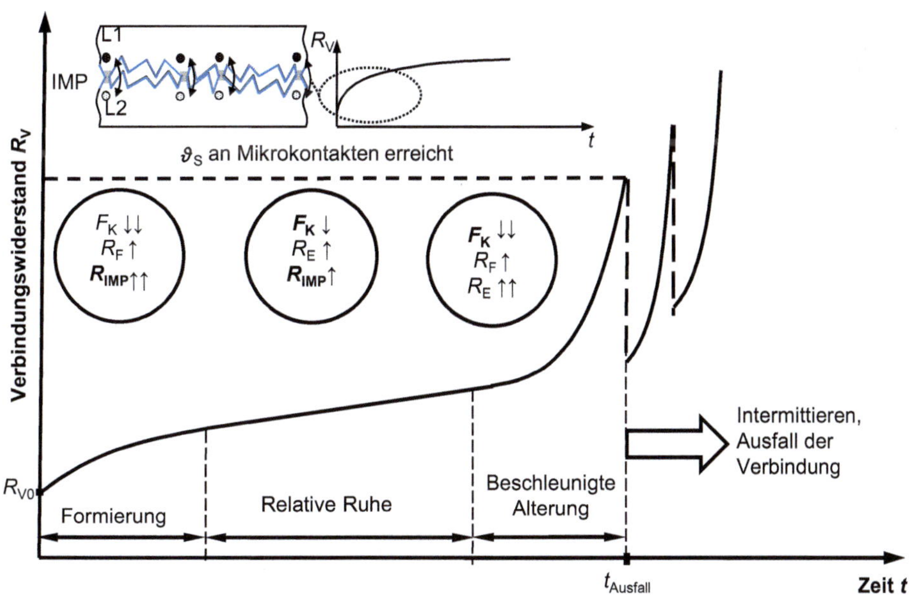

Abb. 5.35 Lebensdauerkennlinie von Bimetall-Verbindungen dominiert durch Interdiffusion [11]

tum, da der Konzentrationsgradient durch den Ausgleich der Konzentrationsunterschiede geringer wird. Dies kann sich, wenn die Strombelastung gleichbleibt, zum Teil durch die sich erhöhende Temperatur in der Verbindung ausgleichen. Ist die Kontaktkraft sehr klein, brechen die Mikrokontakte aufgrund der spröden intermetallischen Phasen leichter auf (Abschn. 5.1.2). Scherkräfte durch zyklische thermische Belastung und unterschiedliche thermische Ausdehnungskoeffizienten der Kontaktpartner verstärken diesen Effekt (Abschn. 4.2.4).

Dominieren chemische Reaktionen, insbesondere Oxidschichten, das Langzeitverhalten, ist der Gradient des Gütefaktors bereits in den ersten Betriebsstunden sehr steil und es kann innerhalb kürzester Zeit im Bereich von Stunden bis wenigen Tagen zum Ausfall der Verbindung kommen (Abb. 5.36).

Dieses Verhalten ist darauf zurückzuführen, dass bereits dünne Oxidschichten zu einem zusätzlichen Hautwiderstand führen. Wird eine ausreichende Dicke der Fremdschicht erreicht, wirkt der deutlich höhere Volumenwiderstand. Dieser ist um mehrere Dekaden höher als der Materialwiderstand der Kontaktwerkstoffe und kann als elektrisch isolierend betrachtet werden. Er hat einen sehr starken Einfluss auf den Kontakt- und damit auf den Verbindungswiderstand (Abschn. 5.1.3). Das Einwachsen von Fremdschichten in die Mikrokontakte wird sich bei einer niedrigen Kontaktkraft verstärken.

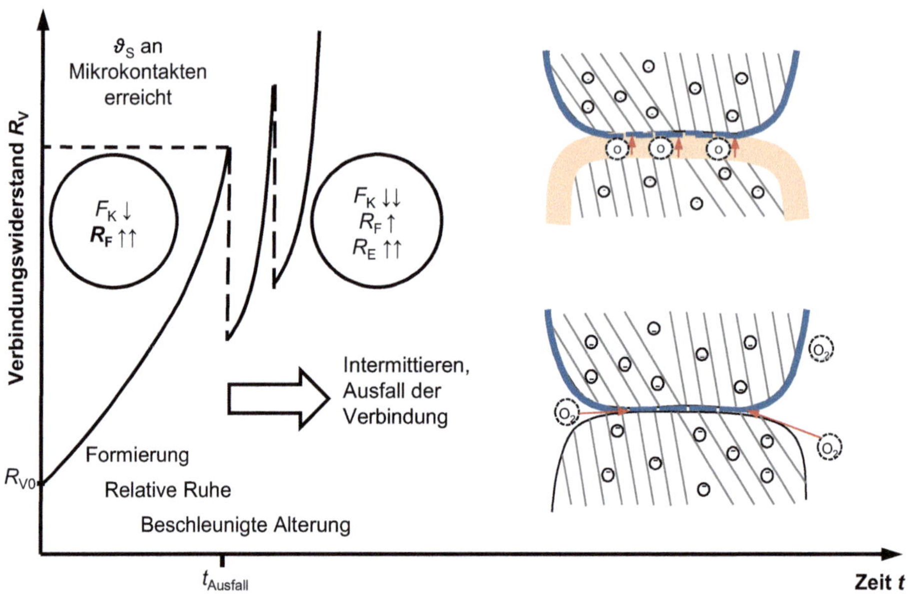

Abb. 5.36 Lebensdauerkennlinie von Bimetall-Verbindungen dominiert von Fremdschichten [11]

Aus den vorangegangenen Kapiteln sowie aus der Übersicht typischer Lebensdauerkennlinien wird deutlich, dass alle für die Funktion einer stromführenden Verbindung wesentlichen Eigenschaften stark temperaturabhängig sind. Daraus resultiert, dass die Verbindungen auch nur in einem bestimmten Temperaturbereich sicher betrieben werden können. Dabei gibt es einen obere und teilweise auch eine untere Grenztemperatur. Wird die obere Grenztemperatur überschritten kann es zum Ausfall kommen, beispielsweise durch mechanisches Versagen oder eine zu starke thermisch bedingte/beschleunigte Alterung der Kontakte. Entscheidend ist dabei nicht nur der absolute Wert der Temperatur, sondern auch deren Einwirkdauer. Bei einem Unterschreiten der unteren Grenztemperatur kann es beispielsweise bei geschmierten Steck- und Gleitverbindungen dazu kommen, dass sich die Viskosität des eingesetzten Schmierfetts verringert und die Steck- und Schiebekräfte zu groß für den gekoppelten Antrieb werden. Die unteren Grenztemperaturen werden oft durch das Klima am Aufstellungsort des Geräts vorgegeben. Für zahlreiche Geräte und Anlagen sowie deren Komponenten sind in Normen Grenztemperaturen definiert (Abb. 5.37).

Diese Grenztemperaturen berücksichtigen einen ganz bestimmten Anwendungsfall und hängen stark von diesem ab, da zahlreiche Einflussgrößen die Lebensdauer und dauerhafte Funktion der Verbindung beeinflussen. In Tab. 5.13 sind Einflussfaktoren, die auf die Alterungsmechanismen wirken, beschrieben. Diese bedingen eine Grenztemperatur der Verbindung, die im Dauerbetrieb nicht überschritten werden darf. Erläuterungen zu den Alterungsmechanismen finden sich in Abschn. 5.1.

Abb. 5.37 Dauerhafte und kurzzeitig zulässige Grenztemperaturen von Verbindungen und Kontakten gemäß StandardsDauerhafte und kurzzeitig zulässige Grenztemperaturen von Verbindungen und Kontakten gemäß Standards

Tab. 5.13 Einflussfaktoren, die insbesondere die Grenztemperaturen von stromführenden Verbindungen beeinflussen

Einflussfaktor	Erläuterungen	Beispiel
Grundwerkstoff der Kontaktpartner	Die mechanische Festigkeit wird bei höheren Temperaturen geringer, Alterungsmechanismus Kraftabbau	Gemäß [IEC 60439-1] sind Kupferleiter bis 140 °C mechanisch stabil
Atmosphäre	Atmosphären mit aggressiven Inhaltsstoffen können die Oberfläche der Kontaktpartner angreifen; Alterungsmechanismus Chemische Reaktionen	Blankes Kupfer darf in oxidierender Atmosphäre (z. B. Luft) bis 75 °C für (Steck-) Kontakte eingesetzt werden, in nicht oxidierender Atmosphäre (z. B. Isoliergas SF6) dagegen bis 115 °C
	Die relative Feuchte RH beeinflusst chemische Reaktionen und den Reibverschleiß	Galvanische Korrosion in feuchter Umgebung und Reduktion des Reibkoeffizienten bei Silberschichten bei RH > 50 %
Oberfläche, bzw. Beschichtungswerkstoff der Kontaktpartner	Alterungsmechanismen Chemische Reaktionen, Diffusion	Eine Versilberung schützt Kupferoberflächen vor Oxidation. Versilberte Kupfer (Steck-) Kontakte dürfen daher gemäß (IEC 62271-1) dauerhaft bei 115 °C betrieben werden. Blanke dagegen nur bei 75 °C.
Angrenzende Bauteile	Leiter werden meist mit Isolierung(en) verwendet, für die ebenfalls Grenztemperaturen gelten	Isolierstoffe der Klasse A (z. B. Isolatoren aus Epoxidharz in GIS) dürfen dauerhaft bis 105 °C belastet werden
	Hohe Umgebungstemperaturen im Bauraum (ISO 6722-1:2011-10)	Verbindungen nahe Bauteilen mit hoher Wärmeabgabe in Fahrzeugen (LV 215-1:2013)
Belastungsdauer	Über die Lebensdauer sind im Normalbetrieb meist niedrigere Temperaturen zulässig als bei kurzzeitigen Belastungen, die im Fehlerfall auftreten können	DIN EN 50341-2-4:2019 Grenztemperaturen für Al/St-Leiterseile: 80 °C Bemessungsbetrieb, 160 °C Kurzschlussfall
Reibverschleiß	Die Härte eines Werkstoffes ist temperaturabhängig. Weiche Werkstoffe führen zu einem höherem Reibverschleiß	Bei Steckverbindungen ist die Lebensdauer wenn Reibverschleiß bei Betriebstemperaturen von (55 … 105) °C um den Faktor (2 … 10) niedriger als bei Raumtemperatur (Abschn. 5.1.4)
Schmierung	Für Steck- und Gleitkontakte häufig eingesetzte Schmierfette haben eine untere (Viskosität, Schmierfähigkeit) und obere Grenztemperatur (chemische Stabilität, Abtropfen)	Schmierfette können Verharzen und zum Ausfall einer Verbindung führen [88], Abschn. 6.3.3) Öle können aus dem Kontaktbereich verdrängt werden und die Schmierwirkung geht verloren [8]

5.3 Werkstoffkombinationen

In zahlreichen Versuchen im Rahmen von Forschungsarbeiten wurde die Lebensdauerkennlinie für verschiedene Werkstoffkombinationen und Verbindungsarten abhängig von der Temperatur untersucht. Dabei wurden Versuche in Wärmeschränken oder stromdurchflossen über mehrere Jahre gelagert und bewertet. Eine vereinfachte Übersicht konnte daraus erarbeitet werden, die keinen Anspruch auf Vollständigkeit erhebt und nicht als Ersatz für eine individuelle anwendungsspezifische Qualifizierung von Werkstoffpaarungen dienen soll (Tab. 5.14). Das Ziel ist es, Aussagen für den Anwender zu treffen, welche Werkstoffpaarungen abhängig von der Verbindungsart grundsätzlich eher stabil oder instabil sind, ohne auf ganz bestimmte Fragen der Anwendung sowie daraus resultierende Anforderungen an zum Beispiel Beschichtungssysteme, Werkstofffestigkeiten und Weitere einzugehen. Die vorangegangenen Abschn. 5.1 und 5.2 verdeutlichen die Komplexität des Themas.

Aus der Übersicht leiten sich folgende allgemeingültigen Aussagen ab. Bei richtig dimensionierten ruhenden stromführenden Verbindungen wie Schrauben- und Pressverbindungen, bei denen die Kontaktwerkstoffe der Kontaktpartner gleich sind, kann von einem langzeitstabilen Betrieb ausgegangen werden, wenn die Grenztemperaturen eingehalten werden und die Kontaktflächen sorgfältig vorbehandelt sind (Abschn. 3.1 und 3.2). Die Lebensdauerkennlinie folgt dann der in Abb. 5.34 abgebildeten. Für bewegte Verbindungen, wie Steckverbindungen gelten besondere Randbedingungen, da bei jeder Bewegung neue Mikrokontakte gebildet werden. Weiterhin ist die Kontaktkraft vergleichsweiße gering, sodass ohne eine Beschichtung unter normaler Luftatmosphäre im Allgemeinen kein stabiler Betrieb möglich ist.

Folgende Hinweise zu ruhenden stromführenden Verbindungen mit Leiterwerkstoffen aus Aluminium und Kupfer, Aluminium und Silber sowie Aluminium und Zinn sind zu beachten. Werden Beschichtungen eingesetzt, ist zusätzlich die Grenztemperatur des Beschichtungswerkstoffes zu berücksichtigen (Abschn. 3.2).

Tab. 5.14 Zuverlässigkeit von Werkstoffpaarungen abhängig von der Verbindungsart

Leiter-werkstoff 1	Leiter-werkstoff 2	Langzeitstabilität ja ◆ (grün) bedingt ◆ (gelb) nein ◆ (rot) keine Erkenntnisse ◇ stationäre Kontakte Schrauben-verbindung	 Pressverbindung	 bewegter Kontakt Steckverbindung[a]	Bemerkung Für alle Verbindungsarten gilt: sorgfältige Vorbehandlung der Kontaktfläche und Montage gemäß Anleitung	Quelle
Aluminium	Aluminium	◆ (grün)	◆ (grün)	◆ (rot)	Entfestigungstemperatur des Aluminiums beachten	[5, 12, 85]
Kupfer	Kupfer	◆ (grün)	◆ (grün)	◆ (gelb)	Entfestigungstemperatur des Kupfers beachten Bei Steckverbindungen nur vorbehandelt und in nicht-oxidierenden Atmosphären oder sehr hohen Kontaktkräften möglich	[2, 12, 89]
Aluminium	Kupfer	◆ (gelb) … ◆ (rot)	◆ (gelb) … ◆ (rot)	◆ (rot)	Gasdichtigkeit über die gesamte Lebensdauer erforderlich – Oxidation (Abschn. 5.1.3)	[8, 19, 21]
Aluminium	Zinn	◆ (rot)	◆ (grün) … ◆ (gelb)	◆ (rot)	Oxidumbildung von Zinnoxid zu Aluminiumoxid möglich (Abschn. 5.1.3)	[11, 21, 35, 36]
Aluminium	Silber	◆ (rot)	◆ (gelb) … ◆ (rot)	◆ (rot)	Sauerstoffdurchlässigkeit des Silbers → Oxidation des Aluminiums (Abschn. 5.1.3)	[19, 21, 35, 89]

Aluminium	Nickel	◆	◇	◆	Abrasive Vorbehandlung der Nickeloberfläche und hohen Härteunterschied zwischen Al und Ni beachten	[5, 11]
Kupfer	Zinn	◆ … ◆	◆	◆ … ◆	Bedingte Lösbarkeit durch diffusionsbedingten Stoffschluss, Wiedermontage nach Revision durch IMP kritisch	[2]
Kupfer	Silber	◆	◆	◆	Bei Steckverbindungen nur vorbehandelt (Cu) und in nicht-oxidierenden Atmosphäre langzeitstabil	[2]
Kupfer	Nickel	◆	◇	◇	Vorbehandlung Nickel beachten	[11]
Zinn	Zinn	◆	◆	◆	Kontakthaften (Abschn. 5.1.1), Bilden von Whiskern möglich; Steckverbindung: Begrenzte Zyklenzahl beachten	[2, 12]
Silber	Silber	◆	◇	◆	Kontakthaften ab 100 °C möglich (Abschn. 5.1.2)	[2, 12, 63, 89]
Nickel	Nickel	◆	◇	◆	Hohe Kontakthärte → Hohe Kontaktkräfte für ein gutes Kontaktverhalten	[11, 12]
Zinn	Silber	◆	◇	◆ … ◆	Bedingte Lösbarkeit durch diffusionsbedingten Stoffschluss, Wiedermontage nach Revision durch IMP kritisch Bei Steckverbindungen kontinuierlicher Widerstandsanstieg, thermisch instabil nach einigen 100 h	[32, 34, 86],

(Fortsetzung)

Tab. 5.14 (Fortsetzung)

Zinn	Nickel	◆ (grün)	◇	◆ (rot)	Langzeitversuche an Schraubenverbindungen über 16.000 h bei 140 °C Aufgrund der hohen Unterschiede in der Härte beider Werkstoffe und der geringen Kontaktkraft ist kein langzeitstabiler Betrieb bei Steckverbindungen möglich	Versuche unveröffentlicht
Silber	Nickel	◆ (grün)	◇	◆ (rot)	Untersuchung an Schraubenverbindungen bei 115 °C über 5000 h Bei Steckverbindungen hohe Anfangswertstreuung und nicht langzeitstabil für Kontaktkräfte bis 10 N	[87]

[a]gilt für Steckverbindungen zum Übertragen hoher Ströme (≥50 A)

Aluminium – Aluminium

Verbindungen mit Leitern aus Aluminium sind bei entsprechender Vorbehandlung und Auslegung bis zur Entfestigungstemperatur des Leiterwerkstoffs (Kap. 3 – Tab. 3.4) langzeitstabil einsetzbar. Dabei kann technisch reines Aluminium dauerhaft bis zu einer Temperatur von ca. 90 °C und legiertes Aluminium abhängig von der Sorte bis zu 140 °C eingesetzt werden. Wesentliche Alterungsmechanismen beim Aluminium sind der Kraftabbau und die Oxidation. Für bewegte Kontakte ist Aluminium ohne Beschichtung nicht einsetzbar, da schnell wachsende Oxidschichten zu hohen Kontaktwiderständen führen. Zudem ist das Kontaktverhalten von Aluminium-Aluminium-Verbindungen bei geringen Kontaktkräften schlecht.

Kupfer – Kupfer

Verbindungen mit Leitern aus Kupfer haben eine höhere Entfestigungstemperatur als Aluminium und können entsprechend bei dauerhaft höheren Temperatur eingesetzt werden. Die Entfestigungstemperatur von technisch reinem Kupfer ist wie bei allen reinen Metallen abhängig vom Umformgrad. Gering umgeformte Werkstoffzustände des Kupfersm wie der Zustand R250m können dauerhaft bis zu einer Temperatur von ca. 160 °C eingesetzt werden. Zustände wie R300 oder mit noch höher Festigkeit sind dauerhaft nur bei einer Temperatur kleiner als 140 °C dauerhaft einsetzbar, da oberhalb dieser Temperatur eine Entfestigung durch Rekristallisation auftritt (Kap. 3 – Tab. 3.4). Bereits niedrig legierte Kupferwerkstoffe zum Beispiel mit Silber haben höhere Einsatztemperaturen.

Bimetall

Werden unterschiedliche Werkstoffe miteinander kontaktiert, wirkt neben den Alterungsmechanismen Kraftabbau, Oxidation als Teil der chemischen Reaktion, der Selbstdiffusion und dem Reibverschleiß bei Steckverbindungen noch die Interdiffusion und die galvanische Korrosion. Ob ein langzeitstabiler Betrieb dieser Verbindungen möglich ist, hängt stark von den Eigenschaften der Leiter- und Beschichtungswerkstoffe ab. Die Lebensdauerkennlinie kann anders als bei Verbindungen mit gleichen Werkstoffen der Kontaktpartner dem in Abb. 5.35 und 5.36 dargestellten Verlauf folgen. Der Stand der Erkenntnisse für nicht langzeitstabile Werkstoffpaarungen wird folgend näher erläutert.

Verbindungen mit Leitern aus Aluminium und Kupfer zeigen häufig sehr ein schlechtes Langzeitverhalten. Dieses wurde in der Vergangenheit immer wieder auf die Interdiffusion und damit wachsende intermetallischen Phasen (IMP) zurückgeführt. In zuletzt veröffentlichten Arbeiten konnte gezeigt werden, dass der Einfluss der IMP bei Einsatztemperaturen unterhalb von 200 °C gering ist und die gemessene Widerstandsänderung damit nicht erklärt werden kann [8]. Basierend auf diesen Erkenntnissen konnte gezeigt werden, dass insbesondere die Oxidation einen entscheidenden Einfluss hat. Wird über die Lebensdauer eine gasdichte Kontaktebene erreicht, ist ein langzeitstabiler Betrieb denkbar [21]. Dies zeigen Versuche an bei 140 °C gelagerten Schraubenverbindungen mit Leitern aus Aluminium und Kupfer in inerter Atmosphäre (Abb. 5.38).

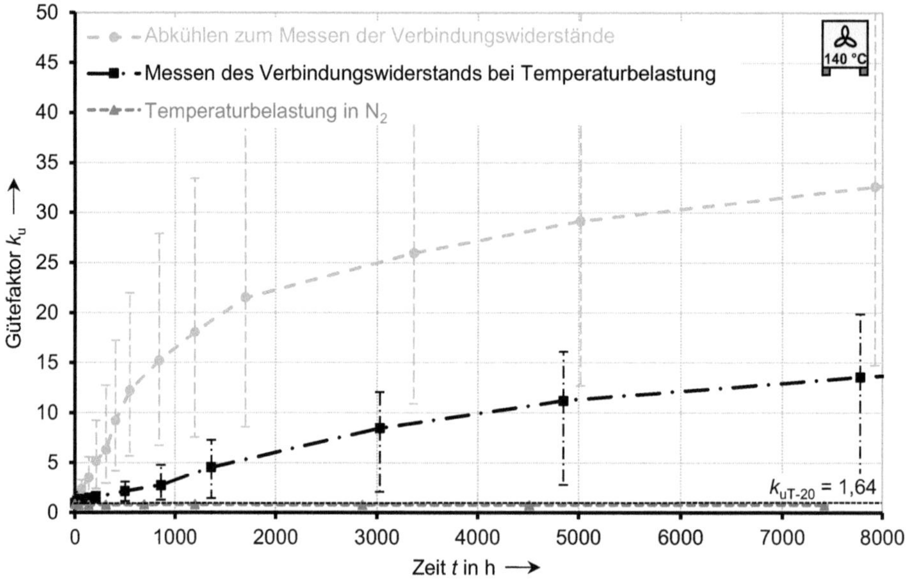

Abb. 5.38 Gütefaktor k_u abhängig von der Zeit t von Schraubenverbindungen mit Stromschienen aus Aluminium und Kupfer sowie Spannscheiben in Luft und inerter Atmosphäre. Verbindungswiderstände gemessen bei einer Temperatur von 140 °C oder nach Abkühlen bei Raumtemperatur [21]

Wie bei Schraubenverbindungen sicher eine Gasdichtigkeit gewährleistet werden kann (notwendiger Oberflächenzustand, minimale Kontaktkraft, optimale Verteilung der mechanischen Spannung) ist noch nicht abschließend geklärt. Unterschiedliche Ansätze zeigen uneinheitliche Ergebnisse [21].

Bei Pressverbindungen kann durch das Pressfett, die hohe Umformung der Kontaktpartner und die entsprechend großflächigen Mikrokontakte der Zugang zum atmosphärischen Sauerstoff stark verringert werden. Der Einfluss der Oxidation auf das Langzeitverhalten von Aluminium-Kupfer-Pressverbindungen ist entsprechend deutlich geringer, als bei klassischen Schraubenverbindungen.

Aluminium – Zinn

Die Werkstoffkombination Aluminium und Zinn ist bei Schraubenverbindungen nicht langzeitstabil. Auf der Zinnoberfläche anhaftendes Zinnoxid bildet sich im gefügten Zustand in Aluminiumoxid um, sodass sich die Kontaktwiderstände in kurzer Zeit, teilweise bereits bei Raumtemperatur in wenigen Stunden erhöhen. Dies konnte in zahlreichen experimentellen Untersuchungen gezeigt werden (Abb. 5.39). Der Effekt wurde auch in inerter Atmosphäre nachgewissen, sodass der Einfluss des Sauerstoffs aus der Umgebung der Verbindung ausgeschlossen werden konnte [21, 36]

Bei Pressverbindungen wird während des Fügens i. d. R. eine große plastische Verformung der Fügepartner erreicht. Zinnoxidschichten und zum Teil auch die Zinn-Beschichtung werden dabei verdrängt bzw. aufgerissen. Reißen die Oxidschichten auf,

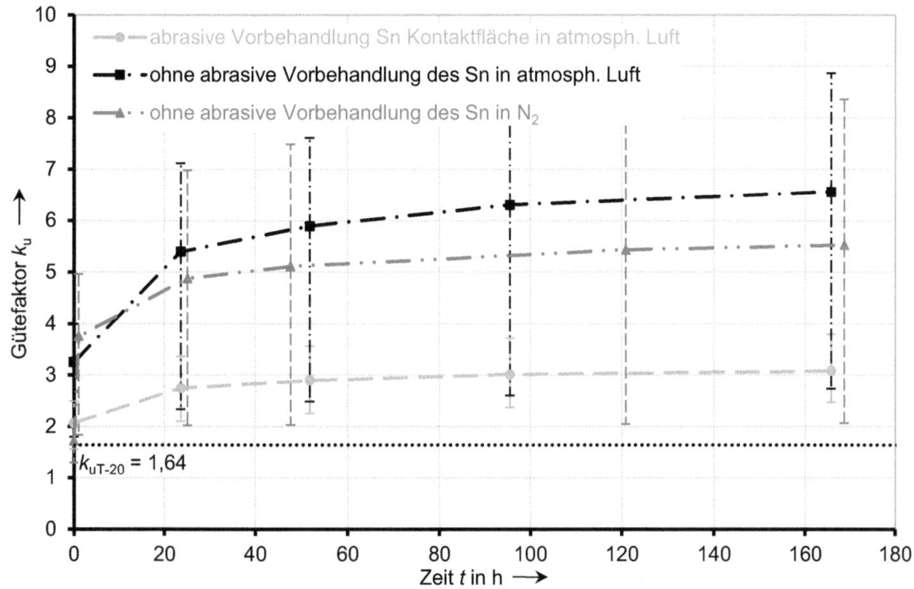

Abb. 5.39 Gütefaktor abhängig von der Zeit in Luft und inerter Atmosphäre von Schraubenverbindungen mit Stromschienen aus Aluminium und verzinntem Kupfer gelagert bei Raumtemperatur [21]

wird die chemische Reaktion zwischen dem Zinnoxid und der Aluminiumoberfläche verhindert. Reißt die Beschichtung auf, entsteht der Kontakt zum Grundmaterial. In beiden Fällen können stabile Mikrokontakte entstehen, die einen langzeitstabilen Betrieb ermöglichen. Zusätzlich wird durch das verwendete Press- oder Kontaktfett eine Dichtfunktion gegenüber der Atmosphäre erreicht. Für Steckverbindungen kann diese Werkstoffkombination nicht eingesetzt werden, da die geringen Kontaktkräfte und die festen und isolierenden Oxidschichten auf dem Aluminium einen zuverlässigen Betrieb verhindern.

Aluminium – Silber

Verbindungen mit Leitern aus Aluminium und versilberten Leitern sind in atmosphärischer Luft nicht langzeitstabil. Entlang der Korngrenzen des Silbers diffundierender Sauerstoff führt zur Oxidation der Kontaktfläche des Kontaktpartners aus Aluminium. Dadurch erhöht sich der Kontaktwiderstand in kurzer Zeit stark. Die Geschwindigkeit des Vorgangs hängt stark von der Länge des Diffusionsweges ab. Da dieser Effekt nur in atmosphärischer Luft auftritt und in inerter Atmosphäre nicht beobachtet werden konnte, konnte gezeigt werden, dass der Sauerstoff von außen in die Verbindung eindringt (Abb. 5.40) [21].

Wie bei Pressverbindungen mit Kontaktpartnern aus Aluminium und Kupfer bzw. Zinn kann durch das Pressfett und die hohe Umformung der Kontaktpartner und die entsprechend großflächigen Mikrokontakte der Zugang zum atmosphärischen Sauerstoff stark verringert werden. Ein Aufreißen der Silberbeschichtung durch die hohe Umformung be-

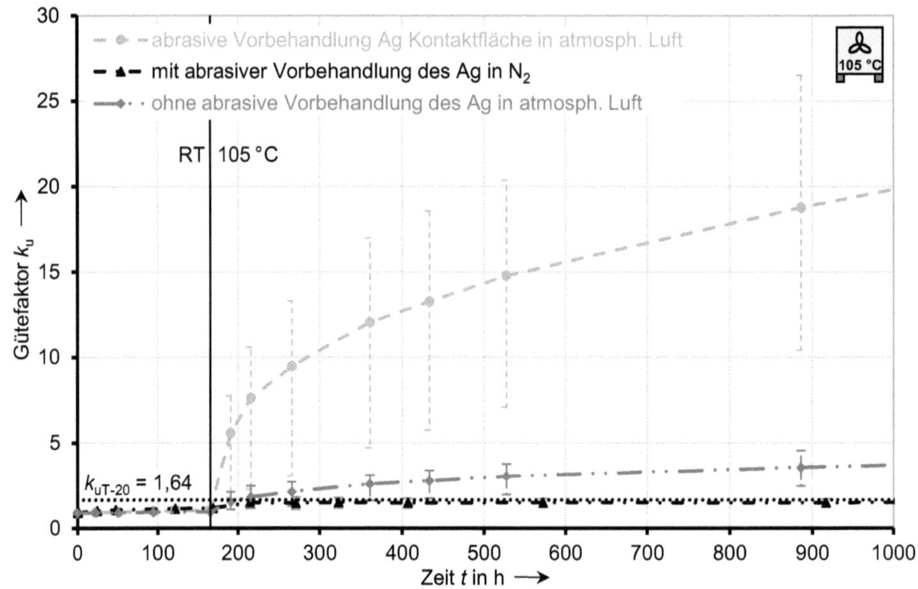

Abb. 5.40 Gütefaktor abhängig von der Zeit in Luft und inerter Atmosphäre von Schraubenverbindungen mit Stromschienen aus Aluminium und versilbertem Kupfer bei Lagerung in Raumtemperatur (RT) und anschließend im Wärmeschrank bei 105 °C [21]

reits beim Fügen von Längspressverbindungen wird ebenfalls als Ursache für ein teilweise langzeitstabiles Verhalten vermutet [94]. Für Steckverbindungen kann diese Werkstoffkombination aus gleichen Gründen wie bei der Kombination Aluminium und Zinn nicht eingesetzt werden.

Literatur

1. *Bürgel, R.*: Handbuch Hochtemperatur-Werkstofftechnik. Vieweg & Sohn Verlag 2006. – ISBN: 978-3-528-23107-1
2. *Schlegel, S.*: Langzeitverhalten von Schraubenverbindungen mit Stromschienen aus Reinkupfer in der Elektroenergietechnik unter besonderer Berücksichtigung der Temperatur. Dissertation, TUD 2011.
3. *Bergmann, R.*: Zum Langzeitverhalten des Widerstands elektrischer Stromschienenverbindungen. Dissertation, TU Dresden, Fortschritt-Berichte VDI Nr. 195. VDI-Verlag 1996. – ISBN 3-18-319521-6.
4. *Großmann, S.; Löbl, H.; Böhme, H.*: Contact lifetime of Connections in electrical power systems. 16th International Conference on Electrical Contacts, Loughborough (UK), September 7–11, 1992, pp. 129–134.
5. *Fuhrmann, T.*: Kontakt- und Langzeitverhalten von stromführenden Schraubenverbindungen mit vernickelten und versilberten Leitern aus Aluminiumwerkstoffen. Dissertation, TU Dresden, 2019. – ISBN 978-3-86780-636-7
6. *Larson, F.; Miller, J.*: A Time-Temperature Relationship between for Rupture and Creep Stresses. Trans. ASME, S. 765–775, 1952.

7. *Stennett, N. A.; Campell, D. S.*: Normal force reduction: A variable activation energy process. 16th ICEC, Loughborough (UK), Page 191–197, 1992.
8. *Pfeifer, S.*: Einfluss intermetallischer Phasen der Systeme Al-Cu und Al-Ag auf den Widerstand stromtragender Verbindungen im Temperaturbereich von 90 °C bis 200 °C. Dissertation, TU Dresden, 2015.
9. *Revie, W. R.; Uhlig H. H.*: Corrosion and Corrosion Control: An Introduction to Corrosion Science and Engineering, 4. Aufl. Hoboken, NJ: Wiley, 2008. – ISBN 978-0-471-73279-2.
10. *Heumann, T.*: Diffusion von Metallen – Grundlagen, Theorie, Vorgänge in Reinmetallen und Legierungen. Springer-Verlag 1992 – ISBN 978-3-642-86413-1
11. *Schlegel, S.*: Stromführende Verbindungen und Leiterwerkstoffe der Elektroenergietechnik – Theorie zum Kontakt- und Langzeitverhalten von Schraubenverbindungen mit Flächenkontakten. Habilitation, TU Dresden, 2019. – ISBN 978-3-86780-614-5
12. *Dreier, S.*: The Impact of Films on the Long-Term Behavior of Stationary Electrical Connections and Contacts in Electric Power Systems. Dissertation, TU Dresden, 2015.
13. *Vinaricky, E.*: Elektrische Kontakte, Werkstoffe und Anwendungen – Grundlagen, Technologien, Prüfverfahren. 3. Auflage, Springer Verlag, 2016. – ISBN 978-3-642-45427-1
14. *Rieder, W.*: Elektrische Kontakte: Eine Einführung in ihre Physik und Technik. VDE Verlag; 2000. – ISBN 978-3-80072-542-7
15. *Holm, R.*: Electrical Contacts: Theory and Application, 4. Aufl. Berlin, Heidelberg, New York: Springer, 1967.
16. *Simmons J. G.*: Generalized Formula for the Electric Tunnel Effect between Similar Electrodes Separated by a Thin Insulating Film. Journal of Applied Physics 34 (1963), S. 1793–1803.
17. *Slade, P. G.*: Electrical Contacts: Principles and Applications, Second Edition. NewYork, Basel: Crc Press Inc, 2013. – ISBN 978-1-4398-8130-9
18. *Braunovic, M.*: Electrical Contacts-Fundamentals, Applications and Technology. Taylor & Francis Group 2006. – ISBN 1-57444-727-0.
19. *Schneider, R.*: Langzeitverhalten geschraubter Stromschienenverbindungen in der Elektroenergietechnik. Dissertation, TU Dresden, 2012.
20. Bericht zum IGF-Vorhaben (AIF 17860BG): Auswirkung von Oxiden innerhalb galvanischer Beschichtungen auf die Zuverlässigkeit und das Langzeitverhalten elektrischer Verbindungen der Energietechnik. 2017.
21. *Oberst, M.*: Einfluss von Sauerstoff auf die Alterung stromführender Bimetall-Verbindungen. Dissertation, TU Dresden, 2021. – ISBN 978-3-86780-655-8
22. *Funamizu, Y.; Watanabe, K.*: Interdiffusion in the Al-Cu system, Trans. Japan Institute of Metals 12 (1971), S. 147–152.
23. *Wulff, F. W.; Breach, C.D.; Stephan, D.; Dittmer, K.J.*: Characterisation of intermetallic growth in copper and gold ball bonds on aluminum metallisation, Electronics Packaging Technology Conference, 2004, S. 348–353.
24. *Krautz, H.*: Untersuchungen zur Diffusion und Phasenbildung im Dünnschichtsystem Kupfer-Aluminium. Dissertation, TU Dresden, 1989.
25. *Pierre Villars (Chief Editor), PAULING FILE in*: Inorganic Solid Phases, Springer Materials (online database), Springer, Heidelberg (ed.) Springer Materials
26. *Dongmin, S.; Bin, W.; Roderick, M.; Shan, Y.; Tingju L.*: First-principles studies of Al-Ni intermetallic compounds. Journal of Solid State Chemistry 182, 2009, S. 2664–2669.
27. *Moris, K.*: Review: reaction synthesis processing of Ni – Al intermetallic materials. Materials Science and Engineering A299, 2001, S. 1–15.
28. *Wang, Y.; Liu, Z.-K.; Chen, L.-Q.*: Thermodynamic properties of Al, Ni, NiAl, and Ni3Al from first-principles calculations. Acta Materialia 52, 2004, S. 2665–2671.
29. *Mitra, R.*: Intermetallic Matrix Composites: Properties and Applications. 1st Edition, Woodhead Publishing, 2017 – ISBN 978-0-85709-346-2

30. *Creydt, M.*: Diffusion in galvanisch aufgebrachten Schichten und Weichloten bei Temperaturen zwischen 23 °C und 212 °C. EMPA-Publikation 19/1971.
31. *Blair, H. D.; Pan, T-Y., Nicholson, J. M.*: Intermetallic Compound Growth on Ni, Au/Ni and Pd/Ni Substrates with Sn/Pb, Sn/Ag and Sn Solders. Electronic Components and Technology Conference, Seattle (USA), 25–28.05.1998.
32. Schlussbericht (IGF-Vorhaben 17EWBG): Zuverlässigkeit und Sicherheit von Betriebsmitteln in Niederspannungsverteilstationen für die Anwendung im Bereich der Windkraft- und Photovoltaikanlagen (Sicherheit von WK- und PV-Anlagen). 2019
33. *Yao, Y.; Fry, J.; Keer, L.M.*: The Wiedemann-Franz-Lorenz relation for lead-free solder and intermetallic materials. Acta Materialia 61, 2013, S. 1525–1536.
34. *Oberst, M.; Schlegel, S.; Großmann, S.; Willing, H.; Freudenberger, R.*: Einfluss von intermetallischen Phasen der Systeme Ag-Sn und Ni-Sn auf den elektrischen Widerstand. 25. Albert Keil Kontaktseminar, Karlsruhe, 9.–11.11.2019. – ISBN 978-3-8007-5083-2
35. *Oberst, M.; Schlegel, S.; Großmann, S.*: Influence of Oxygen on the Aging of Electrical Joints with One Bare and One Coated Aluminum Contact Member. IEEE Holm Conference on Electrical Contacts, Albuquerque, NM, 2018, pp. 262–269.
36. *Oberst, M.; Hildmann, c.; Schlegel, S.*: Deterioration and Breakdown Mechanisms in force-fitted current-carrying Connections between Aluminum and Tin. 66th IEEE Holm Conference on Electrical Contacts, San Antonio, 2021, pp. 1–7. – ISBN 978-1-6654-2107-2
37. *N. N. Dzektser und V. V. Izmailov*: On the Life-Time of Stationary Contacts. 16th International Conference on Electrical Contacts, Loughborough, UK, 1992, pp. 175–180.
38. *Meyerhofer, D.; Ochs, S. A.*: Current Flow in Very Thin Films of Al_2O_3 and BeO. Journal of Applied Physics 34 (1963), pp. 2535–2543.
39. *Pfeifer, S.; Oberst, M.; Willing, H.*: Auswirkung von Oxiden innerhalb galvanischer Beschichtungen auf die Zuverlässigkeit und das Langzeitverhalten elektrischer Verbindungen in der Energietechnik (ODiEn). Abschlussbericht AiF-Projekt 17860 BG, 2017.
40. Der Silberspiegel: The Ellingham diagram is giving the free energy of formation of metal oxides and the corresponding oxygen partial pressure at equilibrium. Labels in English (30.03.2016), URL: https://commons.wikimedia.org/wiki/File:Ellingham_Richardson-diagram_english.svg (Stand: 02.02.2018)
41. *Buresch, I.*: Oberflächenbeschichtungen für Steckverbinderkontakte bei höheren Einsatztemperaturen. 24. Albert Keil Kontaktseminar, Karlsruhe, 2017. – ISBN 978-3-8007-4449-7
42. *J. H. Tripp; S. M. Garte*: The Gas-Tightness of Separable Base Metal Electric Contacts. IEEE Transactions on Components, Hybrids, and Manufacuturing Technology, Bd. CHMT-4, Nr. 1, pp. 85.92, 1981.
43. *Bergwerff, J.*: The Interaction of O2 with Silver – A survey on the molecular processes in the passage of O2 through a silver membrane. Diplomarbeit, Universität Utrecht [Online].14.07.2016
44. *Scher, H.; Zellen, R.*: Critical density in percolation processes. The Journal of chemical Physics, vol. 53, pp. 3759–3761, Juni 1970.
45. *N Ravi Chandra Raju, et al.*: Physical properties of silver oxide thin films by pulsed laser deposition: effect of oxygen pressure during growth. Journal of Physics D: Applied Physics 42, 2009.
46. *Zähr, J.*: Einfluss des Oberflächenzustandes auf das thermische Fügen von Aluminium. Dissertation, TU Dresden, 2010.
47. *Fischmeister, H.; Rönnquist, A.*: The Oxidation of Copper: A Review of Published Data. Journal of the Institute of Metals 89, 1960–61.
48. *Campbell, W. E.; Thomas, U. B.*: The Oxidation of Metals. Transactions of the Electrochemical Society 91, 1947, pp. 623–640.
49. Gmelin-Handbuch der anorganischen Chemie, Bd. 60: Kupfer, Teil D: Elektrische Eigenschaften der Kupferoxide, 8. Aufl. Weinheim: Verl. Chemie, 1963.
50. Gmelin-Handbuch der anorganischen Chemie, Bd. 46: Zinn, Teil C 1: Verbindungen mit Wasserstoff, Sauerstoff, Stickstoff und Halogenen, 8. Aufl. Weinheim: Verl. Chemie, 1972.

51. *Samsonov, G. V. (Hrsg.)*: The Oxide Handbook, 2. Aufl. New York: IFI/Plenum, 1982. – ISBN 0-306-65177-7.
52. Gmelin-Handbuch der anorganischen Chemie, Bd. 35: Aluminium, Teil B: Die Verbindungen des Aluminiums, 8. Aufl. Berlin: Verl. Chemie, 1934.
53. Landolt-Börnstein: Zahlenwerte und Funktionen aus der Physik, Chemie, Astronomie, Geophysik und Technik, 6. Auflage, Band II-Teil 5 (Transportphänomene, Kinetik, Homogene Gasgleichgewichte), Springer Verlag, Berlin-Göttingen-Heidelberg, 1968.
54. Landolt-Börnstein – Group III Condensed Matter, Volume 41C, Non-Tetrahedrally Bonded Elements and Binary Compounds I, Silver sulfide (Ag2S) crystal structure. Berlin, Heidelberg: Springer, 1998.
55. *Boggs, W. E.*: The Oxidation of Tin: III. The Mechanisms of Oxidation of Pure Tin and Their Dependence on Time and Oxygen Pressure. Journal of the Electrochemical Society 108, 1961, S. 124–129.
56. *Leja, E.; Korecki, J.; Krop, K.; Toll, K.*: Phase Composition of SnOx Thin Films Obtained by Reactive D.C. Sputtering. Thin Solid Films 59, 1979, S. 147–155.
57. Informationszentrum Technische Keramik. Brevier Technische Keramik. Lauf: Fahner Verlag, 3. überarb. Auflage 1999.
58. *Roos, E; Maile, K.*: Werkstoffkunde für Ingenieure: Grundlagen, Anwendung, Prüfung, 3. Aufl. Berlin, Heidelberg: Springer, 2008. – ISBN 978-3-540-68403-9
59. DIN EN 3197 (Ausg. 2011-03): Luft- und Raumfahrt – Konstruktion und Installation elektrischer und optischer Verkabelung in Luftfahrzeugen.
60. DIN EN 50343 (Ausg. 2014-09): Bahnanwendungen – Fahrzeuge – Regeln für die Installation von elektrischen Leitungen.
61. IEC/TR 60943 (Ausg. 2009-03): Guidance concerning the permissible temperature rise for parts of electrical equipment, in particular for terminals.
62. *Blumenroth, F.*: Zum Langzeitverhalten von Steckverbindungen mit Schraubenfedern in Anlagen der Elektroenergietechnik. Dissertation, TU Dresden, Shaker Verlag, 2010. – ISBN 978-3-8322-9506-6
63. *Lücke, N.*: Zum Langzeitverhalten elektrischer Steckverbindungen mit Kupfer-Beryllium-Kontaktlamellen. Dissertation, TU Dresden, TUDpress 2004. – ISBN 978-3-9443-3175-1
64. *Czichos, H.; Habig, K.-H.*: Tribologie-Handbuch. 3. Aufl.: Vieweg+Teubner Verlag 2010. – ISBN 978-3-8348-0017-6
65. *Song, J.; Yuan, H.; Schinow, V.*: Berechnungsmodelle für die Vorhersage von Verschleiß und Durchrieb der Oberflächenschutzschicht von elektrischen Kontakten mit einer sphärischen/ebenen Reibpaarung. 24. Albert-Keil-Kontaktseminar, Karlsruhe, 2017.
66. *Bond, N. T.; McGeary, F. L.*: Nickel Plating for Improved Electrical Contact to Aluminum. IEEE TRANSACTIONS ON INDUSTRY APPLICATIONS, Vol. IA-9, No. 3, 1973.
67. *Aronstein, J.*: Electromigration Failure of Aluminum Contact Junctions. 41st IEEE Holm Conference on Electrical Contacts. Montreal, 1995, pp. 10–16.
68. *Aronstein J.*: AC and DC Electromigration in Aluminum Contact Junctions. 18th International Conference on Electrical Contacts, Chicago, 1996, pp. 311–320
69. *Roth, W.; Eden, K.*: Elektromigration – Ein Schadensmechanismus in mikroelektronischen Schaltungen. Werkstoffe und Korrosion 44, VCH Verlagsgesellschaft mbH, 1993, S. 130–136.
70. *Arzt, E.; Kraft, O.; Spolenak, R.; Joo, Y.-C.*: Physical Metallurgy of Electromigration: Failure Mechanisms in Miniaturized Conductor Lines. Zeitschrift für Metallkunde. Carl Hauser Verlag, München, 1996, S. 934–942.
71. *Runde, M.; Hodne, E.; Totdal, B.*: Current-induced Aging of Contact Spots. 35th IEEE Holm Conference on Electrical Contacts, Chicago, 1989, S. 213–220.
72. *Thiele, M.; Lienig, J.*: Elektromigration Der Feind auf dem Chip. Electroniknet.de, 24.01.2012 – http://www.elektroniknet.de/elektronik/halbleiter/der-feind-auf-dem-chip-85242.html

73. *Mildenberger, O.*: Einführung in die Mikrosystemtechnik: Grundlagen und Praxisbeispiele. Vieweg-Verlag, 2000. – ISBN 3-528-03891-8
74. *Ho, P. S.; Kwok, T.*: Electromigration in metals. Reports on Progress in Physics. Volume 52, 1989, S. 301–348.
75. *Thiele, M.; Lienig, J.*: Fundamentals of Electromigration-Aware Integrated Circuit Design. Springer-Verlag, 2018. – ISBN 978-3-1833-8121-0
76. *Höft, H.*: Informationselektronik: Elektrische Kontakte. Werkstoffe, Einsatzbedingungen, Zuverlässigkeit. 1. Auflage., VEB-Verlag Technik, 1980.
77. *Strehle, S.*: Cu(Ag)-Legierungsschichten als Werkstoff für Leiterbahnen höchstintegrierter Schaltkreise – Herstellung, Gefüge, thermomechanische Eigenschaften, Elektromigrationsresistenz. Dissertation, 2006.
78. *Wirtz, C.*: Elektromigrationsverhalten von nanostrukturierten Silber-Leiterbahnen. Diplomarbeit, Universität Duisburg Essen, 2008.
79. *Meyer, W.-K.*: Electromigration of Damascene copper for IC interconnect. Oregon Health & Science University, 2004.
80. *Böhm, J.*: Legierungseinflüsse auf die Elektromigration in Submikrometer Aluminium-Leiterbahnen. Diplomarbeit, Universität Stuttgart, 2001.
81. *Walther, T.*: Elektromigrationsuntersuchungen an der Grenzfläche zwischen Kupferleiterbahn und Kupferdiffusionsbarriere. Studienarbeit, TU Dresden, 2012.
82. *Schultz, l., Freudenberger, J.*: Physikalische Werkstoffeigenschaften. Script. Leibniz Institute for Solid State and Materials Research Dresden, Germany, 2019.
83. *Ming Tan, C., Roy, A.*: Investigation of the effect of temperature and stress gradients on accelerated EM test for Cu narrow interconnects. Thin Solid Films 504, S. 288–293.
84. *Aronstein, J; Hare, T.K.*: AC and DC electromigration failure of aluminum contact junctions. IEEE Transactions on Components and Packaging Technologies 28, 2005, S. 701–709.
85. *Hildmann, C.*: Zum elektrischen Kontakt- und Langzeitverhalten von Pressverbindungen mit konventionellen und Hochtemperatur-Leiterseilen mit geringem Durchhang. Dissertation, TU Dresden, 2016. – ISBN 978-3-00-056211-2
86. *Oberst, M.; Schlegel, S.; Großmann, S.; Willing, H.; Freudenberger, R.*: Impact of the Formation of Intermetallic Compounds in Current-Carrying Connections. IEEE Transactions on Device and Materials Reliability, vol. 20, no. 1, 2020, pp. 157–166.
87. *Oberst, M.; Hildmann, C.; Schlegel, S.*: Einfluss von Grenzflächenreaktionen auf das Kontakt- und Langzeitverhalten von kraftschlüssigen Verbindungen mit unterschiedlichen Werkstoffkombinationen. 26. Albert-Keil-Kontaktseminar, Karlsruhe, 2022.
88. *Gatzsche, M.*: Elektrisch-thermisches Betriebs- und Langzeitverhalten hochstromtragfähiger Kontaktelemente. Dissertation, TU Dresden, Shaker Verlag, 2016. – ISBN 978-3-84404-894-0
89. *Großmann, S.*: Zur Gestaltung und zum Betriebsverhalten von Steckverbindern der Elektroenergietechnik. Dissertation, TU Dresden, 1988.
90. *Israel, T.; Oberst, M.; Hildmann, C.; Schlegel, S.*: Selbstschmierende Beschichtungen für Hochstrom-Steckverbindungen. 26. Albert-Keil-Kontaktseminar, Karlsruhe, 2022.
91. *Archard, J. F.*: Contact and rubbing of flat surfaces. Journal of Applied Physics, vol. 24, no. 8, 1953, pp. 981–988.
92. *Hagen, B.; Kufner, T.; Freudiger, G.*: Grundlegende Untersuchungen an tribologischen Systemen zur optimierten Auslegung von Steckverbindern in der Elektroenergietechnik., 24. Albert-Keil-Kontaktseminar, Karlsruhe, 2017.
93. *Yuan, H.; Song, J.*: Fretting Corrosion Behavior of Various Contact Surfaces under Diverse Operat-ing Conditions. IEEE Holm Conference on Electrical Contacts, 2019. pp. 19–26.
94. *Ramonat, A.*: Untersuchungen zum elektrischen Kontakt- und Langzeitverhalten von Fügetechnologien mit zylindrischen Leitern aus Aluminium. Dissertation, TU Dresden, 2018.

6 Auslegen stromführender Verbindungen

Die in diesem Kapitel beschriebene Vorgehensweise hat das Ziel, die Anforderungen zum Auslegen stromführender Verbindungen für den Betrieb in elektroenergietechnischen Systemen in sechs klar definierten Schritten in eine konstruktive Gestaltung sowie Anweisung zur Montage der Verbindung zu übersetzen (Abb. 6.1).

Basierend auf den Anforderungen wird in jedem der aufeinanderfolgenden Schritte ein wesentlicher Aspekt der konstruktiven Gestaltung der Verbindung festgelegt. Prinzipiell können spätere Schritte eine Anpassung in einem vorhergehenden Schritt erfordern. Das ist primär in den Schritten Gestaltung, Dauerbetrieb und Kurzzeitbetrieb der Fall. Beispielsweise kann ein hoher Kurzschlussstrom zusätzliche Kontaktstellen oder eine erhöhte Kontaktkraft erfordern. Um die Anwendung der Richtlinie zu illustrieren, werden in Abschn. 6.7 drei Beispielverbindungen Schritt für Schritt ausgelegt.

Für jeden Schritt der Auslegung ist entscheidend, dass die Anforderungen an die Verbindung klar definiert sind. In der Praxis werden viele Kernmerkmale durch das die Verbindung enthaltende Betriebsmittel und insbesondere die zu verbindenden Leiter bestimmt. Die Verbindung ist ein „Mittel zum Zweck", hat aber maßgeblichen Einfluss auf die Zuverlässigkeit des Gesamtsystems. Eine explizite Spezifikation für die Verbindung existiert daher meist nicht und viele Anforderungen, wie beispielsweise die Dauerstromtragfähigkeit, werden vom Betriebsmittel vorgegeben.

S. Schlegel et al., *Kontakt- und Langzeitverhalten stromführender Verbindungen in der Elektroenergietechnik*, https://doi.org/10.1007/978-3-662-64658-8_6

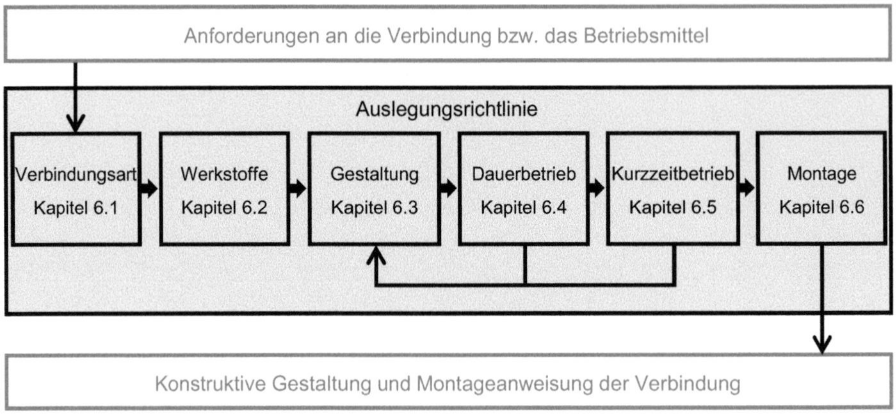

Abb. 6.1 Richtlinie zum Auslegen stromführender Verbindungen

6.1 Verbindungsart

Vor der eigentlichen Auslegung ist die Verbindungsart auszuwählen. Welche Verbindungsart eingesetzt werden kann, ist vor allem von den Anforderungen an die Montage und den Betrieb abhängig. Es sind die folgenden zwei Schritte zu klären:

- Definition der **Haupt-Verbindung** auf Basis der Anforderungen an den Betrieb und die Montage: Auswahl aus den Verbindungsarten Steckverbindung, Gleitverbindung, Pressverbindung, Schraubenverbindung oder alternativer Fügeverfahren (Abb. 6.2).
- Definition der **Hilfs-Verbindung**: Abhängig von den zu verbindenden Leitern kann es notwendig sein, noch weitere Verbindungen hinzuzufügen, um die Haupt-Verbindung technisch realisieren zu können (Abb. 6.3).

Die Hauptverbindung muss alle geforderten Funktionen an die Verbindung, wie beispielsweise fest, beweglich oder trennbar, erfüllen. Hilfsverbindungen sind immer dann erforderlich, wenn zwei Leiter nicht direkt miteinander durch die Hauptverbindung verbunden werden können (Tab. 6.1). Sollen zwei Kabelenden über eine Steckverbindung trennbar verbunden werden, so sind Hilfs-Verbindungen, zum Beispiel als Pressverbindung zwischen Stecker und Kabel 1 sowie zwischen Buchse und Kabel 2, erforderlich.

Bei der Auswahl der Verbindungsart sind neben den Anforderungen an die Funktion und Montage der notwendige Platzbedarf, die Kosten der gewählten Verbindungsart unter Berücksichtigung der Stückzahl und der verfügbaren Lieferanten sowie die Kosten für die benötigten Werkzeuge und deren Wartung zu beachten.

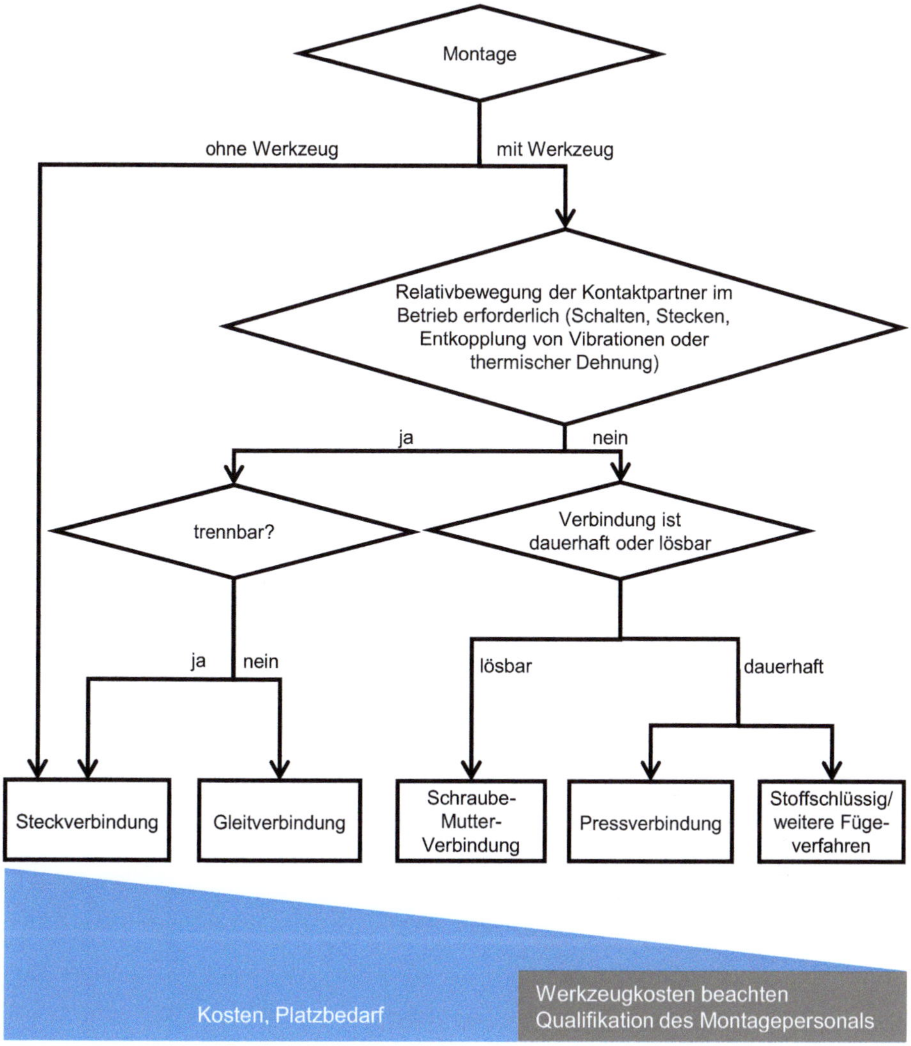

Abb. 6.2 Auswahl der Haupt-Verbindung

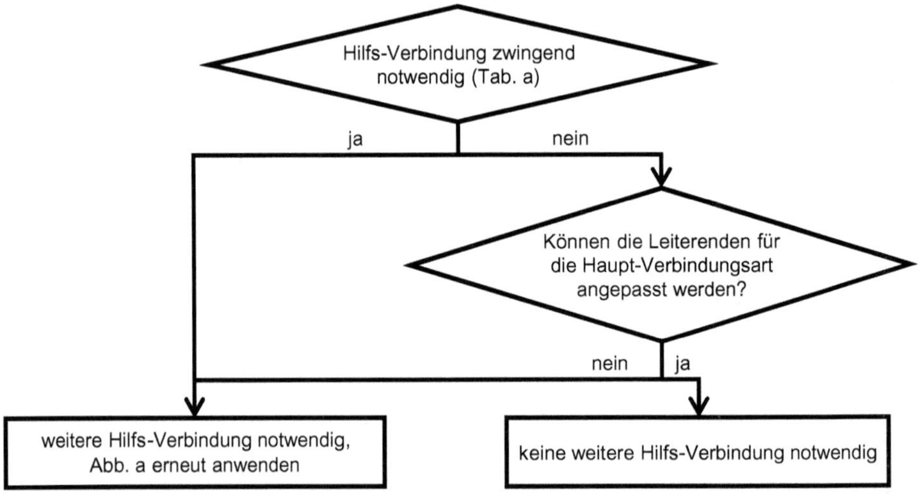

Abb. 6.3 Auswahl der Hilfs-Verbindung - Tab. a = Tab 6.1; Abb. a = Abb. 6.2

Tab. 6.1 Hilfs-Verbindungen abhängig von der Haupt-Verbindung und der eingesetzten Leiterart (beispielhaft)

zu verbindende Leiterarten	Haupt-Verbindung ohne Hilfs-Verbindung	Haupt-Verbindung, die Hilfs-Verbindung erfordern
massiv – massiv	Schrauben-, Press-, Klemmverbindung	-
massiv – mehrdrähtig	Schraubverbinder, Press-, Klemmverbindung	Steckverbindung, Gleitverbindung
mehrdrähtig – mehrdrähtig	Schraubverbinder, Press-, Klemmverbindung	Steckverbindung, Gleitverbindung, Schraube-Mutter-Verbindung

6.2 Werkstoffe

6.2.1 Leiter- und Beschichtungswerkstoff

Für beide Kontaktpartner muss der Leiter- und optional der Beschichtungswerkstoff ausgewählt werden. Die Leiterwerkstoffe der Kontaktpartner sind meist durch die zu verbindenden elektrischen Leiter oder das anzuschließende Gerät vorgegeben. Eine Besonderheit sind Verbinder, bei denen für den Verbinderkörper selbst ein anderer Werkstoff als für die zu verbindenden Leiter gewählt werden kann (z. B. Stecker und Buchse an einem Kabel, Pressarmatur zum Verbinden von zwei Freileitungsseilen).

Vier Faktoren bestimmen die Auswahl der Werkstoffe:

- Kompatibilität der Leiterwerkstoffe zueinander (Tab. 5.14)
- Vorbehandlung der Kontaktflächen vor der Montage (Abschn. 6.6)

- Maximale Temperatur im Dauer- und Kurzzeitbetrieb (Abschn. 5.2 und 5.3)
- Fertigung der Verbinderkörper (z. B. Pressen, Gießen, spanabhebende Bearbeitung, Schweißen, Stanzen – siehe auch Kap. 3)

6.2.1.1 Kompatibilität der Leiterwerkstoffe

Bei der Kompatibilität der Leiterwerkstoffe ist zu prüfen, ob diese einen langzeitstabilen Betrieb ermöglichen. Es darf dabei keine beschleunigte Alterung auftreten (Abschn. 5.2 und 5.3). In Tab. 5.14 werden typische Werkstoffkombinationen unter Berücksichtigung der gewählten Verbindungsart bewertet. Allgemein erzielen identische Kontaktwerkstoffe die beste Kompatibilität und sind daher bei freier Auswahl für beide Kontaktpartner zu bevorzugen. Da in der Praxis die Leiterwerkstoffe meist durch die Anwendung vorgegeben sind, ist das nicht immer möglich. Sind die Leiterwerkstoffe nicht kompatibel, dann müssen durch Beschichten mindestens eines Kontaktpartners eine kompatible Werkstoffpaarung hergestellt oder wenn möglich zusätzlich geeignete Kontaktelemente eingesetzt werden.

6.2.1.2 Vorbehandlung bei Montage

Bei der Montage ist je nach gewählter Werkstoffpaarung eine Vorbehandlung der Kontaktflächen notwendig, um ein gutes Kontaktverhalten im Ausgangszustand und einen langzeitstabilen Betrieb während der gewünschten Betriebsdauer zu erreichen (Tab. 5.14). Dabei müssen die Montageparameter und -zeit eingehalten werden. Es ist notwendig, das Montagepersonal zu schulen und gut verständliche Verfahrensanweisungen sowie die notwendigen gewarteten Werkzeuge zur Verfügung zu stellen (Abschn. 6.6). Ist im praktischen Montageprozess keine zuverlässige Vorbehandlung der Kontaktflächen möglich, zum Beispiel aufgrund schlechter Zugänglichkeit oder mangelnder Prüfbarkeit, ist ebenfalls eine Beschichtung auf der Kontaktfläche einzusetzen (Tab. 5.14).

6.2.1.3 Grenztemperatur

Die Grenztemperatur ist die maximale dauerhaft, beziehungsweise regelmäßig an der Verbindung auftretende Temperatur und damit bestimmend für die Geschwindigkeit der Alterung (Abschn. 5.1). Die Grenztemperatur hat einen maßgeblichen Einfluss auf die Auswahl der Leiter- und Beschichtungswerkstoffe. Abb. 5.37 gibt eine Übersicht zu den Grenztemperaturen für verschiedene Anwendungen, die normativ festgelegt sind. Für die Auswahl der Leiter- und Beschichtungswerkstoffe bei der Auslegung einer stromführenden Verbindung gibt es zwei grundlegende Ansätze:

Ansatz 1: Die Grenztemperatur ist durch die Anwendung vorgegeben

- Dies kann beispielsweise der Fall sein, wenn die Temperatur durch angrenzende Isolierstoffe begrenzt ist oder wenn eine hohe Temperatur durch die Nähe zu Wärmequellen z. B. eines Verbrennungsmotors vorgegeben ist
- In der Auslegung müssen Leiter- und Beschichtungswerkstoffe sowie eventuell vorhandene Zwischenschichten so ausgewählt werden, dass sie bei der vorgegebenen Grenztemperatur langzeitstabil funktionieren.

Ansatz 2: Die Grenztemperatur kann frei gewählt werden

- In diesem Fall kann eine für die Anwendung optimale Kombination aus Leiterwerkstoff und Grenztemperatur verwendet werden.
- Niedrigere Grenztemperaturen erlauben den Einsatz kostengünstigerer Werkstoffe wie z. B. Aluminium. Dafür wird für die Verbindungen oft mehr Bauraum benötigt, da nur geringere Stromdichten zulässig sind, bei denen die Grenztemperatur erreicht wird.
- Höhere Grenztemperaturen erfordern in der Regel teurere Werkstoffe beziehungsweise dickere Beschichtungen und/oder Zwischenschichten. Dafür kann die Verbindung kompakter gebaut werden, da größere Stromdichten zulässig sind.

Die Grenztemperatur einer Verbindung wird oft auch durch benachbarte Bauteile oder verwendete Isolierstoffe in der Nähe der Verbindung beeinflusst. Dies sollte zusätzlich zu den in diesem Kapitel aufgeführten Punkten geprüft werden.

6.2.2 Besonderheiten bei korrosiver Umgebung

Werden Verbindungen in korrosiven Umgebungen eingesetzt wie z. B. direkte Beregnung oder Salznebel, kann galvanische Korrosion auftreten (Abschn. 5.1.3). Dies ist zu berücksichtigen, wenn zwei Metalle mit einer großen Potenzialdifferenz in der elektrochemischen Spannungsreihe (Richtwert > 350 mV [61]) an der Übergangsstelle durch einen Elektrolyten wie z. B. ionisiertes Wasser leitfähig benetzt sind. Das unedlere Metall mit dem geringeren Standardpotenzial wird dabei kontinuierlich aufgelöst. Bei stromführenden Verbindungen sind vor allem zwei Bereiche betroffen (Abb. 6.4-a):

- Die Kontaktebene in einer Bimetallverbindung wie z. B. Nickel-Aluminium-Verbindungen
- Bei beschichteten Kontaktpartnern der Übergang von dem unbeschichteten, unedlen Leiterwerkstoff zu einem mit Edelmetall beschichten Bereich

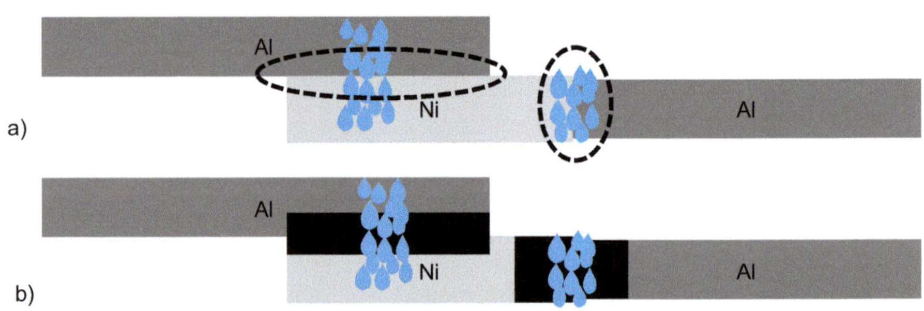

Abb. 6.4 **a**) von galvanischer Korrosion bei Benetzung mit einem Elektrolyten betroffene Bereiche einer Verbindung mit je einem blanken und einem vernickelten Kontaktpartner aus Aluminium **b**) Verringern der galvanischen Korrosion durch einen Farbüberzug

Tab. 6.2 Zulässige und nicht zulässige Kombinationen der Werkstoffe für die Korrosionsbeständigkeit von Erdungsanlagen, Flächenverhältnis groß zu klein $\geq$ 100:1, Auswahl aus [18, 19]

Werkstoff mit großer Fläche → Werkstoff mit kleiner Fläche ↓	Stahl	Stahl verzinkt	nichtrostender Stahl	Kupfer	Kupfer verzinnt
Stahl	ok	ok	nicht ok	nicht ok	nicht ok
Stahl verzinkt	ok (Zinkabtrag)	ok	nicht ok	nicht ok	nicht ok
nichtrostender Stahl	ok	ok	ok	ok	ok
Kupfer	ok	ok	ok	ok	ok
Kupfer verzinnt	ok	ok	ok	ok	ok

Idealerweise sollten von galvanischer Korrosion betroffene Bereiche durch eine geeignete Werkstoffkombination vermieden werden, z. B. durch Verbindungen mit gleichen Leiterwerkstoffen oder gleichen Beschichtungswerkstoffen auf den Kontaktpartnern. Ist dies praktisch nicht möglich, sollten die Bereiche gegen eine direkte leitfähige Benetzung abgedichtet werden (Abb. 6.4-b)), z. B. mit einem Fettüberzug (kurzfristig) oder einer Lackierung (langfristig).

Das Verhältnis der Oberflächen des unedlen zu der des edlen Kontaktpartners beeinflusst die Korrosionsbeständigkeit. Die Stromdichte des Ionenstroms vom unedlen zum edlen Kontaktpartner ist umso kleiner, je größer die mit Elektrolyt benetzte Oberfläche des unedlen im Verhältnis zu der des edlen Kontaktpartners ist. Eine geringe Stromdichte bedeutet, dass der Materialabtrag wesentlich langsamer ist.

Daraus leiten sich zwei Extremfälle her:

- Unedler Kontaktpartner mit sehr kleiner Oberfläche → schnelle Korrosion, kritisch (z. B.: unlegierte Stahlschraube bei einer Schraube-Mutter-Verbindung mit Stromschienen aus Kupfer)
- Unedler Kontaktpartner mit sehr großer Oberfläche → langsame Korrosion, für viele Anwendungen in der Praxis akzeptabel (z. B. Kupferschiene auf Stahlgerüst)

Der Fall der unterschiedlichen Werkstoffpaarungen mit unterschiedlich großen Oberflächen ist vor allem für Erdungsanlagen relevant. Dort sind viele Werkstoffpaarungen wegen des großen Oberflächenverhältnis von mindestens 100:1 (Oberfläche des unedlen Metalls zu der des edlen Metalls) hinsichtlich der Korrosionsbeständigkeit zulässig (Tab. 6.2).

6.3 Gestaltung

Die stromführende Verbindung ist so zu gestalten, dass eine ausreichend hohe und langzeitstabile Kontaktkraft erzeugt wird, damit der Kontaktwiderstand klein genug ist, um die elektrischen und mechanischen Anforderungen für die Dauer- (Abschn. 6.4) und die Kurzzeitbelastung (Abschn. 6.5) über die Lebensdauer der Verbindung zu erfüllen. Jede Verbindungsart hat dabei Spezifika, die in den Unterkapiteln behandelt werden. Die Empfehlungen zur Gestaltung in diesem Kapitel können dabei als „Basisversion" verstanden werden, die die meisten Anwendungsfälle abdecken. In den Abschn. 6.4 und 6.5 wird dann geprüft, ob damit die Anforderungen an den Dauerbetrieb und den Kurzzeitbetrieb erfüllt werden. Unter Umständen ist bei speziellen Anforderungen eine Iteration in der Gestaltung notwendig (Abb. 6.1).

6.3.1 Schraubenverbindung

Schraubenverbindungen sind eine der häufigsten Verbindungsarten im Elektroenergieversorgungsnetz und haben systemimmanente Vorteile für das stromführende Verbinden von Leitern wie:

- Lösbarkeit und Wiedermontierbarkeit
- Fügen unterschiedlicher unbeschichteter und beschichteter Leiterwerkstoffe
- kein Wärmeeintrag während des Fügeprozesses
- einfache Montage
- kostengünstig

Beim mechanischen Auslegen einer stromführenden Schraubenverbindung kann grundsätzlich nach dem von *Kloos* und *Thomala* dargestellten Schema beziehungsweise der VDI 2230 vorgegangen werden [20, 21]. In zehn Rechenschritten wird dabei systematisch die notwendige Vorspannkraft unter Berücksichtigung einer beliebig gerichteten Betriebskraft bestimmt (Abb. 6.5). Dabei werden folgende Einflüsse betrachtet:

- Vorspannkraftverlust durch Setzvorgänge, auch nach Wärmedehnung oder Relaxationsprozessen bei höherer Temperatur (Nichteisenmetalle wie Cu und Al unberücksichtigt)
- Klemmkraftverlust durch betriebsbedingte Kräfte
- Erforderliche Klemmkraft, um das Klaffen der Trennfuge, das selbsttätige Losdrehen zu verhindern und die Gasdichtheit in der Trennfuge zu erreichen
- Streuung der Montagevorspannkraft

Die elektrischen Eigenschaften der Schraubenverbindung sind in diesem Schema bisher nicht berücksichtigt. Sie müssen gesondert betrachtet werden. Dazu wird ein zusätzlicher Schritt ergänzt, der beim Bestimmen der erforderlichen Mindestklemmkraft (Abb. 6.5 – R3) berücksichtigt werden muss und Folgendes beinhaltet (Abb. 6.6):

- Bestimmen der Überlappungslänge der Leiter
- Festlegen des Bohrlochbildes
- Gestalten und Vorbehandeln der Kontaktfläche der Leiter
- Auswahl geeigneter Fügelemente
- Bestimmen der notwendigen Mindestklemmkraft/-kontaktkraft beziehungsweise mittleren mechanischen Spannung in der Kontaktebene zwischen den Leitern

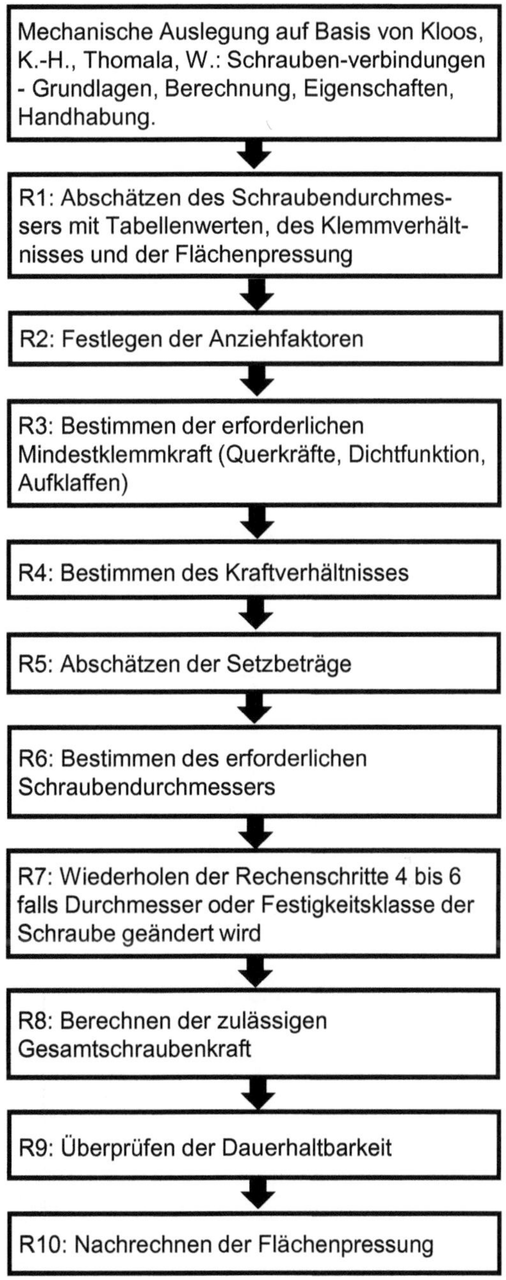

Abb. 6.5 Rechenschritte zum mechanischen Auslegen einer Schraubenverbindung nach [20]

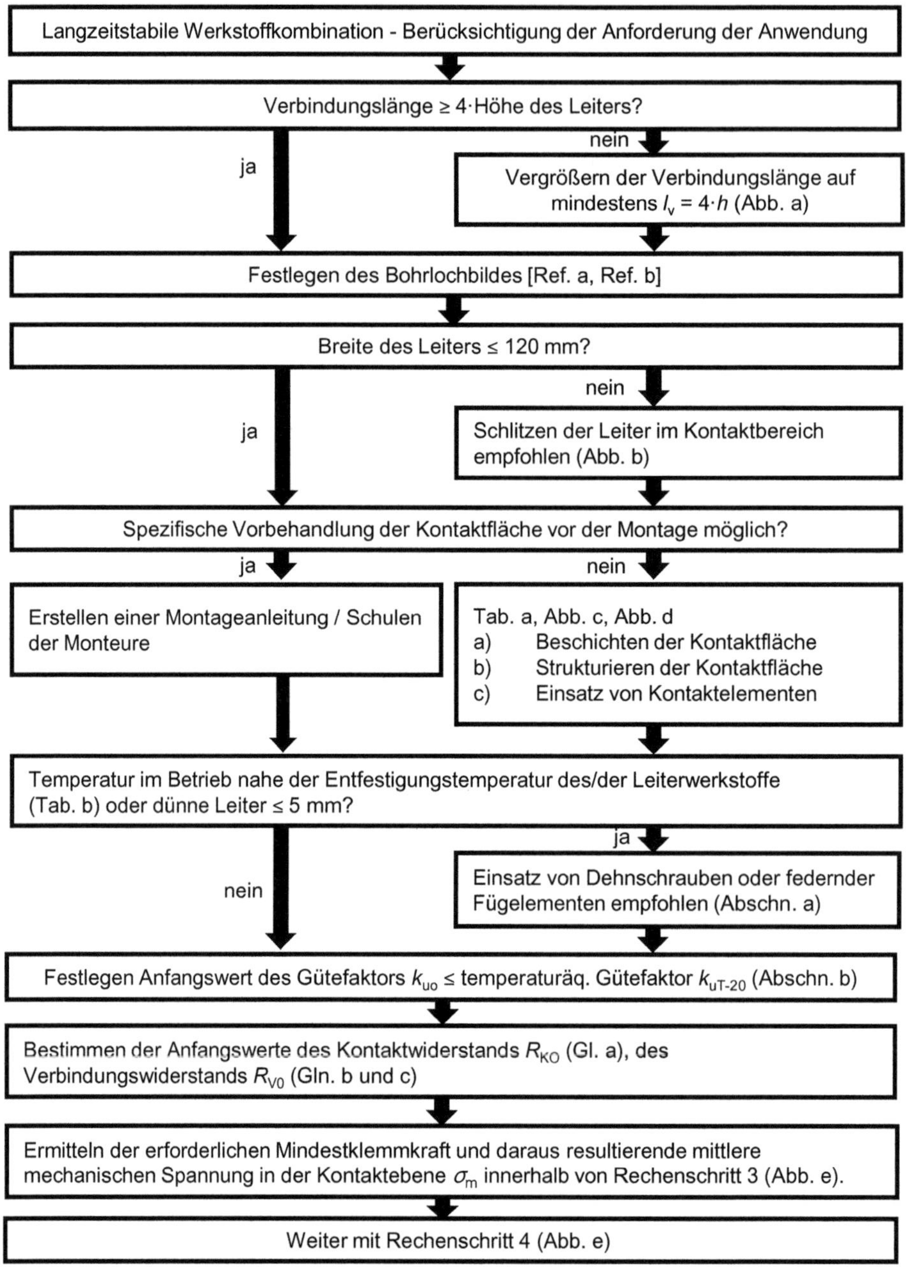

Abb. 6.6 Vorgehen beim elektrischen Auslegen einer Schraubenverbindung (detaillierte Aufstellung von Schritt R3 in Abb. 6.5) Ref. a, Ref b = [20, 21], Abb. a = Abb. 4.58, Abb. b = Abb. 4.63, Abb. c = Abb. 4.61, Abb. d = 4.62, Abb. e = Abb. 6.5, Tab. a = Tab. 4.20, Tab. b = Tab. 3.4, Gl. a = Gl. 4.30, Gl. b = Gl. 4.3, Gl. c = Gl. 4.66

Mit den Schritten zur mechanischen (Abb. 6.5) und zur elektrischen Auslegung (Abb. 6.6) von Schraubenverbindungen können die wesentlichen praktischen Einsatzfälle abgedeckt werden. In Abschn. 6.7.1 wird dies anhand eines Beispiels erläutert.

6.3.2 Pressverbindungen

Bei der Gestaltung von Pressverbindungen muss das System, bestehend aus z. B. Presshülse und -werkzeug, für den zu verbindenden Leiter ausgewählt werden. Zunächst können eine Technologie und ein Verfahren auf Basis des/der zu verbindenden Leiter(s) entsprechend Tab. 4.6 ausgewählt werden. Weiter können die Presshülse und das -werkzeug anhand einfacher geometrischer Kenngrößen, z. B. anhand der Richtwerte in Tab. 4.7, aufeinander abgestimmt werden. Prinzipiell sollte bei der Gestaltung von Pressverbindungen gleichermaßen die Abhängigkeit des Kontaktwiderstands als Funktion der Kontaktkraft analog zu den Schraubenverbindungen berücksichtigt werden. Die Zusammenhänge zwischen mechanischem und elektrischen Kontaktverhalten sind für Pressverbindungen insbesondere durch die Umformung der Kontaktpartner im Vergleich zu anderen Verbindungsarten spezifisch (Abb. 6.7).

Das elektrische Kontaktverhalten der gesamten Verbindung ist darüberhinaus von der Verteilung der Kraft auf die individuellen Kontaktflächen und der für respektive Punkt-, Linien- oder Flächenkontakten spezifischen Widerstands-Kraft-Charakteristik (s. Abschn. 4.3.1) abhängig. Mit einer höheren Kontaktkraft bei der Montage erhöht sich die tragende Kontaktfläche und in der Regel die bleibende Kontaktkraft. Des Weiteren können noch vorhandene Oxidschichten auf den Kontaktpartnern beim Fügen durch die dabei auftretende Scherspannungen aufbrechen [24]. Bei Pressverbindungen wird stets eine konstruktiv bestimmte Formänderung erreicht. Die Kraftwirkung in der Verbindung ist damit eine abhängige Größe. Die resultierenden

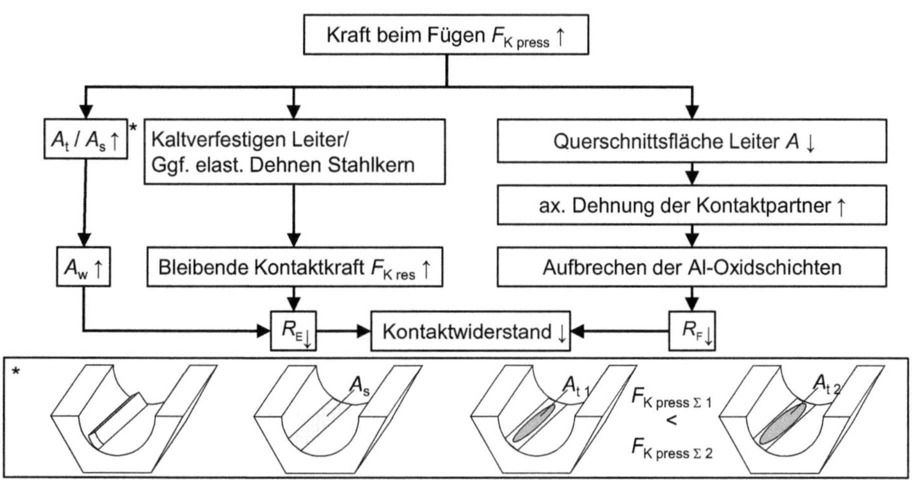

Abb. 6.7 Einfluss der Kraftwirkung in Pressverbindungen auf das elektrische Kontaktverhalten

Kontaktkräften werden bestimmt durch die Konstruktion und die Werkstoffauswahl der Verbindung sowie durch die zu verbindenden Leiter und das gewählte Pressverfahren (Abschn. 4.2).

Entsprechend sind der Aufbau und der/die Werkstoff(e) des Leiters die wesentlichen Eingangsgrößen für die Dimensionierung einer Pressverbindung. Für jede auszulegende Pressverbindung steht entsprechend ein Optimieren der Kraftwirkung in der Verbindung und damit des elektrischen Kontaktverhaltens im Vordergrund, das mit zahlreichen „Stellschrauben" erreicht werden kann. Diese sind vorrangig der Werkstoff und das gewählte Pressverfahren.

Eine vereinfachte, mechanische Auslegung von Pressverbindungen mit zwei konzentrischen Leitern ist mit dem Verfahren nach DIN 7190-1:2017 analytisch möglich [25]. Ergebnis der Berechnungen ist eine gleichverteilte mittlere mechanische Spannung in der Kontaktebene, die gegenüber derjenigen aus FEM-Berechnungen stets etwas geringer ist. In der Kontaktebene ist die mechanische Spannungsverteilung inhomogen und insbesondere Spannungsüberhöhungen in den Randbereichen werden mit der analytischen Berechnung nicht abgebildet [11].

Für Pressverbindungen mit mehr-, fein-, oder feinstdrähtigen Leitern kann die Verteilung der Kontaktkräfte nur durch numerische Berechnungen des Fügevorgangs ermittelt und gegebenenfalls optimiert werden. Die analytischen Ansätze zum Berechnen der mechanischen Spannung und der Kontaktkraft aus [26] beziehungsweise [27] beschreiben die Kraftwirkung für diese Pressverbindungen nicht korrekt [24]. Um die Wirkung der Kontaktkraft in Pressverbindungen vereinfacht berücksichtigen zu können, haben sich geometrische Ersatzgrößen der Pressverbindungen bei der Auslegung etabliert (Abschn. 4.2.2, Tab. 4.7). Crimpverbindungen können vereinfacht anhand des Verpressungsgrads V ausgelegt werden. Für Umfangpressverbindungen, die insbesondere zum Verbinden mehrdrähtiger Leiter verwendet werden, werden der Kompressions- und Passungsfaktor für die Auslegung verwendet (Tab. 4.7). Der Krafteintrag in die Presshülse sowie von der Presshülse in den Leiter erfolgt vergleichsweise gleichförmig. Entsprechend können in Umfangpressverbindungen hohe Passungsfaktoren eingestellt werden. Weiter sind Kompressionsfaktoren von wenigstens 1,1 anzustreben. Die Umformgrade in Umfangpressverbindungen liegen etwa im Bereich von 0,2 … 0,3. Damit können für Umfangpressverbindungen auch vergleichsweise harte Werkstoffe für die Presshülse eingesetzt werden, wenn mit diesen der erforderliche Umformgrad erreicht werden kann. Mit härteren Werkstoffen der Presshülse können beim Fügen in der Verbindung höhere Kräfte erreicht werden. Eine Auswertung der Kompressions- und Passungsfaktoren, die sich für Pressverbindungen mit Presskabelschuhen gemäß DIN 46235:1983 für Kupferleiter der Klasse 2 und mit den Presswerkzeugen gemäß der DIN 48083:1985 ergeben, zeigt, dass die genannten Kriterien gut erfüllt werden (Abb. 6.8). Insbesondere wenn Leiter mit großen Querschnitten verbunden werden müssen, können konstruktionsbedingt nur noch geringere Kompressionsfaktoren erreicht werden.

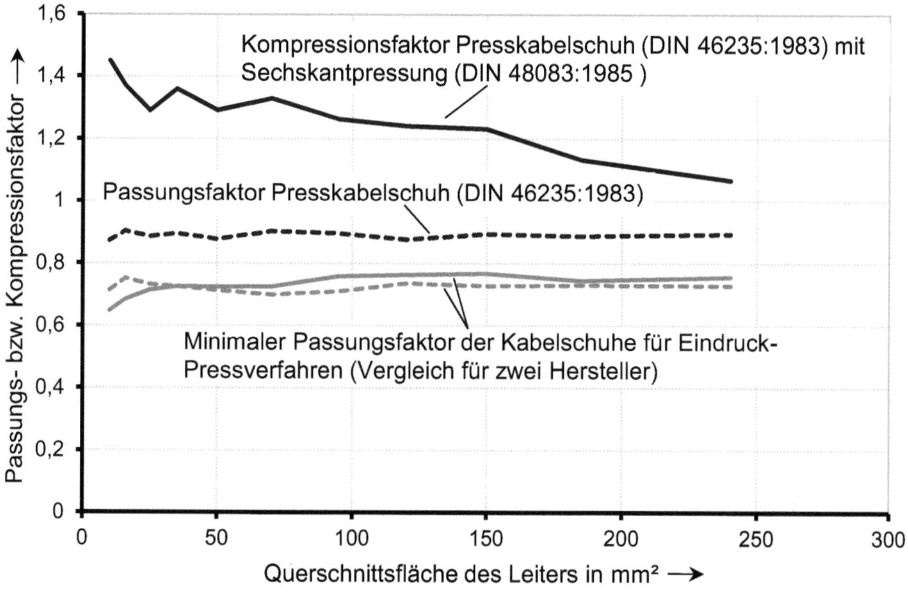

Abb. 6.8 Kompressions- und Passungsfaktoren von Pressverbindungen für Cu-Leiter der Klasse 2 und der Klasse 5

Für Eindruck-Pressverbindungen, die sich vorrangig zum Verbinden von fein- und feinstdrähtigen Leitern etabliert haben, werden geringere Passungsfaktoren gewählt (Abb. 6.8). Dies ist zum Teil den geringeren Füllfaktoren der Leiter geschuldet. Die Presshülsen haben entsprechend größere Außendurchmesser als die von Umfangpressverbindungen. Die Wandstärke ist verglichen mit den Presshülsen für Umfangpressverbindungen etwa gleich, sodass ausreichend Material für den Umformvorgang bereitgestellt wird. Es werden lokal wesentlich höhere Umformgrade erzeugt, sodass insbesondere die Werkstoffe der Presshülsen eine sehr hohe Duktilität aufweisen müssen. Der Kompressionsfaktor von Eindruck-Pressverbindungen kann nicht mehr analytisch bestimmt werden.

Für die korrekte Wahl der Verbindungslänge von Pressverbindungen sind die prinzipiellen Zusammenhänge gemäß Abb. 4.35 (S. 73) zu berücksichtigen. Des Weiteren ist auf langzeitstabile Werkstoffkombinationen zu achten (Tab. 5.14). Für die angepasste Auslegung von Pressverbindungen sind in Abb. 6.9 die erforderlichen Teilschritte beschrieben.

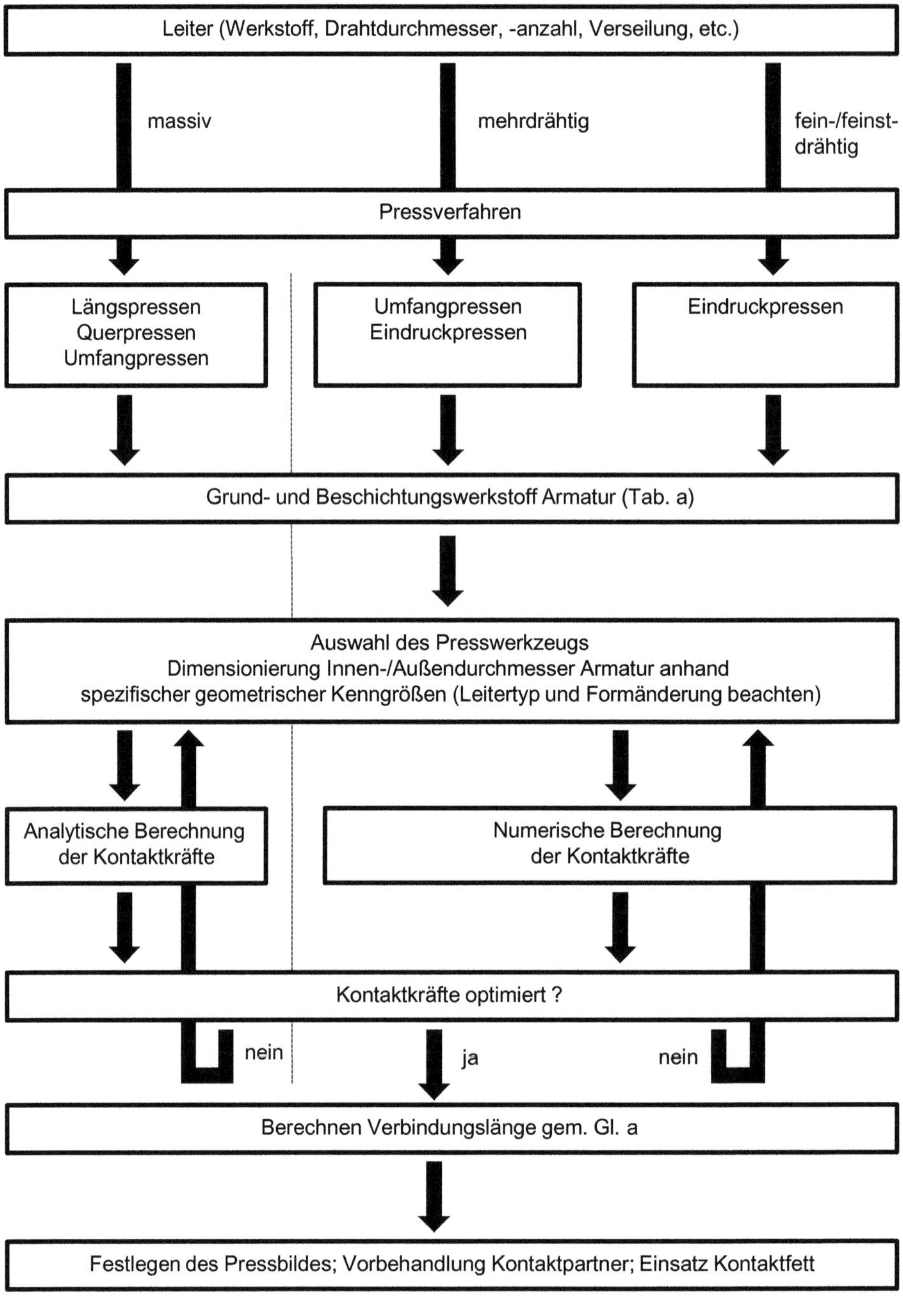

Abb. 6.9 Vorgehensweise für das angepasste Auslegen von Pressverbindungen. Tab. a = Tab. 5.14, Gl. a = Gl. 4.49

6.3.3 Steck- und Gleitverbindungen

Nur bei Steck- und Gleitverbindungen ist eine Relativbewegung der Kontaktpartner im Betrieb zulässig. Weitere Vorteile sind typischerweise geringe Steckkräfte und eine werkzeuglose Montage. Daher werden sie in nahezu allen Bereichen der elektrischen Energieübertragung verwendet wie z. B. als Steck- und Gleitverbindungen in Schaltern, Schaltanlagen und gasisolierten Leitungen sowie in Verbindungen, die oft und zum Teil von Hand gesteckt werden müssen, in Haushalts- und Industriesteckdosen, Ladeanschlüsse für elektrische angetriebene Fahr- und Flugzeuge sowie Schiffe. Für die Gestaltung von Steck- und Gleitverbindungen ist nach dem Schema Abb. 6.11 vorzugehen.

Prinzipiell sind alle in Abb. 6.10 aufgeführten Technologien geeignet, um in den Steckverbindungen hohe Ströme zu übertragen. Die Technologien unterscheiden sich hauptsächlich durch die Anzahl der Kontaktpunkte sowie deren Kontaktkraft. Durch eine kleinere Anzahl an Kontaktpunkten mit jeweils höherer Kontaktkraft wird beispielsweise der

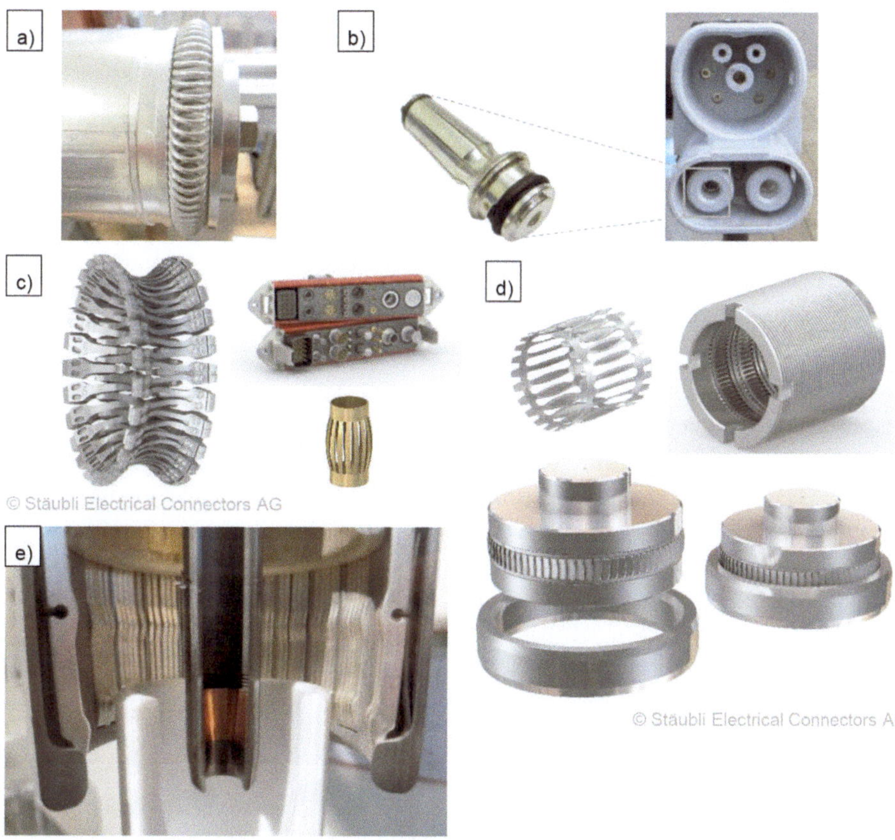

Abb. 6.10 Möglichkeiten zum Aufbringen einer Kontaktkraft bei Steckverbindungen: **a**) radial beanspruchte Schraubenfeder, **b**) Geschlitzte Buchse mit Fingerkontakt, **c**) Kontaktelement nach dem Blattfederprinzip (Elliptik- oder Parabelfeder), **d**) Kontaktelement nach dem Drehfederprinzip mit Trägerband, **e**) Fingerkontakte mit Überfeder zum Aufbringen einer Kontaktkraft

Kontaktwiderstand verringert, aber der Reibverschleiß erhöht. Durch eine hohe Anzahl von Kontaktpunkten mit kleinerer Kontaktkraft ist der Kontaktwiderstand der einzelnen Kontaktpunkte erhöht und die Strombelastbarkeit je Kontaktpunkt verringert, aber auch der Reibverschleiß reduziert. Je nach Anwendung und Anforderung sind für eine Auswahl der Technologie die jeweiligen Vor- und Nachteile gegenüberzustellen [7] (Tab. 6.3).

Steckverbindungen mit Kontaktelementen (a) bis (c) haben den Vorteil, dass der Stecker und die Buchse technologisch einfach fertigbar sind. Die für gute Kontakteigenschaften notwendige Einfederung und die Geometrie zur Aufnahme der Kontaktelemente ist meist durch den Hersteller der Kontaktelemente vorgegeben. Durch die variable Länge der meisten Kontaktelemente können diese im Rund- und Flacheinbau für verschiedene Steckverbindungs-Durchmesser und damit Strombereichen eingesetzt werden. Es lassen sich auch kleine Stückzahlen wirtschaftlich herstellen. Ein Nachteil von Kontaktelementen ist, dass mindestens zwei in Reihe geschaltete Übergangsstellen zwischen Kontaktelement und Stecker sowie Kontaktelement und Buchse vorhanden sind. Kontaktelemente in Form von Lamellenkontakten (b) und (c) gibt es in Ausführungen mit Funktionstrennung. Dabei fließt der Strom hauptsächlich über Kupferstege und die Kontaktkraft wird durch ein hochfestes Trägerband erzeugt. Diese Funktionstrennung hat Vorteile beim Relaxationsverhalten insbesondere bei hohen Temperaturen und es wird gleichzeitig der Materialwiderstand der Lamellenkontakte verringert.

Geschlitzte Buchsen mit Fingerkontakten (b) sind günstig und in großer Stückzahl herstellbar. Sie sind allerdings nur für einen Durchmesser ausgelegt und damit nicht skalierbar. Im Vergleich mit Kontaktelementen ist die Anzahl der parallelen Kontaktpunkte meist geringer. Sie werden bei Anwendungen wie z. B. für Ladesteckverbindungen und Industriesteckdosen verwendet.

Bei Fingerkontakten mit zusätzlichen Federn (e) kann die Kontaktkraft sehr leicht durch die Federkonstante der Feder eingestellt werden, und es sind zudem sehr hohe Kontaktkräfte von mehreren 100 N möglich. Ein Nachteil ist die ebenfalls für eine Anwendung zugeschnittene Auslegung und der, vor allem bei hohen Kontaktkräften, vergleichsweise große Bauraum. Im Vergleich zu Lamellenkontakten und Schraubenfedern haben die Verbindungen meist eine geringere Anzahl an parallelen Kontaktpunkten. Diese Art der Steckverbindung wird beispielsweise für Erdungsschalter in Generator-Leistungsschaltern eingesetzt.

Die von den Herstellern angegebenen Bemessungswerte der Dauer- und Kurzschlussstromtragfähigkeit von Kontaktelementen beziehen sich meist auf die Verwendung von galvanisch versilberten Steckern und Buchsen aus reinem Kupfer. Wenn stattdessen galvanisch silberbeschichtetes Aluminium verwendet wird, verringert sich die Strombelastbarkeit auf circa (75 … 80) % im Vergleich zu der für technisch reines Kupfer. Dies wird auch als Derating-Faktor bezeichnet. Bei der Einsatz von galvanisch silberbeschichtetem Messing beträgt der Derating-Faktor circa 60 % bezogen aus technisch reines Kupfer. [50]

Tab. 6.3 Auswahl der Art einer Steckverbindung für verschiedene Einsatzzwecke

Einsatz	Elektroenergieversorgung, Industrieanlagen		Elektrische Transport mittel		Sonderfälle
	Hoch- und Mittelspannung	Niederspannung	Ladesteckverbindung	Bordnetz	z. B. Teilchen-Beschleuniger [12], Prüfanlagen
Steckverbindungsarten	a) Schraubenfeder b),c) Lamellenkontakt e) Finger-kontakt mit Druckfeder	a) Schraubenfeder b),c) Lamellenkontakt e) Fingerkontakte	a)-c) Kontaktelemente d) geschlitzter Buchsenkontakt	b) Kontakt-elemente; aus Leiterwerk-stoff; geformte Federkontakte ähnlich e)	a) Schraubenfeder b),c) Lamellenkontakt
Einbauort	Leistungs-, Erdungs-, und Trennschalter, Ausdehnungskompensation, Montagesteckverbindung		Stecker und Buchse an Ladestationen und im Fahr-/Flugzeug, Schiff	Verbindung von Einzelkomponenten des Kabelbaums	Ausdehnungskompensation, Montagesteckverbindung
Erläuterung	a)-c) geringe Stückzahlen, e) sehr große Stückzahlen (Niederspannung); besonders hohe Kontaktkraft für Leistungsschalter und Erdungsschalter notwendig		d), e) hohe Stückzahlen, einfach herstellbar a)-c) hohe Anzahl an parallelen Kontakten, daher weniger Reibverschleiß		a)-c), da geringe Stückzahlen, besonders hohe Kurzzeitströme

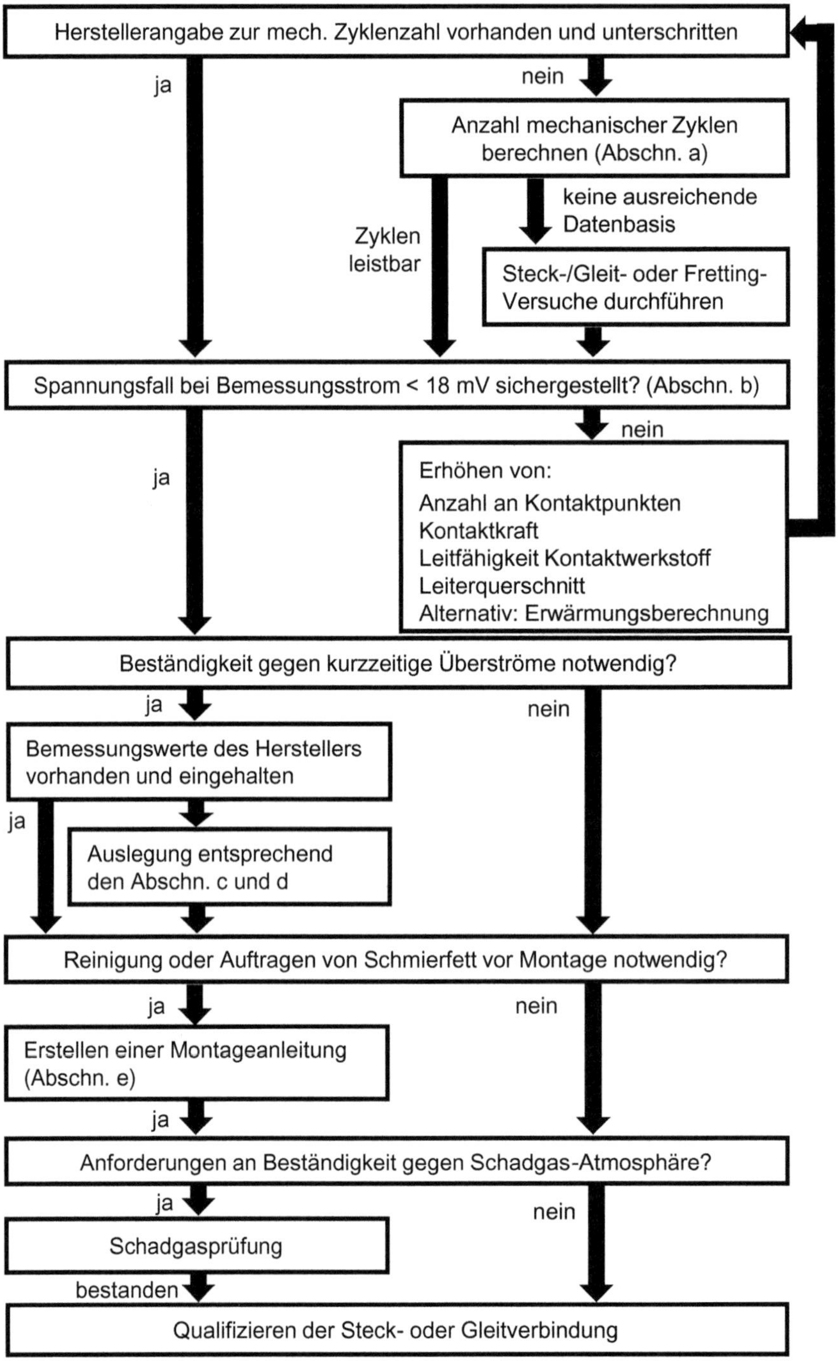

Abb. 6.11 Vorgehen beim elektrischen Auslegen einer Steck- und Gleitverbindung. Abschn. a = Abschn. 5.1.4, b = 4.1.3, c = 4.4.2, d = 4.5.3, e = 6.6

6.3.3.1 Geometrie

Bei Steckverbindungen muss ein Federweg s, der sich aus der Höhe des Spalts zwischen Stecker und Buchse h und der Art der Kraftaufbringung ergibt, definiert werden (Abb. 6.12). Anhand der Federkennlinie (Abb. 4.16, S. 46) wird eine ausreichend hohe Federkraft erzeugt. Bei Einsatz von Kontaktelementen wird durch den Hersteller die empfohlene Kontaktkraft und der benötigte Federweg vorgegebenen. Für Sonderlösungen, beispielsweise bei geschlitzten Buchsenkontakten, muss dieser Zusammenhang vorab berechnet oder gemessen werden.

Die Geometrie der Aufnahme der Kontaktelemente in Stecker oder Buchse, der Einstich, sowie der Einlauf auf der Gegenseite des Kontaktelementes sind häufig auch vom Hersteller des Kontaktelements vorgegebenen. Der Einstich hält das Kontaktelement mechanisch fest und der Einlauf sorgt für ein stetiges Einfedern beim Stecken, da harte Kanten hierbei eine hohe Einsteckkraft und möglicherweise eine Beschädigung der Beschichtung verursachen würden. Die benötigten Steck- und Ziehkräfte können anhand der in Abschn. 4.2.3 angegeben Betrachtungen sowie mit den entsprechenden Gleitreibungskoeffizienten (Tab. 4.8) unter Berücksichtigung der Einlaufgeometrie von Stecker und Buchse abgeschätzt werden. Isolierkappen können für den Berührungsschutz und um eine Querkontaktierungen, abseits der vorgesehenen Kontakte zwischen Stecker und Buchse zu vermeiden, verwendet werden. Für andere Arten eine Kontaktkraft aufzubringen, sind die Betrachtungen zu definierenden Maßen qualitativ ähnlich.

Die Kontaktkraft muss einen ausreichend niedrigen Kontaktwiderstand ermöglichen (Abschn. 4.3.1). Gleichzeitig erhöht eine große Kontaktkraft den Reibverschleiß. In Abschn. 5.1.4 sind einfache Abschätzungen dafür beschrieben. In der Fertigung sind vor allem die Toleranzen, die das Spaltmaß beeinflussen, zu beachten, da bereits eine Änderung des Spaltmaßes von, je nach Art der Kraftaufbringung, (50 … 100) μm die Kontaktkraft signifikant beeinflussen kann.

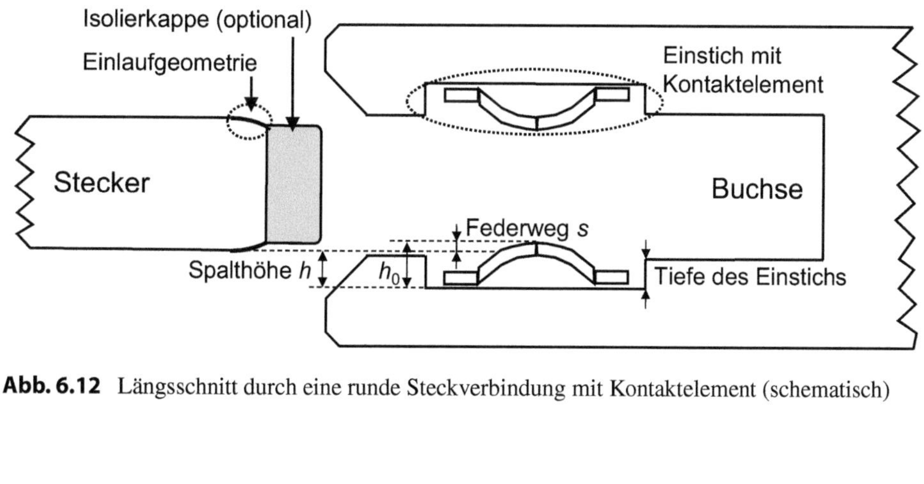

Abb. 6.12 Längsschnitt durch eine runde Steckverbindung mit Kontaktelement (schematisch)

6.3.3.2 Schmierung

Eine Schmierung ist notwendig, wenn die geforderte Anzahl von Steck- oder Reibzyklen hoch ist, da dann die Beschichtung von ungeschmierten Kontakten durchgerieben werden und sich die elektrischen Kontakteigenschaften wesentlich verschlechtern (s. Abschn. 6.6.2). Für ungeschmierte Silberbeschichtungen werden typischerweise maximal einige 100 Steckzyklen erreicht, bei geschmierten Silberbeschichtungen sind auch mehr als 10.000 Steckzyklen möglich. Zinnbeschichtungen werden hauptsächlich ungeschmiert eingesetzt. Dabei werden circa 20 Steckzyklen bis zum Durchrieb erreicht. Bei gemischten Materialpaarungen werden meist wenig mehr Steckzyklen als mit dem tribologisch schlechteren der beiden Werkstoffe erreicht. Ein weiterer Grund für eine Schmierung kann sein, dass die Steck- und Ziehkräfte für die Anwendung zu hoch sind und reduziert werden müssen.

Zurzeit sind physikalisch aufgebrachte Silberschichten [7] und Dispersionsschichten auf Silberbasis mit eingebrachten Feststoff-Schmierpartikeln [5, 6] in der Entwicklung, die einen geringeren Reibverschleiß als galvanisch aufgebrachte Reinsilberschichten haben. Diese Schichten können für bestimmte Einsatzzwecke vorteilhafte Eigenschaften im Vergleich zu klassisch un- oder geschmierten galvanischen Silberschichtungen aufweisen, allerdings ist aufgrund des Entwicklungsstatus eine Qualifikationsprüfung (Kap. 7) am finalen Produkt notwendig.

6.3.4 Weitere Fügeverfahren

Folgend werden die Vor- und die Nachteile alternativer Verbindungsarten und Fügeverfahren vorgestellt, die bereits hinsichtlich ihres Einsatzes als stromführende Verbindungen untersucht wurden (Tab. 6.4). Es werden die wichtigsten elektrischen Eigenschaften in kurzer Form zusammengefasst und entsprechende Literaturquellen angegeben, die detaillierte Informationen enthalten.

Die vorgestellten Verbindungsarten und Fügeverfahren können abhängig vom Einsatzfall als Haupt- oder Hilfs-Verbindung eingesetzt werden. Die Übersicht erhebt keinen Anspruch auf Vollständigkeit und bezieht sich auf Varianten die bereits in einzelnen Untersuchungen oder umfangreichen Arbeiten betrachtet wurden. Auf diese wird in den Literaturverweisen hingewiesen.

Tab. 6.4 Beispiele für alternative Verbindungsarten/Fügeverfahren

Schlussart	Verbindungsart	Prinzip	Vorteile/Nachteile	Literatur-quellen
Kraft-schluss/ Formschluss	Clinchen	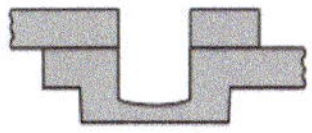	*Vorteile:* • Kein Wärmeeintrag beim Fügen • Direktes Fügen von Al und Cu möglich • Keine zusätzlichen Fügelemente • $k_u \leq k_{uT\text{-}20}$ möglich *Nachteile:* • Hohe Umformung der Kontaktpartner • Montage nicht auf der Baustelle möglich	[9, 10]
	Halbhohlstanz-nieten (optimiert)	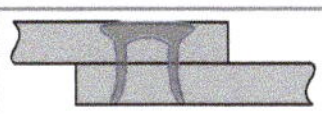	*Vorteile:* • Kein Wärmeeintrag beim Fügen • Kein abrasives Vorbehandeln der Kontaktfläche vor dem Fügen • k_{u0} = 1,6 … 2,2 möglich (Al-Al) *Nachteile:* • Hohe Umformung der Kontaktpartner (Entfestigung bei Temperaturbelastung möglich – starker Kraftabbau) • Montage nicht auf der Baustelle möglich	[9, 10]
	Elektro-magnetische Umformen (EMU)	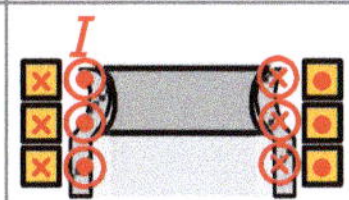	*Vorteile:* • Kein Vorbehandeln der Kontaktflächen vor dem Fügen • Kaltverschweißen der Kontaktpartner während des Fügens möglich • Kein Wärmeeintrag beim Fügen *Nachteile:* • Angepasste Bauteilgeometrie in der Fügezone notwendig • Teure Anlagentechnik • Montage nicht auf der Baustelle möglich	[11] siehe auch Abschn. 6.3.2

(Fortsetzung)

Tab. 6.4 (Fortsetzung)

Schlussart	Verbindungsart	Prinzip	Vorteile/Nachteile	Literatur-quellen
	Längspressen (s. Abschn. 4.2.2)	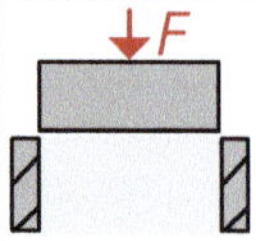	*Vorteile:* • Kaltverschweißen der Kontaktpartner während des Fügens möglich (Al-Al) • Durch reibungsbehaftete Relativbewegung keine Vorbehandlung der Kontaktpartner notwendig *Nachteile:* • Gegebenenfalls Fetten der Kontaktflächen, um die Einpresskräfte zu verringern • Montage nicht auf der Baustelle möglich	[11] siehe auch Abschn. 6.3.2
	Querpressen (Abschn. 4.2.2)	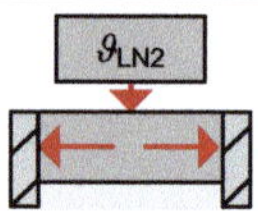	*Vorteile:* • Keine Vorbehandlung der Kontaktpartner erforderlich • Kein Wärmeeintrag beim Einschrumpfen durch Abkühlen *Nachteile:* • Übermaß ~ Kontaktkraft begrenzt durch thermische Ausdehnungskoeffizienten der Kontaktpartner • Arbeitsschutz beim Umgang mit LN_2	[11] siehe auch Abschn. 6.3.2
Stoffschluss	Löten	RMS-Löten 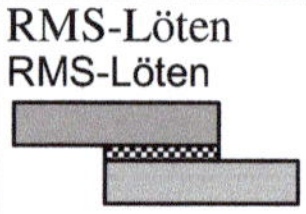	*Vorteile:* • Geringe Wärmeeinflusszone beim Fügen • Große wahre Kontaktfläche *Nachteile:* • Intermetallische Phase in der Kontaktzone • Kraft während des Fügevorgangs zwischen den Kontaktpartnern notwendig • Vorbehandlung der Kontaktflächen erforderlich	[12, 13]

(Fortsetzung)

Tab. 6.4 (Fortsetzung)

Schlussart	Verbindungsart	Prinzip	Vorteile/Nachteile	Literaturquellen
	Schweißen	Rührreibschweißen, Widerstandsschweißen, Ultraschallschweißen, Laserschweißen, Kaltgasschweißen	*Vorteile:* • Große Kontaktflächen • Sehr gute elektrische Leitfähigkeit durch Stoffschluss *Nachteile:* • Entstehen intermetallischer Phasen während des Fügens bei Bimetall-Verbindungen • Zum Teil hoher Wärmeeintrag beim Fügen	[14, 15]
	Kleben	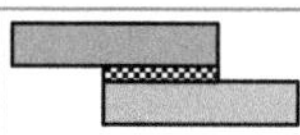	*Vorteile:* Kein Wärmeeintrag beim Fügen *Nachteile:* • Spezielles Verfahren notwendig • Strukturieren der Kontaktfläche erforderlich • Spezielle Vorbehandlung der Kontaktfläche von besonderer Bedeutung	[16, 17]

6.4 Dauerbetrieb

Generell muss eine stromführende Verbindung langzeitstabil sein. Im Dauerbetrieb oder bei regelmäßig auftretender höchster Belastung darf die zulässige Grenztemperatur (Abschn. 5.2) nicht überschritten werden, damit keine beschleunigte Alterung auftritt. Die Grundlage dafür ist, dass die verwendete Verbindungsart (Abschn. 6.1) und die gewählten Werkstoffe (Abschn. 6.2) an die zulässige Grenztemperatur (Kap. 3 und Abschn. 5.3) angepasst sind und die Verbindung entsprechend gestaltet ist (Abschn. 6.3). Stromführende Verbindungen sind meist räumlich kompakt und thermisch eng mit den Anschlussleitern gekoppelt. Die thermische Dimensionierung der Anschlussleiter ist daher von zentraler Bedeutung. Die Verbindung selbst hat ebenfalls maßgeblichen Einfluss auf die Temperatur, da die gegebenenfalls zusätzliche Verlustleistung, die in der Verbindung entsteht, in die Kontaktpartner und meist auch in die Anschlussleiter geleitet wird. Aus diesem Grund sind die Anschlussleiter meist auf der Länge von einigen 10 cm durch die Verbindung thermisch „beeinflusst" (vgl. Konzept der thermischen Ortskonstante [30]). In diesem Kapitel wird die thermische Dimensionierung der Verbindung für den Dauerbetrieb abhängig von der Verbindungsart beschrieben. Generell können bezüglich der Grenztemperatur der Verbindung zwei grundsätzliche Fälle unterschieden werden:

- **„gleiche Temperatur“:** Verbindung und Anschlussleiter haben die gleiche Grenztemperatur
- **„kältere Verbindung“:** Die Grenztemperatur der Verbindung ist niedriger als die der Anschlussleiter. Das ist dann der Fall, wenn die Verbindungsart bei Betrieb mit der Temperatur der Anschlussleiter schneller altern würde. Beispielsweise ist für Kontakte aus Kupfer in Nieder- und Hochspannungsschaltanlagen eine niedrigere Grenztemperatur (75 °C) festgelegt als für den Kupferleiter selbst (140 °C) (siehe IEC 62271-1:2017 [41] und IEC 61349-1:2020 [42]). In der Praxis bedeutet das, dass zusätzliche Maßnahmen getroffen werden müssen, um die Verbindung zu kühlen (Abschn. 6.4.1, 6.4.2 und 6.4.3). Alternativ dazu ist es stets möglich, durch größere Leiterquerschnitte das Gesamtsystem zu kühlen und die höhere mögliche Grenztemperatur der Leiter nicht voll auszunutzen.

Mit einem Erwärmungsversuch oder einer thermischen Berechnung kann sichergestellt werden, dass die Grenztemperaturen eingehalten werden. Je nach Anwendung ist dies in Prüfnormen vorgeschrieben (Abschn. 7.2). Wenn dies nicht gefordert ist und die Verbindung entsprechend der dargestellten Schemata ausgelegt ist, kann die Erwärmungsprüfung gegebenenfalls übersprungen und stattdessen das Langzeitverhalten geprüft werden (Abb. 6.13).

6.4.1 Schraubenverbindung

Fall „gleiche Temperatur“

In diesem Fall sind die Anforderungen an den Dauerbetrieb bereits gegeben, wenn die Verbindung entsprechend Abschn. 6.1, 6.2 und 6.3. ausgelegt wurde und die Anschlussleiter die Grenztemperaturen einhalten. Ausschlaggebend ist hier der temperaturäquivalente Gütefaktor $k_{uT\text{-}20}$ (Tab. 4.21). Sind die Anschlussleiter „zu heiß“ muss deren Temperatur durch größere Leiterquerschnitte, bessere elektrische Leitfähigkeit („Kupfer statt Aluminium“) oder eine bessere Kühlung (z. B. Anstrich oder eine aktive Kühlung) verringert werden. Die thermische Dimensionierung der Anschlussleiter wird hier nicht im Detail behandelt. Empfohlen wird das Verfahren nach *Böhme* [30] oder das Verwenden tabellierter Werte für typische Leiterdimensionen, zum Beispiel in [18].

Fall „kältere Verbindung“

Um die Verbindungen auf eine niedrigere Temperatur als die der Anschlussleitern zu kühlen, muss zusätzlich Wärme aus der Verbindung abgeführt werden. Idealerweise kann der Verbindungwiderstand reduziert werden, um die entstehende Verlustleistung zu verringern. Es können folgende Maßnahmen angewendet werden.

- Vergrößern der Überlappungslänge der Kontaktpartner
- Einsatz eines größeren Leiterquerschnitts

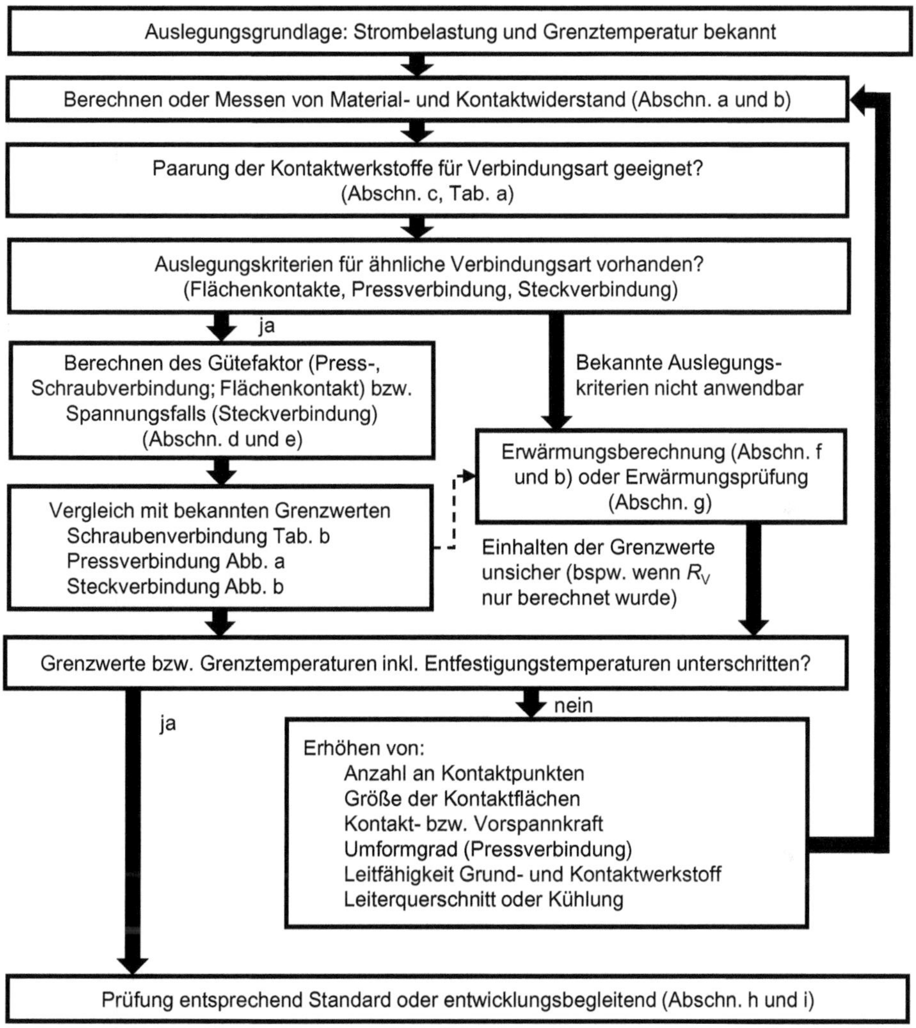

Abb. 6.13 Vorgehensweise für die Auslegung einer Verbindung für den Dauerbetrieb. Abschn. a = Abschn. 4.3, b = 4.5, c = 5.3, d = 4.1.2, e = 4.1.3, f = 4.4, g = 7, h = 7.2, i = 7.3; Tab. a = Tab. 5.14, Tab. b = Tab. 4.21, Abb. a = Abb. 4.75, Abb. b = Abb. 4.7

- Vergrößern der Oberfläche der Verbindung durch die eingesetzten Fügelemente oder Anbringen eines Kühlkörpers
- Erhöhen der Emissionszahl der Oberfläche durch z. B. einen Anstrich

Die Effizienz der Maßnahmen sollte durch eine thermische Dimensionierung mit Berechnungsverfahren (z. B. nach *Böhme* [30].) oder einem Erwärmungsversuch geprüft werden.

6.4.2 Pressverbindungen

Entsprechend Abschn. 6.1, 6.2 und 6.3 gestaltete Pressverbindungen haben typischerweise Gütefaktoren deutlich kleiner als eins. Typische Richtwerte sind:

- Armatur für Leiterseile k_u < 0,75 (DIN EN 61284:1997, Grenzwert nach Alterungsprüfung)
- Kabelgarnitur $k_u \approx 0{,}7 \ldots 0{,}8$

Durch die massiven Verbinderkörper ist die Temperatur an der Verbindung in der Regel geringer oder, etwa gleich der am Anschlussleiter (vgl. Konzept der thermischen Ortskonstante, Kapitel 5.4.3.2 in [5]). Dennoch können auch hier die folgenden zwei Fälle unterschieden werden.

Fall „gleiche Temperatur"
Entsprechend Abschn. 6.1, 6.2 und 6.3 gestaltete Pressverbindungen erfüllen diese Anforderung, wenn ihr Gütefaktor nicht größer als der temperaturäquivalente Gütefaktor $k_{\mathrm{uT\text{-}20}}$ für z. B. rotationssymmetrische Leiter ist (Abb. 4.75).

Fall „kältere Verbindung"
Dieser Fall tritt insbesondere bei Pressverbindungen für Freileitungsseile auf. Die Pressverbindungen selbst dürfen nicht die Betriebstemperaturen der Leiterseile erreichen, um den Kraftabbau zu begrenzen. In dem Fall muss der Verbinder entsprechend lang und mit entsprechendem Durchmesser gewählt werden, um eine geringere Verlustleistung durch den größeren Leiterquerschnitt zu erreichen und die wärmeabgebende Oberfläche im Bereich des Verbinders zu erhöhen, damit die Temperatur verringert wird.

6.4.3 Steck- und Gleitverbindungen

Allgemein ist für Steckverbindungen die Art des Kontaktelements und die Anzahl paralleler Kontakte so zu wählen, dass der Kontaktwiderstand klein genug ist, sodass der Spannungsfall über die Steckverbindung bei Bemessungsstrom höchstens (14 … 18) mV beträgt (Kategorie „typische Auslegung Steckverbindungen" in Tab. 4.3, Abb. 4.7). Dies entspricht einer Übertemperatur von rund (3 … 5) K bezogen auf die massiven Kontaktpartner Stecker und Buchse. Aufgrund des geringen Querschnitts der Kontaktelemente, ist die Verlustleistungsdichte im Bereich dieser und der Kontakte generell erhöht. Die zusätzliche Verlustleistung wird in Stecker und Buchse sowie in die daran angeschlossenen Leiter geleitet (Abb. 4.76 und 4.81). Das führt, in den meisten praktischen Anwendungen dazu, dass die gesamte Steckverbindung gegenüber den unbeeinflussten Anschlussleitern leicht wärmer ist.

6.4.3.1 Fall „gleiche Temperatur"

Zunächst ist die Anzahl der Kontakte oder Kontaktelemente so zu wählen, dass der Spannungsfall U_V über die Verbindung bei Bemessungsstrom maximal 18 mV beträgt (siehe Abschn. 4.1.3). Viele Hersteller geben den Verbindungswiderstand von Kontaktelementen in den Datenblättern an. Dieser Wert kann für eine erste Abschätzung verwendet werden. Die Auslegung auf $U_V \leq 18$ mV führt in vielen Fällen noch zu einer leicht höheren Temperatur an der Steckverbindung gegenüber den unbeeinflussten Anschlussleitern. Es ist anwendungsabhängig zu prüfen, ob dies akzeptabel ist. Ist dies nicht der Fall, kann durch folgende Maßnahmen die Übertemperatur verringert werden:

- Erhöhen der Anzahl paralleler Kontakte oder Kontaktelemente
- Einsetzen von Kontaktelementen einer anderen Bauform mit geringerem Widerstand
- Modifikationen an Stecker und Buchse, um insgesamt weniger Verlustleistung im Verbindungsbereich zu erzeugen und die Verlustleistung der Kontaktelemente besser ableiten zu können
  - Vergrößern der Leiterquerschnitte
  - Leiterwerkstoff mit höherer elektrischer und thermischer Leitfähigkeit („Kupfer statt Aluminium") einsetzen

Idealweise wird die Wirksamkeit dieser Maßnahmen mit einer thermischen Berechnung oder einem einfachen Erwärmungsversuch geprüft, um das Optimum an Aufwand und Nutzen zu finden.

6.4.3.2 Fall „kältere Verbindung"

Dieser Fall ist insbesondere für Hochstromanwendungen nur mit Zusatzmaßnahmen möglich. Dabei sind zunächst die im Fall „gleiche Temperatur" beschriebenen Maßnahmen zu prüfen. Wenn diese noch nicht ausreichend sind, kann eine aktive Kühlung, beispielsweise mit einem flüssigen Kühlmedium möglichst nahe an der Steckverbindung, eingesetzt werden.

6.5 Kurzzeitbelastung

Viele elektrische Betriebsmittel müssen für kurze Zeit z. B. im Kurzschlussfall stark erhöhte Ströme führen können, was eine starke thermische und mechanische Belastung verursacht, insbesondere in den Verbindungen mit gegenüber der Hauptstrombahn oftmals verringertem Querschnitt. Ein gegenüber dem Normalbetrieb zehnfach größerer Kurzzeitstrom verursacht die hundertfache Verlustleistungsdichte, sowie die hundertfachen Stromkräfte. Für die Zuverlässigkeit des Gesamtsystems ist für diesen Fall entscheidend, dass alle Betriebsmittel den auftretenden Kurzzeitstrom so lange ohne Beschädigung tragen können, bis der Fehler abgeschaltet wird. Betriebsmittel für das Elektroenergieversorgungssystem haben daher als wichtige Anforderung einen Bemessungs-Kurzzeitstrom

I_k, der typischerweise um den Faktor 10 bis 20 größer ist als der Bemessungs-Betriebsstrom und für Kurzschlussdauern t_k von bis zu einigen Sekunden sicher geführt werden muss [41, 42]. Allgemein sind für die höchste Beanspruchung der Verbindung die folgenden Kenngrößen des Kurzeitstroms entscheidend:

- thermische Beanspruchung des Leiterwerkstoffs in der Verbindung: Effektivwert und Dauer, zum Beispiel I_k und t_k bei Schaltanlagen [41]
- thermische Beanspruchung der Kontakte, mechanische Beanspruchung: größter Momentanwert, zum Beispiel i_p bei Schaltanlagen [41]

Ziel der Auslegung für die Kurzeitstrombelastung ist es, die Verbindung so zu gestalten, dass sie selbst nicht signifikant beschädigt wird und auch angrenzende Bauteile nicht beschädigt werden. Eine gemäß den Abschn. 6.1, 6.2 und 6.4 ausgelegte Verbindung besitzt bereits eine Basis-Kurzeitstromtragfähigkeit. Für erhöhte Anforderungen kann diese im Wesentlichen durch die folgenden Maßnahmen erhöht werden:

Verringern der Maximaltemperatur durch einen kleineren Kontaktwiderstand
- Erhöhen der Kontaktkraft
- Schaffen zusätzlicher parallele Kontaktstellen
- Einsatz eines Kontaktwerkstoffs mit höherer elektrischer Leitfähigkeit oder besserem Kontaktverhalten

Verringern der Maximaltemperatur durch einen kleineren Materialwiderstand und eine größere Wärmekapazität
- Verwenden eines Anschlussleiters mit größerem Leiterquerschnitt
- Einsatz eines Leiterwerkstoffs mit besseren elektrischen und thermischen Eigenschaften
- Einsatz von Kontaktelementen mit größerem Querschnitt

Erhöhte Widerstandfähigkeit gegenüber Stromkräften:
- Erhöhen der Kontaktkraft
- Stabileres Befestigen der Anschlussleiter, z. B. durch kürzere Stützerabstände
- Verwenden von Anschlussleitern mit erhöhter Biegesteifigkeit und/oder -festigkeit
  - Querschnitte mit mehr Flächenträgheitsmoment
  - Werkstoffe mit höherer Festigkeit: z. B. Kupferlegierungen statt Reinkupfer, Kupfer statt Aluminium

Um zu ermiteln, ob eine bestimmte Verbindung eine ausreichendende Kurzzeitstromtragfähigkeit hat, kann entweder

- die mechanische und thermische Beanspruchung rechnerisch ermittelt und mit den Festigkeitswerten der Werkstoffe verglichen werden (Abschn. 6.5.1 und 6.5.2) oder
- Ergebnisse von Prüfungen ausgewertet werden (Abschn. 6.5.3). Dabei ist es unter bestimmten Bedingungen möglich, Ergebnisse von ähnlich gestalteten Verbindungen oder mit anderen Strom- und Zeitkennwerten zu übertragen

Generell muss bei der Auslegung für kurzzeitige Strombelastung die gesamte Verbindung mit Anschlussleitern, eventuell vorhandenen Kontaktelementen und weiteren benachbarten stromführenden Verbindungen betrachtet werden, da diese thermisch und mechanisch gekoppelt sind. Zudem muss der Einfluss von weiteren Leitern in der Umgebung untersucht werden, da zwischen diesen elektromagnetische Kräfte wirken können (Abschn. 4.2.4).

- Elektromagnetische Kräfte auf angeschlossene Leiter haben eine Rückwirkung auf die Verbindung
- Bei kraftschlüssigen Verbindungen kann sich die effektive Kontaktkraft und damit der Kontaktwiderstand durch diese Kräfte dynamisch verändern
- Bei mehrpoligen und mehrphasigen System kann eine inhomogene Stromaufteilung durch den Proximity-Effekt am Umfang der Verbindung entstehen

Dadurch ist eine unterschiedliche Beanspruchung der Verbindungen in den einzelnen Phasen eines Mehrleitersystems möglich. Weiterhin ist die Beanspruchung der einzelnen Verbindungen am Umfang möglicherweise inhomogen, d. h. es gibt Bereiche, die deutlich höher elektrisch und/oder mechanisch belastet werden als andere [43].

6.5.1 Schritt A: Ermitteln der mechanischen Belastung

Entsprechend Abschn. 4.2.4.1 und 4.2.4.2 kann die für die Verbindung resultierende Kontaktkraft berechnet werden. Zunächst sind die elektromagnetischen Kräfte durch die Leiter und bei sehr hoch belasteten Punktkontakten zusätzlich die Abhebekräfte zu bestimmen. Dabei ist der Spitzenwert des Stroms i_p zu beachten. Wird die im statischen Fall wirkende Kontaktkraft durch die wirkenden Ströme signifikant (mehr als 10 %) reduziert, sollte die sich dynamisch ändernde Kontaktkraft und Ihre Rückwirkung auf den Kontaktwiderstand in Schritt B (ermitteln der thermischen Beanspruchung) beachtet werden. Unter keinen Umständen darf die resultierende Kontaktkraft gegen oder unter null gehen, dann kann ein Abheben der Kontaktpartner eintreten und ein Lichtbogen entstehen kann.

6.5.2 Schritt B: Ermitteln der thermischen Belastung

Berechnung der Temperaturverteilung

Für Punktkontakte sind vereinfachte analytische Betrachtungen zum Berechnen des Schweißgrenzstroms und damit des zulässigen Belastungsstroms für eine gegebene Grenztemperatur bei Belastungsdauern bis circa 0,1 s vorhanden (Abschn. 4.4.2). Bei längeren Belastungsdauern muss die inhomogene, transiente Erwärmung der Anschlussleiter beispielsweise durch numerische Berechnungen berücksichtigt werden (Abschn. 4.5.3).

Festigkeiten und Grenzwerte

Für mechanisch belastete Leiter, sowie mechanisch tragende Teile der Kontaktelemente sollte die maximal berechnete Temperatur mit der werkstoffabhängigen Kurzzeit-Grenztemperaturen verglichen werden. Eine Orientierung gibt [38] und Kap. 3:

- Kupferleiter (massiv oder verseilt): 200 °C
- Stahl (massiv oder verseilt): 300 °C

Es können aber auch davon abweichende, aus Erfahrungswerten ermittelte Kurzzeit-Grenztemperaturen verwendet werden, beispielsweise bestimmt durch die Haftung der Beschichtung oder angrenzende Isolierstoffe [1]. Bei bestimmten Systemen mit geringerer mechanischer Belastung kann es auch zulässig sein Grenztemperaturen, die in die Nähe der Schmelztemperatur sind, zuzulassen [40].

Für mit der Spannungs-Temperatur-Beziehung berechnete maximale Temperaturen in den Kontakten ist es für Kurzeitbelastung in den meisten Fällen zulässig die Entfestigungstemperatur (Entfestigungsspannung) zu erreichen oder zu überschreiten (Abschn. 4.5.3.2). Es sollte jedoch klar unterhalb der Schmelztemperaturen (Schmelzspannung) geblieben werden, da andernfalls ein Verschweißen der Kontaktstellen auftritt und bereits bei geringfügig höheren Strömen ein Übergang zum Lichtbogen stattfinden kann.

Nutzen von Herstellerangaben

Insbesondere bei Kontaktelementen mit herstellerspezifischer Gestaltung gibt es oft Bemessungswerte, die vom Hersteller basierend auf Versuchen oder Rechnungen angegeben werden. Diese Angaben können ebenfalls für die Auslegung genutzt werde, solange in der Zielanwendung vergleichbare Bedingungen herrschen, insbesondere für die Werkstoffe der Anschlussleiter (typischerweise Kupfer) und deren Beschichtung (typischerweise Silber). Zu beachten ist, dass die Bemessungswerte $I_{\mathrm{k\ per}}$ meist auf eine Periodeneinheit (zum Beispiel einen Steg oder eine Windung) bezogen sind. Sie müssen auf die Anzahl n der tatsächlich vorhandenen Periodeneinheiten umgerechnet werden. Dabei ist unter Umständen ein Korrekturfaktor k_{per} zu beachten:

$$I_{\mathrm{K}} = k_{\mathrm{per}} \cdot n \cdot I_{\mathrm{K\ per}} \tag{6.1}$$

Es ist zu berücksichtigen, dass die Anzahl n der Periodeneinheiten eine der wirksamsten Kenngrößen für die Auslegung von Steck- und Gleitverbindungen ist. So kann durch Hinzufügen eines weiteren Kontaktelements die Kurzzeitstromtragfähigkeit signifikant erhöht werden. In erster Näherung kann mit $k_{\mathrm{per}} = 1$ gerechnet werden. Bei Steckverbindungen mit über dem Umfang inhomogener Stromverteilung oder über die Länge verteilte Kontaktelemente kann jedoch auch eine Reduktion auftreten [39].

Lebensdauerbetrachtungen

Ein elektrischer Kurzschluss kann zu jedem Zeitpunkt während der Lebensdauer einer Verbindung eintreten. Typischerweise sollte der Kontaktwiderstand während der Lebensdauer nicht wesentlich höher als nach der Montage sein. Bei der Auslegung für kurzzeitige Strombelastung sollte daher entschieden werden, für welchen Zustand des Kontaktes dies erfolgt. Bei standardisierten Kurzschlussprüfungen von Verbindungen mit Kontaktelementen wird nur der Neuzustand geprüft. Bei Press- und Schraubverbindungen für mehrdrähtige Leiter finden Kurzschlussprüfungen nach beziehungsweise während einer Dauerprüfung statt (Abschn. 7.2) (Abb. 6.14).

6.5.3 Alternative: Auslegung basierend auf Kurzeitstrom-Prüfungen

Eine direkte Prüfung der auszulegenden Verbindung mit der gewünschten Belastung (Strom, Zeit) gibt höchste Sicherheit. Aufgrund des großen Aufwands für solche Prüfungen kann es sinnvoll sein, die Ergebnisse bereits existierender Prüfungen auf andere Rahmenbedingungen zu übertragen.

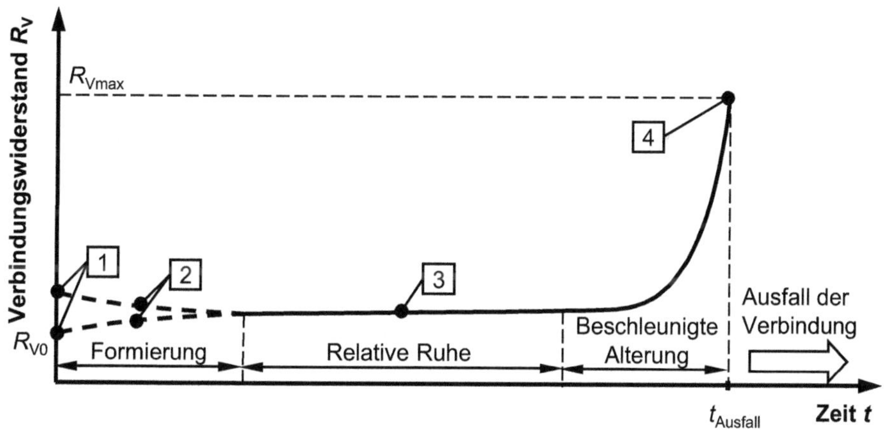

Abb. 6.14 Mögliche Eintrittszeitpunkte eines Kurzschlusses und der dazugehörige Kontaktwiderstand einer silberbeschichteten Steckverbindung und Temperatur der Verbindung ϑ_V zum Eintritt des Kurzschlusses

- Fall 1: Kurzschluss direkt nach dem Zusammenbau der Steckverbindung: $R_V \approx R_{V0}$; $\vartheta_V = \vartheta_0$ (entspricht Typprüfung)
- Fall 2: Kurzschluss während der ersten Betriebsstunden: $R_{V\,min} < R_V < R_{V0}$; $\vartheta_0 < \vartheta_V < \vartheta_{stationär}$. Je höher ϑ_V, desto geringer R_V
- Fall 3: Anlage im stationären Zustand: $R_V \approx R_{V\,min}$; $\vartheta_V = \vartheta_{stationär}$ (z. B. 105 °C)
- Fall 4: Anlage am Ende der Lebensdauer: $R_K = R_{KA} = (1{,}2 \ldots 2)\,R_{K0}$; $\vartheta_K \geq \vartheta_{stationär}$

Übertragen auf vergleichbare Kontaktsysteme am Besipiel einer Steckverbindung
Bei Steckverbindungen sind Prüfungen mit gleichem Kontaktelement und gleicher oder stärkerer Einfederung, sowie Anschlussleiter mit gleichem Leiter- und Beschichtungswerkstoff allgemein übertragbar. Wurde im Referenzversuch mit dem Kurzeitstrom $I_{\mathrm{k\ ref}}$ eine andere Anzahl n_{ref} an Periodeneinheiten (oder Stegen, Windungen) verwendet, kann der Strom in ersten Näherung entsprechend skaliert werden:

$$I_{\mathrm{K}} = \frac{n}{n_{\mathrm{ref}}} \cdot I_{\mathrm{k\ ref}} \tag{6.2}$$

Übertragen auf andere Kurzeitströme und andere Kurzzeitstromdauern:
Bei kurzzeitiger Strombelastung ist die über ein Kontaktsystem übertragbare Energie von den Wärmeflüssen abhängig. Für Steckverbindungen mit Kontaktelementen und Punktkontakten weichen die zulässigen Ströme bei kurzzeitiger Belastung von denen mit dem I^2t-Kriterium ermittelten Werten ab (Abb. 6.15 und 6.16) [1, 28].

Das liegt daran, dass das für das I^2t-Kriterium vorausgesetzte adiabate Erwärmen der Kontakte und Verbindungen im Allgemeinen nicht erfüllt ist, denn Wärme wird während des Kurzschlusses nicht nur gespeichert, sondern auch von den Kontakten in die Anschlussleiter geleitet. Durch Anpassen der Exponenten zum I^xt-Kriterium wird eine deutlich bessere Übereinstimmung mit den berechneten, zulässigen Kurzschlussströmen er-

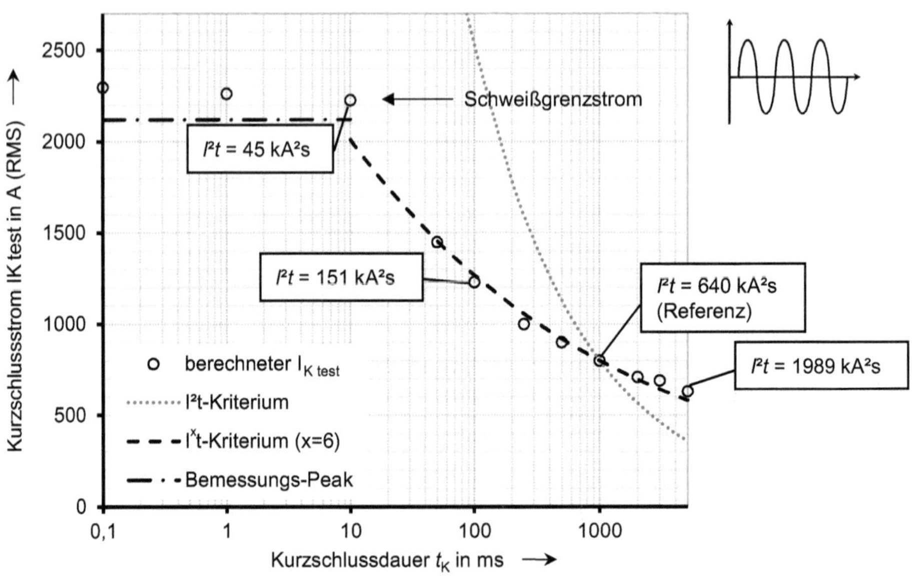

Abb. 6.15 Mit dem I^2t-Kriterium berechneter Kurzschlussstrom (ausgehend vom 1-s-Wert) und mit dem I^xt-Kriterium berechneter Kurzschlussstrom einer beispielhaften Steckverbindung. Werte für eine Periodeneinheit ($n = 1$). Die tatsächlich gültigen, mit einem Berechnungsmodell ermittelten Kurzschlussströme und der Schweißgrenzstrom der Kontakte sind ebenfalls eingezeichnet

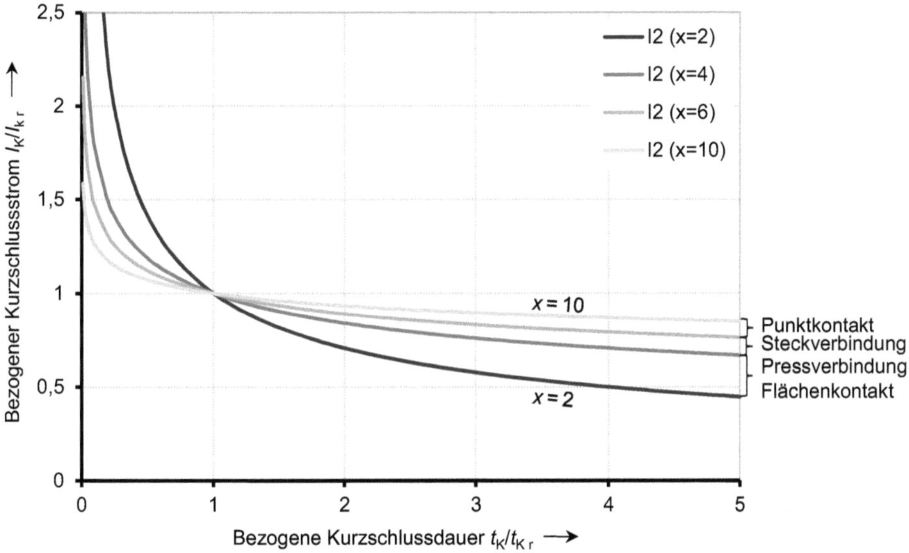

Abb. 6.16 Zulässiger Kurzschlussstrom abhängig von der Belastungsdauer

reicht (Abb. 6.16). Der Exponent x ist geometrie- und werkstoffabhängig. Er kann direkt mit Gl. (6.3) berechnet werden, wenn mindestens zwei Strom-Zeit-Paare bekannt sind. Der übertragbare Kurzschlussstrom I_K abhängig von der realen Kurzschlussdauer t_K berechnet sich nach Gl.(6.4).

$$x = \frac{\ln {t_{K2}}/{t_{K1}}}{\ln\left({I_{K1}}/{I_{K2}}\right)} \tag{6.3}$$

$$I_K = I_{K1} \sqrt[x]{\frac{t_{K1}}{t_K}} \tag{6.4}$$

Bei Schrauben- und Pressverbindungen ist das I^2t-Kriterium formal ebenfalls nicht gültig, da in den Verbindung Mikrokontakte/Engestellen vorhanden sind und sich der stromführende Querschnitt längs des Leiters ändert.

Die Höhe des Fehlers beim Anwenden des I^2t-Kriteriums wurde für Press- und Schraubenverbindungen bisher noch nicht bestimmt, ist aber aufgrund der geringeren Unterschiede des Querschnitts entlang des Strompfads im Vergleich zu Steckverbindungen und Punktkontakten wahrscheinlich geringer. Auch für Press- und Schraubenverbindungen existieren maximal leistbare Stoßströme, die sich beispielsweise aus der Erwärmung der Mikrokontakte (Schmelzen) und der Wirkung der elektromagnetischen Kräfte ergeben. Wenn der Exponent x für eine Verbindung oder der zeitabhängige Bemessungs-Kurzschlussstrom nicht bekannt sind, kann trotzdem eine kurzschlussfeste Auslegung für

Tab. 6.5 Regeln für die kurzschlussfeste Auslegung von Hochstrom-Verbindungen für andere Kurzschlussdauern als die Bemessungs-Kurzschlussdauer, wenn Gl. 6.4 nicht angewandt werden kann, oder x unbekannt ist.

	1. Bedingung	2. Bedingung
Auslegung **Verbindung kann** **I_K für t_K tragen, wenn:**	$I_K \le I_{Kr}\sqrt{\frac{t_{Kr}}{t_K}}$ für $t_K \ge t_{Kr}$ oder $I_K \le I_{Kr}$ für $t_K \le t_{Kr}$	$i_p \le i_{pr}$

Kurzschlussdauern, die von den Bemessungswerten abweichen, erfolgen. Bei einer kürzeren Kurzschlussdauer als dem Bemessungswert darf der Effektivwert des Kurzschlussstroms den Bemessungs-Kurzschlussstrom nicht übersteigen. Bei einer Verlängerung der Prüfdauer kann der Effektivwert anhand des I^2t-Kriteriums angepasst werden, da dabei keine erhöhte thermische Belastung im Kontakt auftreten kann (Tab. 6.5 – 1. Bedingung). Unabhängig von der tatsächlichen Kurzschlussdauer darf der Bemessungs-Stoßstrom zu keinem Zeitpunkt während des Kurzschlusses überschritten werden (Tab. 6.5 – 2. Bedingung). [2–4]

Beispiel

Anwendung des I^xt-Kriteriums auf eine Gleitverbindung für Hochspannungs-Schaltanlagen

Der Hersteller von Kontaktelementen für Gleitverbindungen in einer Schaltanlage gibt einen Bemessungs-Kurzzeitstrom von 55 kA bei einer Bemessungs-Kurzschlussdauer von 1 s und 42 kA für eine Kurzschlussdauer von 3 s an. Der Bemessungs-Stoßstrom beträgt 140 kA. Es sind sicher beherrschbare Kurzschlussströme für eine Belastungsdauer von 0,3 s; 0,5 s und 5 s gesucht. Da zwei Strom-Zeit-Paare bekannt sind, kann das I^xt-Kriterium verwendet werden. Der Exponent x berechnet sich nach Gl. (6.3):

$$x = \frac{\ln\frac{t_2}{t_1}}{\ln\frac{I_1}{I_2}} = \frac{\ln\frac{3\ \mathrm{s}}{1\ \mathrm{s}}}{\frac{55\ \mathrm{kA}}{42\ \mathrm{kA}}} = 4{,}1$$

Der beherrschbare Kurzschlussstrom für die angegebenen Kurzschlussdauern berechnet sich nach Gl. (6.4). In der Tabelle sind zusätzlich die anhand von „I^2t = konstant“ und nach der Auslegung bei unbekanntem Parameter x (Tab. 6.5) berechneten Kurzschlussströme angegeben.

$$I_K = I_{K1} \cdot \sqrt[x]{\frac{t_{K1}}{t_K}} = 55\ \mathrm{kA} \cdot \sqrt[4{,}1]{\frac{1\ \mathrm{s}}{t_K}}$$

Kurzschlussdauer t_K in s	Zul. Kurzschlussstrom nach $I^x t$ in kA (x = 4,1)	Zul. Kurzschlussstrom nach $I^2 t$ in kA	Kurzschlussstrom nach Tab. 6.5
0,3	73,9	100,4	55
0,5	65,2	77,8	55
1	55	55	55
3	42	42	42
5	37,1	32,5	32,5

Die mit dem $I^2 t$-Kriterium berechneten Ströme für 0,3 s und 0,5 s Kurzschlussdauer sind deutlich höher als die mit dem $I^x t$-Kriterium berechnet. Sie würden die Verbindung thermisch höher belasten (vgl. Abb. 6.15). Die Auslegung bei unbekanntem Exponenten x nach Tab. 6.5 ist sicher, da die Verbindung thermisch nicht höher beansprucht wird als durch den Bemessungsstrom. Allerdings wird die Leistungsfähigkeit der Verbindung bei Kurzschlussdauern < 1 s und > 3 s im Vergleich mit dem $I^x t$ Kriterium zum Teil deutlich zu gering angesetzt.

Zu beachten ist, dass bei allen Kurzschlusszeiten der maximale Momentanwert des Stroms von 140 kA nicht überschreiten werden darf, da die Kontakte dann Aufschmelzen und Verschweißen können. Bei Verwendung des $I^2 t$-Kriteriums wäre dies selbst ohne ausgeprägten Stoßstrom ($\kappa = 1$) bei einer Kurzschlussdauer von 0,3 s der Fall ($\hat{I} = 142$ kA). Beim $I^x t$-Kriterium ist bei einer Kurzschlussdauer > 3 s zu prüfen, ob sich die Anschlussleiter nicht unzulässig stark erwärmen. ◄

6.6 Montage und Güte von Kontaktflächen

6.6.1 Vorbehandeln der Kontaktfläche

Die Güte und damit die Qualität einer stromführenden Verbindung kann in vielen Fällen nach der Montage nicht kontrolliert werden, da diese durch Personal erfolgt, welches dahingehend nicht geschult ist oder da entsprechende Messtechnik zum Messen des Verbindungswiderstands nicht vorhanden ist. Eine robuste Auslegung und eine leicht verständliche Handlungsanweisung für das Montagepersonal ist häufig die einzige Möglichkeit, Einfluss auf die Qualität zu nehmen. In der Serienfertigung können zusätzliche Maßnahmen ergriffen werden, um die Qualität nach der Montage zu prüfen (Tab. 6.6).

Entscheidend für die Qualität einer stromführenden Verbindung ist die zuverlässige und sichere Montage mit den richtigen Fügeparametern. Dazu sollte vom Hersteller eine

Tab. 6.6 Beobachteter Zustand aus der Praxis – Sicherstellen der Qualität der Montage stromführender Verbindungen

Maßnahme	Montage am Einsatzort	Montage in der Serienfertigung
Widerstand oder Spannungsfall messen	nein/bedingt	ja/bedingt
Montageanleitung	ja	ja
Schulung des Montagepersonals	nein/bedingt	ja

möglichst einfache und übersichtliche Montageanleitung erstellt werden, die folgende Punkte beinhaltet:

- Festlegen der Hilfsmittel zum Vorbehandeln der Kontaktflächen
- Verschleißgrenze der Hilfsmittel zum Vorbehandeln definieren (Austauschintervalle)
- Beschreiben der Vorbehandlungsschritte möglichst mit Bildern und in Stichpunkten
- Zeit zwischen Vorbehandlung und Montage vorgeben
- Notwendiges Werkzeug für die Montage
- Montageparameter (z. B. Drehmoment)
- Reihenfolge beim Montieren (z. B. Anziehreihenfolge bei Mehrschraubenverbindungen)
- Besondere Hinweise durch spezifische Merkmale der Verbindungsart „Prüfprozedur nach der Montage, z. B. Messen des Verbindungswiderstandes, mit Angabe der Potentialmesspunkte und Vergleich mit Grenzwerten."

Wenn möglich, sollte die Montageanleitung auf einer DIN-A4-Seite dargestellt werden. Die Montage von stromführenden Verbindungen sollte möglichst nur durch Fachpersonal erfolgen, das in Schulungen über die wesentlichen Fehlerquellen und Risiken informiert wird. Der Ausfall oder eine reduzierte Lebensdauer von Verbindungen ist in den meisten Fällen auf Fehler bei der Montage zurückzuführen. Davon betroffen sind insbesondere Verbindungen mit unbeschichteten Leitern aus Aluminium (Abb. 6.17). Eine Vorbehandlung ist aber auch bei Kontaktflächen aus Kupfer oder bei bestimmten Beschichtungswerkstoffen erforderlich und muss werkstoffspezifisch erfolgen (Tab. 6.7). [33–35]

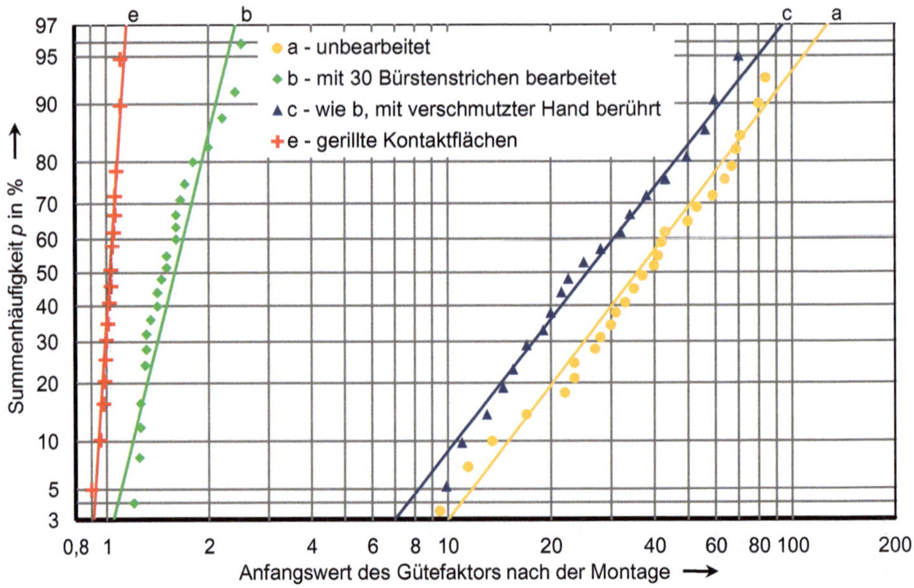

Abb. 6.17 Anfangswert des Gütefaktors nach der Montage von Schraubenverbindungen mit Stromschienen aus Al99,5 mit einer Kontaktkraft von $F_K = 18$ kN abhängig von Zustand der Kontaktfläche vor der Montage [33], Daten aus [49]

Tab. 6.7 Vorbehandeln von Kontaktflächen/Lagerzeiten zwischen Vorbehandeln und Montage

Kontaktwerkstoff	Vorbehandlung	Lagerzeit nach der Vorbehandlung
Kupfer	• Entfetten der Kontaktflächen • Aufbrechen von Oxidschichten und Mikrostrukturieren der Kontaktfläche mit einem Schleifvlies oder einer Drahtbürste	Stunden bis wenige Tage (abhängig von den Umgebungsbedingungen)
Aluminium	• Entfetten der Kontaktflächen • Aufbrechen von Oxidschichten und Mikrostrukturieren der Kontaktfläche mit einer scharfkantigen Drahtbürste	unmittelbar bis Minuten
Silber	• keine • bei Steckverbindungen eventuell fetten	keine Vorgaben, in SO_2-armer Atmosphäre
Zinn	keine	keine Vorgaben
Nickel	• Entfetten • Aufbrechen von Oxidschichten und Mikrostrukturieren der Kontaktfläche mit einem Schleifvlies	Stunden bis wenige Tage (abhängig von den Umgebungsbedingungen)

6.6.2 Fetten der Kontaktfläche

Um die Reibung zwischen den Kontaktpartnern zu verringern oder die Kontaktfläche vor atmosphärischen Einflüssen zu schützen, werden teilweise Kontaktfette oder Schmierstoffe vor dem Fügen auf der Oberfläche der Kontaktpartner aufgebracht. Die Zusammensetzung dieser ist dabei stark von den Anforderungen beim Fügen der Verbindung und den Bedingungen im Betrieb abhängig. Deshalb ist das Kontaktfett oder der Schmierstoff in jedem Fall für die Anwendung zu qualifizieren. Abhängig von der Verbindungsart wird eine Wirkung beabsichtigt und damit Anforderungen an das Kontaktfett oder den Schmierstoff gestellt, die beim Einsatz berücksichtig werden müssen (Tab. 6.8).

Für Schraubenverbindungen mit unedlen Kontaktwerkstoffen kann Kontaktfett eingesetzt werden, um die Kontaktfläche nach der Vorbehandlung vor Oxidation zu schützen. Nach dem Fügen wird das Fett in die Hohlräume zwischen die Mikrokontakte verdrängt und soll diese vor atmosphärischen Einflüssen wie Feuchtigkeit oder Sauerstoff abschirmen, die zur Oxidation oder Korrosion führen können, insbesondere wenn keine Gasdichtheit beim Fügen erreicht wird (Abb. 6.18; s. auch Abschn. 5.1.3). [32, 37]

Dabei ist zu beachten, dass das Kontaktfett dünn aufgetragen wird, sodass nach dem Fügen und bei Betriebstemperatur der Schraubenverbindung kein Fett herausfließt oder -tropft. Dies ist insbesondere bei metallisch gefüllten Fetten zu berücksichtigen, um Kriechüberschläge an Isolierstrecken zu verhindern. Das Kontaktfett ist für die Anwendung und die Werkstoffkombination zu qualifizieren. Ergebnisse von Untersuchungen haben gezeigt, dass Kontaktfette das Langzeitverhalten der Verbindung je nach Zusammensetzung nicht nur verbessern, sondern auch verschlechtern können [31]. Auch das

Tab. 6.8 Wirkung und Herausforderungen beim Einsatz eines Kontaktfetts oder Schmierstoffes für stromführende Verbindungen abhängig von der Verbindungart

Verbindungsart	Schraubenverbindung	Pressverbindung	Steckverbindung
Wirkung	Schutz vor dem Eindringen von Feuchtigkeit und Sauerstoff, verminderte Alterung durch chemische Reaktionen (Korrosion, Oxidation) bei Einsatz eines für die Werkstoffpaarung geeigneten Fetts möglich [31, 32]	• Aufbrechen von Oxidschichten beim Fügen durch feste Partikel im Fett • Verringern der notwendigen Presskraft • Schutz vor Feuchtigkeit und Sauerstoff im Betrieb • Verhindern von Kaltverschweißen beim Fügen	• Verringern des Reibkoeffizienten bei Steck- und Gleitzyklen • Erhöhen der Lebensdauer durch Verringern des Reibverschleißes im Betrieb infolge von Stecken und Ziehen oder Gleitzyklen • Verringern der Neigung zum Kaltverschweißen
Hinweise für die Anwendung und Qualifikation	• Fettmenge beim Auftrag muss definiert sein → Gefahr des Herauslaufens bei erhöhter Temperatur im Betrieb (mögliche Metallpartikel im Fett können zu dielektrischen Problemen führen) • Begrenzen der Einsatztemperatur auf die maximal zulässige Grenztemperatur des Fetts (Gefahr des Verharzens) • Bei Verbindungen mit gleichen Leiterwerkstoffen und richtiger Vorbehandlung der Kontaktfläche sowie korrekter Wahl der Fügeparameter (Dichtigkeit) kaum eine Wirkung • Anhaften von Partikel im Fett vor dem Fügen durch Lagerung/Umgebung	• Fettmenge beim Auftrag muss definiert sein • Begrenzen der Einsatztemperatur auf die maximal zulässige Grenztemperatur des Fetts (Gefahr des Verharzens)	• Erhöhen des Kontaktwiderstands abhängig von der Fettmenge • Festlegen der Fettmenge durch Montageanleitung oder Werksfettung • Begrenzen der Einsatztemperatur auf die maximal zulässige Grenztemperatur des Schmierfetts (Gefahr des Verharzens) [1, 36] • Verbleib im Kontakt während der Lebensdauer muss sichergestellt werden • Binden von Fremdpartikeln insbesondere beim Überstecken oder durch Partikel aus der Umgebung

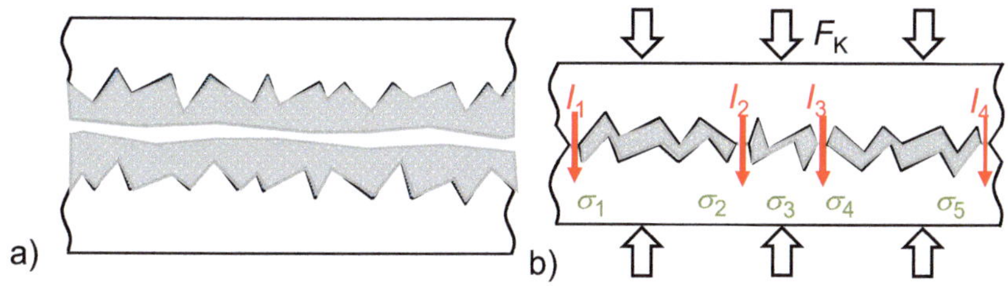

Abb. 6.18 **a**) gefettete Kontaktfläche vor dem Fügen, **b**) geschlossene Verbindung mit Kontaktfett in den Hohlräumen und metallischen Kontakten (schematisch)

Anhaften und Einlagen von Schmutzpartikeln im Fett bevor die Verbindung gefügt wird, kann einen negativen Einfluss auf das Kontakt- und Langzeitverhalten haben. Es ist also kritisch zu prüfen, ob ein Kontaktfett eingesetzt werden muss oder nicht, da gerade Verbindungen mit gleichen Werkstoffen der Kontaktpartner auch ohne Kontaktfett langzeitstabil sind. Für Schraubenverbindungen mit unterschiedlichen Werkstoffen der Kontaktpartner wie z. B. Kupfer und Aluminium wurde gezeigt, dass durch den Einsatz eines Kontaktfetts ein stabileres Langzeitverhalten möglich ist [32].

Bei Pressverbindungen werden Kontaktfette eingesetzt, die bereits beim Fügen verhindern, dass der Leiter zum Beispiel durch Fressen oder Kaltverschweißen beschädigt wird. Weiterhin soll die benötigte Presskraft reduziert werden. Das Zusetzen von leitfähigen oder nicht-leitfähigen metallischen Partikeln im Kontaktfett kann die Abrasion der Kontaktflächen beim Verpressen erhöhen und in einigen Anwendungen das Kontaktverhalten verbessern. Mit den Partikeln sollen entsprechend Oxidschichten auf der Kontaktfläche der Hülse und des Leiters aufgebrochen werden. Kontaktfett wird für Pressverbindungen in Freiluftanwendungen standardmäßig eingesetzt, um im Betrieb das Eindringen von Feuchtigkeit oder Sauerstoff zu vermeiden und damit den Korrosionsschutz des Kontaktbereichs sicherzustellen. In Innenraumanwendungen von Pressverbindungen ist es denkbar, dass durch das Kontaktfett im Betrieb ebenfalls das Eindringen von Sauerstoff verringert und eine gewisse Schutzwirkung des Kontaktbereichs vor Oxidation erreicht wird. Auch kann durch den Auftrag eines geeigneten Fetts unmittelbar nach dem abrasiven Reinigen der Kontaktfläche ein gewisser Schutz der vorbehandelten Kontaktflächen vor weiterer Oxidation erreicht werden.

Für Steckverbindungen werden Schmierstoffe häufig eingesetzt, um das tribologische Verhalten zu verbessern. Sie wirken unmittelbar in den Kontaktpunkten und reduzieren die Steck- und Schiebekräfte (Abschn. 4.2.3). Da weniger Abrasion auftritt, wird der Reibverschleiß verringert (Abschn. 5.1.4). Es gibt unterschiedliche Arten von Schmierstoffen. Festschmierstoffe, die zum Teil direkt in die Beschichtung eingebaut werden können,

(Tab. 3.9, Tab. 4.8, Abb. 5.30) und Schmierfette und -öle, die separat vor dem Einsatz aufgebracht werden müssen. Es können allerdings nicht beliebige Schmierstoffe für elektrische Kontakte eingesetzt werden. Der Einsatz von Ölen ist besonders bei Erwärmung zu prüfen, da das Öl im Kontakt verbleibt [48]. Bei Festschmierstoffen ist für die gewählte Werkstoffkombination die Schmierwirkung und der Einfluss auf das elektrische Kontaktverhalten zu prüfen, da nur wenige Partikelsorten beide Anforderungen ausreichend erfüllen [45, 46].

Das beste tribologische Verhalten von Steckverbindungen wird derzeit mit Schmierfetten erreicht. Neben den positiven Einflüssen von Schmierfetten auf den Betrieb von Steckverbindung gibt es allerdings zahlreiche Herausforderungen, die den Einsatz auf bestimmte Anwendungsfälle wie zum Beispiel in gasisolierten Schaltanlagen einschränken. Es ist zu beachten, dass der Fettfilm nur dünn auf die Kontaktfläche aufgetragen wird, um den Kontaktwiderstandes nicht zu stark zu erhöhen. Je nach Anwendung kann die richtige Dicke so gering sein, dass mit dem bloßen Auge kein geschlossener Schmierfilm erkennbar ist. Dazu sollte eine entsprechende Handlungsanweisung sowohl beim Auftragen des Fetts im Werk als auch beim Anwender erstellt werden. Weiterhin muss ein Schmierfett für die Anwendung qualifiziert werden. Dabei ist insbesondere die thermische Alterung unter Berücksichtigung der geforderten Lebensdauer der Steckverbindung zu betrachten, da Bestandteile von Schmierfetten verharzen können. Dies wurde bereits als Ausfallursache nachgewiesen [1]. Wenn Steckverbindungen im Außenbereich betrieben und gesteckt werden, ist eine direkte Wirkung von Regen und Feuchtigkeit sowie Staub und Schmutz auf dem Kontakt möglich. Es ist dann denkbar, dass diese Einflussgrößen die mechanischen und elektrischen Eigenschaften des Schmierfetts beeinflussen. Wenn nicht immer der gleiche Stecker und die gleiche Buchse verwendet werden und diese zusätzlich von unterschiedlichen Herstellern sind, ist der Einsatz von Schmierfett schwierig. Es können dann Fremdschichten übertragen und Schmierfette gemischt werden. Die resultirende Wirkung auf das Widerstandsverhalten ist bisher nicht ausreichend untersucht [47].

Schmierfette beeinflussen den Kontaktwiderstand abhängig von der Bewegungsgeschwindigkeit. Bei geringen Bewegungsgeschwindigkeiten bleibt ein metallischer Kontakt bestehen und der Einfluss auf den Kontaktwiderstand ist ebenfalls gering. Der Kontaktwiderstand ändert sich jedoch während eines Bewegungszyklus, da ständig neue metallische Kontakte gebildet und aufgetrennt werden [44]. Bei hohen Geschwindigkeiten und hoher Viskosität des Schmiermittels erfolgt eine hydrodynamische Schmierung ohne metallischen Kontakt. Der Reibverschleiß ist dann sehr gering aber der Kontaktwiderstand vergleichsweise hoch (Abb. 5.27, S. 176). Dieser Zustand sollte vermieden werden, wenn gleichzeitig zur Bewegung eine hohe Strombelastung wirkt (Beispiel: Gleitkontakte in einem Leistungsschalter, insbesondere bei Kurzschlussbelastung).

6.6.3 Qualität von Beschichtungen auf der Kontaktfläche

Ein weiteres wesentliches Kriterium für die Güte einer Verbindung ist die Qualität der Beschichtung auf den Kontaktflächen. Die notwendigen Anforderungen an die Beschichtung auf den Kontaktflächen und Leitern sollte deshalb zwischen dem Hersteller der Verbindung und der Galvanik in einer Verfahrensanweisung beschrieben sein (Abb. 6.19).

Neben den wesentlichen Anforderungen an die Beschichtung sollten zusätzlich Prüfungen zum Sicherstellen der Qualität vereinbart werden (Tab. 6.9).

Dies ist notwendig, um die hohen Anforderungen an das mechanisch-elektrisch-thermisch Verhalten im Betrieb zu gewährleisten. Anhand von Musterteilen kann die Galvanik und der Prozess des Beschichtens qualifiziert werden. Um eine gleichbleibende Qualität zu erhalten, sollten regelmäßige Audits durchgeführt werden. Insbesondere die Qualität von hochbelasteten, beschichteten Leitern aus Aluminium sollte sorgfältig geprüft werden, da die Fehleranfälligkeit vor allem durch mangelnde Haftung der Beschichtung die Lebensdauer im Betrieb stark beeinflussen kann.

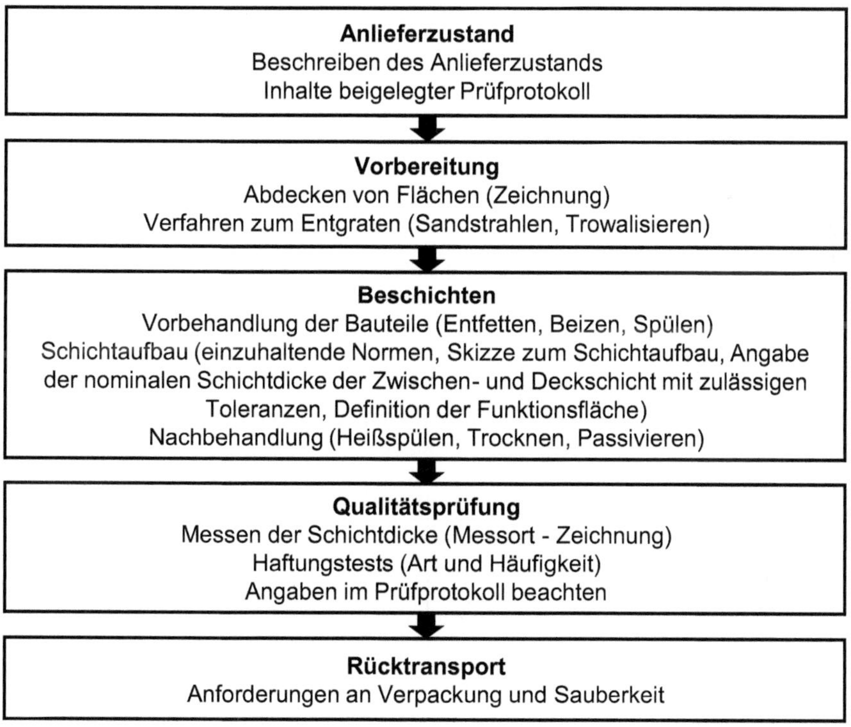

Abb. 6.19 Schwerpunkte einer Verfahrensanweisung zwischen Hersteller und Galvanik

Tab. 6.9 Normen zum Prüfen und zur Bezeichnung von Beschichtungen

Bezeichnung der Norm	Titel
DIN EN 10204: 2005-01	Metallische Erzeugnisse – Arten von Prüfbescheinigungen; Deutsche Fassung EN 10204:2004
DIN EN ISO 1463: 2004-08	Metall und Oxidschichten – Schichtdickenmessung – Mikroskopisches Verfahren (ISO 1463:2003); Deutsche Fassung EN ISO 1463:2004
DIN EN ISO 2064: 2000-06	Metallische und andere anorganische Schichten Definitionen und Festlegungen, die die Messung der Schichtdicke betreffen (ISO 2064:1996) Deutsche Fassung EN ISO 2064:2000
DIN EN ISO 2177: 2004-08	Metallische Überzüge – Schichtdickenmessung – Coulometrisches Verfahren durch anodisches Ablösen (ISO 2177:2003); Deutsche Fassung EN ISO 2177:2004
DIN EN ISO 2819: 2018-09	Metallische Überzüge auf metallischen Grundwerkstoffen – Galvanische und chemische Überzüge – Überblick über Verfahren der Haftfestigkeitsprüfung (ISO 2819:2017); Deutsche Fassung EN ISO 2819:2018
DIN EN ISO 3497: 2001-12	Metallische Schichten – Schichtdickenmessung – Röntgenfluoreszenz-Verfahren; (ISO 3497:2000) Deutsche Fassung EN ISO 3497:2000
DIN EN ISO 3543: 2001-12	Metallische und andere anorganische Schichten – Dickenmessung – Betarückstreu-Verfahren; (ISO 3543:2000) Deutsche Fassung EN ISO 3543:2000
DIN EN ISO 4516: 2002-10	Metallische und andere anorganische Überzüge – Mikrohärteprüfungen nach Vickers und Knoop; (ISO 4516:2002) Deutsche Fassung EN ISO 4516:2002
DIN EN ISO 4521: 2009-01	Metallische Überzüge und andere anorganische Überzüge – Galvanische Silber- und Silberlegierungs-Überzüge für technische Zwecke – Anforderungen und Prüfverfahren (ISO 4521:2008); Deutsche Fassung EN ISO 4521:2008
DIN EN ISO 4527: 2003-10	Metallische Überzüge – Autokatalytisch (außenstromlos) abgeschiedene Nickel-Phosphor-Legierungs-Überzüge – Spezifikationen und Prüfverfahren; (ISO 4527:2003) Deutsche Fassung EN ISO 4527:2003
DIN EN ISO 27830: 2018-03	Metallische und andere anorganische Überzüge – Anforderungen für die Bezeichnung von metallischen und anderen anorganischen Überzügen (ISO 27830:2017); Deutsche Fassung EN ISO 27830:2017
DIN ISO 3951-1: 2016-06	Verfahren für die Stichprobenprüfung anhand quantitativer Merkmale (Variablenprüfung) – Teil 1: Spezifikation für Einfach-Stichprobenanweisungen für losweise Prüfung, geordnet nach der annehmbaren Qualitätsgrenzlage (AQL) für ein einfaches Qualitätsmerkmal und einfache AQL (ISO 3951-1:2013); Text Deutsch und Englisch
DIN ISO 2859-1: 2014-08	Annahmestichprobenprüfung anhand der Anzahl fehlerhafter Einheiten oder Fehler (Attributprüfung) – Teil 1: Nach der annehmbaren Qualitätsgrenzlage (AQL) geordnete Stichprobenpläne für die Prüfung einer Serie von Losen – (ISO 2859-1:1999 + Cor. 1:2001 + Amd.1:2011); Text in Deutsch und Englisch
ISO 2093: 1986-12	Electroplated coatings of tin – Specification and test methods
LK 0151: 2006-11	Galvanische Überzüge – Bezeichnung, Aufbau, Prüfungen, Verfahren

6.7 Beispiele

Es werden drei unterschiedliche Verbindungen gemäß den Schritten 6.1 bis 6.6 ausgelegt.

6.7.1 Verbindung 1: Stromschiene zu Kabel in einem Niederspannungs-Kabelverteilerschrank (NKVS)

Es soll ein in einen NKVS eingeführtes Kabel mit einem Leiter aus Al99,5 der Klasse 2 und eine Sammelschiene aus Cu-ETP verbunden werden. Die Sammelschiene hat die Maße (50 x 10) mm^2, das Kabel hat einen Querschnitt von 240 mm^2. Die zulässige Grenztemperatur des Kabels ist 90 °C aufgrund der eingesetzten VPE-Isolierung. Der Kabelabgang hat einem maximalen Dauerstrom von 500 A. Im Falle eines Kurzschlusses kann ein Kurzzeitstrom von 12,5 kA für 3 s mit einem Stoßkurzschlussstrom von 25 kA auftreten. Zusätzlich kann eine maximale Betriebskraft von $F_{\mathrm{B\,max}} = 2$ kN auf das Kabel wirken.

6.7.1.1 Verbindungsart

Die Haupt-Verbindungsart wird nach Abb. 6.2 ausgewählt:

- Montage **mit Werkzeug** auf der Baustelle ist akzeptabel
- **Keine Relativbewegung** der Kontaktpartner im Betrieb: Kabel und Sammelschiene sind statisch
- Zur Wartung und Revision soll die Verbindung **lösbar** sein

Damit ist eine **Schraubenverbindung** als Haupt-Verbindung notwendig. Nach Abb. 6.3 wird jetzt geprüft, ob Hilfs-Verbindungen notwendig sind. Nach Tab. 6.1 sind sie für die Verbindung von massiven Leitern (Stromschiene) und mehrdrähtigen Leitern (Kabel) nicht zwingend notwendig. Nach Schritt b) wird geprüft, ob die Enden der Leiter so angepasst werden können, dass die Schraubenverbindung zwischen Kabel und Stromschiene direkt eingesetzt werden kann. Dazu müsste direkt in der Stromschiene eine Klemmverbindung ausgeführt werden (vgl. Tab. 2.1). Da die Sammelschiene ein strangepresstes Rechteckprofil ist, es aufwendig die Klemmverbindung direkt zu implementieren und es braucht eine Hilfs-Verbindung. Dafür wird erneut das Verfahren nach Abb. 6.2 angewandt:

- Montage **mit Werkzeug** auf der Baustelle ist akzeptabel
- **Keine Relativbewegung** der Kontaktpartner im Betrieb: Kabel und Sammelschiene sind statisch
- Die Hilfs-Verbindung soll **dauerhaft** sein, es ist nicht notwendig sie im Fall einer Wartung oder Revision zerstörungsfrei zu öffnen.
- Die Montage soll **vor Ort** erfolgen

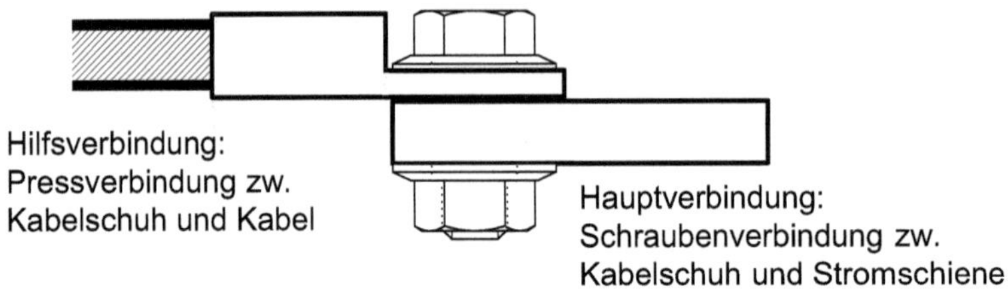

Abb. 6.20 Beispiel-Verbindung 1 mit den gewählten Verbindungsarten

In dem Fall sind Schrauben- und Pressverbindungen zulässig. Wir entscheiden uns im Beispiel für eine kostengünstigere Pressverbindung in Form eines Kabelschuhs, der über eine Sechskant-Pressverbindung mit dem Klasse 2 Leiter aus Aluminium gefügt wird. Die vorher ausgewählte Schraubenverbindung als Hauptverbindung wird verwendet, um den Kabelschuh mit der Sammelschiene zu verbinden (Abb. 6.20).

6.7.1.2 Werkstoffe

Der Leiterwerkstoff der Stromschiene ist Cu-ETP und der des Leiters im Kabel Al99,5 (mehrdrähtig, Klasse 2). Der Werkstoff des Kabelschuhs muss im Rahmen der Auslegung gewählt werden. Es wird ein Kabelschuh aus Al99,5 gewählt, der über eine Pressverbindung mit dem Klasse 2 Leiter aus Aluminium gefügt wird. Entsprechend Abb. 6.2 ergibt sich zwischen Kabelschuh und Stromschiene eine Werkstoffpaarung aus Kupfer und Aluminium, die nicht langzeitstabil ist. Deshalb wird der Kabelschuh mit einer Zwischenschicht aus Nickel als Haftvermittler verzinnt, sodass in der Schraubenverbindung Zinn und Kupfer sowie in der Pressverbindung Aluminium und Zinn/Aluminium kontaktieren. Beide Kombinationen sind in der jeweiligen Verbindungsart stabil (Tab. 5.14). Die ebenen Kontaktflächen aus Kupfer und Aluminium sind vor dem Fügen vorzubehandeln (Abschn. 6.6.1). Die VPE-Isolierung des Kabels hat eine maximal zulässige Betriebstemperatur von 90 °C. Diese ist kleiner gleich der zulässigen Grenztemperatur der eingesetzten Leiter- und Kontaktwerkstoffe (Tab. 3.4). Damit sind alle werkstofftechnischen Voraussetzungen erfüllt.

6.7.1.3 Gestaltung

Die Gestaltung der Schraubenverbindung (Haupt-Verbindung) und der Pressverbindung (Hilfs-Verbindung) wird im Folgenden beschrieben.

1. Hilfs-Verbindung: Presskabelschuh (Al99,5 mit verzinnter Oberfläche)
   - Für 240-mm^2-Al-Leiter wird ein Kabelschuh mit fettgefüllter Hülse, einer Breite der Anschlusslasche von 45 mm und einer Höhe von 10 mm ausgewählt
   - Als Presswerkzeug Sechskantform-Einsätze mit der Kennzahl 32 (Tab. 4.6, DIN 48083:1985)
2. Haupt-Verbindung: Schraubenverbindung zur Sammelschiene (50 x 10) mm^2

- Verbindungslänge: $l_V/h_L \geq 4 \rightarrow l_V \geq 4 \cdot 10$ mm ≥ 40 mm (Abb. 4.58) → Es wird als Verbindungslänge l_V die Länge der Anschlusslasche des Kabelschuhs von 45 mm gewählt.
- Erstellen einer Verfahrensanweisung zum Vorbehandeln der Kontaktflächen der Kontaktpartnern (Abschn. 6.6.1)
- Einsatztemperatur ≤ 90 °C aufgrund der zulässigen maximalen Temperatur der Isolierung des Kabels
- Gesamtdicke der Kontaktpartner 10 mm + 10 mm = 20 mm > 5 mm → keine federnden Fügeelemente notwendig; Einsatz von zwei Unterlegscheiben der normalen Reihe (Abschn. 4.2.1)
- Ermitteln des Anfangswerts des Kontakt- und Verbindungswiderstands R_{K0}, R_{V0} und der Ersatzquerschnittsfläche A_{Ers} auf Basis des Bezugsleiters (Abschn. 4.5.1) mit dem Ziel gleiche Verlustleistung in der Schraubenverbindung und dem angeschlossenen Leiter zu erzeugen → $k_{u0} = 1$

Der Widerstand des Bezugsleiters R_{BL} wird aus dem mittleren Widerstand der Anschlusslasche des Kabelschuhs aus Aluminium und der Sammelschiene aus Kupfer abgeschätzt.

$$R_{BL} = \frac{1}{2} \cdot \left(\frac{1}{k_{CU}} \cdot \frac{l_V}{A_{Schiene}} + \frac{1}{k_{Al}} \cdot \frac{l_V}{A_{Lasche\,KB}} \right)$$

$$R_{BL} = \frac{1}{2} \cdot \left(\frac{1}{58\frac{MS}{m}} \cdot \frac{0{,}045\text{m}}{500\text{mm}^2} + \frac{1}{36\frac{MS}{m}} \cdot \frac{0{,}045\text{m}}{450\text{mm}^2} \right) = 2{,}16\,\mu\Omega$$

$$k_{U0} = \frac{R_{V0}}{R_{BL}} = 1 \rightarrow R_{V0} = 1 \cdot 2{,}16\,\mu\Omega = 2{,}16\,\mu\Omega \qquad \text{(Gl. 6.5)}$$

$$R_M = k_{uI}\left(A_B\right) \cdot R_{BL} = 0{,}73 \cdot 2{,}16\,\mu\Omega = 1{,}58\,\mu\Omega \qquad \text{(Gl. 6.6)}$$

$$R_{K0} = R_{V0} - R_M = 2{,}16 - 1{,}58\,\mu\Omega = 0{,}58\,\mu\Omega \qquad \text{(Gl. 6.7)}$$

$$A_{Ers} = \frac{\pi}{4}\left(20{,}6\text{mm}^2 - 13\text{mm}^2\right) + \frac{\pi}{8} 20{,}6\text{mm} \cdot 25\text{mm}\left[\left(\sqrt[3]{\frac{25\text{mm} \cdot 20{,}6\text{mm}}{\left(25\text{mm} + 20{,}6\text{mm}\right)^2}} + 1\right)^2 - 1\right] \qquad \text{(Gl. 6.8)}$$

$$A_{Ers} = 536\ \text{mm}^2$$

Parameter für Sn-Cu: $k_V = 0{,}4 \cdot 10^{-5}$, $m_V = 0{,}59$ (Tab. 4.11)

$$F_{\mathrm{K0}}(\mathrm{N})=\left(\frac{k_{\mathrm{V}}}{R_{\mathrm{K0}}(\Omega)}\right)^{1/m_{\mathrm{V}}}\cdot A_{\mathrm{ers}}\left(\mathrm{mm}^2\right)=\left(\frac{0{,}4\cdot 10^{-5}}{0{,}58\cdot 10^{-6}\,\Omega}\right)^{1/0{,}59}\cdot 536\,\mathrm{mm}^2=14144\,\mathrm{N} \qquad \text{(s. Gl. 6.9)}$$

- Erforderliche Kontakt-/Klemmkraft $F_{\mathrm{K0}} \approx 14{,}1$ kN (Elektrische Auslegung nach Abb. 6.6)
- Vorspannkraft $F_{\mathrm{V}} = 27{,}8$ kN, Anziehdrehmoment $M_{\mathrm{a}} = 55$ Nm nach VDI 2230 für eine statische Betriebskraft von $F_{\mathrm{B\ max}} = 2$ kN und einzuhaltende Klemmkraft von $F_{\mathrm{K}} = 14{,}1$ kN (Belastungsart statisch, Montage mit Drehmomentschlüssel, M12 Sechskant-Schaftschraube der Festigkeitsklasse 8.8, Gesamtreibwert $\mu = 0{,}12$, mechanische Auslegung nach Abb. 6.5)

Resultierende Bohrlochgröße A_{B} aus der Berechnung für die mechanische Auslegung: 13 mm (Toleranz fein)

6.7.1.4 Dauerbetrieb

Der geforderte Dauerstrom beträgt 500 A. Das VPE isolierte Aluminium-Kabel selbst ist mit dem Leiterquerschnitt von 240 mm² bei Legung als Einzelleiter in Luft gemäß [18] (in [18] Tab. 13-45) für Strome bis 600 A geeignet. Daher ist der geforderte Belastungsstrom unkritisch.

Die Grenztemperatur des Kabels ist auf 90 °C begrenzt. Die Grenztemperatur des Kabelschuhs sowie der Cu-ETP Stromschiene sind höher. Damit liegt für die Auslegung des Dauerbetriebs der Fall „gleiche Temperatur" vor (Abschn. 6.4.1 und 6.4.2). Dieser Fall ist durch die Gestaltung gemäß $k_{\mathrm{u0}} = 1$ bereits erfüllt.

6.7.1.5 Kurzzeitbelastung

Haupt-Verbindung: Stromschiene-Kabelschuh

Bei der Kurzzeitstrombelastung wird der Spannungsfall über dem Kontakt bei der maximalen Amplitude in der ersten Periode und am Ende des Kurzzeitstroms betrachtet, um die maximale Übertemperatur im Kontakt nach Gl. (4.55) abzuschätzen. Ziel ist es dabei, den kritischsten Fall zu betrachten. Der Spannungsfall über dem Kontakt zwischen Kabelschuh und Stromschiene im Moment des Kurzeitstromeintritts für den Scheitelwert des Stroms von $i_{\mathrm{p}} = 25$ kA beträgt unter der vereinfachten Annahme, dass die Anfangstemperatur der Leiter von 20 °C beträgt:

$$u_{\mathrm{K}} = R_{\mathrm{K0}} \cdot i_{\mathrm{p}} = 0{,}58\ \mu\Omega \cdot 25\ \mathrm{kA} = 14{,}5\ \mathrm{mV}$$

Dieser Spannungsfall führt zu einer Übertemperatur im Kontakt von ca. 4 K (Gl. 4.55) im Vergleich zu den angeschlossenen Leitern. Aufgrund der geringen Differenz der Temperatur im Kontakt und den angeschlossenen Leitern wird auf eine exakte Berechnung der Übertemperatur nach Gl. (4.57) verzichtet.

Der thermische wirksame Kurzzeitstrom von $I_{\mathrm{k}} = 12{,}5$ kA für $t_{\mathrm{k}} = 3$ s führt in der unbeeinflussten Cu-ETP-Stromschiene zu einer Erwärmung um ca. 13 K und im unbeeinflussten Al99,5-Kabel zu einer Erwärmung von ca. 144 K (Gl. 7.2) bei einer vereinfacht angenommen Anfangstemperatur beider Leiter von 90 °C (maximal zulässige Dauertemperatur des Kabel). Die Temperatur an der Verbindung wird als mittlere Temperatur der Stromschiene und des Kabels angenommen. Damit ergibt sich ein Spannungsfall über dem Kontakt am Ende der Kurzzeitstrombelastung unter Brücksichtigung des Temperaturbeiwertes nach (Gl. 4.56) von:

$$u_{\mathrm{K}} = R_{\mathrm{K0}} \cdot (\vartheta) \cdot \sqrt{2} \cdot I_{\mathrm{K}}$$

$$u_{\mathrm{K}} = 0{,}58\ \mu\Omega \cdot \left(1 + 0{,}0039 \cdot \left(\left(\frac{234°\mathrm{C} + 103°\mathrm{C}}{2}\right) - 20°\mathrm{C}\right)\right) \cdot \sqrt{2} \cdot 12{,}5\,\mathrm{kA} = 16{,}2\,\mathrm{mV}$$

Es wird deutlich, dass der maximale Spannungsfall von 16,2 mV über dem Kontakt am Ende des Kurzzeitstroms erreicht wird. Bei diesem Spannungsfall ist die maximale Übertemperatur im Kontakt ca. 3 K (Gl. 4.55). Für beide Fälle kann angenommen werden, dass die maximale Temperatur im Kontakt annähernd der mittleren Leitertemperatur entspricht. Da das Kabel bei einen maximalen Betriebsstrom von 500 A die 90 °C nicht erreicht und die Kurzzeitstrom-Entfestigungstemperatur für die Leiterwerkstoffe Kupfer und Aluminium nicht überschritten wird (Tab. 3.4), ist diese Belastung für Schraubenverbindung als unkritisch zu betrachten.

Hilfs-Verbindung: Kabelschuh-Kabel

Die Verbindung ist für Kabel aus Aluminium oder Aluminiumlegierung mit einem Querschnitt von 240 mm² ausgelegt und kurzschlussfest (Klasse A). Weitere Daten sind aus der Prüfung nach Standard nicht bekannt. Der sicher zu führende Kurzschlussstrom ist abhängig von der Kurzschlussdauer und wird gesucht. Die Pressverbindung für Leiter von Nieder- bzw. Mittelspannungskabeln gilt bei bestandener Kurzschlussprüfung als kurzschlussfest. Nach der Normenreihe DIN EN IEC 61238-1-1:2020 ist die Verbindung mit Kurzschlussströmen, die zu einer Temperatur von (250 … 270) °C am Referenzleiter führt, zu prüfen. Die maximal zulässige Prüfdauer beträgt 1,5 s. Da nach den Erläuterungen in Abschn. 6.5.3 eine lange Prüfdauer einer „weichen" Prüfung entspricht, wird von diesem Wert ausgegangen. Es ist nach Gl. (7.2) ein Strom von mindestens $I_{\mathrm{K\,r}} = 23$ kA bei einer Kurzschlussdauer von $t_{\mathrm{K\,r}} = 1{,}5$ s notwendig, um den Leiter von 25 °C auf 250 °C zu erwärmen. Der Stoßfaktor κ bei der Prüfung ist nicht bekannt. Minimal muss von $\kappa = 1$ ausgegangen werden. Der geprüfte Stoßstrom beträgt daher mindestens:

$$i_{\mathrm{p\,r}} = \sqrt{2} \cdot \kappa \cdot I_{\mathrm{K\,r}} = \sqrt{2} \cdot \kappa \cdot 23\mathrm{kA} = 32{,}5\ \mathrm{kA}$$

Die Pressverbindung kann sicher einen Kurzschlussstrom von $I_{\mathrm{K\,r}} = 23$ kA bei einer Kurzschlussdauer von $t_{\mathrm{K\,r}} = 1{,}5$ s führen. Der Stoßstrom darf maximal 32,5 kA betragen. Damit ist die Anforderung von $i_{\mathrm{p}} = 25$ kA in der Anwendung erfüllt.

Da der Exponent x des $I^x t$-Kriteriums nicht bekannt ist, gilt für kurze Stromflussdauern der gleiche Effektiv- und Stoßstromwert (Tab. 6.5). Bei längeren Stromflussdauern kann mit x = 2 gerechnet werden. Damit verringert sich I_K entsprechend bei einer Kurzschlussdauer von t_K = 3 s auf

$$I_{K\,r}\left(t_K = 3\ \text{s}\right) = 23\ \text{kA}\sqrt{\frac{1{,}5\ \text{s}}{3\ \text{s}}} = 16{,}3\ \text{kA}.$$

Dieser Strom ist höher als der in der Anwendung geforderte Kurzschlussstrom von I_k = 12,5 kA für eine Dauer von t_k = 3 s. Damit sind durch die Prüfung nach Norm alle Anforderungen in der praktischen Anwendung erfüllt.

6.7.1.6 Vorbehandlung und Montage

Erstellen einer Verfahrensanweisung zur Vorbehandlung der Kontaktflächen aus Aluminium und Kupfer auf den Kontaktpartnern und dem Kontaktelement (Abschn. 6.6.1). Es sollten die folgenden Punkte enthalten sein

- Vorbehandeln:
  - Stromschiene aus Kupfer: Entfetten mit Ethanol, Mikrostrukturieren der Kontaktfläche mit einem Schleifvlies oder einer Drahtbürste
  - verzinnten Aluminiumkabelschuh Entfetten mit Ethanol
- Anziehdrehmoment: 70 Nm mit kalibrierten Drehmomentschlüssel

6.7.2 Verbindung 2: Zwei identische Freileitungsseile

Ein Hochtemperatur-Freileitungsseil ACSS/TW-265/43 mit dem Durchmesser 20,9 mm besteht aus weichgeglühten, trapezförmigen Aluminiumdrähten mit einer Gesamtquerschnittsfläche von A = 265 mm^2 und einem hochfesten Stahlkern mit einem Querschnitt von A_K = 43 mm^2. Da das Freileitungsseil nicht in unbegrenzter Länge gefertigt werden kann, muss es im Spannfeld mit einem Freileitungsseil gleichen Typs zugfest und in Stromschlaufen ebenfalls nicht-zugfest verbunden werden. Das Leiterseil hat einen Bemessungsstrom von 1140 A bei einer zulässigen Bemessungstemperatur von 200 °C sowie einen längenbezogenen Widerstand von 103,5 μΩ/m. Das Leiterseil soll im 420-kV-Hochspannungsnetz als Dreierbündel eingesetzt werden, wobei der maximale Dauerstrom eines Stromkreises 3150 A beträgt. Bei gleichverteiltem Betriebsstrom im Dreierbündel hat die thermische Dimensionierung eine höchste Betriebstemperatur von 167 °C ergeben. Im Falle eines Kurzschlusses kann ein Kurzzeitstrom von 50 kA für 1 s auftreten mit einem Stoßkurzschlussstrom von 125 kA.

6.7.2.1 Verbindungsart

Das Verfahren nach Abb. 6.2 wird angewandt:

- Montage **mit Werkzeug** auf der Baustelle ist akzeptabel

- **Keine Relativbewegung** der zwei Seile in der Verbindung im Betrieb
- Die Verbindung soll **dauerhaft** sein, d. h. es ist nicht notwendig sie im Fall einer Wartung oder Revision zerstörungsfrei zu öffnen.
- Die Montage soll **vor Ort** erfolgen

In dem Fall sind Schrauben- und Pressverbindungen für die stromführende Verbindung zulässig. Da eine große Anzahl solcher Verbindungen installiert werden soll, die Werkzeuge etabliert sind sowie zusätzliche mechanische Anforderungen bestehen, entscheiden wir uns für die kostengünstigere **Pressverbindung**. Nach Abb. 6.3 ist für die stromführende Verbindung zweier mehrdrähtiger Leiter mit der Pressverbindung keine weitere Hilfs-Verbindung notwendig (Abb. 6.21).

6.7.2.2 Werkstoffe

Für stromführende Sechskant-Pressverbindung mit Hochtemperatur-Freileitungsseilen eignen sich reine oder legierte Aluminiumwerkstoffe (Tab. 5.14). Bei der Auswahl des Werkstoffs für die Armatur der stromführenden Verbindung mit einem Hochtemperatur-Freileitungsseil, die durch das Sechskantpressen gefügt werden soll, ist zunächst der Aluminiumwerkstoff des Leiterseils zu berücksichtigen. Im gewählten Beispiel wird für die Drähte der Außenlagen reines, weiches Aluminium eingesetzt. Aufgrund der hohen Temperaturbeständigkeit des Stahlwerkstoffs für den Kern sind Betriebstemperaturen bis 200 °C für das ACSS-Leiterseil zugelassen. Für konventionelle Freileitungsseile mit Drähten aus technisch reinem weichen Aluminium (Al99,5) kann für die Armatur z. B. eine Aluminiumlegierung mit mittlerer mechanischer Festigkeit verwendet werden. Zum Verbinden von HTLS-Leiterseilen mit Drähten aus weichem Aluminium sind Aluminiumwerkstoffe der Armatur mit höherer mechanischer Festigkeit erforderlich, um bereits beim Fügen hohe Kräfte auf den Leiter aufzubringen und so ein gutes Kontaktverhalten zu erzielen. Durch die unterschiedlichen mechanischen Festigkeiten von Leiter und Armatur kann beim Fügen gezielt eine hohe Presskraft in den Leiter eingebracht und die bleibende Kontaktkraft, die sich durch das elastische Rückfedern des Leiters einstellt, optimiert werden. Aus diesem Grund kommen für das hier betrachtetet Beispiel mit Freileitugsseilen aus weichgeglühten Aluminiumdrähten für die Presshülse die zwei Aluminiumwerkstoffe EN AW-6061 und EN AW-6082 in Frage. Bei der Dimensionierung der Armaturen sind die Grenztemperatur der Werkstoffe von bis zu 150 °C für Pressverbindungen zu beachten [24]. Für den Werkstoff der Armatur ist sicherzustellen, dass der erforderliche Umformgrad $\varphi_u \approx 0{,}2 \ldots 0{,}3$ erreicht werden kann, ohne dass der Werkstoff lokal versagt (z. B. Rissbildung). Der Einsatz der Armaturen unter Freiluftbedingungen erfordert außerdem, dass der Werkstoff der Armatur eine hohe Korrosionsbeständigkeit hat. Das ist bei beiden Aluminiumwerkstoffen ge-

Abb. 6.21 Beispiel-Verbindung 2: Stromführende Pressverbindungen mit zwei identischen Freileitungsseile realisiert mit einem Pressverbinder

geben. Zum Zweck des Korrosionsschutzes sollte ein geeignetes temperaturbeständiges Kontaktfett in der Pressverbindung eingesetzt werden.

6.7.2.3 Gestaltung

Es soll eine optimierte stromführende Sechskant-Pressverbindung mit dem Presseinsatz der Kennzahl 34 gemäß der DIN 48083-4:1985 ausgelegt werden. Dabei werden die zwei Aluminiumwerkstoffe EN AW-6061 und EN AW-6082 für die Presshülse betrachtet. Die Freiheitsgerade der Gestaltung sind der Innen- und der Außendurchmesser der Presshülsen. Als Hilfsgrößen werden der Kompressionsfaktor K_F und der Passungsfaktor p betrachtet.

Die Kontaktkraft beim Fügen der Verbindungen sowie die bleibende Kontaktkraft kann nur mit FEM-Berechnungen bestimmt werden. Abhängig von den Abmessungen der Presshülsen wurde das optimale Kontaktverhalten experimentell ermittelt (Abb. 6.22) [24]. Es zeigt sich, dass die optimierte Pressverbindung einen Kompressionsfaktor größer als 1,1 und einen Passungsfaktor von größer 0,9 haben sollte. Sechskant-Pressverbindungen mit dem Werkstoff EN AW-6061 haben bei gleicher Konstruktion das etwas bessere Kontaktverhalten als die mit Presshülsen aus EN AW-6082. Bei gleicher Konstruktion der Verbindung ist der Krafteintrag in den Leiter beim Pressen von Verbindungen mit Presshülsen aus EN AW-6061 höher [24]. Damit ist dieser Werkstoff zu bevorzugen. Zunächst wird die reziproke elektrische Ortskonstante α_{el} mit dem spezifischen Materialwiderstand der Presshülse von 66,3 µΩ/m und einem höchsten spezifischen Querwiderstand von 0,2 µΩm (Ergebnissen der Vorversuche zum Kontaktverhalten (Abb. 6.22)) mit Gl. (4.33) berechnet:

$$\alpha_{el} = \sqrt{\frac{103{,}5\ \mu\Omega/\mathrm{m} + 66{,}3\ \mu\Omega/\mathrm{m}}{0{,}2\ \mu\Omega m}} = 29{,}14\frac{1}{\mathrm{m}}$$

Die Länge der Pressverbindung kann dann mit Gl. (4.49) bestimmt werden.

$$l_V > 4/(29{,}14/\mathrm{m})$$
$$l_V > 13{,}7\ \mathrm{cm}$$

Wird ein typischerweise 4 cm breiter Presseinsatz der Kennzahl 34 verwenden, sind mindestens vier Pressstellen erforderlich. Der im Beispiel auszulegende Pressverbinder besteht aus zwei Pressverbindungen zu den zwei Leiterseilen mit einer Verbindungslänge von jeweils l_V = 16 cm (Abb. 6.23).

Mit Gl. (4.32) ergibt sich für jede der beiden Pressverbindungen ein Verbindungswiderstand R_{V0} von

$$R_{V0} = \frac{103{,}5\ \mu\Omega/\mathrm{m}}{103{,}5\ \mu\Omega/\mathrm{m} + 66{,}3\ \mu\Omega/\mathrm{m}}$$
$$\left[66{,}3\ \mu\Omega/\mathrm{m}\,0{,}16\mathrm{m} + \frac{(103{,}5\ \mu\Omega/\mathrm{m} - 66{,}3\ \mu\Omega/\mathrm{m})}{29{,}14\ /\ \mathrm{m}}\tanh\left(\frac{29{,}14/\mathrm{m}\ 0{,}16\mathrm{m}}{2}\right)\right] +$$
$$\frac{103{,}5\ \mu\Omega/\mathrm{m}\ +\ 66{,}3\ \mu\Omega/\mathrm{m}\ \cosh(29{,}14/\mathrm{m}\ 0{,}16\ \mathrm{m})}{29{,}14\ /\ \mathrm{m}\ \sinh(29{,}14/\mathrm{m}\ 0{,}16\ \mathrm{m})} = 9{,}57\ \mu\Omega$$

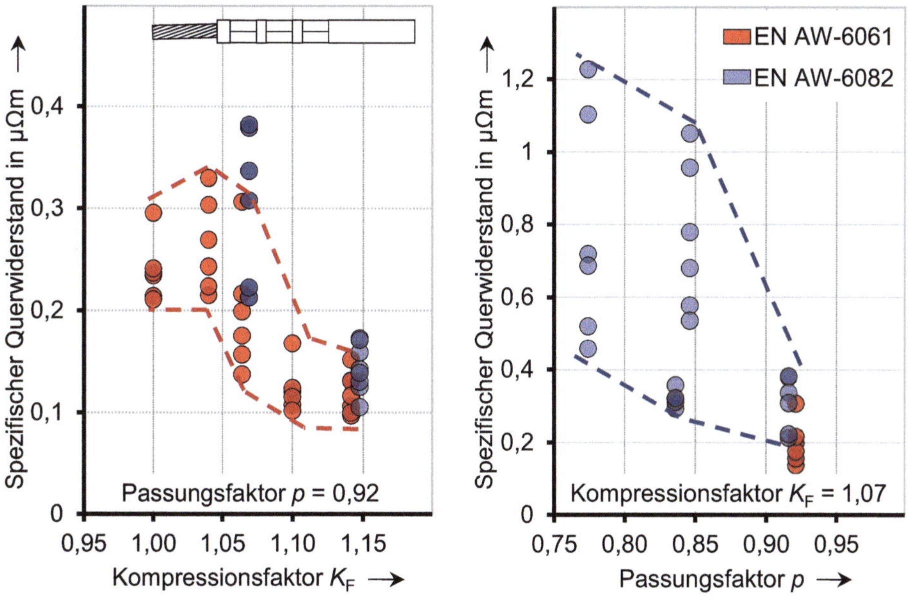

Abb. 6.22 Spezifischer Querwiderstand abhängig von Kompressions- und Passungsfaktor von Sechskant-Pressverbindungen mit dem ACSS/TW-265/43-Leiterseil

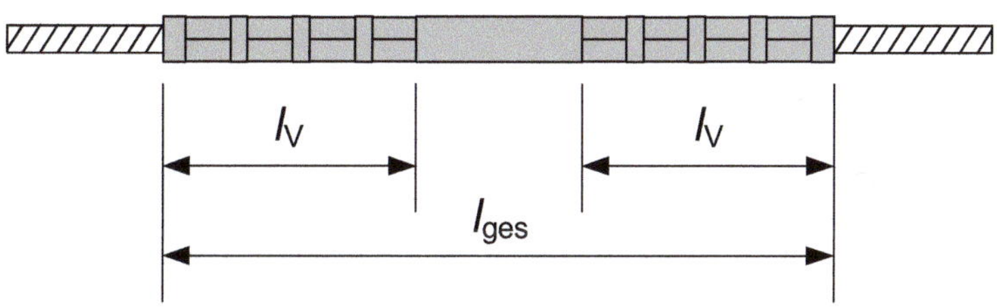

Abb. 6.23 Beispiel-Verbindung 2: Abmessungen des Pressverbinders

Der Anteil des Kontaktwiderstands am Verbindungswiderstand wurde über den Ansatz nach Gl. (4.37) mit R_{K0} = 1,68 µΩ berechnet.

Da üblicherweise ein weiteres Fügeelement zum zugfesten Verbinden der Kerne der Freileitungsseile verwendet wird, um die mechanische Funktion der Pressverbindung sicherzustellen, ist konstruktiv ein bestimmter Abstand zwischen den beiden äußeren Pressverbindungen erforderlich. Im Beispiel wird dieser mit 18 cm gewählt, sodass sich eine Gesamtlänge des Verbinders von l_{ges} = 50 cm ergibt.

6.7.2.4 Dauerbetrieb

Da die Armatur das Freileitungsseil mit definierter Bemessungstemperatur verbindet, ist die Verbindungstemperatur ein Ergebnis der Temperatur des unbeeinflussten Leiterseils und des thermischen Designs der Armatur. Die Grenztemperatur für die Aluminiumwerkstoffe EN AW-6061 und EN AW-6082 für Pressverbindungen mit

Hochtemperatur-Leiterseilen wurde in [24] mit 150 °C ermittelt. Diese muss bei der thermischen Dimensionierung der Armatur berücksichtigt werden. Im Beispiel ist die höchste Betriebstemperatur des unbeeinflussten Leiterseils 167 °C. Für den 50 cm langen Verbinder hat eine Berechnung mit dem Wärmenetz eine höchste Betriebstemperatur der Verbindung von 115 °C bei maximaler Temperatur des Freileitungseils ergeben. Damit wird die zulässige Grenztemperatur des Werkstoffs für die Presshülse sicher eingehalten.

Beim Überschreiten der Grenztemperatur ist die wärmeabgebende Oberfläche zu vergrößern, um ggf. die Grenztemperatur einzuhalten. Eine Rückwirkung auf die vorherigen Betrachtungen zur Gestaltung ist dabei zu beachten. Kann die Grenztemperatur dennoch nicht eingehalten werden, sollte ein anderer Werkstoff mit höherer zulässiger Grenztemperatur gewählt werden.

6.7.2.5 Kurzzeitbelastung

Die Belastbarkeit der Armaturen mit einem Kurzzeitstrom ist gemäß IEC 61284:1997 nur für nicht-zugfeste Armaturen von konventionellen Freileitungsseilen zu prüfen. Bisher definiert diese Norm keine Prüfanforderungen für die stromführenden Armaturen von HTLS-Freileitungsseilen. Anwendungsbezogen können dennoch Prüfkriterien ermittelt werden, indem die höchste berechnete Temperatur des HTLS-Freileitungsseils im Kurzschlussfall zugrunde gelegt wird. Die folgende Abschätzung soll zeigen, dass es notwendig ist eine Prüfung mit einem Kurzzeitstrom durchzuführen.

Der Dauerkurzschlussstrom der betrachteten Freileitung beträgt 50 kA und der maximale Stoßkurzschlussstrom 125 kA. Es wird zunächt der Dauerkurzschlussstrom betrachtet. Bei gleichverteiltem Strom im Dreierbündel ergibt sich eine Belastung von 16,67 kA je Freileitungsseil. Die Temperatur des Freileitungsseils nach einer Sekunde der Kurzzeitstrombelastung bei einer Anfangstemperatur von 25 °C beträgt nach Gl. (7.2):

$$\vartheta_{\mathrm{K\,L}} = \frac{1+0{,}004/\mathrm{K}\left(25\ ^\circ\mathrm{C}-20\ ^\circ\mathrm{C}\right)}{0{,}004/\mathrm{K}}\left(e^{\frac{1{,}01\ (16667\ \mathrm{A})^2\ 0{,}004/\mathrm{K}\ 1\ s}{36\ \mathrm{MS/m}\ 910\ \mathrm{J/(kg\ K)}2700\ \mathrm{kg/m^3}\ \left(0{,}000265\mathrm{m}^2\right)^2}}-1\right)+25\ ^\circ\mathrm{C} = 75{,}3\ ^\circ\mathrm{C}$$

Die Temperatur der Pressverbindung wird vereinfachend nach der Kurzzeitstrombelastung gleich der des Freileitungsseils angenommen. Die Kontaktspannung bei dieser Belastung je Leiter beträgt dann:

$$u_\mathrm{K} = R_{\mathrm{K}0}(\vartheta)\cdot\sqrt{2}\cdot I_\mathrm{K}$$

$$u_\mathrm{K} = 1{,}68\ \mu\Omega\cdot\left[1+0{,}004\cdot\left(75{,}3\ ^\circ\mathrm{C}-20\ ^\circ\mathrm{C}\right)\right]\cdot\sqrt{2}\cdot 16{,}67\mathrm{kA} = 48{,}4\mathrm{mV}$$

sodass bei vereinfacht angenommener symmetrischer Erwärmung der Kontaktpartner eine um ca. 36 K höhere Temperatur im Kontakt zu erwarten ist (Gl. 4.55):

$$\vartheta_K = \sqrt{\frac{(0{,}0484\text{V})^2}{4\cdot 2{,}2\cdot 10^{-8}\text{V}^2/\text{K}^2} + (75{,}3\ °\text{C} + 273\ \text{K})^2} - 273\ \text{K} = 111{,}6\ °\text{C}$$

Die resultierende Kontakttemperatur ist unkritisch, da sie geringer ist als die Temperatur im Dauerbetrieb.

Wird von der höchsten Betriebstemperatur des Freileitungsseils von 167 °C vor dem Kurzsschluss ausgegangen, ergibt sich nach dem Kurzzschluss eine maximale Temperatur am Freileitungssseil von:

$$\vartheta_K = \frac{1+0{,}004/\text{K}(167\ °\text{C} - 20\ °\text{C})}{0{,}004/\text{K}}\left(e^{\frac{1{,}01\ (16667\ \text{A})^2\ 0{,}004/\text{K}\ 1\ s}{36\ \text{MS/m}\ 910\ \text{J/(kg K)}2700\ \text{kg/m}^3\ (0{,}000265\text{m}^2)^2}} - 1\right)$$

$$+167\ °\text{C} = 245{,}6\ °\text{C}$$

Zum Zeitpunkt des Kurzschlusseintritts beträgt die Kontaktspannung durch die Wirkung des Stoßstroms je Leiter

$$u_K = R_{K0}(\vartheta)\cdot i_p$$
$$u_K = 1{,}68\ \mu\Omega\cdot[1+0{,}004\cdot(167\ °\text{C} - 20\ °\text{C})]\cdot 41{,}67\text{kA} = 111{,}2\text{mV}$$

Es ergibt sich damit vereinfacht bei Vernächlässigen der Widerstandserhöhung durch die innere Erwärmung im Kontakt (Gl. 4.54) eine eine um ca. 138 K höhere Kontakttemperatur von

$$\vartheta_K = \sqrt{\frac{(0{,}1112\text{V})^2}{4\cdot 2{,}2\cdot 10^{-8}\text{V}^2/\text{K}^2} + (167\ °\text{C} + 273\ \text{K})^2} - 273\ \text{K} = 305\ °\text{C}.$$

Kurz vor Ende des Dauerkurzschlussstroms wird eine Kontaktspannung von

$$u_K = R_{K0}(\vartheta)\cdot\sqrt{2}\cdot I_K$$
$$u_K = 1{,}68\ \mu\Omega\cdot[1+0{,}004\cdot(245{,}6\ °\text{C} - 20\ °\text{C})]\cdot\sqrt{2}\cdot 16{,}67\text{kA} = 75{,}3\text{mV}$$

erreicht. Eine vergleichbare Kontakttemperatur ergibt sich damit vereinfacht bei Vernächlässigen der Widerstandserhöhung durch die innere Erwärmung im Kontakt (Gl. 4.54) von

$$\vartheta_K = \sqrt{\frac{(0{,}0753\text{V})^2}{4\cdot 2{,}2\cdot 10^{-8}\text{V}^2/\text{K}^2} + (245{,}6\ °\text{C} + 273\ \text{K})^2} - 273\ \text{K} = 304{,}4\ °\text{C}.$$

Da die thermische Belastung der Pressverbindung und der Kontakte im Kurzschlussfall höher als im Dauerbetrieb ist, empfiehlt es sich, dass Verhalten der Pressverbindung bei Belastung mit einem Kurzzeitstrom nachzuweisen. Prüfkriterien können sinnvoll anhand der höchsten Temperatur im Kurzschlussfall von 245,6 °C orientiert werden, indem der Prüfstrom I_K entsprechend für eine Dauer von 1 s wie folgt eingestellt wird:

$$I_K = \sqrt{\frac{36\ \mathrm{MS/m}\ 910\ \mathrm{J/(kg\ K)}2700\ \mathrm{kg/m^3}\ \left(0{,}000265\mathrm{m^2}\right)^2}{1{,}01\ \ 0{,}004/\mathrm{K}\ 1{,}0\ \mathrm{s}} \ln\frac{1+0{,}004/\mathrm{K}\ \left(245{,}6\ ^\circ\mathrm{C}-20\ ^\circ\mathrm{C}\right)}{1+0{,}004/\mathrm{K}\ \left(30\ ^\circ\mathrm{C}-20\ ^\circ\mathrm{C}\right)}}$$

$$I_K = 30471\ \mathrm{A}$$

Die Prüfung der stromführenden Armaturen muss demnach mit $I_k = 30{,}5$ kA für $t_k = 1$ s erfolgen. Damit wird auch der vorgegebene Stoßkurzschlusstrom von 41,7 kA überschritten ($i_p \geq 43{,}1$ kA) und eine seperate Stoßkurzschlusstromprüfung ist nicht notwendig. Um eine übermäßige mechanische Beanspruchung bei der Kurzzeitstromprüfung durch einen zu hohen Stromspitzenwert zu vermeiden, sollte bei der Prüfung mit $I_k = 30{,}5$ kA ein möglichst symmetrischer Strom ($\varkappa = 1$) verwendet werden. Weitere Randbedingungen der Prüfung sowie die Grundlagen zum Bewerten der Ergebnisse können nach IEC 61284:1997 erfolgen.

6.7.2.6 Vorbehandlung und Montage

Vor der Montage sind insbesondere auf der Außenlage der Leiterseile aus Aluminium Fremdschichten zu entfernen. Dazu sind diese mit einer Drahtbürste abrasiv vorzubehandeln, um vor allem die Oxidschicht auf dem Aluminium aufzubrechen. Zusätzlich empfiehlt es sich auch die weichen Aluminiumdrähte der Innenlagen vorzubehandeln. Dazu sind diese frei zu legen, ebenfalls mit einer Drahtbürste abrasiv die Oxidschichten aufzubrechen und anschließend die Einzeldrähte der Leiter wieder zu kompaktieren. Die sich schnell bildenden dünnen Oxidschichten können durch die elastoplastische Verformung beim Pressen aufgebrochen werden (s. Abschn. 6.3.2). Ein zusätzliches Reinigen der Presshülse ist in der Regel nicht möglich, da diese bereits für den Korrosionsschutz fettgefüllt ist. Beim Pressen ist insbesondere darauf zu achten, dass die Presseinsätze stets vollständig schließen. Wird dies nicht erreicht, werden Presshülse und Leiterseil nur unvollständig verformt und geringere Press- und Kontaktkräfte sowie kleinere Kontaktflächen erzeugt. Die Reibung kann zwischen dem Presseinsatz und der -hülse z. B. durch Benetzen mit einer zähen Flüssigkeit verringert werden. Damit verringert sich auch die erforderlich Presskraft und ein Schließen der Presseinsätze wird erleichtert.

6.7.3 Verbindung 3: bewegliches Kontaktstück zu Trägerelement in einem Hochspannungs-Schaltgerät

Ein Hochspannungs-Schaltgerät (Leistungsschalter) besitzt ein bewegliches Kontaktstück, das im Wesentlichen die Form eines zylindrischen Leiterrohrs mit Außendurchmesser 50 mm hat. Am Ende des beweglichen Kontaktstücks sind das Abbrand- sowie das Nennstromkontaktsystem integriert, die durch die Bewegung den eigentlichen Schaltvorgang technisch realisieren. Abbrand- und Nennstromkontaktsystem werden in diesem Beispiel nicht betrachtet. Im Beispiel soll der der zylinderförmige Körper (Außendurchmesser 50 mm) des beweglichen Kontaktstücks mit dem stationären Trägerelement, das Teil der Hautstrombahn ist, verbunden werden. Das Trägerelement ist ebenfalls zylinderförmig mit einem Innendurchmesser 55 mm. Des Weiteren sind folgende Anforderungen bekannt:

- Führen des Nenn- und des Kurzschlussstroms (Annahme: $I_n = 2000$ A und $I_K = 50$ kA für 1 s sowie Stoßstrom $i_p = 125$ kA)
- Reibweg beim Bewegen des Kontaktstücks je 100 mm
- Lebensdauer: 2000 Zyklen,
- Geringes bewegliches Gewicht (Antriebsleistung)
- Umgebungsmedium: Montage in normaler Luft, Betrieb in Isoliergas Sulfurhexafluorid SF_6

6.7.3.1 Verbindungsart

Zur Auswahl der Verbindungsart wird erneut das Verfahren nach Abb. 6.2 angewandt:

- Montage **mit Werkzeug** im Produktionsprozess des Schalters
- Im Betrieb tritt Relativbewegung der Kontaktpartner auf (Schalter)
- Ein vollständiges Trennen der Kontaktpartner tritt nicht auf (Abbrandkontaktsystem sowie das Nennstromkontaktsystem sind separat ausgeführt)
  → **Gleitverbindung**

Nach Abb. 6.3 ist für die Verbindung zweier massiver Leiter mit einer Steckverbindung keine Hilfsverbindung notwendig.

6.7.3.2 Werkstoffe

Um einen hohen Dauerstrom führen zu können, sind prinzipiell Aluminium- und Kupferwerkstoffe als Grundmaterial möglich. Aus Gründen der Wirtschaftlichkeit und um eine geringe Masse des beweglichen Kontaktes bei gleichzeitiger ausreichender Warmfestigkeit bis zu einer Temperatur von 115 °C zu ermöglichen, ist eine Aluminiumlegierung von Vorteil (Abschn. 3.1), wir wählen im Beispiel AlMgSi1. Um den Kontakt zwischen Stecker und Buchse herzustellen, wird ein Kontaktelement benötigt. Dieses ist, um Oxidation zu vermeiden, galvanisch silberbeschichtet. Für das Sicherstellen eines langzeitstabilen Kontaktes müssen daher auch Stecker und Buchse silberbeschichtet werden (Abschn. 3.2 und 5.2). Wenn die Verbindung in einer sauerstoffhaltigen Umgebung eingesetzt wird, muss, muss eine Diffusionsbarriere zwischen Silber und dem Aluminium-Grundwerkstoff aufgebracht werden, um die Diffusion von Sauerstoff durch die Beschichtung zum Aluminium zu verhindern (Abschn. 5.1.2). Typisch sind dafür (2...4) µm Nickel oder Kupfer, das galvanisch aufgebracht wird. Diese Zwischenschicht wird bei der galvanischen Silberbeschichtung von Aluminium meist ohnehin eingesetzt, um die Haftung zu verbessern.

Die Dicke der Silber-Deckschicht kann anhand des Reibweges definiert werden (Abschn. 5.1.4). Folgende Randbedingungen werden angenommen:

- Kontaktkraft je Kontaktpunkt des Kontaktelementes: 5 N
- Temperatur des Schalters beim Steckvorgang: 55 °C
- Kontakthärte: 300 N/mm^2 (weiches Silber)
- Punktkontakt mit Kontaktradius 3 mm
- spezifischer Reibverschleißkoeffizient ungeschmiert $1{,}5 \cdot 10^{-8}$ mm^3/(N mm); geschmiert $1{,}5 \cdot 10^{-9} \ldots 6{,}3 \cdot 10^{-11}$ mm^3/(N mm)

Rechnerisch ergibt sich so für einen Reibweg von insgesamt 400 m (2000 Zyklen x 100 mm Reibweg x 2) eine Mindestschichtdicke von 55 µm für die ungeschmierte galvanische Silberbeschichtung. Derartig dicke Silberbeschichtungen sind teuer, erfordern einen langen Galvanikprozess und werden daher praktisch fast nicht eingesetzt. Der Reibverschleiß kann durch den Einsatz von Schmierfett stark reduziert werden. Bei einer geschmierten Oberfläche von Stecker und Buchse ist – je nach angenommenen Versuchsbedingungen – eine Schichtdicke von 2,9 µm (hohe Reibgeschwindigkeit) über 4,9 µm (mittlere Reibgeschwindigkeit) bis zu 17 µm (sehr langsamer Reibvorgang) notwendig. Da Leistungsschalter eine hohe Steck- und Ziehgeschwindigkeit haben, ist eine Auslegung mit mindestens 6 µm galvanischer Silberschicht und der Einsatz eines Kontaktschmierstoffes sinnvoll.

6.7.3.3 Gestaltung

Geometrie der Verbindung

Als Kontaktelement wird eine Kontaktlamelle verwendet. Die Eigenschaften des Kontaktelementes gibt der Hersteller an (Abschn. 6.7.3.2).

Zum Kontaktieren des beweglichen Kontaktstücks mit 50 mm Außendurchmesser wird für den Einbau im Trägerelement wird auf Basis der Herstellerangaben ein mittlerer Buchsendurchmesser von circa 63 mm festgelegt. Das wird realisiert, indem in das Trägerelement mit 55 mm Innendurchmesser ein 4 mm tiefer Einstich eingearbeitet wird, in den das Kontaktelement dann eingelegt wird

(Abb. 6.24). Hieraus ergibt sich bei einem Rastermaß des spezifischen Kontaktelements eine Anzahl von 39 Periodeneinheiten.

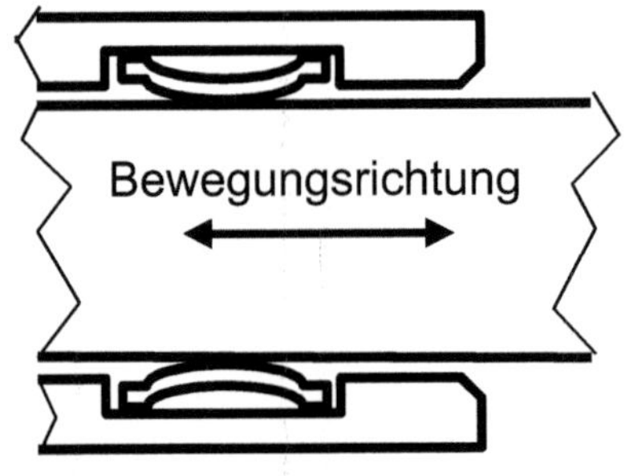

Abb. 6.24 Beispiel Verbindung 3: bewegliches Kontaktstück zu Trägerelement in einem Hochspannungs-Schaltgerät

Reibverschleiß

Nach Herstellerangaben sind mit dem Kontaktelement bis zu 10.000 Steckzyklen und ein Gleitweg von 6600 m möglich. Im vorhergehenden Auslegungsschritt Abschn. 6.7.3.2 wurde bereits berechnet, dass der maximale Gleitweg circa 400 m beträgt. Die Anzahl der geforderten Steckzyklen ist mit 2000 geringer als erreichbare Zyklenzahl. Es sind also Reserven vorhanden, die einen längeren Betrieb ohne Wartung ermöglichen.

6.7.3.4 Dauerbetrieb

Trägerelement und bewegliches Kontaktstück haben im Isoliergas SF_6 einen ausreichenden Leiterquerschnitt, um den Dauerstrom 2000 A zu tragen ohne die Grenztemperatur von 115 °C zu überschreiten, in Erwärmungsversuchen mit vergleichbaren Leiteranordnungen wurden Temperaturen von ca. 85 °C ermittelt.

Es wird nun geprüft, ob der Spannungsfall über dem Kontaktelement im Dauerbetrieb < 18 mV ist. Eine Periodeneinheit hat einen Durchgangswiderstand von 0,105 mΩ, was einen gesamten Durchgangswiderstand von 2,7 μΩ ergibt. Der Spannungsfall bei Bemessungsstrom 2000 A beträgt daher circa 5,4 mV. Das Kriterium ist damit erfüllt. Da die unbeeinflussten Leiter mit 85 °C deutlich kälter als die Grenztemperatur von 115 °C sind, kann die zusätzliche Verlustleistung durch das Kontaktsystem ohne Überschreitung der Grenztemperatur aufgenommen werden.

6.7.3.5 Kurzzeitbelastung

Anhand der Bemessungswerte einer Periodeneinheit (gültig für galvanisch versilbertes Kupfer):

- 1-s-Kurzschlussstrom 2200 A
- 3-s-Kurzschlussstrom 1700 A
- Stoß-Kurzschlussstrom 5600 A

ergibt sich für die gesamte Verbindung unter Berücksichtigung eines Derating-Faktors für Aluminium-Grundmaterial (Abschn. 4.5.3) von 0,8 und 39 Periodeneinheiten ein Bemessungs-Kurzschlussstrom von

- 1-s-Kurzschlussstrom : $I_{K\,1s} = 39 \cdot 0{,}8 \cdot 2200\,A = 68{,}6\,kA$
- 3-s-Kurzschlussstrom: $I_{K\,3s} = 39 \cdot 0{,}8 \cdot 1700\,A = 53{,}0\,kA$
- Stoß-Kurzschlussstrom $i_p = 39 \cdot 0{,}8 \cdot 5600\,A = 174{,}7\,kA$.

Die geforderte Kurzschluss-Tragfähigkeit ($I_K = 50$ kA für 1 s sowie Stoßstrom $i_p = 125$ kA) wird damit erreicht.

6.7.3.6 Vorbehandlung und Montage

Um die geforderten Steckzyklen zu erreichen, ist eine Schmierung notwendig (s. Abschn. 6.3.3). Es ist das vom Hersteller empfohlene Schmiermittel zu verwenden. Vor dem Auftragen des Schmiermittels als dünnen Film auf den Leiterrohren sind diese mit Ethanol o. ä. zu entfetten. Das Auftragen ist durch geschultes Personal durchzuführen.

Literatur

1. *Gatzsche, M.*: Elektrisch-thermisches Betriebs- und Langzeitverhalten hochstromtragfä-higer Kontaktelemente. Dissertation TU Dresden, Shaker Verlag, 2016. – ISBN 978-3-84404-894-0
2. *Israel, T.; Müller, R.; Schlegel, S.; Schmidt, H.; Ludwig, M.*: Untersuchung von Steckverbindungen bei Strombelastung im Milli- bis Mikrosekunden-Bereich. Elektrische und Optische Verbindungstechnik 2021, VDE-Verlag. 8. Symposium Connectors, Lemgo, 23.-24.3.2021.
3. *Israel, T.*: „Verhalten von Hochstrom-Steckverbindungen bei kurzer Strombelastung". Dissertation, TU Dresden, 2020. – ISBN 978-3-86780-653-4.
4. *Israel, T.;* Schlegel, S.; Großmann, S.; Kufner, T.; Freudiger, G.: Recommendations for Testing the Short Circuit Behaviour of Power Plug-In Connectors. 30th International Conference on Electrical Contacts, Rohrschach, CH, 2020.
5. *Israel, T.; Oberst, M.; Hildmann, C.;* Schlegel, S.: Selbstschmierende Beschichtungen für Hochstrom-Steckverbindungen. 26. Albert-Keil-Kontaktseminar, Karlsruhe, 30.3-1.4.2022.
6. *Oberst, M.; Israel, T.; Hildmann, C.; Schlegel, S.; Egetenmeyer, A.-K.; Kappl, H.; Willing, H.*: Elektrische und tribologische Eigenschaften von Silber-Dispersionsschichten für die Anwendung in Steckverbindungen. Elektrische und Optische Verbindungstechnik 2021, VDE-Verlag. Gehalten auf dem 8. Symposium Connectors, Lemgo, 23.-24.3.2021.
7. *Greiner, F. et al.*: Hochbeständige, physikalisch abgeschiedene Kontaktoberfläche auf Silberbasis für die Anwendung in Buchsenkontakten. Elektrische und Optische Verbindungstechnik 2021, VDE-Verlag. Gehalten auf dem 8. Symposium Connectors, Lemgo, 23.-24.3.2021.
8. *Yuan, H., Song, J.*: Fretting behavior of tin plated contacts under various lubrications. Elektrische und Optische Verbindungstechnik 2021, VDE-Verlag. Gehalten auf dem 8. Symposium Connectors, Lemgo, 23.-24.3.2021.
9. EFB-Forschungsbericht zum BMWI/IGF-Projekt 16952 BR: Elektrisches Eigenschaftsprofil umformtechnischer Fügeverbindungen. Europäische Forschungsgesellschaft für Blechverarbeitung e.V. (EFB-Nr. 389); Auflage: 1, 2014. – ISBN 978-3-86776-432-2
10. EFB-Forschungsbericht zum BMWI/IGF-Projekt 18617 BR: Optimierung umformtechnischer Fügeverfahren zur Kontaktierung elektrischer Leiter. Europäische Forschungsgesellschaft für Blechverarbeitung e.V. (EFB-Nr. 40/214); Auflage: 1, 2019. – ISBN 978-3-86776-559-6
11. *Ramonat, A.*: Untersuchungen zum elektrischen Kontakt- und Langzeitverhalten von Fügetechnologien mit zylindrischen Leitern aus Aluminium. Dissertation, TU Dresden, 2018. – ISBN: 978-3-86780-604-6
12. *Bäuml, K.*: Fügetechnologien für stromführende Verbindungen aus normal- und supralei-tenden Werkstoffen für den Einsatz bei tiefen Temperaturen. Dissertation, TU Dresden, 2021.
13. *Rühl, M.*: Prozessmodellierung von Reaktiv-Multischicht-Systemen (RMS). Dissertation, TU Dresden, 2015. – https://nbn-resolving.org/urn:nbn:de:bsz:14-qucosa-198818
14. *Reisgen, U.; Olschok, S.; Jakobs, S.; Holtum, N.*: Influence of the degree of dilution with laser beam vacuum-welded Cu-Al mixed joints on the electrical properties. Procedia CIRP, Volume 74, 2018, Pages 23-26. – ISSN 2212-8271
15. *Stritt, P.; Hagenloch, C.; Kizler, C.; et al.*: Laser spot welding of copper-aluminum joints using a pulsed dual wavelength laser at 532 and 1064 nm. Physics Procedia, Volume 56, 2014, Pages 759-767. – ISSN 1875-3892

16. Patentschrift DE 10 2013 009 234 B4 2019.10.02 – Verfahren zur Herstellung elektrisch leitender Verbindungen zwischen Fügepartnern sowie eine Verwendung eines Polymers oder Polymergemischs.
17. *Langer, M.; Jansen, I.; Beyer, E.*: Untersuchungen zum Kleben metallischer Leiter zur Übertragung elektrischer Energie am Beispiel von Lithium-Ionen-Zellen. Doktorandenseminar Klebtechnik, DVS Media, DVS-Berichte 313, 2016. – ISBN 978-3-945023-54-9
18. *Kämpfer S., Kopatsch G., ABB AG (Hrsg.)*: Schaltanlagen-Handbuch, 12. Aufl., Cornelsen, 2011. – ISBN 978-3-06450-726-5
19. VDE 0151 (Ausg. 1986-06): Werkstoffe und Mindestmaße von Erdern bezüglich der Korrosion.
20. *Kloos, K.-H., Thomala, W.*: Schraubenverbindungen – Grundlagen, Berechnung, Eigenschaften, Handhabung. 5. Aufl., Berlin, Heidelberg. 2007. – ISBN 978-3-540-21282-9
21. VDI-Richtlinie 2230: Systematische Berechnung hochbeanspruchter Schraubenverbindungen – Zylindrische Einschraubenverbindungen, 2003.
22. DIN 43673-1 (Ausg. 1982-02): Stromschienen-Bohrungen und -Verschraubungen; Stromschienen mit Rechteck-Querschnitt.
23. DIN 43673-1 (Ausg. 1971-06): Anschlüsse für elektrische Betriebsmittel Flachanschlüsse ≥ 40 A Hauptmaße und Zuordnung.
24. *Hildmann, C.*: Zum elektrischen Kontakt- und Langzeitverhalten von Pressverbindungen mit konventionellen und Hochtemperatur-Leiterseilen mit geringem Durchhang. Dissertation, TU Dresden 2016. – ISBN 978-3-00-056211-2.
25. DIN 7190-1 (Ausg. 2017-02) Pressverbände –Teil 1: Berechnungsgrundlagen und Gestaltungsregeln für zylindrische Pressverbände.
26. *Timsit, R. S.*: Formation of Tubular Crimp Connections: Elementary Considerations. Tagungsbd. 54th IEEE Holm Conference on Electrical Contacts. Orlando, 27.10.-29.10.2008, S. 161-167.
27. *Salewski, A.*: Grundlagenuntersuchungen zur Herstellung und zu dem Betriebsverhalten elektrisch leitender Umfangpreßverbindungen. Dissertation, Technische Hochschule Leipzig, 1985.
28. *Israel, T. et al.*: Zum elektrisch-thermisch-mechanischen Verhalten von silberbeschichte-ten Hochstrom-Steckverbindern. Das I^2t-Kriterium bei der Kurzschlussprüfung Teil II. Elektrische und Optische Verbindungstechnik, 7. Symposium Connectors, Lemgo, 19.-20.3.2019
29. *Novak, B.*: Electrodynamic Forces in Circular Contact Systems. 28th International Conference on Electric Contacts, Edinburgh, UK, 2016.
30. *Böhme, H.*: Mittelspannungstechnik-Schaltanlagen berechnen und entwerfen.2. stark bearbeitete Auflage Berlin: Verlag Technik 2005. – ISBN 3-341-01495-0
31. *Bergmann, R.*: Zum Langzeitverhalten des Widerstands elektrischer Stromschienenverbindungen. Dissertation, TU Dresden, Fortschritt-Berichte VDI Nr. 195. VDI-Verlag, 1996.- ISBN 3-18-319521-6
32. *Braunovic, M.*: Aluminum Connections: Legacies of the Past. 39th IEEE Holm Conference on Electrical Contacts, Chicago, 17.-19.10.1994.
33. *Großmann, S.; Löbl, H.; Schlegel, S.*: Erfahrungen zum Langzeitverhalten von Aluminium-Verbindungen in Starkstromanlagen. 21. Albert Keil Kontaktseminar, Karlsruhe, 2011.
34. *Öberg, Å.; Bohlin, Å; Olsson, K.-E.*: The influence of contact surface preparation on the performance of copper and aluminium connectors. 16th International Conference on Electrical Contacts, Loughborough, UK, September 7-11, 1992, pp. 407-412.
35. *Schlegel, S.*: Langzeitverhalten von Schraubenverbindungen mit Stromschienen aus Reinkupfer in der Elektroenergietechnik unter besonderer Berücksichtigung der Temperatur. Dissertation, TU Dresden, 2011.
36. *Gatzsche, M.; Lücke, N.; Großmann, S.; Ledermann, T.; Freudiger, G.*: Impact of the Temperature-Induced Reduction of Joint Force on the Long-Term Behavior of Contact Elements with

Material-Allocated Electrical and Mechanical Function. 27th International Conference on Electrical Contacts, 22.-26.6.2014, Dresden, Germany.

37. *Oberst, M.*: Einfluss von Sauerstoff auf die Alterung stromführender Bimetall-Verbindungen. Dissertation, TU Dresden, 2021. – ISBN 978-3-86780-655-8
38. DIN EN 60865-1 VDE 0103:2012-09: Kurzschlussströme – Berechnung der Wirkung – Teil 1: Begriffe und Berechnungsverfahren.
39. *Gatzsche, M.; Lücke, N.; Großmann, S.; Ledermann, T.; Blumenroth, F.; Freudiger, G.*: Untersuchungen zu Stromaufteilung in Hochstrom-Steckverbindungen mit mehreren parallelen Kontaktelementen. 22. Albert Keil Kontaktseminar, Karlsruhe 2013.
40. *Ostrowski J; Buffoni M.; Gatzsche M.; Samul N.*: A Statistical Approach to Electro-thermal Simulations with Contacts. 65th IEEE Holm Conference on Electrical Contacts, 2019.
41. IEC 62271-1:2017+AMD1:2021: High-voltage switchgear and controlgear – Part 1: Common specifications for alternating current switchgear and controlgear.
42. IEC 61439-1:2020: Low Voltage switchgear and controlgear assemblies – Part 1: General rules.
43. *Pomsel, M.; Israel, T.; Hildmann, C.; Schlegel, S.; Kufner, T.*: Electromagnetic Modelling of Current Density Distribution in Power Plug-In Connectors. 31st IEEE International on Conference on Electrical Contacts, Sapporo, 13.-16.6.2022
44. *Lücke, N.*: Zum Langzeitverhalten elektrischer Steckverbindungen mit Kupfer-Beryllium-Kontaktlamellen. Dissertation, TU Dresden, TUDpress 2004. – ISBN 978-3944331751
45. *Oberst, M.; Israel, T.; Hildmann, C.; Schlegel, S.; Egetenmeyer, A.-K.; Kappl, H.; Willing, H.*: Elektrische und tribologische Eigenschaften von Silber-Dispersionsschichten für die Anwendung in Steckverbindungen. 8. Symposium Connectors, VDE-Verlag, Lemgo, 23.-24.3.2021.
46. *Israel, T.; Oberst, M.; Hildmann, C.; Schlegel, S.*: Selbstschmierende Beschichtungen für Hochstrom-Steckverbindungen. 26. Albert-Keil-Kontaktseminar, Karlsruhe, 30.3.-1.4.2022.
47. *Israel, T.; Hildmann, C.; Schlegel, S.; Schmidt, H.; Ludwig, M.*: Methodik zur Bewertung der Kontaktgüte von Ladesteckverbindungen unter Labor- und Realbedingungen. 26. Albert-Keil-Kontaktseminar, Karlsruhe, 30.3.-1.4.2022.
48. *Yuan, H.; Song, J.*: The effect of lubrication and thermal storage on the fretting behavior of electrical contacts. Tribologie und Schmierungstechnik Band 67. S. 14-20. DOI 10.30419/TuS-2020-0024. Narr Francke Attempto Verlag GmbH + Co. KG2020
49. *Löbl, H.*: Zur Dauerstrombelastbarkeit und Lebensdauer der Geräte der Elektroenergieübertragung. Dresden, Technische Universität Dresden, Sektion Elektrotechnik, Dissertation B, TU Dresden, 1985.
50. Icore International Ltd., „Datenblatt Kontakt-Band 8“ und „Datenblatt Kontakt-Band 12“. 2009.

7 Prüfverfahren

Die Funktion einer stromführenden Verbindung in der Elektroenergietechnik wird in standardisierten Verfahren unter jeweils einheitlichen Anforderungen nachgewiesen. Für nahezu alle Prüfverfahren gilt, dass dadurch kein Nachweis der Lebensdauer erbracht wird, selbst wenn zahlreiche Prüfverfahren teilweise als Alterungsprüfung bezeichnet werden. Der Zweck beim Prüfen der Funktion stromführender Verbindungen ist daher vielmehr, Mindestanforderungen für stromführende Verbindungen mit gleichem Anwendungsbereich zu erfüllen. Entsprechend wird die elektrische Funktion der jeweiligen Verbindung anwendungsspezifisch nachgewiesen. Basis dafür sind reproduzierbare Belastungs- und einheitliche Bewertungskriterien, mit denen stromführende Verbindungen für einen Anwendungsbereich aber insbesondere von unterschiedlichen Herstellern vergleichbar geprüft werden können. Die Belastungen der jeweiligen Anwendung im Betrieb sind dabei Grundlage für das Prüfen der Verbindung. Darüber hinaus wird häufig eine beschleunigte Alterung in der Prüfung gegenüber dem Bemessungsbetrieb mit dem Ziel angestrebt, keine zusätzlichen Alterungsmechanismen zu aktivieren oder diese unzulässig zu forcieren oder zu unterdrücken [2]. International sind abhängig von der Art der Verbindung und dem entsprechenden Anwendungsbereich zahlreiche Verfahren zum Prüfen der elektrischen Funktion stromführender Verbindungen standardisiert. Im folgenden Kapitel werden daher zunächst die Belastungsgrößen in den Prüfverfahren sowie ihre prinzipielle Wirkungsweise hinsichtlich der aktivierten Alterungsmechanismen betrachtet. In Abschn. 7.2 werden Prüfungen gemäß gültiger Standards exemplarisch und in Abschn. 7.3 Rahmenbedingungen für entwicklungsbegleitende Prüfungen vorgestellt.

S. Schlegel et al., *Kontakt- und Langzeitverhalten stromführender Verbindungen in der Elektroenergietechnik*, https://doi.org/10.1007/978-3-662-64658-8_7

7.1 Einflussgrößen in Prüfverfahren

Das Langzeitverhalten und die Lebensdauerkennlinie einer stromführenden Verbindung hängen insbesondere von den dominanten Alterungsmechanismen und deren Wechselwirkungen ab (Abschn. 5.2). Die Lebensdauerkennlinien sind für die verschiedenen Verbindungstechnologien und Werkstoffkombinationen spezifisch, da sich die jeweilige Wirkung der Alterungsmechanismen für diese wesentlich unterscheiden kann. Ein Ansatz zum Erarbeiten von auf die jeweilige Verbindung zugeschnittene Prüfverfahren basiert auf Annahmen für das sequenzielle und kombinierte Wirken der dominanten Alterungsmechanismen. Beispielsweise wurde ein solcher Ansatz für stromführende Schraubenverbindung mit Stromschienen aus Aluminium von *Braunovic* erarbeitet [1]. In der Literatur sind häufiger auch empirische Untersuchungen zu finden, mit denen die kritischste Belastung für eine Verbindungsart ermittelt werden soll. Bei diesen Betrachtungen [2] spielen die zugrunde liegenden physikalischen Zusammenhänge eine untergeordnete Rolle. Zielstellung der folgenden Betrachtung ist es, zunächst die physikalische Wirkung der vorrangigen Belastungsgrößen in den Prüfverfahren und damit deren Bezug zu den Alterungsmechanismen zu erläutern und zu diskutieren. Dabei werden die Ergebnisse von Prüfungen aus der Literatur berücksichtigt. Analog wird mit den Bewertungsgrößen verfahren.

7.1.1 Belastungsgrößen

Elektrische Belastungen

Das Prüfen der elektrischen Funktion durch standardisierte Prüfverfahren erfolgt nahezu ausschließlich in stromdurchflossenen Versuchen. Der Strom ist die Ursache der Erwärmung von Leitern und Verbindungen aufgrund der erzeugten Stromwärmeverluste (Gl. (7.1)).

$$P_V(\vartheta) = kI^2 R_V(\vartheta, F_K, f) \tag{7.1}$$

Zum Prüfen des Betriebsverhaltens sind gemäß der vorrangigen Verbreitung von Drehstromsystemen in der Elektroenergietechnik Wechselströme mit definierter Frequenz gefordert. Eine Belastung mit Gleichstrom führt zur gleichen Erwärmung der Leiter und der Verbindung, solang die Stromverdrängung im wechselstromdurchflossenen Leiter vernachlässigt werden kann. Ein Einfluss der bei Prüfungen mit Gleichströmen möglichen Elektromigration auf das Langzeitverhalten stromführender Verbindungen in der Elektroenergietechnik wurde bisher nicht nachgewiesen (s. Abschn. 5.1.5). Beispielsweise zeigen die Experimente aus [2] bei Gleichstrombelastung keine veränderten Widerstandsverläufe der geprüften Verbindungen verglichen mit denen, die mit Wechselstrom belastet wurden. Bei der Definition der Prüfkriterien für Verbindungen der Elektroenergietechnik wurde die Elektromigration entsprechend nachrangig berücksichtigt.

Die Höhe des Stroms zum Prüfen des Betriebsverhaltens orientiert sich an der geforderten thermischen Beanspruchung des Leiters oder der Verbindung bei den je Prüfverfahren zulässigen thermischen Randbedingungen. Überwiegend werden in Prüfungen thermische Beanspruchungen gefordert, die über die Bemessungstemperatur hinausgehen. Damit ist der Strom in der Prüfung gegenüber dem Bemessungsstrom zum Teil höher. Die wesentliche Wirkung des Stroms in einer Prüfung ist damit die thermische Beanspruchung der stromführenden Verbindung. Die geforderte Temperatur zum Prüfen des Betriebsverhaltens mit einem erhöhten Strom in kürzerer Zeit einzustellen ist zulässig, da daraus keine zusätzliche Alterung resultiert. Die Höhe des Stroms kann darüber hinaus die Erwärmung des Kontaktbereichs beeinflussen (Vgl. Abschn. 4.4.2). Das Maß für die Erwärmung des Kontaktbereichs ist die Kontaktspannung U_K (Gl. (4.55)). Da die Kontaktspannung in stromführenden Verbindungen mit Flächenkontakten bei Bemessungsbetrieb in der Regel im einstelligen mV-Bereich liegt, ist auch bei Überströmen bis zum doppelten Bemessungsstrom nicht mit signifikanten Übertemperaturen im Kontaktbereich zu rechnen (z. B. Abb. 4.42). An einem wassergekühlten Kontaktsystem konnte gezeigt werden, dass der Kontaktbereich bei symmetrisch auf 105 °C erwärmten Anschlussleitern und einer Belastung mit bis zum dreifachen Bemessungsstrom maximal 15 K wärmer ist als der angeschlossene Leiter [24]. Entsprechend ist für die meisten stromführenden Verbindungen die Temperatur im Kontaktbereich nahe der der Oberflächentemperatur der stromführenden Verbindung, wenn die Kontakte eine ausreichende Güte haben (vgl. Abschn. 4.1.2).

Neben dem Nachweis der Langzeitstabilität der Verbindung bei Belastung mit ihrem Bemessungsstrom, ist das Verhalten im Fehlerfall zu prüfen. Fehlerströme bei zum Beispiel Kurzschluss können um ein Vielfaches höher sein als der Bemessungsstrom. Ein elektrischer Leiter erwärmt sich während einer Kurzschlussstrombelastung nahezu adiabat. Das heißt die erzeugte Verlustleitung wird dabei im Wesentlichen im Werkstoff gespeichert [3].

$$\vartheta_K = \frac{1}{\alpha_{20}} \left[1 + \alpha_{20} \left(\vartheta_a - 20\ °C \right) \right] \left(e^{\frac{k\, I_K^2\ \alpha_{20} t_K}{c_p\ \kappa_{20} \delta\ A_L^2}} - 1 \right) + \vartheta_a \qquad (7.2)$$

Die maximale Temperatur ϑ_K des Leiters kann bei adiabater Erwärmung berechnet werden (Gl. (7.2)). Dabei muss der Temperaurbeiwert α_{20}, die Dichte ρ, der spezifische elektrische Widerstand ρ_{20}, die spezifische Wärmekapazität c_p des Leiterwerkstoffs, der Querschnitt des Leiters A_L, der Stromverdrängungsfaktor k und die Dauer sowie Höhe des Kurzzeitstroms bekannt sein. Als Maß für die entstehende Wärmeleistung während eines Kurzschlusses wird der Term I^2t verwendet. Wenn der Effektivwert des Kurzschlussstroms I sowie die Kurzschlussdauer t so verändert werden, dass I^2t konstant gehalten wird, ist die Erwärmung eines homogen durchströmten Leiters (Gl. (7.2)) gleich, solange die vom Leiter abgegebene Wärmemenge vernachlässigt werden kann. Dies ist das sogenannte I^2t-Kriterium. Das I^2t-Kriterium gilt für Mikrokontakte nicht ohne weiteres (Abschn. 6.5.3; Abb. 6.15). Mikrokontakte können sich bei gleicher kurzzeitiger Belastung mit einem Fehlerstrom aufgrund ihrer geringen Wärmekapazität und der zeitabhängigen Wärmeleitung deutlich stärker erwärmen als die Oberfläche der Verbindung oder der Leiter. Das I^2t-Kriterium, ist damit für die Kontakte nicht uneingeschränkt gültig. In zahlreichen Prüfungen nach Norm wird zugelassen, dass der Kurzzeitstrom verringert werden kann, wenn die Dauer erhöht wird. Bei richtigem Verhältnis aus Zeit und Strom und folglich gleichem Energieeintrag ist die Erwärmung eines homogen durchströmten Leiters und die Temperatur an der Oberfläche von Verbindungen gleich. So werden zum Beispiel 3 s oder auch 5 s Kurzzeitströme zugelassen, ausgehend von einer Bemessungs-Kurzschlussdauer von 1 s [10].

Beispiel

Kurzschlussprüfung von Kabelschuhen für einen 300-mm²-Kabelleiter (Klasse 2) aus Aluminium

Es sollen Kurzschlussversuche im Rahmen der elektrischen Prüfung gemäß der DIN EN IEC 61238-1-3:2020-11 durchgeführt werden. Dafür ist ein Strom gefordert, mit dem der Bezugsleiter ausgehend von höchstens 35 °C Anfangstemperatur auf (250 … 270) °C erwärmt wird. Zulässig sind:

$$I_{\mathrm{K}} \leq 25\ \mathrm{kA}\ \ \mathrm{mit}\, t_{\mathrm{k}} = \left(1\begin{matrix}+0,5\\-0,1\end{matrix}\right)\mathrm{s}$$

$$25\ \mathrm{kA} < I_{\mathrm{K}} \leq 40\ \mathrm{kA}\ \ \mathrm{mit}\, t_{\mathrm{k}} \leq 5\ \mathrm{s}$$

Mit den Materialkenndaten für Aluminium sowie einer Anfangstemperatur $\vartheta_{\mathrm{a}} = 30\ °\mathrm{C}$ ergibt sich mit $I_{\mathrm{K}} = 25\ \mathrm{kA}$ und der längsten zulässigen Kurzschlussdauer von 1,5 s die Temperatur des Leiters zu

$$\vartheta_{\mathrm{K}} = \frac{1+0{,}004/\mathrm{K}\left(30\ °\mathrm{C}-20\ °\mathrm{C}\right)}{0{,}004/\mathrm{K}}\left(e^{\frac{1{,}01\,(25000\ \mathrm{A})^2\ 0{,}004/\mathrm{K}\ 1{,}5\ s}{35\ \mathrm{MS/m}\ 910\ \mathrm{J/(kg\ K)}2700\ \mathrm{kg/m^3}\ \left(0{,}0003\mathrm{m^2}\right)^2}}-1\right)$$

$$+30\ °\mathrm{C} = 194{,}1\ °\mathrm{C}$$

Entsprechend muss ein Strom >25 kA eingestellt werden, um die geforderte thermische Belastung zu erreichen. Gl. (7.2) kann dazu nach dem Strom I_{K} umgestellt werden:

$$I_{\mathrm{K}} = \sqrt{\frac{c_{\mathrm{p}}\ \kappa_{20}\delta\ A_{\mathrm{L}}^2}{k\ \alpha_{20}t_{\mathrm{K}}}\ln\frac{1+\alpha_{20}\left(\vartheta_{\mathrm{K}}-20\ °\mathrm{C}\right)}{1+\alpha_{20}\left(\vartheta_{\mathrm{a}}-20\ °\mathrm{C}\right)}}$$

Wird eine Kurzschlussdauer von einer Sekunde gewählt, muss mit

$$I_{\mathrm{K}} = \sqrt{\frac{\dfrac{35\ \mathrm{MS/m}\ 910\ \mathrm{J/(kg K)}2700\ \mathrm{kg/m^3}\ \left(0{,}0003\ \mathrm{m^2}\right)^2}{1{,}01\ 0{,}004/\mathrm{K}\ 1{,}0\ \mathrm{s}}}{\ln\dfrac{1+0{,}004/\mathrm{K}\ \left(250\ °\mathrm{C}-20\ °\mathrm{C}\right)}{1+0{,}004/\mathrm{K}\ \left(30\ °\mathrm{C}-20\ °\mathrm{C}\right)}}}$$

$$I_{\mathrm{K}} = 34272\ \mathrm{A}$$

oder bei einer Kurzschlussdauer von 1,5 Sekunden mit

$$I_K = \sqrt{\frac{35\ \text{MS/m}\ 910\ \text{J/(kg K)}2700\ \text{kg/m}^3\ \left(0{,}0003\ \text{m}^2\right)^2}{\frac{1{,}010{,}004/\text{K}\ 1{,}5\ \text{s}}{\ln\frac{1+0{,}004/\text{K}\ (250\ °\text{C}-20\ °\text{C})}{1+0{,}004/\text{K}\ (30\ °\text{C}-20\ °\text{C})}}}}$$

$$I_K = 27983\ \text{A}$$

geprüft werden. ◀

Die Belastung der Mikrokontakte ist bei kleineren Amplituden der Kurzzeitströme aber deutlich geringer, da niedrigere maximale Temperaturen an diesen erreicht werden. Insbesondere in Verbindungen mit Kontaktelementen ist dies zu berücksichtigen. Diese Aussage gilt aber allgemein für alle stromführenden Verbindungen. Treten im praktischen Betrieb Fehlerströme auf, die größer sind als die in der Norm geprüften, kann sich der Widerstand einer Verbindung durch eine deutlich höhere thermische Belastung erhöhen, auch wenn die Prüfung nach Norm bestanden wurde. Eine hohe Sicherheit im Betrieb kann daher nur erreicht werden, wenn entsprechend der Bedingungen nach Tab. 7.1 geprüft wird. Nicht zulässig ist, wenn die Prüfung mit $I_{K\,r} > I_{K\,test}$ und $t_{k\,r} < t_{K\,test}$ sowie $i_{p\,r} > i_{p\,test}$ durchgeführt wurde [15].

Thermische Belastungen

Die Temperatur ist eine wesentliche Einflussgröße beim Prüfen stromführender Verbindungen, denn sie bestimmt die Art und die Geschwindigkeit der physikalischen Prozesse der Alterung. Dies trifft auf alle Alterungsmechanismen gleichermaßen zu (Abschn. 5.1). Die thermische Belastung kann durch Strom oder externen Wärmeeintrag zum Beispiel im Wärmeschrank erzeugt werden. Für die Alterung stromführender Verbindungen ist es in der Mehrzahl der Fälle nachrangig, wie die thermische Beanspruchung erzeugt wird. In Untersuchungen mit verschiedenen Verbindungen wurden in stromdurchflossenen Versuchen und solchen bei gleicher Temperatur im Wärmeschrank vergleichbare Ergebnisse

Tab. 7.1 Regeln für das Einstellen des Prüf-Kurzschlussstroms von Hochstrom-Kontaktsystemen

	1. Bedingung	2. Bedingung
Prüfung **Verbindung kann** **$I_{K\,r}$ für $t_{K\,r}$ tragen, wenn:**	$I_{K\,test} \geq I_{K\,r}$ für $t_{K\,test} \geq t_{K\,r}$ oder $I_{K\,test} \geq I_{K\,r}\sqrt{\frac{t_{K\,r}}{t_{K\,test}}}$ für $t_{K\,test} \leq t_{K\,r}$	$i_{p\,test} \geq i_{p\,r}$

festgestellt [16–18], sodass langzeitstabile Verbindungen mit beiden Methoden gleichermaßen nachgewiesen werden können. In stromdurchflossenen Versuchen kann die Änderung des Verbindungswiderstands höher sein, wenn die Temperatur an der Verbindung nicht konstant gehalten wird. Beispielsweise ist dies der Fall, wenn sich bei stromgeregelten Versuchen zeitabhängig der Widerstand der Prüflinge erhöht [19]. Praktische Prüfverfahren für das Langzeitverhalten fordern überwiegend nicht eine bestimmte thermische Belastung an der Verbindung, sondern einen Temperaturbereich, der am Referenzleiter zu erreichen ist. Grundsätzlich gilt darüber hinaus, dass die Temperatur, mit der eine Verbindung in einer Prüfung beansprucht werden soll, nicht beliebig hoch gewählt werden kann, um zum Beispiel die Anzahl von Belastungszyklen zu verringern. Ändern sich die physikalischen Prozesse der Alterung, kann dadurch das Ergebnis der Prüfung beeinflusst werden. Die Bedingungen des realen Einsatzes werden damit nicht mehr nachgebildet und gegebenenfalls falsche Schlüsse aus dem Ergebnis der Prüfung gezogen.

In Prüfungen werden entweder dauerhafte oder zyklische thermische Belastungen gefordert. Eine zyklische thermische Belastung wird dabei durch ein Temperatur-Zeit-Profil für die Erwärmungs- und die Abkühlphase definiert, das N-mal wiederholt wird. Die Anzahl der Zyklen N ist spezifisch für die Testprozedur. In standardisierten Prüfverfahren wird die zyklische thermische Belastung überwiegend aufgrund ihrer höheren Übereinstimmung mit praktischen Belastungsprofilen angewandt. Gegenüber einer dauerhaften thermischen Belastung ist dabei die Dauer, in der die Verbindungen thermisch sehr hoch belastet werden, geringer, wenn jeweils die gleiche Versuchszeit zugrunde gelegt wird. Durch die zyklische thermische Belastung wird jedoch eine höhere Anzahl thermischer Dehnungen der Kontaktpartner und ggf. der Fügeelemente verursacht. Ist die Kontaktkraft in einer stationären stromführenden Verbindung ausreichend hoch, können die aus den thermischen Dehnungen resultierenden Kräfte aufgenommen werden. Ist die Kontaktkraft zu gering, kann es zu Verschiebungen der Kontaktpartner kommen. Erst wenn sehr geringe Kontaktkräfte vorhanden sind, ist zu erwarten, dass Mikrokontakte durch thermische Dehnungen aufbrechen können. Ob entsprechend durch eine zyklische thermische Belastung höhere Widerstandsänderungen in einer Verbindung erreicht werden als bei dauerhafter thermischer Belastung, hängt wesentlich davon ab, ob die stromführende Verbindung die mechanischen Spannungen aufnehmen kann oder ob Relativbewegungen der Kontaktpartner forciert werden sollen. Verbindungen mit hohen Verbindungskräften, die die Integrität der Mikrokontakte sichern, sind entsprechend zunächst hinsichtlich ihrer Beständigkeit gegenüber dem Kraftabbau zu prüfen.

Der Kraftabbau, die chemischen Reaktionen und die Diffusion werden bei zyklischen thermischen Belastungen in geringerem Maße aktiviert, da die Geschwindigkeit beider Alterungsmechanismen vorrangig temperaturabhängig ist. Wird für beide Arten der Belastung die gleiche Versuchszeit zugrunde gelegt, ist bei Dauerlast eine stärkere Alterung durch Oxidation, Kraftabbau und Diffusion zu erwarten (Abb. 7.1).

Für eine Vielzahl kraftschlüssiger stromführender Verbindungen in der Elektroenergietechnik wurde in vergleichenden Versuchen nachgewiesen, dass die thermische Dauerlast kritischer ist. Beispielsweise wurden Schraubverbinder mit mehrdrähtigen Leitern aus reinem Aluminium (Al 99,5) für Kabelgarnituren untersucht, bei denen bei gleicher Dauer der Prüfung eine dauerhaft hohe Temperatur zur schnelleren Alterung führte als

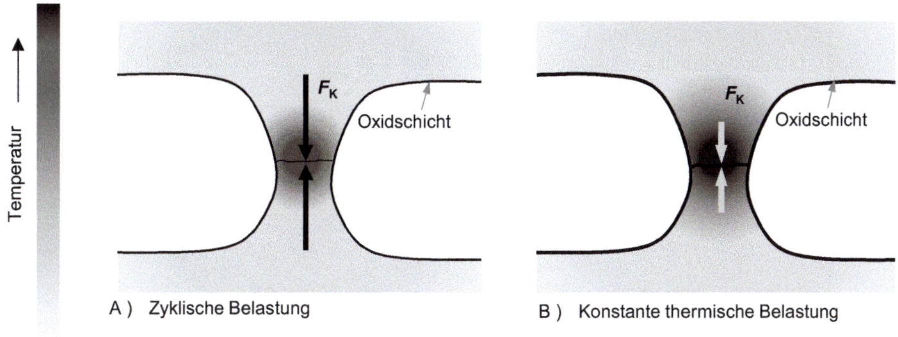

Abb. 7.1 Vergleich der Wirkung von **a**) zyklischer und **b**) konstanter thermischer Belastung auf die Integrität eines kraftschlüssigen Mikrokontakts nach jeweils gleicher Versuchszeit (schematisch)

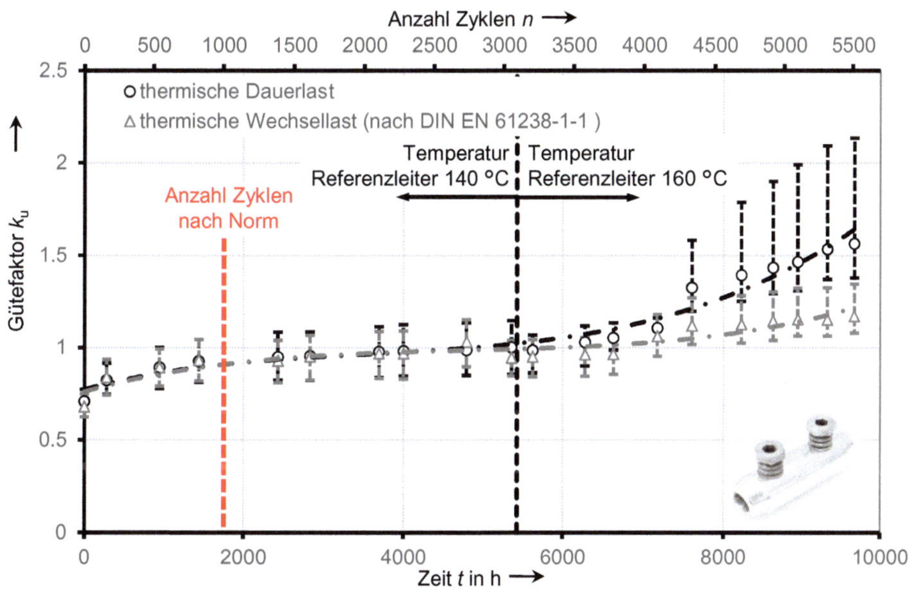

Abb. 7.2 Verlauf des Gütefaktors k_u von Schraubverbindern mit mehrdrähtigen Leitern aus Al99,5 für Kabelgarnituren bei Dauer- und Wechsellast (Versuchsbedingungen gemäß [9, 10])

die wechselnde thermische Belastung (Abb. 7.2) [21]. Wird nur die Warmzeit betrachtet, bei der die Temperatur an der Verbindung höher als 80 °C war, verläuft die Alterung annähernd gleich (Abb. 7.3). Ein gleiches Verhalten wurde auch bei Schraubenverbindungen mit einer Stromschiene aus Aluminium und einer aus Kupfer festgestellt (Abb. 7.4) [5–7].

Für die konkrete technische Realisierung einer stromführenden Verbindung ist es daher spezifisch, ob eine thermische Dauerlast oder Wechsellast zu einer stärkeren Alterung führt. Je nachdem welche Alterungsmechanismen dominant sind, muss diese Einschätzung oder ein Nachweis im Einzelfall erfolgen.

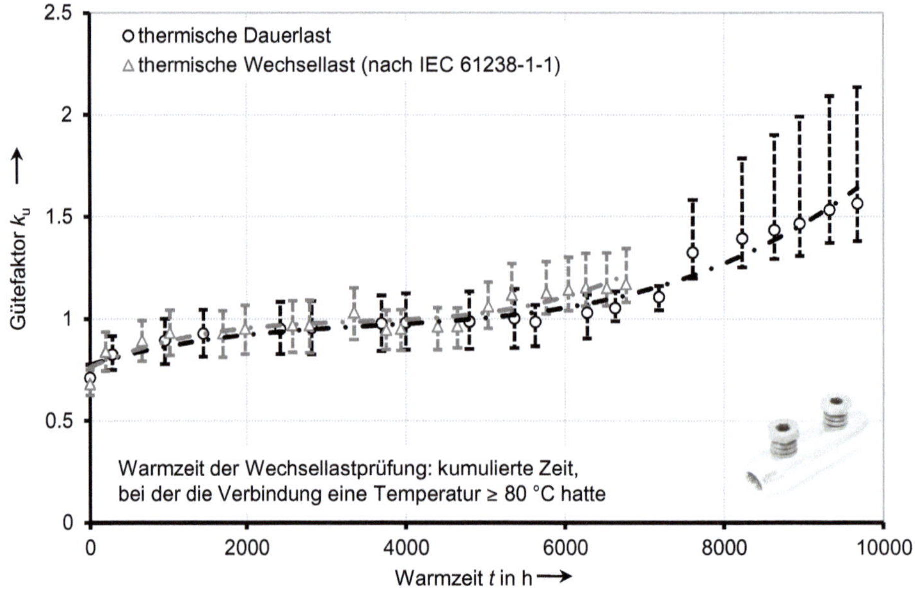

Abb. 7.3 Verlauf des Gütefaktors k_u von Schraubverbindern mit mehrdrähtigen Leitern aus Al99,5 für Kabelgarnituren bei Dauer- und Wechsellast abhängig von der Warmzeit (Versuchsbedingungen gemäß [9, 10])

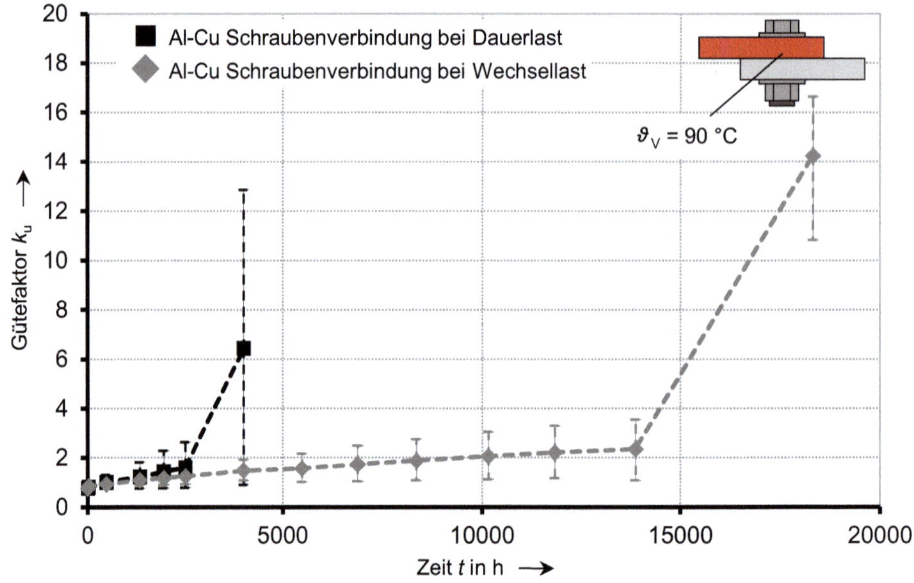

Abb. 7.4 Verlauf des Gütefaktors k_u von Schraubenverbindungen mit je einer Stromschiene aus Aluminium und einer aus Kupfer bei dauerhafter und wechselnder elektrisch-thermischer Belastung mit einer jeweils gleichen maximalen Verbindungstemperatur von 90 °C

Mechanische Belastungen

Die Anforderungen an stromführende Verbindungen im praktischen Betrieb können neben elektrischen auch mechanische Funktionen betreffen. Beispielsweise kann dies für Garnituren von Kabeln relevant sein, wenn thermische Dehnungen der Kabel im praktischen Betrieb nicht ausgeglichen werden können, sodass Zug- oder Druckkräfte resultieren [11]. Ein weiteres Beispiel sind zugfeste stromführende Armaturen von Freileitungsseilen, die ebenfalls signifikante mechanische Belastungen aufnehmen müssen. Dies sind im wesentlichen Zugkräfte, die betriebsmäßig wirken und die sich durch das Einwirken des Windes oder des Gewichts von Eis auf der Leitung wesentlich erhöhen können [12]. Die mechanischen Belastungen können gleichermaßen im Kontaktbereich der stromführenden Verbindungen wirken und das elektrische Kontakt- und Langzeitverhalten beeinflussen [21]. In der zugehörigen Modellvorstellung von kraft- und formschlüssigen Verbindungen werden Zug- oder Druckkräfte im Kontaktbereich der stromführenden Verbindungen aufgenommen, solange die Kontaktkraft ausreichend hoch ist (Abb. 7.5 – A). Die Integrität der Mikrokontakte ist weiterhin gewährleistet, da es zu keinen Verschiebungen der Kontaktpartner kommt. In stromführenden Verbindungen mit zu geringen Kontaktkräften kann ein Verschieben der Kontaktpartner zunächst im Mikrometerbereich auftreten (Abb. 7.5 – B). Verschieben sich die Kontaktpartner gegeneinander, können Mikrokontakte aufbrechen und sich folglich die wahre metallische Kontaktfläche verringern oder sich Mikrokontakte auf oxidierten Flächen neuformieren. Eine erhebliche Degradation der Verbindung ist die Folge. Der prinzipielle Einfluss einer mechanischen Belastung auf das elektrische Langzeitverhalten wurde in vergleichenden Versuchen festgestellt (Abb. 7.6). Bereits in der Phase der Formierung wurde ein höherer Anstieg des Verbindungswiderstands und des spezifischen Querwiderstands ermittelt, wenn neben der thermischen eine mechanische Belastung auf die Verbindung wirkt [4, 13].

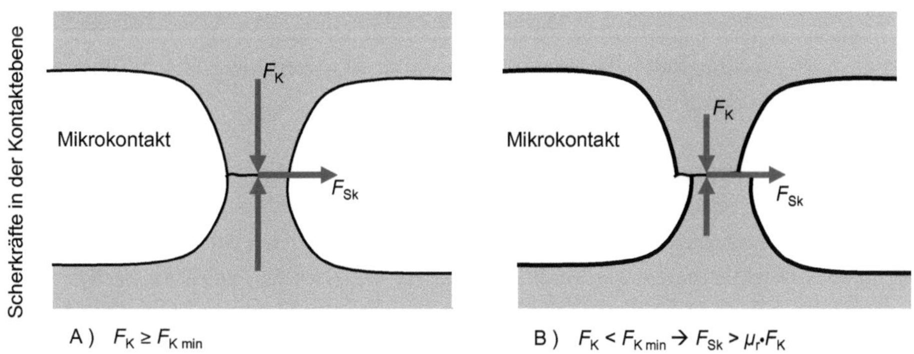

Abb. 7.5 Wirkung mechanischer Belastungen auf die Integrität der Mikrokontakte (schematisch)

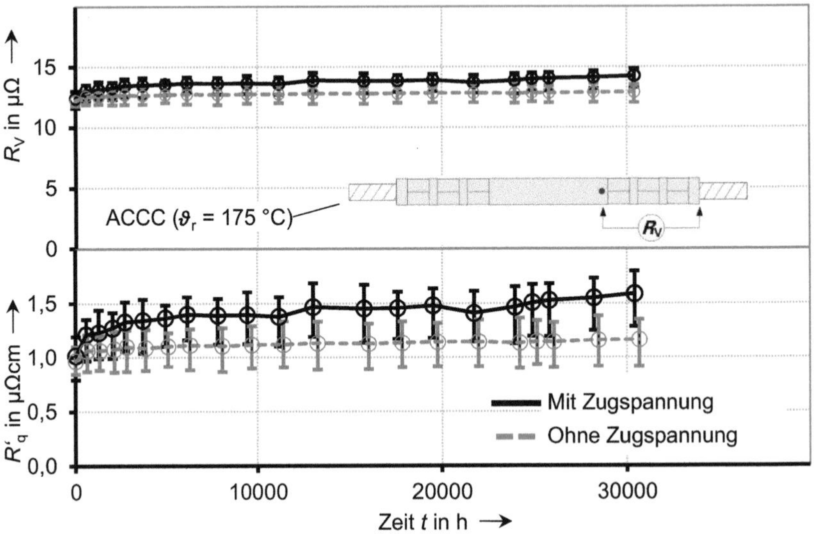

Abb. 7.6 Verbindungswiderstand und spezifischer Querwiderstand von Pressverbindungen für ein ACCC-Freileitungsseil bei Belastung mit und ohne mechanische Zugkraft (mittlere Zugspannung im Bereich der zulässigen Mittelzugspannung (Grenzwert der Zugspannung für ein Leiterseil im praktischen Betrieb, um Schwingungsschäden zu vermeiden) [11]

In den existierenden Prüfverfahren der Elektroenergietechnik wird die Funktion des Stromführens in einer elektrisch-thermischen Prüfung getrennt von den weiteren Anforderungen (zum Beispiel mechanische Festigkeit, Korrosionsbeständigkeit, etc.) geprüft. Derzeit existiert kein Prüfverfahren, dass beim Nachweis der elektrischen Funktion auch Kombinationen mit den weiteren (Betriebs-)Belastungen verpflichtend berücksichtigt. Zum Beispiel kann die elektrische Prüfung nach IEC 61284:1997 optional mit zugkraftbelasteten Prüflingen durchgeführt werden. Für stromführende Verbindungen, die betriebsmäßig mechanisch belastet sind, ist es empfehlenswert mechanische Belastungen in der elektrischen Prüfung zu berücksichtigen.

Einordnung der Prüfung in Relation zum Langzeitverhalten

Die Erkenntnisse aus Untersuchungen zeigen, dass eine zuverlässige stromführende Verbindung einen niedrigen Wert des Verbindungswiderstands nach der Montage und damit ein gutes Kontaktverhalten als Voraussetzung für ein stabiles Langzeitverhalten haben muss (siehe Abb. 5.3). Dabei erhöht sich der Verbindungswiderstand innerhalb der Lebensdauer nur langsam. Die Alterung ist in mehrere Phasen unterteilt (Abb. 5.2). Umfasst die Dauer der Prüfung lediglich die Phase der Formierung, so können keine eindeutigen Aussagen zur Langzeitstabilität getroffen werden. Es sollte zumindest die Phase der relativen Ruhe erreicht werden, was in den Prüfverfahren aktueller Standards überwiegend

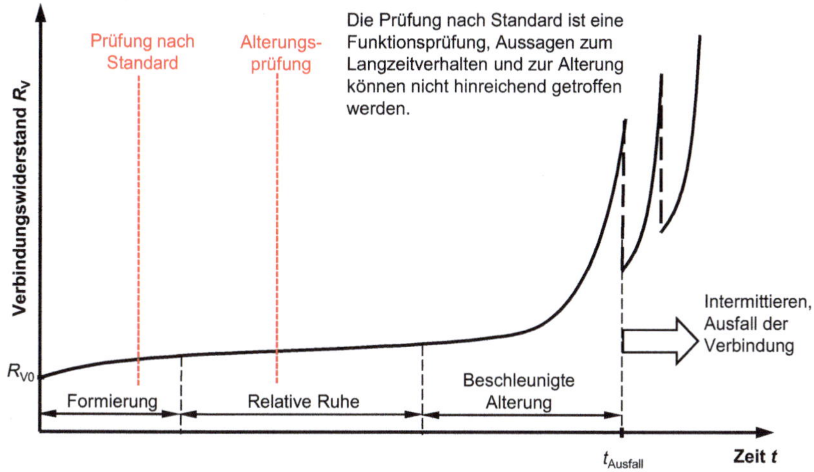

Abb. 7.7 Prüfen nach Standard und Prüfen des Langzeitverhaltens

nicht gefordert wird. Die standardisierten Prüfverfahren sind damit als Funktions- und Qualifizierungsprüfung zu betrachten, da die Versuchsdauer zu kurz ist, um das Langzeitverhalten sicher zu erfassen (Abb. 7.7) [8]. Spätausfälle nach einigen 1000 Stunden Belastungsdauer werden meist ebenfalls nicht erfasst. Empfehlenswert sind daher spezifische Alterungsprüfungen, deren Dauer abhängig von der untersuchten Verbindungsart unter Berücksichtigung des Einsatzgebiets sicher die Phase der relativen Ruhe erreicht.

7.1.2 Bewertungsgrößen

Als Bewertungsgrößen in Prüfverfahren werden der Verbindungswiderstand, der Gütefaktor und die Verbindungstemperatur oder bei Steckverbindern die Kontaktspannung verwendet (Abschn. 4.1.3). Generell sind der Verbindungs-, der Kontaktwiderstand sowie die Kontaktspannung die sensitivsten Größen, mit denen das Verhalten stromführender Verbindungen in der Prüfung bewertet werden kann. Entsprechend werden der absolute Wert, die Änderung des Mittelwerts und die Spannweite des Verbindungswiderstands bzw. des Gütefaktors betrachtet. Unzulässig hohe Anstiege werden durch geeignete Grenzwerte der genannten Größen identifiziert. Die einzuhaltenden Grenzwerte gelten stets für die zu prüfende Verbindungsart bei den spezifischen Belastungen des Prüfverfahrens und orientieren sich an den Erfahrungen zur Anwendung im Prüfverfahren oder zum Betriebsverhalten der Verbindung sowie an den thermischen Anforderungen der Anwendung. Die in den Prüfverfahren festgelegten Grenzwerte sind dabei in der Regel nicht aus den Lebensdauerkurven der betreffenden Verbindungen abgeleitet.

Eine prinzipielle Mindestanforderung beim Bewerten der Ergebnisse von Prüfungen ist, dass die Temperatur der Verbindung während und nach der Prüfung nicht höher als die des angeschlossenen Leiters mit dem geringsten Querschnitt sein darf. Basierend darauf kann für annähernd rotationssymmetrische Systeme ein Grenzgütefaktor über das Verhältnis des Durchmessers von Leiter und Verbindung abgeschätzt werden (Abb. 4.75) [10]. Ein Überschreiten des Grenzgütefaktors führt zwangsläufig zu Temperaturen an der Verbindung, die höher als die des Leiters sind. Für Verbindungen mit rechteckigen Leitern kann der Grenzgütefaktor über das Oberflächenverhältnis berechnet werden (Tab. 4.21). Darüber hinaus wird auch die Änderung der Temperatur bzw. der Übertemperatur als Bewertungskriterium in Prüfverfahren herangezogen.

Selbst wenn standardisierte Prüfverfahren den gleichen Anwendungsbereich adressieren, kann sich das Bewerten der jeweiligen Ergebnisse erheblich unterscheiden. Stellvertretend werden dazu die Festlegungen von Standards zum Prüfen stromführender Armaturen von Freileitungsseilen verglichen (Tab. 7.2). In den verschiedenen Verfahren sind die definierten Messzeitpunkte sowie die Annahmekriterien spezifisch. Zum Teil werden Höchstwerte für den Gütefaktor definiert, die nach der durchgeführten Prüfsequenz nicht überschritten werden dürfen, wie z. B. in der GOST R 51177-98 oder der (zurückgezogenen) DIN VDE 0212-52:1991 [28, 29]. Die ANSI C119.4:2011 verzichtet, abgesehen von der Bewertung der Streuung der Widerstände der Prüflingsgruppe zu jedem Messzeitpunkt, auf weitere Kriterien für den Verbindungswiderstand der Prüflinge [30]. Eine auf die Belastungssequenz zugeschnittene statistische Auswertung der im Prüfverfahren gemessenen Verbindungswiderstände ist in der DIN EN 61284:1998 gefordert. Darin werden Grenzwerte für die Änderung und die Streuung der Verbindungswiderstände jedes Prüflings vor und während der Prüfung sowie allgemeine Maximalwerte für den Gütefaktor festgelegt (Tab. 7.2). In den Prüfverfahren, die die Temperatur der Armaturen bei den Bewertungskriterien berücksichtigen, wird als Höchstgrenze der Temperatur der Verbindung stets die des Referenzleiters festgelegt. Nur die ANSI C119.4:2011 definiert darüber hinaus Grenzwerte für die zulässige Änderung der Differenz von Verbindungs- und Referenzleitertemperatur.

Die Bandbreite der Bewertungskriterien für dieses eine Anwendungsfeld verdeutlicht, dass eine spezifische Belastungssequenz eines Prüfverfahrens stets angepasste Grenzwerte der typischen Bewertungsgrößen erfordert. Beispielsweise kann eine höhere elektrisch-thermische Belastung in der Prüfung gegenüber dem Bemessungsbetrieb höhere Grenzwerte für den Verbindungswiderstand oder den Gütefaktor bzw. deren Änderung rechtfertigen. Das direkte Vergleichen von Ergebnisse aus verschiedenen Verfahren ist ohne weiteres nicht möglich. Grundlegend sollte für das Festlegen der Bewertungskriterien in Prüfverfahren die Lebensdauerkennlinie herangezogen werden, sodass insbesondere verbindungsspezifische Aspekte berücksichtigt werden können. Entsprechend kann es erforderlich sein, individuelle Bewertungskriterien zunächst in Langzeitversuchen zu bestimmen, die deutlich länger durchgeführt werden müssen als die Versuche in den genormten Prüfverfahren. Des Weiteren sind Erfahrungswerte aus dem praktischen Betrieb zu berücksichtigen.

Tab. 7.2 Vergleich von Bewertungsgrößen von Prüfverfahren für stromführende Armaturen von Leiterseilen von Freileitungen [28–32]

	ANSI C119.4:2011	DIN EN 61284:1998 Klasse A	DIN EN 61284:1998 Klasse B	GOST R 51177-98	TGL 16554/02 TGL 16554/03	VDE 0212-52:1991
Kriterium für den (mittleren) Widerstand im Ausgangszustand				$k_u \leq 0{,}8/k_u \leq 1{,}0$ (Pressv./Schraubv.)		
Kriterium für die Streuung des Widerstands im Ausgangszustand		±30 %				
Kriterium für den Grenzwert des Widerstands/Gütefaktors		nach je 0,1 *N* LW $k_u \leq 0{,}75$		$k_u \leq 1{,}0/k_u \leq 1{,}2$ (Pressv./Schraubv.)	$k_u \leq 1$ (Kl. 1) $k_u \leq 3$ (Kl. 2) $k_u \leq 10$ (Kl. 3)	
Kriterium für die Änderung des Widerstands/Gütefaktors je Prüfling		Im Mittel in der zweiten Hälfte der Prüfung kleiner gleich dem 1,5 fachen Anfangswert des Widerstand				Bereich, indem sich Gütefaktor ändern darf (s. Tab. 7.4 und 7.5) für definierte Messzeitpunkten
Kriterium für die Streuung des Widerstands/Gütefaktors je Prüfling	Spannweite je Messzeitpunkt ±5 %	Bei den letzten 11 Messzeitpunkten kleiner 15 % des jeweiligen mittleren Widerstands der Prüflingsgruppe				
Kriterium für die Änderung/Grenzwert des mittleren Widerstands/Gütefaktors der Prüflingsgruppe						

(Fortsetzung)

Tab. 7.2 (Fortsetzung)

	ANSI C119.4:2011	DIN EN 61284:1998		GOST R 51177-98	TGL 16554/02 TGL 16554/03	VDE 0212-52:1991
		Klasse A	Klasse B			
Kriterium für die Änderung/ Grenzwert der Streuung des Widerstands der Prüflingsgruppe						
Kriterium für die Temperatur der Armatur	geringer als Temperatur des Referenzleiters	nach je 0,1 *N* LW geringer als Temperatur des Referenzleiters			geringer als Temperatur des Referenzleiters	
Kriterium für die Änderung der Temperatur der Armatur	Änderung der Differenz von Leiter- und Verbindungstemp.≤ 10 K in def. Intervalle					
Kriterium KS-Prüfung			Änderung R_V < 50 %			

7.2 Standardisierte Prüfverfahren (der Elektroenergietechnik) gemäß Anwendungsbereichen

Zunächst soll ein Überblick über die generelle Struktur standardisierter Prüfverfahren gegeben werden. Weiterhin wird eingeordnet, wie die entsprechenden Prüfverfahren anzuwenden und für die ggf. angepasste Anwendung zu bewerten sind. Wichtige Standards der Elektroenergietechnik werden anhand einer Kategorisierung vorgestellt (Abb. 7.8). Es wird kein Anspruch auf Vollständigkeit der dargelegten Verfahren für die jeweiligen Verbindungstechnologien erhoben.

Die Struktur eines Prüfverfahrens nach Standard kann in die *allgemeinen Voraussetzungen für die Prüfung*, den *Versuchsaufbau*, die *Versuchsdurchführung* sowie die *Bewertung der Versuchsergebnisse* unterteilt werden (Abb. 7.8). In den *allgemeinen Voraussetzungen* werden der Geltungsbereich des entsprechenden Standards, allgemeine Anforderungen an die Betriebsmittel sowie grundlegende Rahmenbedingungen der Prüfung festgelegt. In diesen Abschnitten werden zum Teil bereits grundlegende Anforderungen an das Design der jeweiligen Verbindung dargestellt. Beispielsweise werden in der IEC 61284:1997 allgemeine Anforderungen an die Konstruktion von und die Werkstoffe für Armaturen genannt [31].

1 *Allgemeine Voraussetzungen für die Prüfung*
- Allgemeine Anforderungen an Verbindungstechnik und Leiter im Anwendungsgebiet
- Anwendungsspezifische Klassifizierung für Prüfzwecke
- Grundlegende Rahmenbedingungen der Prüfung

2 *Versuchsaufbau*
- Anforderungen an den Prüfaufbau und die Versuchstechnik
- Anforderungen an die Temperatur- und Widerstandsmessstellen sowie die Messtechnik
- Umgebungsbedingungen während der Prüfung

3 *Versuchsdurchführung*
- Belastungsprofil(e) - Art, Höhe und Dauer der elektrisch-thermischen sowie ggf. der mechanischen Belastungsgrößen für die Dauer- sowie ggf. Kurzschlussstromprüfung
- Ablauf der Temperatur- und Widerstandsmessungen

4 *Bewerten der Versuchsergebnisse*
- Einhalten der zulässigen Grenzwerte für Verbindungs-, Kontaktwiderstand, -temperatur bzw. -spannung nach der/den elektrischen Prüfung(en)
- Einhalten der zulässigen Grenzwerte der zeitlichen Änderung von Verbindungs-, Kontaktwiderstand und -temperatur nach der elektrischen Prüfung

Abb. 7.8 Klassifizieren der Festlegungen in standardisierter Prüfverfahren der Elektroenergietechnik

Festlegungen, die die Anordnung der Prüflinge bzw. des Stromkreises, erforderliche Versuchs- und Messtechnik, sowie die Messstellen beschreiben, sind im Teil *Versuchsaufbau* beschrieben. Durch diese Bestimmungen soll als vorrangige Anforderung ein vergleichbares Prüfen der elektrischen Funktion erreicht werden. Um dies zu gewährleisten, sind beispielsweise präzise Vorgaben für die Abstände der Verbindungen innerhalb des Stromkreises bzw. zu benachbarten Objekten, für die Umgebungsbedingungen und die Orte von Messstellen notwendig. Diese Festlegungen verringern den Spielraum, mit dem die thermischen Randbedingungen in der Prüfung beeinflusst werden können und sollen vergleichbare Ergebnisse in gleichen Prüfungen bei verschiedenen Prüflaboren gewährleisten. Darüber hinaus ist zu beachten, dass mit den Vorgaben zum Versuchsaufbau die thermische Beeinflussung der Prüflinge minimiert werden soll.

Die Belastungssequenzen als Kern jedes Prüfverfahrens sowie die erforderlichen Messungen werden in der *Versuchsdurchführung* definiert. Die prinzipielle Wirkung der Belastungsgrößen in Prüfverfahren sowie die entsprechend daran orientierten Bewertungskriterien wurden in den Abschn. 7.1.1 und 7.1.2 diskutiert.

Verfahren zum Prüfen der Verbindungstechnik sind in der Elektroenergietechnik für die individuellen Betriebsmittel bzw. Systeme sowie die verschiedenen Spannungsebenen unabhängig definiert. Dabei wird nicht berücksichtigt, dass in den unterschiedlichen Anwendungsbereichen mit prinzipiell vergleichbaren elektrisch-thermischen Belastungen teils die gleichen Verbindungstechnologien mit vergleichbarer Dimensionierung eingesetzt werden. Beispielsweise wird das Prüfverfahren der elektrischen Funktion aus IEC 61284:1997 – Freileitungen – Anforderungen und Prüfungen für Armaturen sowohl für stromführende Schraube-Mutter-Verbindungen mit Flachanschlüssen, Schraub-, Klemm- und Pressverbindungen angewandt. Auch für weitere Armaturen, die andere Verbindungstechnologien (z. B. formschlüssige stromführende Verbindungen mit spiralförmigen Stäben) verwenden, gelten die Bestimmungen dieser Norm zum Nachweis der elektrischen Funktion. Die für die Verbindungstechnik der Leiter von Kabeln in der Nieder- und Mittelspannungstechnik gültige Normenreihe IEC 61238-1 wird gleichermaßen für Schraub- und Pressverbinder sowie für Schrauben-Mutter-Verbindungen mit Flachanschlüssen angewendet [9, 26, 27]. Im Betrieb ist die thermische Beanspruchung der Verbindungen in den Anwendungen zum Teil vergleichbar z. B. bei Flachanschlüssen, zum Teil erheblich unterschiedlich, z. B. durch die bessere Kühlung der Armaturen von Freileitungen. Entsprechend definieren die genannten Standards die jeweiligen Anforderungen an die Verbindungstechnik spezifisch für die Anwendung und berücksichtigen die Besonderheiten im Betrieb der entsprechenden Systeme. Neben den elektrisch-thermischen Eigenschaften betrifft das unterschiedliche Anforderungen an die mechanische Funktion, die in oder zusätzlich zu der jeweiligen elektrischen Prüfung zu berücksichtigen sind. Anwendungsbezogene Besonderheiten in der Elektroenergietechnik sind darüber hinaus die geforderte Lebensdauer der Betriebsmittel im Bereich von Jahrzehnten bei teils reduzierten elektrischen Belastungen der Systeme durch deren in der Regel redundanten Betrieb in der Praxis (N-1 Sicherheit[1]). Der Nachweis der elektrischen Funktion wird in den Verfahren dennoch durch ein Prüfen bei gegenüber dem Bemessungsbetrieb erhöhten Belastungen in vergleichsweise kurzer Zeit geführt (Vgl. Abschn. 7.1.1). Die Prüfungen bilden entsprechend nicht das tatsächliche Langzeitverhalten ab.

Allgemein sind die Festlegungen in den Prüfverfahren der Elektroenergietechnik im Kontext der Anwendung der Verbindungstechnik in den Anlagen der Elektroenergieversorgung zu betrachten und können nicht eins zu eins auf veränderte Betriebsbedingungen anderer oder neuer Anwendungen übertragen werden. In Anwendungen, die demgegenüber veränderte Betriebsbedingungen und abweichende Beanspruchungen haben (Tab. 7.3), werden entsprechende Funktionsprüfungen gefordert. Beispielsweise ist für die Verbindungstechnik in klassischen Niederspannungsanwendungen von einer geringeren elektrischen Aus- und Belastung im Betrieb auszugehen. Diese bisherigen Anforderungen sind zu prüfen und ggf. zu ergänzen, wenn sich die Auslastung in Niederspannungsnetzen durch neue Anwendungen, wie beispielsweise Ladeeinrichtungen für Elektrofahrzeuge, erhöht. Gegenüber den Anwendungen für hohe zu übertragende Leistungen sind die bisherigen Anforderungen in diesen Prüfungen geringer (z. B. DIN EN 60352-2:2014 33). So werden beispielsweise weniger thermische Zyklen gefordert (Tab. 7.4). Hingegen können für Verbindungen in Niederspannungsanwendungen bestimmte klimatische Prüfungen oder Vibrationsprüfungen relevant sein. An den jeweiligen Einsatzbedingungen angepasste Prüfverfahren sind folglich zweckmäßig (s. Abschn. 7.3). Beim Prüfen von Steck- und Gleitverbindungen der Elektroenergietechnik sind die Beständigkeit bei einer hohen Anzahl von Steck- bzw. Gleitzyklen sowie moderaten Grenztemperaturen nachzuweisen (Tab. 7.5). Der Nachweis des elektrischen Langzeitverhaltens ist hier nicht gefordert,

[1] Redundanter Betrieb von Systemen der Elektroenergietechnik mit einer maximalen relativen Auslastung kleiner 70 %, bei dem bei Ausfall eines Systems die Übertragungsfunktion durch die verbleibenden Systeme übernommen werden kann.

Tab. 7.3 Ausgewählte Anwendungsfälle von elektrischen Schraub-, Schrauben-, Press- und Steckverbindungen – Belastungsströme, verwendete Arten und Prüfnormen

Einsatz	Elektroenergieerzeugung und -übertragung/-verteilung		Elektrische Systeme von Verbrauchern		Sonderfälle
	Hoch- und Mittelspannung	Niederspannung	Gebäude- und Industrie	Elektromobilität	z. B. Teilchen-Beschleuniger [12], Prüfanlagen
Beispiel	Kabel- und Freileitungstrassen, Leistungs-, Erdungs-, und Trennschalter, Ausdehnungskompensation, Montagesteckverbindung, Geräteanschlüsse		Klemmverbindung, Crimpverbindungen, CEE-Steckverbinder	Ladesteckverbindung, Komponenten des Kabelbaums	Ausdehnungskompensation, Montagesteckverbindung Erdungssystem, Herstellen von Trennstrecken
Dauer-Belastungsstrom	AC oder DC; einige (10 … 1000) A, entsprechend Tageslastgang (EEV) oder Gebrauchskategorien (Industrie)		in einem Fahrzeug meist AC- und DC-Systeme, einige (10 … 100) A; volatiles Fahrprofil mit Stromspitzen		spezifisch für die Anlage
kurzzeitiger Belastungsstrom	AC: Generatornaher oder generatorferner Wechselstrom-Kurzschluss DC: stark von Art der Stromquellen abhängig; genormte Kurzschlussdauern $t_K = (0{,}5 \ldots 3)$ s		Keine allgemeingültige Beschreibung bekannt, bei Verwenden von Sicherungen bei AC $t_K < 5$ ms [13]		meist impulsförmig, spezifisch für die Anlage
Beispielhaft ausgewählte Prüfnormen	Hochspannungs-Schaltgeräte und Schaltanlagen DIN EN 62271 -1/-100/-204 [34–36]	Niederspannungs-Schaltgeräte DIN EN 61439-1 [37], sonstige Steckverbindungen DIN EN 61984 [38]	Liefervorschriften für Automobil-Zulieferer LV 214, LV 215 [45–47], Ladesteckverbindungen DIN EN 61851-23 [39], DIN EN 62196-1:2015-6 [31, Abschn. 12.3] Crimpverbindungen DIN EN 60352-2:2014 [40] Klemmverbindungen DIN EN 60999-1:2000 [41]		nicht standardisiert

Tab. 7.4 Standardisierte Erwärmungs- und Funktionsprüfungen für Schrauben- und Pressverbindungen (Auswahl)

Einsatz	Hochspannungs-Freileitungen	Nieder- und Mittelspannungskabel	Verbindungsmaterial – Schraubklemmstellen und schraubenlose Klemmstellen	Crimpverbindungen (lötfrei)	Hochspannungs-Schaltgeräte und Schaltanlagen
Normen (-reihe)	DIN EN 61284:1998 [31]	DIN EN 61238-1-1: 2020 [9] DIN EN 61238-1-2: 2020 [26] DIN EN 61238-1-3: 2020 [27]	DIN EN 60999-1:2000 [41] DIN EN 60999-2:2000 [42]	DIN EN 60352-2:2014 [33]	DIN EN 62271:2018 [34]
Nennspannung	>45 kV	≤ 1000 V AC/DC (Teil 1) (1 … 36) kV AC/DC Teil 3	≤ 1000 V AC ≤ 1500 V DC	keine Einschränkung	>1000 V
Leiterquerschnitt	keine Einschränkung	(2,5 … 1200) mm^2 (Cu) (16 … 1200) mm^2 (Al)	Teil 1: (0,2 … 35) mm^2 Teil 2: (35 … 300) mm^2	(0,05 … 10) mm^2	keine Einschränkung
Erwärmungs-prüfung bei Nennstrom	nicht vorgesehen	nicht vorgesehen	nicht für die Komponenten, ggf. im Rahmen der „betreffende Produktnormen" erforderlich	nicht vorgesehen	Kontakte: Cu: ≤ 75 °C Ag/Ni: ≤ 115 °C Sn: ≤ 90 °C (ϑ_0 = 40 °C)
Dauerprüfung (elektrisch-thermisch)	$1000^1/500^2/100^3$ Zyklen mit I_{KK} $70\ K^1/100\ K^2/130\ K^3$ anschließend I_K mit <180 °C (Kurzzeitstrom) (ϑ_0 = (15 … 30) °C)	1000 Zyklen bei Referenzleitertemperatur (120 … 140) C Kurzschlussprüfung nach 200 Zyklen; Referenzleitertemp.: (250 … 270) °C (ϑ_0 = (15 … 30) °C)	196 Zyklen à ca. 1 h, 30 min strombelastet, 30 min abkühlen, Lagerung im Wärmeschrank: ϑ_0 = 20 °C → 40 °C während der Strombelastung	Es gelten die Bestimmungen der DIN EN IEC 60512-9-5:2021 20/100/500 Zyklen z. B. 125 °C an der Verbindung	keine
Mechanische Prüfungen (ohne el. Last)	spezifisch für den jew. Armaturentyp (siehe Tab. 2.1 in DIN EN 61284:1998)	Zugprüfung mit: 60 N/mm^2 (Cu-Leiter) 40 N/mm^2 (Al-Leiter) max. 20 kN	Zugfestigkeit mind.: Teil 1: (10 … 190) N Teil 2: (236 … 578) N	Zugfestigkeit gem. der DIN EN IEC 60512-16-4:2009	keine Anforderungen an Schrauben- und Pressverbindungen

Tab. 7.5 Standardisierte Erwärmungs- und Funktionsprüfungen für Steckverbindungen in atmosphärischer Luft (Auswahl)

Einsatz	Hochspannungs-Schaltgeräte und Schaltanlagen	Niederspannungs-Schaltgeräte	Hochvolt-Kontaktierungen in Automobilen	Ladesteckverbindungen für Elektrofahrzeuge,	Steckverbindungen für industrielle Anwendungen	Steckverbinder für elektrische und elektronische Einrichtungen	Sonstige Steckverbindungen
Normen (-reihe)	DIN EN 62271:2018 [34]	DIN EN 61439-1:2021 [37]	Liefervorschriften für Automobil-Zulieferer LV 214, LV 215 [45–47]	DIN EN 61851-23:2014 [39] DIN EN 62196-1:2014 [40]	DIN EN 60309-1:1999 [44]	DIN EN 60512:2019 [43]	DIN EN 61984:2009 [38]
Bemessungsstrom	keine Einschränkung	keine Einschränkung	LV 215: (10 … 405) A	≤ 250 A AC ≤ 400 A DC	≤ 800 A	keine Einschränkung	≤125 A, bis 500 A als Leitfaden
Bemessungsspannung	>1000 V	≤ 1000 V AC ≤ 1500 V DC	(60 … 1500) V DC (30 … 1000) V AC	≤ 690 V AC ≤ 1500 V DC	≤ 1000 V AC oder DC	keine Einschränkung	50 V bis 1000 V
Erwärmungsprüfung bei Nennstrom (Umgebungstemperatur ϑ_U)	Kontakte: Cu: ≤ 75 °C Ag/Ni: ≤ 115 °C Sn: ≤ 90 °C (ϑ_0 = 40 °C)	Erwärmung Cu-Leiter 105 K, Anschlüsse 70 K (ϑ_U = 35 °C)	Maximale Temperatur im Kontakt 180 °C (ϑ_0 = (65 … 140) °C)	Erwärmung max. 50 K an den Klemmen (max. ϑ_0 = 25 °C)	Erwärmung max. 50 K an den Klemmen (max. ϑ_0 = 25 °C)	Teil-5-1: Übertemperatur max. 30 K für den festgelegten Strom, eine Stunde Beharrung	Grenztemperatur (70 … 125) °C nach Herstellerspezifikation
Dauerprüfung (elektrisch-thermisch)	keine	keine	Temperaturwechsel (−40 … 180) °C 60 Zyklen, je 4 h bestromt	keine	keine	-9-2: el. Belastung bei max. ϑ_0[a] -9-5: zyklische Strombelastung[b]	keine
Dauerprüfung (mechanisch) ohne el. Last	LS-Schalter: 2000 Zyklen GIL: 10.000 Gleitzyklen	200 Zyklen oder nach Hersteller-Spezifikation	Ag, Sn: 50 Steckzyklen Au: 100 Zyklen	10.000 Steckzyklen	1000 (32 A) bis 125 (>200 A)	Steckzyklen nach Herstellerspezifikation	Steckzyklen nach Herstellerspezifikation

[a]Prüfdauer nach Hersteller-Spezifikation, Vorzugswerte 250 h, 500 h, 1000 h oder 2000 h

[b]Zyklenzahl nach Hersteller-Spezifikation, Vorzugswerte 20, 100 oder 500 Zyklen; 45 min an +15 min aus

sollte aber unbedingt durch entwicklungsbegleitendes Prüfen geführt werden. Demgegenüber werden für Anwendungen in der Elektromobilität teilweise wesentlich höhere Grenztemperaturen als auch mehr Steck- bzw. Gleitzyklen gefordert. In industriellen sowie weiteren Niederspannungsanwendungen von Steckverbindungen sind die standardisierten Anforderungen an die Verbindungstechnik wiederum spezifisch (Tab. 7.5).

7.3 Entwicklungsbegleitend für spezielle Anwendungen

In einem Prüfverfahren nach Standard wird der prinzipielle Nachweis erbracht, dass die Mindestanforderungen an die Funktion eines Bauteils für eine bestimmte Anwendung gewährleistet ist. Abhängig von der Anwendung haben sich damit unterschiedliche Prüfnormen und Prüfverfahren etabliert (Abschn. 7.2). Ändern sich Anforderungen in der Anwendung, sollten auch die Prüfverfahren in bzw. gegenüber den Standards angepasst werden. Die Überarbeitung standardisierter Prüfverfahren erfolgt in Zyklen mit einer Dauer von mehreren Jahren bis Jahrzenten, da dies durch Arbeitskreise mit Teilnehmern aus unterschiedlichen Interessengruppen erfolgt und teilweise mit nationalen und internationalen Gremien abgestimmt bzw. abgeglichen werden muss. Das hat immer wieder dazu geführt, dass auf dem Markt verfügbare und für eine bestimmte Anwendung geprüfte Verbindungen in der Praxis versagt haben. Ursache dafür ist, dass die Prüfbedingungen die gegebenenfalls veränderten Anforderungen nicht mehr hinreichend genau abbildeten oder die Anwendung nicht mehr zu der passt, die als Grundlage für das Prüfverfahren betrachtet wurde. Als Beispiel können hier Verbindungen für die Kabeltechnik genannt werden, die über Jahrzehnte im Elektroenergieversorgungsnetz eingesetzt wurden und funktionierten, aber zu Problemen in Windenergieanlagen führten. Auch stromführende Verbindungen, die heute in der Elektromobilität bei deutlich höheren Temperaturen eingesetzt werden als in der klassischen Elektroenergieversorgung führen zu neuen Herausforderungen. Daraus ergeben sich neben dem Nachweis der grundsätzlichen Funktion einer Verbindung vielfach Fragen zur voraussichtlichen Lebensdauer, die in vielen Prüfverfahren nicht hinreichend beantwortet werden können. Es ist deshalb vielfach notwendig, insbesondere entwicklungsbegleitend spezifische Prüfverfahren zu beschreiben, die die wesentlichen Belastungsgrößen in der Anwendung berücksichtigen. Entwicklungsbegleitende Prüfungen können zu verschiedenen Zeitpunkten des Entwicklungsprozesses sowie in unterschiedlichen Ebenen ansetzen. In den ersten Stadien der Entwicklung von Komponenten kann dies durch Modellversuche und erste Prüfungen auf Komponentenebene begleitet werden. Bereits diese Prüfungen sollten anwendungsspezifisch erfolgen. In weiteren Stadien werden Systemprüfungen durchgeführt, die geräte- oder anlagenspezifische Anforderungen berücksichtigen. In vielen Anwendungsfelder werden diese durch Feldversuche unter realen Bedingungen ergänzt.

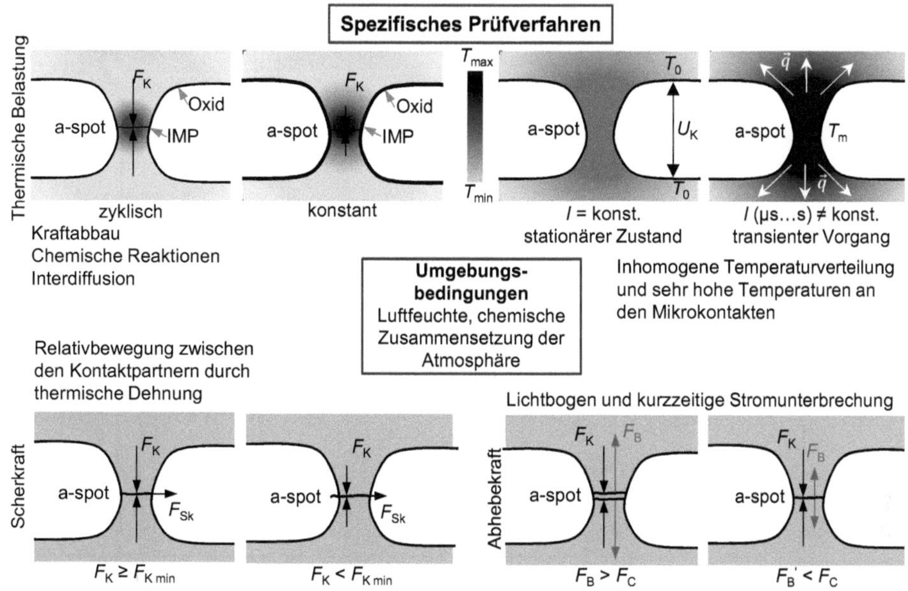

Abb. 7.9 Spezifische Prüfverfahren – Einfluss von Belastungsgrößen auf den elektrischen Kontakt

In entwicklungsbegleitenden Prüfungen auf Komponentenebene ist je nach Verbindungsart der Einfluss der relevanten Alterungs- und Degradationsmechanismen zu bewerten und zu gewichten (Abb. 7.9). Dazu ist ein tiefes Verständnis zum Kontaktverhalten der betreffenden Verbindungsart unter Berücksichtigung der elektrischen und mechanischen Belastungsgrößen sowie den Umgebungsbedingungen im Betrieb notwendig. Wird sich an den Bemessungswerten der Belastungen orientiert, kann sichergestellt werden, dass die Prüfung im Bereich der wirksamen Alterungsmechanismen verläuft. Weiterhin ist zu entscheiden, ob Belastungen in getrennten oder überlagert in gemeinsamen Prüfungen betrachtet werden müssen, da vielfach Wechselwirkungen zwischen diesen vorhanden sind und damit das Prüfergebnis signifikant beeinflusst wird. Auf dieser Basis können spezifische Prüfsequenzen hergeleitet werden. Beispielhaft wird dafür das Vorgehen im Folgenden für kraftschlüssige stromführende Verbindungen dargestellt.

Basierend auf den Betrachtungen in Abschn. 7.1 sollten kraftschlüssige Verbindungen in der ersten Phase der Prüfung über eine definierte Zeit mit der Bemessungstemperatur belastet werden, um insbesondere die Widerstandsfähigkeit der Verbindung gegenüber dem Kraftabbau zu prüfen. Da die am Kraftabbau beteiligten physikalischen Prozesse sowie die Oxidation und die Interdiffusion, nach dem Arrhenius-Gesetz exponentiell von der Temperatur abhängen (Abschn. 5.1.1), sollte in dieser Phase eine konstant hohe thermische Beanspruchung gewählt werden (Abb. 7.9 – oben links). Nachdem die Vorbelastung der ersten Phase den Kraftabbau forcierte, wird in der anschließenden Phase des Prüfverfahrens die

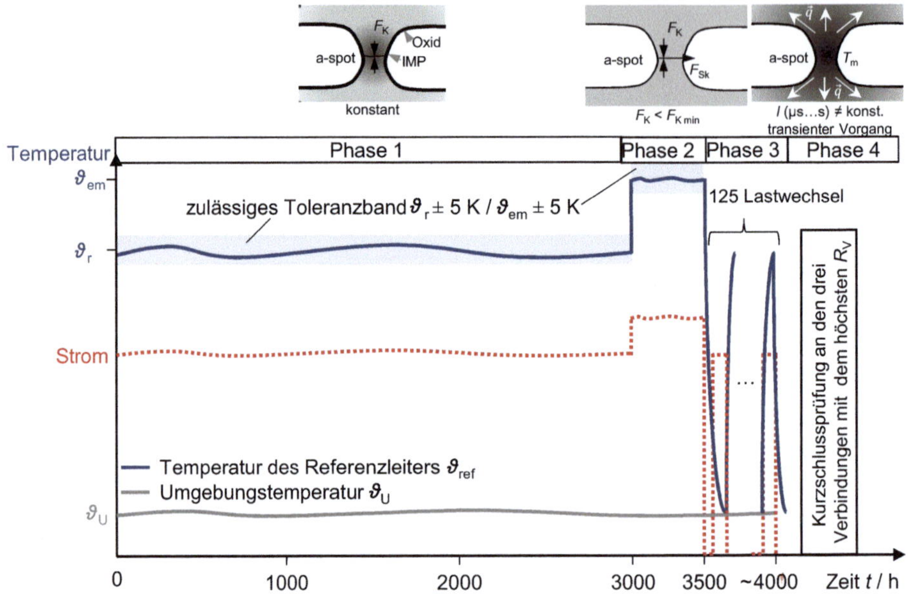

Abb. 7.10 Spezifisches Prüfverfahren am Beispiel stromführender Armaturen für Hochtemperatur-Freileitungsseile (1. Phase: Dauerlast bei Bemessungstemperatur des Leiterseils über eine Dauer von 3000 h, 2. Phase: Dauerlast über 500 h bei der höchsten zulässigen Betriebstemperatur des Leiterseils, 3. Phase: Wechsellastzyklen und 4. Phase: Kurzschlussprüfung) [22]

Beständigkeit der Verbindung gegenüber möglichen Schädigungsmechanismen geprüft. In kraftschlüssigen Verbindungen mit geringen Kontaktkräften sind dies z. B. Verschiebungen der Kontaktpartner, hervorgerufen durch unterschiedliche thermische Dehnung oder mechanische Zusatzlasten (Abb. 7.9 – unten links). Entsprechend werden in dieser Phase zyklische thermische Belastungen aufgebracht sowie mechanische Zusatzlasten überlagert, die sich z. B. an denen des praktischen Betriebs orientieren [4]. Letztere können für Armaturen für Freileitungsseile z. B. aus der betriebsmäßigen Zugspannung oder aus Wind- und Eislasten hergeleitet werden [11]. Für Schraubenverbindungen mit Stromschienen sind mechanische Zusatzlasten z. B. Querkräfte F_Q oder Drehmomente M_T im Betrieb (Abschn. 4.1.2). In einer abschließenden Phase des Prüfverfahrens werden vorgealterte Verbindungen mit anwendungsspezifischen Kurzschlussströmen belastet. Beim Belasten mit Kurzschlussströmen werden die Kontakte thermisch und mechanisch beansprucht (Abb. 7.9 – rechts). Anwendungsbedingte Umgebungsbedingungen wie z. B. eine erhöhte Luftfeuchte oder besondere chemische Zusammensetzung der Atmosphäre können in der spezifischen Prüfsequenz berücksichtigt werden oder als individuelle Prüfungen ausgeführt werden.

Eine spezifische Prüfung, die sich sehr stark am Prüfen kraftschlüssiger Verbindungen orientiert, wurde beispielsweise für stromführende Armaturen mit High-Temperatur-Low-Sag (HTLS)-Freileitungsseilen erarbeitet [22].

Die Prüfsequenz ist in vier Phasen unterteilt (Abb. 7.10) [22]). In der 1. und 2. Phase des Prüfablaufs wird bei dauerhaft maximal zulässiger Temperatur des Leiterseils im Normal- und Notbetrieb neben der Alterung durch Kraftabbau und diejenige durch Oxi-

Tab. 7.6 Vorgaben für die Zeitpunkte der Widerstandsmessungen im Prüfverfahren nach [22]

Nr. Messung n	1	2	3	4	5	6	7	8	9	10	11	12	13
Zeit t in h	0	24	50	100	250	500	1000	1500	2000	2500	3000	3500	4000*

* Richtwert; Jeweils messen nach den 125 Lastwechsel sowie nach Kurzschlussversuchen

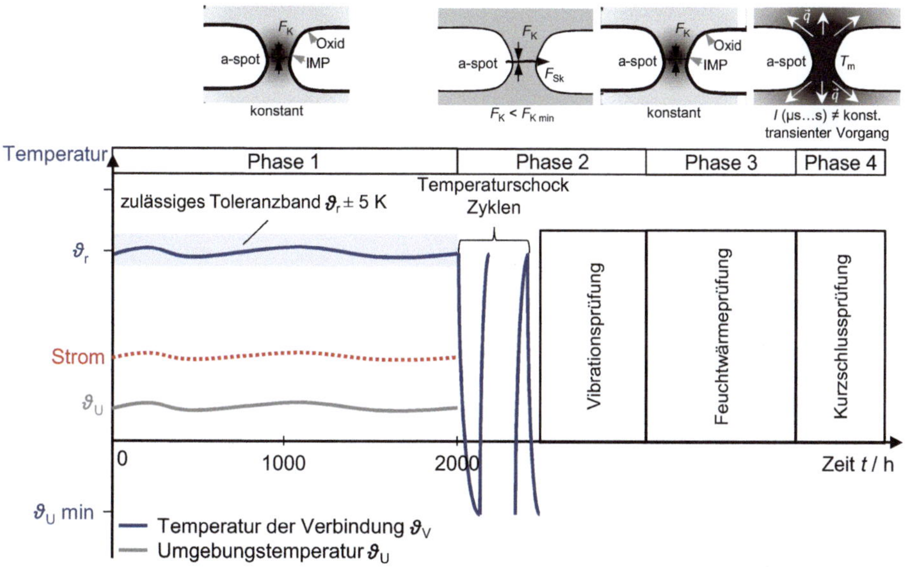

Abb. 7.11 Beispielhaftes spezifisches Prüfverfahren einer Schraubenverbindung mit Stromschienen im Fahrzeug (1. Phase Dauerlast bei maximal zulässiger Temperatur des Leiters über eine Dauer von 2000 h, 2. Phase Nachbilden der Alterung durch die in der Praxis auftretenden Temperaturen und Vibrationen, 3. Phase Nachbilden der klimatischen Bedingungen 4. Phase Kurzschlussprüfung)

dation forciert (Abb. 7.9). Anschließend sollen in der 3. Phase durch elektrisch-thermische Wechsellast thermomechanische Spannungen in den Verbindungen erzeugt werden. Da die Kontaktkraft durch die vorangegangene thermische Dauerlast bereits verringert ist, ist zu diesem Zeitpunkt ein stärkerer Einfluss der Zyklen als im Ausgangszustand zu erwarten. In allen drei Phasen wird eine statische mechanische Zugspannung überlagert, die sich an derjenigen in der praktischen Anwendung orientiert. Nach dieser Voralterung wird abschießend an den drei Verbindungen mit dem höchsten Widerstand eine Kurzschlussprüfung durchgeführt und die Wirkung der hohen thermischen und mechanischen Belastung geprüft. Das Prüfverfahren bildet damit die wesentlichen elektrisch-thermischen und mechanischen Belastungen ab, die im Betrieb auftreten können. Der Prüfablauf ist so gewählt, dass die auftretende thermische Belastung im realen N–1-Betrieb durch den hohen Anteil der Dauerlast kumuliert wird und gleichzeitig konzeptuell der Sequenz der relevanten Alterungs- und Schädigungsmechanismen folgt. Im weiteren Verlauf der Lebensdauerkennlinie wird insbesondere auf wirkende Schädigungsmechanismen, wie thermomechanische Spannungen und mögliche resultierende

Relativbewegungen zwischen den Leitern, geprüft. Bewertet wird das Verhalten der Verbindung in der Prüfung mit dem zyklisch gemessenen Verbindungswiderstand (Tab. 7.6) und der kontinuierlich gemessenen Verbindungstemperatur. Da bei Verbindungen mit mehrdrähtigen Leitern der gemessene Verbindungswiderstand unter bestimmten Randbedingungen erheblich fehlerbehaftet sein kann [23], wurde der Fokus auf das statistische Auswerten der Temperaturen der Prüflinge gelegt.

Als zweites Beispiel wird eine Prüfsequenz für Schraubenverbindungen für den Einsatz in Elektrofahrzeugen betrachtet. Diese Verbindungen sind kraftschlüssig, sodass gleichermaßen die grundlegenden Überlegungen für das Prüfen solcher Verbindungen angewendet werden können. Entsprechend beginnt die Prüfsequenz mit 2000 h bei thermischer Dauerlast bei Bemessungstemperatur des Leiters, in der vorrangig der Kraftabbau, die Diffusion und die Oxidation verstärkt ablaufen sollen, sodass ein intensives Voraltern der Verbindungen erreicht wird (Abb. 7.11). Anschließend werden rasche Temperatur-Schocks durchgeführt. Dabei werden die Verbindungen zyklisch mit sehr hoher Änderungsgeschwindigkeit auf Bemessungstemperatur ϑ_{max} erwärmt und anschließend auf Minustemperatur $\vartheta_{0\ min}$ abgekühlt. Dadurch wird die Wirkung unterschiedlicher thermischer Ausdehnungskoeffizienten zwischen den Fügelementen und den Leitern betrachtet, die einen großen Einfluss insbesondere bei vorgealterten Schraubenverbindungen haben können, insbesondere wenn kleine Klemmlängen/Dünne Leiter eingesetzt werden [25]. Die weiteren Belastungen sind eine praxisnahe Vibrationsprüfung und eine klimatische Prüfung bevor abschließend die Beständigkeit bei Belastung mit Fehlerströmen geprüft wird (Abb. 7.11).

Weiterhin wurde ein verallgemeinertes Prüfverfahren im Rahmen eines öffentlich geförderten Projekts erarbeitet. Dieses harmonisiert und erweitert die Anforderungen bestehender Prüfverfahren, sodass die Funktion des Stromführens der Verbindung unter aktuellen Anforderungen der Elektroenergietechnik im Betrieb geprüft und erste Aussagen zum Langzeitverhalten ermöglicht werden [10]. Entsprechend wurden die Abläufe des Prüfverfahren allgemein beschrieben. Dies umfasst allgemeine Kriterien an den Prüfaufbau, die Belastung und zur Bewertung der Ergebnisse. Spezifische Eigenschaften, wie die thermische Dehnung oder mechanische Zusatzlasten im praktischen Betrieb können gleichermaßen berücksichtigt und sollten in der Prüfung nachgebildet werden. Dieses einheitliche Prüfverfahren für stromführende Verbindungen in der Elektroenergietechnik könnte unter Berücksichtigung spezifischer Anforderungen z. B. in Standards ergänzt werden, die bisher keine Dauerprüfung vorsehen. Entsprechend könnten in diesen Standards einheitliche Prüfabläufe und Bewertungskriterien geschaffen werden, die zu deutlich objektiveren und vergleichbareren Ergebnissen führen. Vorteile ergeben sich daraus sowohl für die Hersteller als auch die Betreiber der Anlagen.

Diese Beispiele zeigen, dass mit der Kenntnis zur Funktionsweise und den resultierenden Alterungsmechanismen der betreffenden Verbindungen sowie den Betriebsbedingungen gezielt spezifische Prüfverfahren erarbeitet werden können. Werden die Belastungen auf die Bemessungsgrößen begrenzt, können mit dem Prüfverfahren Aussagen zur Langzeitstabilität der Verbindungen getroffen werden. Das Kapitel ist im starken Zusammenhang mit Kap. 5 zu sehen und leitet für die Praxis anwendbare Grundlagen zur Prüfung stromführender Verbindungen aus den physikalischen Prozessen der Alterung her.

Literatur

1. *Braunovic, M.*: Aluminium connections: legacies of the past. Konferenzbd. 40th IEEE Holm Conference on Electrical Contracts, Chicago, 17.–19.10.1994, pp. 1–31.
2. *Öberg, Å.; Olsson, K.-E.; Bohlin, A.*: Testing of power connectors-influence of testing parameters. 36th IEEE Holm Conference on Electrical Contacts and the 15th International Conference on Electrical Contacts, Montreal, 20.–24.08.1990.
3. *Böhme, H.*: Mittelspannungstechnik-Schaltanlagen berechnen und entwerfen. 2. Stark bearbeitete Auflage Berlin: Verlag Technik 2005. – ISBN 3-341-01495-0 .
4. *Hildmann, C.; Schlegel, S.; Lücke, N.; Großmann, S.; Gorschakov, S.; Brandenburg, R.; Plonus, F.; Schoenemann, T.*: Vergleich genormter elektrischer Alterungsprüfungen für Verbindungen der Elektroenergietechnik mit Erkenntnissen aktueller wissenschaftlicher Untersuchungen. 5. Connector Symposium, Lemgo, 18.–19.3.2015.
5. *Schlegel, S.*: Stromführende Verbindungen und Leiterwerkstoffe der Elektroenergietechnik – Theorie zum Kontakt- und Langzeitverhalten von Schraubenverbindungen mit Flächenkontakten. Habilitation, TU Dresden 2019. – ISBN 978-3-86780-614-5
6. *Pfeifer, S.; Schlegel, S., Großmann, S., Günter, F.*: Betriebsverhalten von Verbindungen mit Leitern aus Aluminium und Kupfer. 23. Fachtagung Albert-Keil-Kontaktseminar, Karlsruhe 7.–9.10.2015. – ISBN 978-3-8007-4092-5
7. *Pfeifer, S.*: Einfluss intermetallischer Phasen der Systeme Al-Cu und Al-Ag auf den Widerstand stromtragender Verbindungen im Temperaturbereich von 90 °C bis 200 °C. Dissertation, TU Dresdeb 2015.
8. *Bergmann, R.*: Zum Langzeitverhalten des Widerstands elektrischer Stromschienenverbindungen. Diss. TU Dresden, Fortschritt-Berichte VDI Nr. 195. VDI-Verlag 1996. – ISBN 3-18-319521-6 .
9. DIN EN 61238-1-1:2020-11: Pressverbinder und Schraubverbinder für Starkstromkabel - Teil 1-1: Prüfverfahren für und Anforderungen an Pressverbinder und Schraubverbinder für Starkstromkabel für Nennspannungen bis zu 1 kV (U_m = 1,2 kV), geprüft an nicht isolierten Leitern (IEC 61238-1-1:2018)
10. Bericht zum BMWi-Projekt (FKZ 01FS13038): Verbundprojekt: Normenkonzept für Verbindungen der Elektroenergietechnik zur Bewertung der Lebensdauer (NOVEL), Teilvorhaben Analyse und Bewerten des Langzeitverhaltens elektrischer Verbindungen. 2016
11. Cigré TB 758. Test regimes for HV and EHV cable connectors. https://e-cigre.org/publication/758-test-regimes-for-hv-and-ehv-cable-connectors. 06.10.2020.
12. *Kießling, F.*: Freileitungen – Planung, Berechnung, Ausführung. Edition Number 5, Springer, Berlin, Heidelberg, 2001. – ISBN 978-3-642-56738-4
13. *Hildmann, C.*: Zum elektrischen Kontakt- und Langzeitverhalten von Pressverbindungen mit konventionellen und Hochtemperatur-Leiterseilen mit geringem Durchhang. Dissertation, TU Dresden 2016. – ISBN 978-3-00-056211-2
14. *T. Israel, M. Gatzsche, S. Schlegel, S. Großmann, T. Kufner and G. Freudiger*: The impact of short circuits on contact elements in high power applications. 63rd IEEE Holm Conference on Electrical Contacts, Denver, CO, 2017, pp. 40–49, doi: https://doi.org/10.1109/HOLM.2017.8088061.
15. *Gatzsche, M., Israel, T., Lücke, N., Großmann, S., Kufner, T., Freudiger, G.*: Grenzen der Gültigkeit des I^2t-Kriteriums beim Prüfen der Kurzschlussfestigkeit von Kontaktsystemen. 6. Connector Symposium, Lemgo, 15.–16.3.2017.
16. *Blumenroth, F.:* Zum Langzeitverhalten von Steckverbindungen mit Schraubenfedern in Anlagen der Elektroenergietechnik. Dissertation, TU Dresden, Shaker Verlag, 2010. – ISBN 978-3-8322-9506-6
17. *Lücke, N.*: Zum Langzeitverhalten elektrischer Steckverbindungen mit Kupfer-Beryllium-Kontaktlamellen. Auflage 1, TUDpress 2004. – ISBN 978-3944331751

18. *Schneider, R.*: Langzeitverhalten geschraubter Stromschienenverbindungen in der Elektroenergietechnik. Dissertation, TU Dresden 2012.
19. Ramonat, A.: Untersuchungen zum elektrischen Kontakt- und Langzeitverhalten von Fügetechnologien mit zylindrischen Leitern aus Aluminium. Dissertation, TU Dresden, 2018. – ISBN 978-3-86780-604-6
20. *Israel, T., Schlegel, S.; Großmann, S., Kufner, T.; Freudiger, G.*: Zum elektrisch-thermisch-mechanischen Verhalten von silberbeschichteten Hochstrom-Steckverbindern. Das I^2t-Kriterium bei der Kurzschlussprüfung Teil II. 7. Connector Symposium, Lemgo, 19.–20.3.2019.
21. *Hildmann, C.; Israel, T.; Schlegel, S.; Großmann S.*: Recent Findings in the Long-term and Short Circuit Behavior of Power Connections and their Relevance for Testing. 64th IEEE Holm Conference on Electrical Contacts, Albuquerque, NM, 2018, pp. 270–277.
22. Bericht zum BMWi-Projekt (FKZ 03TNG009): Entwurf für ein Prüfverfahren zum Nachweis der elektrischen Funktion von stromführenden Verbindungen für HTLS-Leiterseile.
23. *Hildmann, C.; Schlegel, S.; Großmann S. Schmidt, C.*: Measuring Joint Resistances of Power Connections with Stranded Conductors – Fundamentals, Principles and Common Reasons for Measurement Errors. 65th IEEE Holm Conference on Electrical Contacts, Milwaukee, MI, 2019 pp. 57–63.
24. *Gatzsche, M.*: Elektrisch-thermisches Betriebs- und Langzeitverhalten hochstromtragfähiger Kontaktelemente. Dissertation TU Dresden, Shaker Verlag, 2016. – ISBN 978-3-84404-894-0
25. *Poudeu F.*: Langzeitverhalten stromführender Schraubenverbindungen mit Stromschienen kleiner Dicke bei wechselnden Umgebungsbedingungen, Dissertation, TU Dresden 2022 (in press).
26. DIN EN 61238-1-2: 2020-11. Pressverbinder und Schraubverbinder für Starkstromkabel - Teil 1-2: Prüfverfahren für und Anforderungen an isolationsdurchdringende Verbinder für Starkstromkabel für Nennspannungen bis zu 1 kV (U_m = 1,2 kV), geprüft an isolierten Leitern (IEC 61238-1-2:2018)
27. DIN EN 61238-1-3: 2020-11. Pressverbinder und Schraubverbinder für Starkstromkabel - Teil 1-3: Prüfverfahren für und Anforderungen an Pressverbinder und Schraubverbinder für Starkstromkabel für Nennspannungen über 1 kV (U_m = 1,2 kV) bis zu 36 kV (U_m = 42 kV), geprüft an nicht isolierten Leitern (IEC 61238-1-3:2018)
28. GOST R 51177-98. Lineare Armaturen – Allgemeine Spezifikationen.
29. DIN VDE 0212-52:1991. Armaturen für Freileitungen und Schaltanlagen. Elektrisches Kontaktverhalten von betriebsmäßig stromführenden Armaturen
30. ANSI C 119.4:2011. American National Standard for Electric Connectors — Connectors for Use Between Aluminum-to-Aluminum and Aluminum-to-Copper Conductors Designed for Normal Operation at or Below 93°C and Copper-to-Copper Conductors Designed for Normal Operation at or Below 100°C.
31. DIN EN 61284:1998-05. Freileitungen - Anforderungen und Prüfungen für Armaturen (IEC 61284:1997)
32. TGL 16554/02 /03. Armaturen für stromführende Verbindungen. Technische Forderungen.
33. DIN EN 60352-2:2014-04. Lötfreie Verbindungen - Teil 2: Crimpverbindungen - Allgemeine Anforderungen, Prüfverfahren und Anwendungshinweise (IEC 60352-2:2006 + A1:2013)
34. DIN EN 62271-1:2018-05. Hochspannungs-Schaltgeräte und -Schaltanlagen - Teil 1: Gemeinsame Bestimmungen für Wechselstrom-Schaltgeräte und -Schaltanlagen (IEC 62271-1:2017)
35. DIN EN 62271-100:2018-14. Hochspannungs-Schaltgeräte und -Schaltanlagen - Teil 100: Wechselstrom-Leistungsschalter (IEC 62271-100:2008 + A1:2012 + A2:2017 + A2:2017/COR1:2018)
36. DIN EN 62271-204:2012-05. Hochspannungs-Schaltgeräte und -Schaltanlagen - Teil 204: Starre gasisolierte Übertragungsleitungen für Bemessungsspannungen über 52 kV (IEC 62271-204:2011)
37. DIN EN 61439-1:2021-10. Niederspannungs-Schaltgerätekombinationen - Teil 1: Allgemeine Festlegungen (IEC 61439-1:2020)

38. DIN EN 61984:2009-11. Steckverbinder - Sicherheitsanforderungen und Prüfungen (IEC 61984:2008)
39. DIN EN 61851-23:2014-11. Konduktive Ladesysteme für Elektrofahrzeuge - Teil 23: Gleichstromladestationen für Elektrofahrzeuge (IEC 61851-23:2014)
40. DIN EN 62196-1:2015-6. Stecker, Steckdosen, Fahrzeugkupplungen und Fahrzeugstecker - Konduktives Laden von Elektrofahrzeugen - Teil 1: Allgemeine Anforderungen (IEC 62196-1:2014, modifiziert)
41. DIN EN 60999-1:2000-12. Verbindungsmaterial - Elektrische Kupferleiter; Sicherheitsanforderungen für Schraubklemmstellen und schraubenlose Klemmstellen - Teil 1: Allgemeine Anforderungen und besondere Anforderungen für Klemmstellen für Leiter von 0,2 mm^2 bis einschließlich 35 mm^2 (IEC 60999-1:1999)
42. DIN EN 60999-2:2004-04. Verbindungsmaterial - Elektrische Kupferleiter - Sicherheitsanforderungen für Schraubklemmstellen und schraubenlose Klemmstellen - Teil 2: Besondere Anforderungen für Klemmstellen für Leiter über 35 mm^2 bis einschließlich 300 mm^2 (IEC 60999-2:2003)
43. DIN EN IEC 60512-16-4:2009-03. Steckverbinder für elektronische Einrichtungen - Mess- und Prüfverfahren - Teil 16-4: Mechanische Prüfungen an Kontakten und Anschlüssen - Prüfung 16d: Zugfestigkeit von Crimpverbindungen (IEC 60512-16-4:2008)
44. DIN EN 60309-1:2013-02. Stecker, Steckdosen und Kupplungen für industrielle Anwendungen - Teil 1: Allgemeine Anforderungen (IEC 60309-1:1999 + A1:2005, modifiziert + A2:2012)
45. LV 214:2010-03. Motor Vehicle Connectors – Test Specification.
46. LV 215-1:2013-02. Electrical/Electronic Requirements for HV Contacts – Performance Specification.
47. LV 215-2:2013-03. Motor Vehicle High-Voltage Contacts - Test Specification.

8 Schlusswort

Die Inhalte des Buches sind das Ergebnis einer langjährigen Arbeit der Autoren an der Professur für Hochspannungs- und Hochstromtechnik der Technischen Universität Dresden. Wir verstehen uns dabei als Sprecher einer Forschungsgruppe, die seit mehr als 40 Jahren in diesem Fachgebiet tätig ist. Die hohe Qualität der Forschung zeigt sich dabei in den zahlreichen Qualifikationsarbeiten, die wiederum einen einmaligen Wissensschatz darstellen. Die wesentlichen Erkenntnisse dieses Alleinstellungsmerkmal in der Forschung an der Professur sind in diesem Buch zusammengefasst. Es soll den Studierenden, Ingenieur:innen, Fachexpert:innen und Interessierten eine Grundlage geben, um das Wissen zum Kontakt- und Langzeitverhalten stromführender Verbindungen nutzbar zu machen und dieses zu erhalten.

Wir als Autorengemeinschaft hatten in den letzten drei Jahren viel Freude daran, die Inhalte des Buches zusammenstellen und erinnern uns gern an die zahlreichen kritischen Diskussionen, vielen Stunden der Arbeit und das gemeinsame Zusammentragen und Gestalten der Erkenntnisse.

Wir hoffen, allen Lesenden ein für uns so interessantes, interdisziplinäres Fachgebiet näher gebracht zu haben und freuen uns über Hinweise und Anregungen, die wir vielleicht in einer zukünftigen überarbeiteten Auflage berücksichtigen können. Weiterhin hoffen wir, dass die Forschung und die Weiterentwicklung stromführender Verbindungen fortgeführt werden, denn gute elektrische Kontakte sind die Grundlage für ein stabiles Elektroenergiesystem und das wiederum Lebensader der modernen Gesellschaft, in der die elektrische Energie noch bedeutender werden wird.

Unser besonderer Dank gilt allen Unterstützenden, die uns bei Fragen, Inhalten und der Korrektur tatkräftig geholfen haben. Insbesondere danken wir PD Dr.-Ing. habil. Helmut Löbl und Prof. Dr.-Ing. Steffen Großmann.

Dresden und Zürich, Mai 2022

S. Schlegel et al., *Kontakt- und Langzeitverhalten stromführender Verbindungen in der Elektroenergietechnik*, https://doi.org/10.1007/978-3-662-64658-8_8

Stichwortverzeichnis

S. Schlegel et al., *Kontakt- und Langzeitverhalten stromführender Verbindungen in der Elektroenergietechnik*, https://doi.org/10.1007/978-3-662-64658-8

MIX
Papier aus verantwortungsvollen Quellen
Paper from responsible sources
FSC® C105338

If you have any concerns about our products,
you can contact us on
ProductSafety@springernature.com

In case Publisher is established outside the EU,
the EU authorized representative is:
Springer Nature Customer Service Center GmbH
Europaplatz 3, 69115 Heidelberg, Germany

Printed by Libri Plureos GmbH
in Hamburg, Germany